FESTSCHRIFT

DER

KAISER WILHELM GESELLSCHAFT

ZUR FÖRDERUNG DER WISSENSCHAFTEN

ZU IHREM

ZEHNJÄHRIGEN JUBILÄUM

DARGEBRACHT

VON IHREN INSTITUTEN

MIT 19 TEXTABBILDUNGEN
UND EINER TAFEL

SPRINGER-VERLAG BERLIN HEIDELBERG GMBH
1921

Redigiert von C. Neuberg, Berlin=Dahlem.

ISBN 978-3-662-30286-6   ISBN 978-3-662-30319-1 (eBook)
DOI 10.1007/978-3-662-30319-1

Inhaltsverzeichnis.

A. Naturwissenschaften.

B. Geschichtswissenschaften.

A. Naturwissenschaften

Zur Kenntnis von organischen Nahrungsstoffen mit spezifischer Wirkung.

Von

Emil Abderhalden-Halle a. S.

Die Beobachtungen von F. G. Hopkins[1]), wonach es nicht möglich ist, das Wachstum junger Tiere bei Verabreichung reiner Nahrungsstoffe bekannter Art zu unterhalten, während es sofort in Gang kommt, wenn man nur ganz geringe Mengen von Milch zur Nahrung zufügt, Feststellungen, die bald von den verschiedensten Seiten und vor allem durch Osborne und Laf. Mendel und A.[2]) bestätigt und erweitert wurden, ferner die Feststellungen von Axel Holst und Th. Froelich[3]), wonach Meerschweinchen bei ausschließlicher Ernährung mit Mais, Gerste, Hafer usw. nach einiger Zeit an Symptomen erkranken, die denen beim Skorbut des Menschen gleichen, während sie ausbleiben bzw. wieder rückgängig gemacht werden können, wenn geringe Mengen von Fruchtsäften, grünen Gemüsen verabreicht werden, und endlich die Feststellung, daß Tauben, Hühner usw., wie zuerst Eijkmann[4]) festgestellt hat, schwer erkranken, wenn man sie ausschließlich mit geschliffenem Reis ernährt, während sie lange Zeit gesund bleiben, wenn man diesem etwas Hefe, Kleie bzw., wie später gezeigt werden konnte, Extrakte aus diesen Produkten zugibt — alle diese grundlegenden Feststellungen, die noch durch zahlreiche weitere Tatsachen gestützt werden[1]), haben zu der Anschauung geführt, daß es außer den wohlbekannten anorganischen und organischen Nahrungsstoffen noch welche gibt, die in sehr geringen Mengen wirksam sind und über deren Natur wir auch heute noch nichts Sicheres wissen, von denen jedoch bekannt ist, daß sie für die Aufrechterhaltung des Stoffwechsels unentbehrlich sind. Da sie in so geringen Mengen genügen, können sie weder als Material zur Bildung von Energie, noch als Baustoffe für die Zellen in Frage kommen. Es unterliegt heute keinem Zweifel mehr, daß nicht ein bestimmter Stoff in Frage kommt, vielmehr sind eine ganze Reihe von solchen notwendig, um den gesamten Zellstoffwechsel in normalen Bahnen zu halten.

---

[1]) F. G. Hopkins, Journ. of physiol. **44**, 425 (1912).

[2]) Vgl. die weitere Literatur bei Emil Abderhalden, Lehrbuch der physiologischen Chemie, 4. Aufl., 2. Bd., S. 446 ff.

[3]) Axel Holst und Theodor Froelich, Zeitschr. f. Hyg. u. Infektionskrankh. **72**, 1 (1912).

[4]) C. Eijkmann, Virchows Archiv **148**, 523 (1897); **149**, 187 (1897); **222**, 301 (1916).

Trotz aller Bemühungen ist es noch nicht gelungen, die Bedeutung dieser eigenartigen Stoffe ganz klar zu stellen. Die größten Schwierigkeiten bereitet einer Reindarstellung der in Frage kommenden Stoffe der Umstand, daß sie in sehr geringen Mengen vorkommen und, wenigstens zum Teil, sehr leicht veränderlich sind. Eigene Isolierungsversuche haben ergeben, daß je mehr der Reinigungsvorgang fortschritt, um so unwirksamer die Produkte wurden. Vielleicht liegt diesem Umstand nicht eine Veränderung der Substrate selbst zugrunde, es besteht auch die Möglichkeit, daß nicht ein bestimmter Stoff bestimmte Wirkungen erzielt, sondern vielmehr mehrere zusammen. Trennt man sie, dann hört die Wirkung auf. Besonders störend für eine einheitliche Auffassung der Wirkung und Bedeutung dieser unbekannten Nahrungsstoffe ist der Umstand, daß nicht etwa, wie a priori zu erwarten wäre, ein bestimmtes Nahrungsmittel für alle Tierarten zur Ernährung ausreicht und ein anderes regelmäßig nicht. In Wirklichkeit beobachten wir, daß z. B. geschliffener Reis bei Vögeln nach kurzer Zeit ganz charakteristische Störungen verursacht, während z. B. Ratten lange Zeit damit ernährt werden können, ohne daß auffallende Ausfallserscheinungen auftreten, wie z. B. bei Tauben. Meerschweinchen zeigen nach Verabreichung von Erbsen, Hafer, Gerste skorbutartige Erscheinungen. Dieselben Nahrungsmittel, ausschließlich an Tauben, Ratten usw. verfüttert, führen nicht zu diesen! Es ist auch nicht möglich, die skorbutartigen Erscheinungen mit Hefe oder Kleie zu beseitigen, ebensowenig kann man mit Fruchtsäften, die sich beim Skorbut bewähren, jene Ausfallserscheinungen beeinflussen, die im Gefolge der ausschließlichen Verfütterung von geschliffenem Reis auftreten, wohl aber erfolgt mit Hefe- oder Kleiepräparaten Verschwinden der Krämpfe und sonstigen Erscheinungen!

Besonders bedeutungsvoll ist die Feststellung, daß einseitige Ernährung mit Getreidekörnern, ferner mit Leguminosensamen — Erbsen, Bohnen usw. — bei Ratten sich in der Fortpflanzungsfähigkeit und der Lebensenergie der Nachkommen äußert. Schon ehe sich äußerlich schwerere Symptome zeigten, hörte die Fortpflanzung auf. Kam es noch zur Schwangerschaft, indem möglichst frühzeitig nach Beginn der einseitigen Ernährung oder noch vorher Befruchtung herbeigeführt war, dann erwiesen sich die Jungen als wenig lebensfähig. Diese an mehreren Hunderten von Einzelversuchen gemachten Beobachtungen zeigen, daß schwere Schädigungen auftreten können, die insbesondere die Geschlechtsdrüsen in Mitleidenschaft ziehen, ohne daß die Eltern äußerlich schon schwere Störungen zeigen[1]). Interessant ist dabei, daß die Hoden bei Tieren, die während ihrer Entwicklung einseitig ernährt werden, klein

---

[1]) Vgl. EMIL ABDERHALDEN, Lehrbuch der physiologischen Chemie, 3. Aufl., S. 1366 (1915). — Arch. f. d. ges. Physiol. **175**, 187 (1919). — Diese Feststellungen bestätigten E. V. Mc COLLUM, N. SIMMONDS und W. PITZ, Journ. of Biolog. Chem. **28**, 153, 211 (1916); **30**, 13 (1917). — E. V. Mc COLLUM und N. SIMMONDS, ebda. **33** 303 (1917). — E. V. Mc COLLUM, N. SIMMONS und H. T. PARSONS, ebda. **35**, 411 (1917).

bleiben. In keinem der untersuchten Fälle ließ sich eine Vermehrung der germinativen Anteile in jenem Alter, in dem Ratten geschlechtsreif zu werden pflegen, aufweisen. Weitere histologische Untersuchungen sind im Gange. Auch die Ovarien zeigen Unterschiede in Größe und Bau gegenüber gleichaltrigen, normal ernährten Tieren, doch stehen genauere Untersuchungen noch aus.

Da es bis jetzt nicht gelingen wollte, die wirksamen Stoffe in reinem Zustande zu erhalten — der Mangel an Forschungsmitteln macht sich beim Bestreben, dieses Ziel zu erreichen, besonders stark bemerkbar, mußte ich doch meine in dieser Richtung unternommenen Arbeiten wegen der Unmöglichkeit, die notwendigen Reagentien zu beschaffen, einstweilen abbrechen —, mußte versucht werden, das Wesen der Wirkung der unbekannten Nahrungsstoffe möglichst vollständig aufzuklären. Gelingt es festzustellen, in welcher Weise diese Stoffe in den Zellstoffwechsel eingreifen, wo ihr Angriffspunkt liegt, so wird es vielleicht möglich sein, einen Rückschluß auf ihre Natur zu ziehen.

Unsere Versuche beziehen sich auf die Beeinflussung jener Erscheinungen, die bei Tauben im Gefolge der ausschließlichen Verfütterung von geschliffenem Reis auftreten. Sie äußern sich zumeist in schweren Krampfzuständen. Spuren von Hefeextrakten genügen, um sie aufzuheben. Zusatz von 0,05 g getrockneter Hefe bewirkt, daß geschliffener Reis mehrere Wochen lang ohne besondere Symptome ertragen wird. Nur beobachtet man eine Abnahme des Körpergewichtes. Schon 0,1 g Trockenhefe pro Tag vermag für längere Zeit Gewichtsverluste zu verhindern, jedoch nicht immer. 0,5 g Trockenhefe pro Tag gegeben, bedingt Wiederanstieg des Körpergewichtes[1]).

Von besonderer Bedeutung ist die Feststellung, daß regelmäßig vor Ausbruch eines charakteristischen Anfalles die Körpertemperatur stark fällt. In ihrer Kontrolle hat man ein sicheres Mittel, um den Zustand der Versuchstiere zu verfolgen. Sobald die Körpertemperatur sinkt, hat man Störungen zu erwarten. Manche Tiere sterben, ohne daß Krämpfe auftreten. Bei den meisten treten jedoch heftige Krämpfe auf. Sie können Stunden anhalten. Schließlich tritt der Tod ein, wenn man nicht eingreift.

Es mußte nun entschieden werden, worauf das fast plötzliche Abfallen der Körpertemperatur beruht. Es waren verschiedene Möglichkeiten gegeben. Einmal konnte die Wärmeabgabe gesteigert sein. Wahrscheinlicher war eine verminderte Wärmebildung. Direkte Versuche ergaben folgendes: Sobald das Körpergewicht stark sinkt, fällt auch die Körpertemperatur. Gleichzeitig zeigt der Gaswechselversuch ein Absinken der Kohlensäurebildung, d. h. der Oxydationsvorgänge. Gibt man in diesem Stadium Hefe oder aus ihr bereitete wirksame Extrakte, dann schnellt der Gaswechsel empor und gleichzeitig bessert sich der Zustand der Tiere. An ausgeschnittenen Muskeln von erkrankten Tieren konnte gezeigt werden, daß ihre Atmung stark herabgesetzt war, insofern es sich

---

[1]) Vgl. Emil Abderhalden, Arch. f. d. ges. Physiol. (im Erscheinen) 1921.

um stark abgemagerte Tiere handelte. Durch Zugabe von Hefeextrakt ließ sich die Atmung ganz erheblich steigern [1]).

Diese Beobachtungen machen es sehr wahrscheinlich, daß bestimmte Stoffe notwendig sind, um die Atmungsvorgänge in den Zellen auf bestimmter, für die normale Zelltätigkeit erforderlicher Höhe zu erhalten. Fehlen sie, so ergeben sich schwere Störungen. Die Beobachtung, daß diese Stoffe in sehr geringen Mengen wirksam sind, läßt uns an Katalysatoren denken. Sie beschleunigen offenbar — direkt oder indirekt — Zellvorgänge, die ohne ihre Anwesenheit zu langsam verlaufen.

In dieser Hinsicht gewinnt die Beobachtung[2]) erhöhte Bedeutung, wonach aus Hefezellen isolierte Produkte in Spuren imstande sind, die alkoholische Gärung stark zu beschleunigen. Eine große Reihe von Versuchen, die in dieser Richtung durchgeführt worden sind, ergaben stets wieder das gleiche Resultat. Es ermöglichte, an Hand quantitativer Versuche festzustellen, welchen Fraktionen das wirksame Prinzip bei Trennungs- und Isolierungsversuchen angehört. Es gelang, durch verschiedene Lösungsmittel, vor allem aber durch Fällung mit Quecksilbersalzen, Produkte zu isolieren, die in Spuren die alkoholische Gärung beschleunigen. Sie enthielten keine Phosphorsäure. Es soll demnächst über diese noch nicht ganz abgeschlossenen Untersuchungen berichtet werden. Es bleibt noch eine offene Frage, ob jene Stoffe, die die alkoholische Gärung günstig beeinflussen, mit jenen identisch sind, die sich bei der alimentären Dystrophie als wirksam erweisen. Auch nach dieser Richtung sind Versuche im Gange.

Die an Hefezellen gemachten Beobachtungen sind noch nach einer anderen Richtung von großer Bedeutung. Stellt es sich heraus, daß Beziehungen zwischen der Beschleunigung der Gärung und der Verbesserung der Gewebsatmung vorhanden sind, dann lohnt sich der Versuch, die Natur der in Frage kommenden Stoffe indirekt festzustellen. Neuberg[3]) hat an Hand vieler Versuche gezeigt, daß allgemein Aldehyde und Ketone einen Einfluß auf die alkoholische Gärung haben. Sie scheinen jedoch auf diese an anderer Stelle einzuwirken, als die von uns aus Hefe hergestellten Extrakte und Produkte. Trotzdem wird man allgemein gärungsbeschleunigende Stoffe in ihrem Einfluß auf die Erscheinungen der alimentären Dystrophie prüfen. Findet man auf diesem Wege wirksame Stoffe, dann wird man eine Handhabe haben, um der Natur der in der Kleie, der Hefe usw. vorhandenen wirksamen Produkte nachzuspüren. Einstweilen haben in dieser Richtung geführte Untersuchungen noch kein greifbares Ergebnis gehabt. Es sind bis

---

[1]) Vgl. hierzu Emil Abderhalden: Arch. f. d. ges. Physiol. **182**, 133 (1920); Emil Abderhalden und Ludwig Schmidt: Ebda. **185**, 141 (1920). — Vgl. auch György: Jahrb. f. Kinderheilkde. **44**, 55 (1921).

[2]) Emil Abderhalden und H. Schaumann, Arch. f. d. ges. Physiol. **172**, 1 (1918; Fermentforschung **2**, 120 (1918). — Emil Abderhalden, Fermentforschung **3**, 44 (1919). — Vgl. auch S. Fränkel und Erik Schwarz: Biochem. Zeitschr. **112**, 203 (1920).

[3]) Carl Neuberg, Biochem. Zeitschr. 1918—1920.

jetzt Aldehyde und Ketone geprüft worden. Ferner wurden Oxysäuren auf ihre Wirksamkeit untersucht. Eine Zusammenstellung dieser seit nunmehr zwei Jahren durchgeführten Versuche wird demnächst erfolgen. Die Untersuchungen leiden leider sehr stark unter den jetzigen Verhältnissen. Sie können immer nur dann durchgeführt werden, wenn kranke Tiere vorhanden sind. Um sie nicht zu verlieren, wendet man Stoffe an, von denen man eine Heilwirkung sicher erwarten kann. Infolgedessen wird man die zu prüfenden Substanzen vielfach erst dann versuchen, wenn es sich um Tiere handelt, die sowieso verloren sind. Dadurch wird ohne Zweifel das Ergebnis unsicher. Man müßte eine ganze Reihe von Tauben im gleichen Zustand haben und dann vergleichsweise die Wirkung der verschiedenen Substanzen prüfen.

Um feststellen zu können, ob das Verhalten der Körpertemperatur und des Gaswechsels bei Tauben, die mit geschliffenem Reis ernährt werden, etwas Spezifisches darstellt, oder aber einfach auf die mangelhafte Ernährung als solche — die Tiere verlieren fortlaufend an Körpergewicht — zurückzuführen ist, mußte der Gaswechsel hungernder Tauben unter den gleichen methodischen Bedingungen, wie sie beim Studium des Gaswechsels von ausschließlich mit Reis gefütterten Tauben zur Anwendung kamen, verfolgt werden. Ferner mußte die Körpertemperatur während der ganzen Hungerperiode festgestellt und das allgemeine Verhalten der Versuchstiere beobachtet werden. Endlich war der Einfluß von Hefe auf den Gaswechsel zu prüfen.

Nach dieser Richtung unternommene Versuche, über die unter Mitteilung der Versuchsprotokolle an anderer Stelle eingehender berichtet werden soll, ergaben folgendes: Bei der Hungertaube sinkt der Gaswechsel bald nach Beginn der Hungerperiode stark ab. Es werden Werte erreicht, die wir bei den an alimentärer Dystrophie leidenden Tieren noch nicht beobachtet haben. Dabei machen die Tiere einen ganz frischen, munteren Eindruck. Die Körpertemperatur fällt etwas, doch war sie kurz vor dem Tode noch etwas über 38 Grad. Etwa zwei Tage vor dem Tode stieg der Gaswechsel beträchtlich an. Hefe scheint keinen unmittelbaren Einfluß auf die eingeschränkte Atmung zu haben, doch wollen wir ein endgültiges Urteil erst fällen, wenn Versuche, die noch im Gange sind, zum Abschluß gekommen sind.

Diese Feststellungen zeigen, daß die ohne jede Nahrung (außer Wasser und Sauerstoff) belassene Taube ein ganz anderes Verhalten darbietet, als das mit geschliffenem Reis ernährte Tier. Bei der ersteren wird der Gaswechsel eingeschränkt und längere Zeit auf einem Minimum erhalten. Er steigt wenige Tage vor dem Tode bedeutend an. Die Tauben sterben bei Nahrungsmangel 10 bis 14 Tage nach der letzten Nahrungsaufnahme. Die Körpertemperatur sinkt nur wenig. Die ausschließlich mit geschliffenem Reis ernährten Tiere zeigen auch eine Abnahme des Gaswechsels. Gleichzeitig sinkt jedoch die Körpertemperatur erheblich. Nach einer bei verschiedenen

Versuchstieren verschieden langen Zeit treten zumeist bestimmte Symptome, wie Krämpfe oder auch Lähmungen ein. In diesem Zustand zeigen die Tiere einen Tiefstand der Körpertemperatur. Es werden 35 und weniger Grad erreicht. Greift man nicht ein, dann sind die Tiere verloren. Führt man Hefepräparate zu, dann steigt der Gaswechsel und damit auch die Körpertemperatur.

Besonders charakteristisch ist das äußere Verhalten. Die Hungertiere zeigten bis zum Tode ein glattes Gefieder. Sie saßen aufrecht auf der Stange, blickten lebhaft um sich und zeigten außer einer großen Abmagerung und einer Abnahme der Kräfte (schwacher Flügelschlag, keine Fluchtversuche) keine besonderen Erscheinungen. Die mit geschliffenem Reis ernährten Tiere zeigen nach mehr oder weniger langer Zeit charakteristische Erscheinungen. Sie sitzen mit aufgeblustertem Gefieder da. Befinden sich mehrere Tiere im Käfig, dann rücken sie eng zusammen. Nach einiger Zeit suchen sie die Stange nicht mehr auf, sondern bleiben am Boden des Käfigs sitzen. Der Appetit nimmt von Tag zu Tag ab. Schließlich sehen die Tiere schwer krank aus. In einigen Fällen sinken sie plötzlich tot um. Meistens treten schwere Krampferscheinungen auf. Die Tiere überschlagen sich nach rückwärts. Man kann durch Anfassen der Tiere oder sonstige mechanische Einwirkungen schwere Anfälle hervorrufen. Die Tiere fühlen sich kühl an. Manchmal beobachtet man auch Lähmungen. Gibt man jetzt Hefe bzw. Hefepräparate oder solche aus Kleie bzw. diese selbst, dann tritt innerhalb ganz kurzer Zeit Erholung ein. Das Gefieder glättet sich. Es zeigt sich lebhafter Appetit. Man hat den Eindruck, als ob man wieder ein ganz normales Tier vor sich habe. Nur wenn Lähmungen eingetreten sind, dauert es meistens längere Zeit, bis diese behoben sind. In manchen Fällen sind sie bleibend.

Aus diesen Beobachtungen ergibt sich, daß man die Erscheinungen, die bei Tauben und anderen Vogelarten bzw. anderen Tierarten auftreten, wenn ausschließlich geschliffener Reis als Nahrung gereicht wird, nicht einfach als Symptome eines allmähligen Verhungerns auffassen darf, etwa im Sinne des Gesetzes des Minimums, wonach ein fehlender Nahrungsstoff die Verwertung der anderen unmöglich macht. Vielmehr liegen ganz besondere Verhältnisse vor. Es leidet der Zellstoffwechsel, und zwar beobachten wir, daß der Sauerstoffverbrauch herabgesetzt ist — ob primär oder sekundär, ist eine Frage für sich. Die Zufuhr von Stoffen aus Hefe oder Kleie facht die Gewebsatmung lebhaft an. Ob es sich dabei um eine Anregung in Gestalt eines Katalysators handelt oder aber, ob Hemmungen überwunden werden, muß noch erforscht werden.

In genau der gleichen Weise erforschen wir zur Zeit den Skorbut beim Meerschweinchen. Es gilt die Frage zu entscheiden, ob der Gaswechsel bei seinem Eintreten verändert ist und, falls das zutrifft, ob die antiskorbutischen Stoffe einen Einfluß auf seine Größe haben. Es wäre sehr zu wünschen, wenn an Krankheiten, die mit dem Fehlen bestimmter Stoffe in der Nahrung in Zusammenhang gebracht worden sind — Barlowsche Krankheit, Pellagra usw. — in gleicher Richtung geforscht würde. Es wird sich bald herausstellen, inwieweit alle diese Krankheiten gleiche oder ähnliche oder aber ganz verschiedene Allgemeinerscheinungen in bezug auf den Stoffwechsel aufweisen. Man wird ohne Zweifel auf dem hier beschrittenen Wege zu einem klareren Einblick in das Wesen und die Bedeutung der bisher noch unbekannten Stoffe kommen.

Besonders bedeutungsvoll erscheint es uns, daß sich durch aus Hefe und auch aus anderen Materialien hergestellte Stoffe in gleicher Weise die alkoholische Gärung, das Wachstum von Hefezellen und auch von anderen Organismen beeinflussen läßt, wie auch die Gewebsatmung von höher organisierten Tieren, die unter dem Einfluß der Ernährung mit geschliffenem Reis stark abgesunken ist. Alle diese Beobachtungen zusammen eröffnen neue Wege zum Studium der Wirkung und der Angriffspunkte der sog. Nutramine, eben jener noch unbekannten Nahrungsstoffe.

Tiere als Tierzüchter.
Eine Erklärung ihres Sozialismus.

Von

Ludwig Armbruster-Berlin-Dahlem.

Die meisten Tiere züchten, sofern sie ihre eigenen Jungen aufziehen. Diese Züchtungsprodukte, wenn man sie so nennen will, sehen dann ihren Eltern ähnlich. Im folgenden seien Züchtungsprodukte betrachtet, die von Tieren aufgezogen werden und insofern merkwürdig sind, als es sich um Junge handelt, die ihren Eltern keineswegs ähnlich sehen, oder um Pfleglinge, die, obwohl artfremd, ihren Pflegern auffallend gleichen. Unter Züchten versteht man sonst zielbewußtes Umprägen des Genotypus (Erbgutes) bzw. des Phänotypus (äußeren Kleides). Wenn wir von dem „zielbewußt" absehen, dann ist die Überschrift doch wohl jeder gefährlichen Vermenschlichung entkleidet. Wenn wir uns sodann im folgenden beschränken auf die zunächst mehr theoretischen, vergleichend-biologischen Betrachtungen von zoologischen Beispielen züchterischer Veränderungen an Genotypen und Phänotypen, so mag das von Vorteil sein. Es ist damit eine auch praktisch wichtige Frage und die Frage nach der Erklärung sozialer Lebensformen bei Tieren angeschnitten.

Bei der Honigbiene, um mit diesem viel erwähnten, weil vielseitigen Beispiel der allgemeinen Biologie zu beginnen, kommt es bekanntlich vor, daß die Königin nicht nur weibliche Nachkommen ihresgleichen (junge Königinnen) besitzt, sondern auch ganz anders geartete, die Arbeiterinnen. Die „willkürliche" Bestimmung des Geschlechtes ist eine der reflektorisch geleiteten Zuchtleistungen besonders der Königin. Die Bestimmung der Kastenzugehörigkeit (ob Arbeiterin oder Königin) der aus den befruchteten Eiern hervorgehenden weiblichen Brut ist eine von ziemlich rätselvollen Instinkten geleitete Fähigkeit der Arbeiterinnen. Das Mittel dieser züchterisch so überraschenden Beeinflussung ist die verschiedene Ernährung während weniger Larventage. Die Erbanlage (der Genotypus) im weiblichen Ei reagiert auf verschiedene Ernährung innerhalb erbgesetzlicher Grenzen und Bahnen sehr verschieden auf diese züchterische Beeinflussung. Denn die Unterschiede zwischen einer Königin und Arbeiterin sind sehr groß, groß vor allem in züchterisch wertvollen Eigenschaften (Brutpflegeinstinkten, Fruchtbarkeit, Lebensdauer, einzig dastehender Futterverwertung, Wachserzeugung, arbeitstüchtiger Körperausstattung, Sammelapparat, Rüssellänge). Diese vererbten Modifikationsgrenzen und Modifikationsbahnen („Reaktionsnorm", „ontogenetische Elastizitätsgrenzen") seien etwas eingehender beleuchtet.

Der auffallende Umstand, daß hier ein Weibchen zweierlei weibliche Nachkommenschaft hat und Instinkte (Körpervorzüge) vererbt, die es selbst nie ausübt (besitzt), beschäftigte hervorragende Zoologen und zwar offenbar vergebens. 1917 habe ich darauf hingewiesen (zuerst bei Hummeln), daß die meisten Schwierigkeiten sich heben lassen, wenn wir die Unterschiede zwischen Arbeiterin und Königin als zwei verschiedene phänotypische Ausprägungen des einen Genotypus, als Modifikationen auffassen, also annehmen, daß der Unterschied: Arbeiterin — Königin innerhalb des vererbten Spielraums liegt, und daß im einzelnen die Lebenslagen, das Futter entscheidet. 1919 hoffe ich sodann gezeigt zu haben, daß dieser Unterschied, auf den die Arbeiterinnen des Bienenstockes und damit auch die Imker so großen züchterischen Einfluß haben, eine wichtige Rolle spielt bei der Staatenbildung und dem Schmarotzertum der Bienen usw. Vergleichen wir die einsiedlerisch lebenden Kuckucks- (Schmarotzer-) Bienen mit einer gewöhnlichen einsiedlerischen (Sammel-) Biene, dann stoßen wir hinsichtlich der Körperbeschaffenheit (fehlender Sammelapparat, geringere Gehirnausbildung) und der Instinktbetätigung (einerseits ein Aufgeben der Brutpflege- und „Hamster"-Instinkte, andererseits starke Entwicklung des Such-Instinktes nach Eierablagegelegenheit) auf ganz auffallende Unterschiede. So finden wir also auch unter den Einsiedlerbienen im weiblichen Geschlecht eine Spaltung in zwei Typen und demnach eine Art Arbeitsteilung. Das eine (Sammel-) Solitärweibchen macht sich ein Nest zurecht, sammelt und legt zwischen hinein seine Eier ab, das andere (Schmarotzer-, Kuckucks-) Solitärweibchen baut und sammelt nicht, sondern sucht und sucht nach einem passenden gerade im Bau befindlichen Nest eines Sammelweibchens, in das es seine Eier ablegen kann. Die vergleichende Biologie dieser Tiere kann ziemlich leicht zeigen, wie alle Töchter der Schmarotzerbiene in ihren „un-artigen" Instinkten und Körpereigenschaften immer wieder der Mutter nachschlagen, selbst dann, wenn sie von ganz verschiedenen Wirtsarten, ja Wirtsgattungen aufgezogen werden, daß also die stete Ausbildung der Schmarotzer „Unart" im Erbgut fest verankert ist. Wenn wir allerdings bedenken, daß die Nahrung den Einsiedlerbienenmaden nicht eingeätzt wird und in der Hauptsache aus unverarbeitetem Blütenstaub gemischt mit mehr oder weniger Nektar besteht und nur zum allergeringsten Teil aus Drüsensekreten (bei der Honigbiene ist es eher umgekehrt!), dann wird uns einigermaßen verständlich, daß bei den Einsiedlerbienen keine so großen Unterschiede (hinsichtlich der Fruchtbarkeit und Lebensdauer) zwischen den beiden weiblichen Typen auftreten. Vielleicht wäre das Experiment, solche Schmarotzereier mit ganz anders geartetem Futtersaft aufzuziehen, nicht ganz aussichtslos.

Die Neigung zum Variieren und zum „Aufspalten" der weiblichen Typen herrschte, das legt die vergleichende Biologie[1]) nahe, bei einem hypothetischen Uraculeat. Bei der Honigbiene ist diese Aufspaltungsneigung zwar

---

[1]) Die *Blattwespen* haben keine Brutpflege (dafür ihre Larven Füße), die *Parasitica* sind besonders findig bei der Suche nach Eiablagegelegenheit (i. allg. im Innern von Pflanzen und Tieren, Schmarotzer 2. Grades!). Die *Diplocnemata* (wespenartige) sammeln, i. allg. (jagen) und treiben i. allg. Brutpflege (dabei Wechsel von Einsiedlern und Staatenbildnern). Die *Haplocnemata* zweigen an sehr vielen Stellen Schmarotzer und Staatenbildner ab.

phänotypisch geblieben (geworden?), tritt aber in Zusammenhang mit der (Dauer-)Staatenbildung und der sonstigen starken Arbeitsteilung, infolge des eigentümlichen Zellenbaues mit seinen drei Zellgrößen, infolge namentlich der Ätzung der Brut, der kurzen Entwicklungszeit und relativ gleichmäßig guten Brutlebenslage sehr deutlich in die Erscheinung. Bei den Einsiedlerbienen ist diese Neigung zur Aufspaltung verschiedentlich zu einer tatsächlichen, genotypisch verankerten Spaltung geworden (oder geblieben?) Darum hat eine Reihe von Solitärbienen je ihre Doppelgängerreihe unter den Schmarotzern.

Bei den Hummeln ist die Spaltung teils eingetreten und genotypisch (bei den Schmarotzerhummeln, den *Psithyrus*arten), bei der Mehrzahl ist sie noch phänotypisch, und zwar weit weniger deutlich als bei der Honigbiene, weil die Eigenart des Nestbaues nicht so leicht ein Ätzen der Brut, und zwar ein spezifisch verschiedenes Ätzen der einzelnen Kasten gestattet. — Bei den Wespengattungen ist die Aufspaltung, dort wo sie aufgetreten, phänotypisch (die Existenz der Schmarotzerwespe *Pseudovespa* ist sehr fraglich). Bezeichnend ist es, daß auch unter den höchsten Wespen, den Faltenwespen, nicht überall die Spaltung der weiblichen Typen eingetreten ist, daß diese Spaltung nicht besonders ausgesprochen ist, und daß wir so auch unter den höchsten Wespen neben der Staatenbildung einsiedlerisch lebende Gruppen finden. Denn es findet zwar ein Ätzen der Brut statt, aber der Unterschied zwischen Arbeiterinnen- und Königinzellen ist nicht entfernt so deutlich wie bei der Honigbiene, und die Nahrung besteht weniger aus einem „Futtersaft", ist vielmehr weit variabler.

Eines verstehen wir jetzt schon: würde die Spaltung der weiblichen Rollen z. B. bei der Honigbiene irgendwo aus der phänotypischen zu einer genotypischen, dann müßte dort die Staatenbildung ein Ende haben oder doch zurückgehen. Es gäbe dort dann einerseits Schmarotzer, andererseits Einsiedler bzw. Allesschafferinnen (z. B. nördl. Hummeln). Die Entwicklung muß also nicht notwendigerweise stets in der Staatenbildung ihren Abschluß finden. Eine Rangliste der Aculeaten, geordnet nach der Organisationshöhe, etwa nach der Ausbildung der pilzförmigen Körper usw., enthält daher auch Einsiedler und Staatenbildner in ziemlich buntem Gemisch (s. z. B. Armbruster, 1919, *Meßbare phänotypische und genotypische Instinktsveränderungen*. In: Arch. Bienenk. I, 5, S. 160). Wenn aber einmal irgendwo die phänotypische Spaltung auch nur in den Anfängen sich zeigte, dann kann infolge der einsetzenden Arbeitsteilung die weitere Entwicklung sehr rasch fortschreiten. Ein wichtiges Förderungsmittel bildet dabei die gesteigerte Drüsentätigkeit (Geschlechtsdrüsen, Speicheldrüsen, etwa auch Wachsdrüsen) beim einen Teile der weiblichen Tiere, möglich geworden durch die Nestruhe, die gleichmäßige höhere Temperatur in der Kolonie, bessere Ernährung usw. Die Königin wird dadurch fruchtbarer, die Ammen leistungsfähiger, die verschiedenen Zellgrößen usw. gestatten eine individuelle Fütterung und dadurch wird die Aufspaltung der Kasten deutlicher (und wiederum umgekehrt). Vgl. Armbruster, 1920, *Zum Problem der Bienenzelle*. Freiburg, S. 72.

Bei den Ameisen finden wir eine noch stärkere züchterische Beeinfluß-barkeit des weiblichen Geschlechtes. Denn wir treffen dort nicht nur mehr Kasten (große und kleine Soldaten), sondern noch viel größere Unterschiede zwischen den Extremen (Königin — Arbeiterinnen) und überdies sehr zahlreiche Übergänge. Wenn wir obige an Bienen und Hum-meln und namentlich am Studium ihrer Gehirne und Instinkte gewonnenen Ergebnisse auf die Ameisen übertragen, dann dürfte eine große Zahl von Rätseln sich lösen, um welche sich nicht die Schlechtesten be-mühten. WEISMANN, FOREL, DEWITZ u. a. glaubten, für alle die Kasten je einen eigenen Genotypus annehmen zu müssen (blastogener Polymorphis-mus). EMERY, O. HERTWIG, LUBBOCK, WASMANN u. a. glaubten zwar, die Ernährung spiele eine wichtige Rolle, aber sie bringe mehr nur nach Art eines Reizes alte, genotypisch dagewesene, jetzt aber „ausgestorbene" Kasten, sozusagen als Atavismen wieder ans Tageslicht (trophogener Polymorphismus). Dabei konnten sie die Einwände der ersten Gruppe nicht ganz entkräften, wie denn nach der Aussterbungs-Futterreizhypo-these (auch „Theorie der direkten Bewirkung" genannt), all die vielen Übergänge zu erklären seien. ESCHERICH, 1917 (*Die Ameise*, Braunschweig, S. 71) findet denn auch: „Keines dieser (‚interessanten und wichtigen‘) Probleme ist noch wirklich gelöst." Über das Entstehen der verschie-denen Formen der sozialen Abhängigkeit vollends besteht eine ausgedehnte, an Polemik reiche Literatur. Ein Zeichen, daß man sich auch hier bis jetzt nicht einigen konnte.

Beide Fragengruppen hängen offenbar näher miteinander zusammen, als man bisher annahm. Und die beiden sich bekämpfenden Anschau-ungen haben bis zu einem gewissen Grade beide recht: Auch die Weib-chentypen der Ameisen sind Modifikationen; die eine einzige Erb-anlage ist in ihrer phänogetischen Ausgestaltung so plastisch, daß die weib-lichen Phänotypen innerhalb bestimmter erbgesetzlicher, aber nicht un-bedingt rein phylogenetischer Grenzen und Bahnen „aufspalten" können, je nach der Lebenslage während ihrer kritischen Periode. Die Übergänge sind nach dieser meiner Erklärung nicht nur begreiflich, sondern geradezu zu erwarten. Je nach dem Maß der Aufspaltung ist die Höhe der Kasten- und Staatenbildung und andererseits das Maß der sozialen Abhängigkeit der einen Kolonie von einer anderen bedingt und (wechsel-wirkend) umgekehrt.

Die eine Erbanlage wird phänotypisch mehr oder weniger gut ausgeprägt und da kommt es oft vor (besonders bei den *Camponitini*), daß das Weibchen nicht mehr alle Instinkte der Allesschafferin ausgebildet zeigt, daß es namentlich in vielen Fällen mehr nur nach der Gelegenheit, die Eier abzulegen, sucht, wobei der unter den Hymenopteren (auch unter den einsiedlerischen!) weit verbreitete Geselligkeitsinstinkt ihm zu Hilfe kommt. So entstehen die Adoptionskolonien, auch die Allianz-kolonien und teilweise die Zweigkolonien (der Fernerstehende, der sich aus den Namen noch kein Bild aus den Verhältnissen machen kann, sei z. B. hingewiesen auf die gute Übersicht bei WASMANN, 1908, Biolog. Zentralblatt, 28, S. 429 ff. oder auf ESCHERICH 1917). — Die ganze Ent-

wicklungsrichtung kann vor allem auch durch eine, wiederum hauptsächlich
weibliche, absonderliche Instinktbetätigung eingeleitet werden, die den
Ameisen eigentümlich ist: den Raubinstinkt (eine Abart des Sammel-
instinkts ?).

Der räuberische Ameisenstaat kann durch stete Steigerung dieser
Instinktentwicklung so sehr auf den Raub und die Aufzucht von rassen-
oder artfremder Typen, also auf die Aufzucht und Haltung von Sklaven
angewiesen sein, daß er sich nicht einmal mehr selbst ernähren kann,
weil, wie z. B. bei *Polyergus rufescens*, das Hungergefühl den Freßinstinkt
gar nicht mehr auslöst (sondern nur noch den Futterbettelinstinkt: den
Kopf des Sklaven zu betrillern).

Da nun bei den Ameisen die Fütterung von Mund zu Mund und insbesondere das Aufziehen der Brut mit hochorganischer Nahrung (Drüsen-
sekrete usw.) verbreitet ist, kommt es auf diese Weise vor, daß die Brut der
Sklavenhalter mehr und mehr von den artfremden Futtersäften
der Sklaven großgezogen werden, daß also die Ernährungslebenslagen der
sich ausprägenden Phänotypen mehr und mehr absonderlich werden.
Demnach werden, wie wir nun schon oft sahen, gewisse weibliche Instinkte
nicht mehr zur Ausbildung gelangen und andere sich mehr und mehr verändern. Die Folge davon wird also sein einerseits eine größere Zahl von
weiblichen Kasten, größere Unterschiede zwischen den Extremen, zahl-
reichere Übergänge innerhalb all derselben und u. U. absonderliche von
Spielart zu Spielart verschiedene Instinktentwicklungen. So konnte
man z. B. innerhalb ein und derselben, fast immer sklavenhaltenden Art
Formica sanguinea feststellen, daß auf sechs ganz verschiedene Weisen
die Koloniegründung vor sich gehen kann. Auch hier bei den Ameisen
können wir feststellen, daß wie bei den Einsiedlerbienen, den Schmarotzerhummeln und der Bienenkönigin ein Parallelismus stattfindet: hat
irgendwo ein Weibchen einen Teil seiner Instinkte eingebüßt (ist es also
nicht mehr Allesschafferin), und hat es sich in der Instinktbetätigung
einer Arbeiterin genähert, dann weist es auch in der körperlichen Beschaffenheit und Ausstattung eine Annäherung an die Arbeiterinnen
und umgekehrt. Bei den Ameisen ist dieser Zusammenhang besonders
wichtig. Denn die selbständige Nestgründung durch eine Ameisenkönigin
stellt wiederum ein Stoffwechsel- und Züchtungsunikum im Tierreich
dar, insofern die junge befruchtete Königin als Einleitung für ihre etwa
10jährige Millionenproduktion an Eiern bis zu 11 ja bis zu 15 Monaten
im Nestgründungskessel ganz ohne Nahrungszufuhr nicht nur selbst am
Leben bleibt, sondern während dieser Zeit Eier legt und dabei eine Reihe von
Tochterimagines aufzieht. Diese Leistung ist nur möglich, wenn die Königin
an Leibesfülle die Arbeiterinnen um ein stattliches übertrifft. Wenn also,
irgendwie zusammenhängend mit den Instinktveränderungen, auch der
Körper der Königin arbeiterähnlich (kleiner) wird, dann ist es zweifach
verständlich, daß die Koloniegründung anders verläuft.

Nicht nur bei den sklavenhaltenden Ameisen kommt es vor, daß die
Geschlechtstiere mit artfremden Futtersäften groß gezogen werden.
Mindestens teilweise kann dies vorkommen in allen „gemischten Kolonien“,

den obligatorischen und fakultativen, den temporären und dauernden. Ein lehrreicher Fall ist es z. B., wenn in der Allianzkolonie *Strongylognathus-Tetramorium* die *Strongylognathus*-Geschlechtstiere nicht nur von den eigenen *Strongylognathus*-Arbeiterinnen aufgezogen werden, sondern mit Vorliebe auch von den *Tetramorium*-Arbeiterinnen, wobei die *Tetramorium*-Geschlechtstiere („weil sie wegen ihrer besonderen Größe viel Mühe machen") zu kurz kommen. Tatsächlich findet man auffallend wenig *Tetramorium*-Geschlechtstiere (Veränderung derselben?) und auffallend viel königlich erzogene (und wie veränderte?) *Strongylognathus*-Weibchen.

Tritt hier schon die **Arbeiterin zahlmäßig** zurück, so sind die Fälle, wo die **Arbeiterinnen gänzlich fehlen**, auf Grund unserer Überlegung (z. B. *Psithyrus*) keineswegs mehr so rätselhaft (oder nur durch phylogenetische Reihengräber zu erklären) wie bisher. Wenn wir noch bedenken, daß die Geschlechtstiere bei den Ameisen ihre Flügel auf alle Fälle früher oder später verlieren, so muß die *Psithyrus*-Lebensweise, das Beschleichen vieler Nester, hier abgeändert sein, der Schmarotzer bleibt mehr gebannt an ein und dasselbe Wirtsnest. Bei der Hilflosigkeit dieser Schmarotzer wird es sodann vorkommen, daß sie auch in Nester von nicht mehr sehr nahe stehenden Arten kommen, so daß die artfremde Ernährung an ihrem labilen Phänotyp weitere Absonderlichkeiten hervorruft, wie bei *Anergates* die Physogastrie der Weibchen und die Puppengestalt der Männchen (auch die obligatorische Inzucht mag hier mitgewirkt haben). Der oben **klargelegte** Fall der Kuckucksbienen und der Schmarotzerhummeln läßt uns für alle Ameisenfälle auch Einblicke tun in den **Grund der Gesetzmäßigkeit**, die EMERY, 1909, Biologisches Zentralblatt 29, S. 361, bereits aufgefallen ist: „Die dulotischen und die vorübergehend wie dauernd parasitischen Ameisen **stammen sämtlich von nahe verwandten Formen ab**, die ihnen als Sklaven oder Wirtsart dienen." Es ist bezeichnend, daß auch schon EMERY (a. a. O., S. 362) den „degenerierten" *Anergates atratulus* in seiner Tabelle eine Ausnahme spielen läßt. Auch auf das Verhältnis der Mutillen zu den Ameisen fällt durch Obiges neues Licht.

Es muß auffallen, daß wir bisher fast nur von den weiblichen und nicht den **männlichen Geschlechtstieren** redeten. Diese zeigten sich in der Tat phänogenetisch, in der Beeinflußbarkeit ihres „äußeren Kleides", ihres Phänotypus, gegenüber der Ernährungslebenslage **überaus widerstandsfähig** (z. B. Drohnenmade in Weiselwiege). In meiner Arbeit 1919 (*Meßbare phänotype und genotypische Instinktveränderungen*) konnte ich zeigen, daß sie sich auch **genogenetisch** wider alles Erwarten als sehr widerstandsfähig erwiesen. Ein tieferer Grund besteht in ihrer andern genetischen Konstitution gegenüber den Weibchen. Sie sind offenbar **azygot**, d. h. sie haben ungepaarte Erbfaktoren infolge ihrer parthenogenetischen Entstehung aus gereiften Eiern.

Wir müssen die Probe machen für die Richtigkeit dieser etwas befremdlich klingenden Erklärung durch einen Blick auf die Verhältnisse bei den **Termiten**. Denn diese im System auffallend niedrig stehenden Insekten bilden für unsere Betrachtungen (und vor allem für experimentelle Nachprüfungen) auch jetzt schon, obwohl die Beobachtungen noch lückenhaft sind, einen hervorragenden Studiengegenstand. Denn hier gilt aus verschiedenen, auch vergleichend-biologischen Gründen die Dzierzonsche Theorie nicht, die Befruchtung entscheidet hier nicht über das Geschlecht. Und da die Begattung beim königlichen Paar öfter wiederholt wird, und parthenogenetische Entwicklung bei den verwandten Schaben nicht stattfindet, haben wir anzunehmen: auch die männlichen Wesen im Termitenstaat entstehen aus befruchteten Eiern. Die Geschlechtsunterschiede sind denn auch ganz gering und alle die vielen Kasten und Übergangswesen können dementsprechend auch männlich oder weiblich sein. Die männlichen Erbanlagen reagieren also bei den Termiten fast genau so wie die weiblichen. Diese Reaktion und ihre Gesetzmäßigkeit ist bei den Termiten so außergewöhnlich, daß das so dringliche Studium der „Reaktionsnorm" mit in erster Linie diese Verhältnisse berücksichtigen muß, und daß die Züchtungserfolge im Termitenstaat ohne Beispiel dastehen dürften. Ein $\pm$ nahestehendes einsiedlerisches Schabenweibchen legt trotz viermaliger Befruchtung nur etwa 100 Eier. Die Termitenkönigin bringt es auf das Millionenfache. Dabei übertrifft ihre Größe die der weiblichen Geschwister um das 20fache. Wie bei der Eilegemaschine der Honigbiene sind die Eier viel empfindlicher als die der einsiedlerischen Verwandten (zunächst freilich im allgemein physiologischen Sinne). So möchte man annehmen, daß auch im vererbungs-physiologischen Sinn die Eier einer Termiteneiermaschine eine ungewöhnliche Empfindlichkeit aufweisen. Unter der Pflege der Arbeiterinnen, über die wir leider noch nicht gar zu viel wissen, entstehen aus diesen Eiern die so zahlreichen Phänotypen, welche die (teilweise revisionsbedürftige, Häutungen?) Übersicht bei Escherich 1909 (*Die Termiten*, Leipzig, S. 19) nach Bau und Entstehung geordnet zeigt. Die Lebenslage mag gerade hier nicht nur allein durch die Nahrung bestimmt sein, und so wäre es nicht zu verwundern, daß auch schon in den Embryonen phänogenetische Unterschiede vorkommen (vgl. Bugnon, 1912, *Observations sur les Termites, différenciation des castes*. In: C. R. Soc. Biol. Vol. 72). Wir finden hier, falls die entsprechenden Angaben richtig sind, daß die Entwicklung nach einer Richtung (z. B. nach den Soldaten) sozusagen rückgängig gemacht und in einer anderen, der Geschlechtstierbahn, weiter erfolgen kann, so daß wir hier nicht nur eine Vererbung der Modifikationsbreite und einer mehr oder weniger geraden Modifikationsbahn haben, sondern die Vererbung einer sozusagen verzweigten Modifikationsbahn. Bei den Termiten hat also die Mutter nicht nur männliche und weibliche Nachkommen, sondern diese Nachkommen gehören je bis zu fünf Kasten an. Jede Kaste kann u. U. wieder zur Fortpflanzung gelangen und wiederum Körpereigenarten und Instinkte vererben, von denen es selbst je die wenigsten betätigt hat (anders Escherisch, 1909, S. 51, und Wasmann, 1909, Biol. Zentralblatt 29, S. 219), die vielmehr von den eigenen außergewöhnlich verschieden sind. Die Verhältnisse des sozialen Parasitismus brauchen hier nicht mehr erwähnt zu werden, denn soweit sie bekannt sind, ähneln sie denen bei Ameisen.

Zwei Bedenken muß noch begegnet werden: 1. Sind wirklich die Instinkte in ihrer Entwicklung so hochgradig abhängig von der Nahrung, und 2. hat die Nahrung überhaupt bei diesen Insekten einen derartigen **phänogenetischen** und womöglich **genogenetischen Einfluß?**

Bezüglich des ersten Punktes sei auf meine Ausführungen (Arch. Bienenk. I, 145, 1919) über die Bienen- und Wespengehirne und namentlich auf den Fall bei der Honigbiene hingewiesen, der hinsichtlich des Endergebnisses von erfreulicher Durchsichtigkeit ist (um so einladender wäre hier eine moderne chemisch-physiologische Untersuchung des Futters). Was den **Einfluß der Nahrung überhaupt** betrifft, so sei daran erinnert, daß die Nahrung bei diesen Insektengruppen nicht immer aber meist, eine durch andere Organismen irgendwie vorpräparierte **hochwertige Nahrung** von besonderer organischer Beschaffenheit (Enzym- usw. Reichtum) darstellt. Die reichliche Verwertung von Drüsensäften ist in hohem Maße wahrscheinlich (weitere moderne Untersuchungen sehr dringlich!). Die Honigbienenammen z. B. besitzen leistungsfähige eng mit dem Reflexzentrum in Verbindung stehende, Kopf- und Brustdrüsen, so daß nicht nur reichlich sezerniert wird, sondern (im Gegensatz etwa zu den Säugern) in verschiedenen, reflektorischen geregelten **Kombinationsmöglichkeiten.** Bei der Ameisenlarvenfütterung freilich kommt gelegentlich auch einfaches Vorsetzen von Insektenfleisch- usw. Teilen vor. Aber auch hier spielen andere hochorganische Nahrungsstoffe die Hauptrolle. Bei den Termiten sei noch hingewiesen auf die biologische Zwischenernährung, bedingt durch die Anwesenheit der einzelligen *Trichonymphiden* im Darm. Nach GRASSI und SANDIAS, 1893 (*Societa dei Termitidi*, Catania), ist überdies die Anwesenheit bzw. Abwesenheit der *Trichonymphiden* beeinflußbar durch die Art der Larvenätzung, so daß die züchtenden Ammen auch auf diesem Umwege Einfluß hätten auf die Entwicklung der Geschlechtsdrüsen und damit auf die Kastenentfaltung und -Umgestaltung. Endlich seien die Nahrungsphysiologen mit Nachdruck auf die unzweideutige, aber doch unerhörte Tatsache hingewiesen, daß durch die Nahrung die **Lebensdauer** der Bienenkönigin wesentlich verlängert und doch dabei noch ermöglicht wird, daß das Gewicht der (lange Zeit) tagtäglich **abgelegten Eier** das Körpergewicht der Eierlegerin um ein Beträchtliches übertrifft (1,7:1). Dabei wird eben diese Nahrung in so günstigem Verhältnis vom Körper aufgenommen, daß die **Rückstände** nur einige Tröpfchen von wasserklarer Flüssigkeit sind (z. B. auch festzustellen bei höheren *Termes*arten, ESCHERISCH, 1909 und bei der eben geschlüpften Bienenkönigin ganz im Gegensatz zur Arbeiterin). Endlich und nicht zuletzt muß auf eine große Gruppe von Züchtungsprodukten hingewiesen werden, von **Tieren (und Pflanzen?, Pilze), die in den Bereich der Ameisen- und Termitennahrung gekommen sind** und ihr artübliches Kleid dabei so außerordentlich geändert haben, daß nicht nur die Phänogetik und Sexologie, sondern auch die Entwicklungsmechanik im engeren Sinne sich dieser Geschöpfe annehmen muß (Aufzuchtexperimente unter anderen Bedingungen). Daß die Nahrung bei der Erzeugung dieser Monstrositäten zum mindesten eine sehr wichtige Rolle spielt, das zeigt zunächst die sehr häufig vorkommende extreme Dickleibigkeit (Physogastrie), die ja bei der Termiten-, Ameisen-, aber auch schon bei der Bienenkönigin (hier etwa 40proz. Gewichtszunahme nach der Befruchtung) vorkommt. Allerdings sind auch die mechanischen Vorbedingungen für Physogastrie z. B. bei den Ameisen günstig wie die Honigtöpfe: *Myrmecocystus melliger v. hortus deorum*, zeigen. — Die Physogastrie kommt dabei nicht nur bei den Imagines, sondern auch bei Larvenformen vor (z. B. Staphyliden, Larven und Soldaten von *Acanthotermes*). Diese ungezüchteten Schmarotzerformen wurden denn auch festgestellt bei den Termiten in der Nähe der königlichen Kammer, also dort, wo der Nahrungsstrom besonders üppig fließt.

Auch die anderen entwicklungs - physiologischen Unica mögen hier erwähnt sein: im Ameisenbau einigen sich nicht nur die verschiedensten Käfergruppen und Ameisen auf ein und dieselbe Körpergestalt (im Termitenbau: Käfer, Fliegen und Termiten), es kommen nicht nur bei unseren „Tierzüchtern" Zuchtprodukte vor wie trilobitenförmige Käfer und trilobitenförmige Fliegen, bei den Termiten finden wir Fliegen und Käfer (mehrere *Staphylinen*), welche in offenbarem Zusammenhang (erblich, nicht erblich?) mit der Aufzucht durch die Termiten die Metamorphose verloren haben, ja wahrscheinlich solche, die vollends lebendig gebären. Sind diese Fälle schon sehr lehrreiche Parallelbeispiele zu dem durch geeignete Nahrung stark gesteigerten Funktionieren der Keimsubstanzen in den Ovarien (und Eiern: starke Neigung zur parthenogenetischen Entwicklung selbst bei gereiften Eiern!) von Bienen-, Ameisen- (und Termiten-) Königinnen, so scheint auch ein theoretisch fast noch interessanterer Fall vorzuliegen: bei der termitophilen Fliege *Termitoxenia*, pflegen, wie es scheint, auch die beiden geschlechtlichen Anlagen zur Entwicklung angeregt zu werden. (Proterandrischer Hermaphroditismus, unter Umständen ein lehrreicher Beitrag zu Goldschmidts Intersexualitätstheorien).

Alle diese auffallenden „Züchtungsprodukte" (die starke Variabilität übertrifft weit die bei Haustier-Zuchtprodukten) wären nicht möglich, wenn nicht die entwicklungs - physiologischen Bedingungen so merkwürdig gelagert wären, daß sie zu experimentell-entwicklungsmechanischer Behandlung förmlich einladen. Die Natur hat auch bereits die Rolle des experimentierenden Zoologen übernommen. Der Fall der *Trichonymphiden*-Infektion bei vielen, hauptsächlich typisch orientalischen (v. Buttel-Reepen und Holmgreen 1914. In: Zool. Jahrb. Syst. 26, S. 231) Termiten wurde bereits erwähnt wegen seiner merkwürdigen Förderung oder Hemmung von Sexualität und Metamorphose. Es sei noch neben den Phtisergaten, Phthisaner und Phthisogynen Wheelers (1909, *Ants.*, New-York) hingewiesen auf die mermitophoren Pheidole- usw. Arbeiter. Hier bildet die Infektion mit parasitischen Würmern (*Mermis*) den Reiz, dafür, daß die Entwicklung verschoben und ähnlich wie bei Geschlechtstieren über das Arbeiterübliche hinausgetrieben wird; der Hinterleib zeigt Physogastrie, der Kopf wird königinähnlich und bringt die für die Geschlechtstiere so charakteristischen Punktaugen zur Ausbildung.

Beim Studium der Tierstaaten-Entstehung usw. hat man sich bis jetzt (vielleicht zu stark) auf den Grundsatz gestützt: Was heute an festen Formen verwirklicht, also möglich ist, muß auch früher möglich gewesen sein. In Zukunft wird man sich mehr auch fragen müssen: wenn früher gewisse Übergänge stattfanden, werden sie sich wohl auch heute noch irgendwie ermöglichen und nachweisen lassen. (Phylogenetisch und entwicklungsmechanisch orientiertes Studium der Reaktionsnorm sowie Genogenese.)

Die Veredelung von Getreidestroh und Lupinen zu hochwertigen Futtermitteln.

Von

Ernst Beckmann-Berlin-Dahlem.

Mit einer Textabbildung.

Seit Kriegsbeginn stecken wir in sehr knappen Ernährungsverhältnissen, und jedes Mittel, welches neue Nährwerte schafft, ist auch jetzt noch von allergrößter Wichtigkeit.

Am besten sind die Pflanzen daran, da sie in der Hauptsache von der Luft leben, aus deren Kohlensäure und Wasser sie z. B. Zucker, Stärke und Pflanzenfaser zu bilden vermögen. Dazu gehören noch Licht und Wärme, welche von der Sonne reichlich überall gespendet werden. Weiterhin braucht die Pflanze zum Aufbau Mineralstoffe, die im Boden ziemlich allgemein verbreitet sind und durch die Wurzeln zur Aufnahme gelangen. Der außerdem für den Aufbau der Pflanze wichtige Stickstoff macht zwar den größten Teil der atmosphärischen Luft aus, die Pflanze vermag ihn aber in der dort gebotenen Form in der Regel nicht zu verwenden, vielmehr entnimmt sie den Stickstoff gewöhnlich auch dem Boden, wohin er durch Gewitterregen oder durch Düngung als Ammoniak oder Salpeter gelangt.

Das Tier ist in seiner Ernährung hauptsächlich auf den Verzehr von Pflanzen angewiesen oder verlangt sogar, daß andere Tiere ihm die Arbeit bequemer machen, indem sie ihm die Umbildung von pflanzlichen Stoffen in tierische abnehmen und dann selbst mit dem eigenen Leib zur „Nahrung dienen". Der Mensch lebt zum Teil von Pflanzen direkt, zum Teil geht aber auch unsere Ernährung über das Tier. Dies bringt uns den Vorteil, daß dann viel Verdauungsarbeit gespart wird.

Hier kann auch die nutzbringende Tätigkeit des Chemikers einsetzen, er kann Stoffe der Natur, welche an sich wenig verdaulich oder gar schädlich sind, verdaulicher machen oder die Schädlichkeit beseitigen. So haben wir z. B. gelernt, das sehr reichlich zur Verfügung stehende Getreidestroh, welches von den Haustieren nur schlecht verdaut wird, in ein gutes Futtermittel zu verwandeln oder die an sich giftigen Lupinenkörner zu entgiften und daraus ein hochwertiges Nährmittel zu gewinnen.

Durch Kombination von Strohveredlung und Lupinenveredlung gelingt es sogar, Tierfutter mit dem Nährwert des Getreidekornes zu erreichen, wodurch Getreide für menschliche Ernährung frei gemacht wird. Entgiftete Lupinenkörner sind auch für die menschliche Ernährung geeignet, während dagegen durch chemische Bearbeitung das Stroh für den Menschen direkt nicht verdaulich wird, wohl aber für einen Teil unserer Haustiere, die nun ihrerseits den Menschen nähren können.

Veredelung von Stroh.

O. Kellner hat zuerst klar erkannt, daß die Verdaulichkeit des Zellstoffes der Pflanze durch den mit deren Entwicklung fortschreitenden sog. Verholzungsprozeß herabgesetzt wird.

Schon vorher hatte man aus verholzten Stoffen wie Stroh und Holz durch Kochen mit Kalziumbisulfit oder mit verdünnten Alkalilösungen bei 100° C oder besser unter Dampfüberdruck bei 150° sog. Sulfitzellulose bzw. Natronzellulose hergestellt, wobei die Faser bloßgelegt wird und der sog. Papierbrei entsteht.

Freies Alkali wird dabei durch entstehende organische Säuren, insbesondere, wenn man noch Luft durchleitet, neutralisiert. Zunächst wurde das Produkt, wie es aus den Kochgefäßen kam, ohne weiteres verfüttert. Unbekömmlichkeit der angehäuften Salze nötigte dann aber zum Auswaschen.

Der Aufschluß sollte die Verholzung beseitigen, welche insbesondere durch Auf- und Einlagerung von Lignin und Kieselsäure, den sog. Inkrusten, hervorgebracht wird. Wie die Kieselsäure besitzt auch das Lignin schwach sauren Charakter; in freiem Zustand ist es in Natronlauge und sogar in Sodalösung mit tief brauner Farbe löslich. In Stroh oder Holz ist es aber in irgendeiner Form gebunden, denn Sodalösung extrahiert Lignin erst bei Erhitzen in größeren Mengen. Die chemische Konstitution des hochmolekularen Lignins ist noch nicht genügend aufgeklärt. Sein Säurecharakter legt aber die Vermutung nahe, daß es nach Art eines Esters, d. h. unter Austritt der Bestandteile von Wasser mit Zellulose im verholzten Stoff gebunden ist, und daß bei Aufschließung mit Natronlösung eine Art Verseifung unter Wassereinlagerung eintritt. Neuerdings spricht aber auch vieles dafür, daß bei der Verholzung eine Einlagerung des Lignins als Kolloid stattfindet. Jedenfalls handelt es sich um die Bildung von Stoffen sehr verschiedener Widerstandsfähigkeit.

Holz verhält sich z. B. trotz hohen Ligningehalts von 30—40% gegenüber verdünnter Natronlauge sehr indifferent, während dieselbe durch Stroh, mit etwa 20% Lignin, schon in der Kälte bald braun gefärbt wird.

Als eine typische Reaktion für Lignin hielt man eine intensive Rotfärbung, welche Naturholz und Naturstroh mit einer Lösung von Phlorogluzin bei Gegenwart von etwas Salzsäure hervorbringt. Zur chemischen Kontrolle des Strohaufschlusses wurde deshalb verlangt, daß genügend aufgeschlossenes Stroh durch dieses Reagens nicht oder doch nur sehr wenig gerötet werde.

Außer F. Lehmann, Göttingen, waren bei der Einführung des Strohaufschlusses tätig Dr. Oexmann, welcher aus dem getrockneten und gemahlenen Produkt eine Mischung mit Melasse herstellte, und Rittmeister Colsmann, welcher die Aufschlußanlagen für Kochen in offenen Gefäßen baute.

Von anderen Gesichtspunkten aus wurde von dem Verfasser der Strohaufschluß studiert. Mit dem Aufschließen durch Kochen mit verdünnter Natronlauge sind erhebliche Verluste verbunden; aus 100 Kilo Naturstroh werden nur 45—50 Kilo Produkt erhalten. Während man bis dahin nach den Methoden der Papierfabrikation aufgeschlossen und die Produkte geprüft hatte, kam es doch für Futterzwecke allein darauf an, nach welchem Verfahren aus 100 Kilo Naturstroh der größte Nährwert auf dem billigsten Wege erhalten wird.

Durch systematische Versuche habe ich ermittelt, daß man mit der Temperatur herabgehen kann bis auf Zimmertemperatur und sogar bis zum Gefrierpunkt der Lauge. Dabei braucht die Laugenmenge nicht vermehrt und die Aufschlußzeit nicht verlängert zu werden. Das ließ sich aber nur durch Fütterung beim Tier feststellen, denn neuerdings ist immer deutlicher geworden, daß es bei der Verdaulichkeit auf Stoffe ankommen kann, die chemisch noch nicht oder nicht genügend bekannt sind. Da Stroh der Landwirtschaft in größter Menge bei einfacher Häckselung in sehr geeigneter Form, insbesondere das weniger verdauliche Winterroggenstroh zur Verfügung steht, wurden im wesentlichen mit Stroh die Versuche ausgeführt. Für einwandfreie Fütterungsversuche bin ich Herrn Prof. Dr. FINGERLING, Leipzig-Möckern, zu großem Dank verbunden.

Die Fütterungsversuche sind zunächst so ausgeführt worden, daß in jedem Falle das Futter nach Menge und Zusammensetzung mit den Ausscheidungen der Tiere verglichen wurde. Jeder Versuch nimmt etwa drei Wochen in Anspruch. Der Anschaulichkeit halber mag eine Versuchsreihe zahlenmäßig wiedergegeben werden, bei welcher der Aufschluß bei Zimmertemperatur ausgeführt wurde.

I. Analyse des getrockneten Produkts	II. Verdaulichkeit auf Grund von Tierversuchen
97,98% organische Substanz	77,03%
1,56% Rohprotein	
36,89% stickstofffreie Extraktstoffe	66,86%
1,5 % Fett	62,50%
57,97% Rohfaser	86,24%
2,02% Asche	

100 kg trockenes aufgeschlossenes Stroh weisen einen Stärkewert von 70 kg auf.

Für später ist noch eine Erweiterung der Verdauungsversuche in Aussicht genommen, bei denen auch die eingeatmete Luft und die ausgeschiedene Kohlensäure kontrolliert wird. Aus diesen Daten lassen sich dann auch die Wärmeeinheiten ableiten, welche durch den Stoffumsatz hervorgebracht werden. Man braucht nur die Wärmeeinheiten, welche in dem Futter steckten und diejenigen der Ausscheidungen zu vergleichen, um zu erfahren, wieviel Wärmewerte dem Tier zugute gekommen sind. Die Wissenschaft hat besonders durch die Arbeit M. RUBNERS erfahren, daß die Nahrungsmittel nach der Anzahl der Wärmeeinheiten oder Kalorien dem Tier für seine Erhaltung zugute kommen.

Wärme braucht das Tier für sein Leben ebenso wie die Dampfmaschine für ihren Betrieb. Das Herz muß in Bewegung gehalten, die Körpertemperatur weit über die Außentemperatur erhöht werden, Kraftleistungen anderer Art werden von Arbeitstieren verlangt. Statt auf die bei der Verbrennung im Organismus während der Verdauung produzierte Wärme kann man, wie auch vielfach üblich, die Verdaulichkeit auf die Getreide- oder

Kartoffelstärke beziehen, deren Verbrennungswert bekannt ist. Dadurch, daß man bei milderen Bedingungen aufschließt, wird der Verlust von verdaulichen Stoffen (Pentosane, Hexosane) vermieden, die beim Kochen zerstört wurden. Dabei wird die Ausbeute erhöht, ohne daß die Verdaulichkeit zurückgeht.

Vergleicht man die Stärkewerte, welche nach den früheren Kochmethoden erhalten wurden mit den jetzt bei gewöhnlicher Temperatur erreichten, so ergibt sich folgendes:

100 kg Naturstroh liefern:

100 kg Häcksel mit einem Nährwert von . . . . ca. 10 kg Stärke,
45—50 kg Kochstroh (durch Aufschluß bei 100° und darüber) mit einem
Nährwert von . . . . ca. 35 kg Stärke,
75—80 kg neues Stroh (durch Aufschluß ohne Erwärmen) mit einem
Nährwert von . . . . ca. 56 kg Stärke.

Beim neuen Aufschluß spart man die Heizungs- und evtl. auch Transportkosten, da die geringe apparative Zurichtung die Fabrikation leichter in die Nähe der Verbrauchsstelle zu legen gestattet.

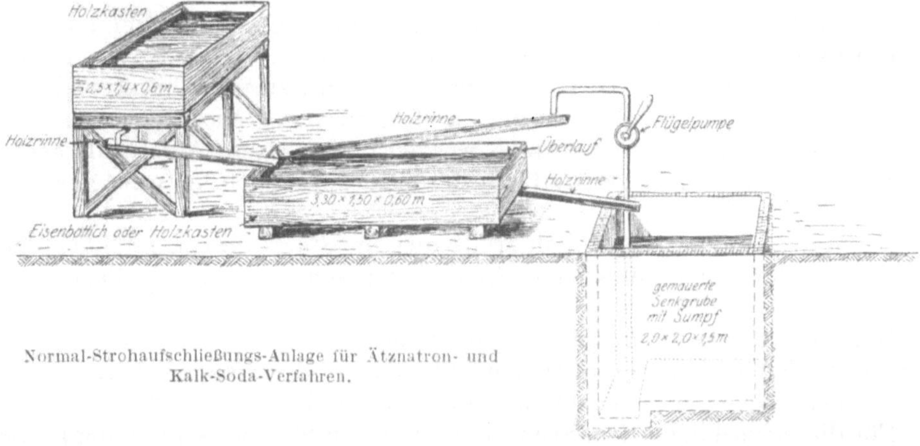

Normal-Strohaufschließungs-Anlage für Ätznatron- und Kalk-Soda-Verfahren.

Dadurch, daß Flüssigkeit nicht zum Kochen kommt und die Temperatur jedenfalls unter 80° C gehalten wird, vermeidet man eine Zerfaserung des Strohes. Dasselbe behält sein natürliches Aussehen und die Häckselstruktur, was für die Bekömmlichkeit von Wichtigkeit ist. Auch bleibt dem Stroh sein Aroma erhalten, während es sich beim Kochen verliert.

Ein Beispiel möge zeigen, wie einfach das Arbeiten bei Lufttemperatur wird (vgl. Abb.).

Aufschluß mit Ätznatron. Anlage nach Ob.-Ing. Schneising.

Zunächst wird Strohhäcksel in den oberen Kasten gebracht, mit einem Lattenrost niedergedrückt und so viel $1^1/_2$ proz. Natronlauge zugegeben, bis sie das Stroh bedeckt. Dazu gehört etwa die achtfache Menge des Strohgewichts. Alle Stunden wird der Rost heruntergedrückt, um eine Durchmischung herbeizuführen. Nach 4 Stunden (evtl. auch nach Stehen über Nacht) kann die Lauge in den nächsten Kasten abgelassen werden, auch die ersten Waschwässer läßt man in diesen laufen. Nach Ergänzung des verbrauchten Ätznatrons unter Kontrolle durch Titrieren wird der Aufschluß von hineingedrücktem Häcksel wie oben durchgeführt. Die nach der Grube abgelassene Ablauge wird wieder mit Ätznatron verstärkt und zum dritten Aufschluß verwendet. Werden zum ersten Aufschluß 12% Ätznatron vom Strohgewicht angewandt und beim zweiten und dritten Aufschluß nur je die Hälfte ergänzt, so beträgt der durchschnittliche Verbrauch 8% vom Strohgewicht. Nach gründlichem Auswaschen mit Wasser bringt man das Produkt auf einen Lattenrost oder Siebboden, läßt aufgeschichtet 12 Stunden abtropfen und verfüttert dann in feuchtem Zustande. Durch Presse oder Zentrifuge kann der Wassergehalt verringert werden; er beträgt dann etwa 70—75%.

Aufschluß mit Soda und Ätzkalk.

Statt fertiges Ätznatron zu verwenden, kann man vorteilhaft von Soda ausgehen und diese mit Kalkmilch selbst kaustifizieren. Dies gelingt bei verdünnten Lösungen, wie sie hier zur Anwendung kommen, auch in der Kälte innerhalb einer Stunde.

Der obere Kasten dient dann zur Herstellung der Lauge, der mittlere zum Aufschluß, der untere zum Aufnehmen der Ablauge. Durch eine Flügelpumpe kann man die Ablauge nach Kasten 2 zurückführen, wodurch die Lauge über das Stroh zirkuliert und zeitweiliges Niederdrücken entfällt. Neben dem mittleren Kasten werden evtl. weitere Aufschlußkästen aufgestellt, durch welche zeitweilig die Lauge ebenfalls geführt werden kann.

Die Aufschließung von Stroh stellt dies im Stärkewert sogar über den Hafer. 100 kg aufgeschlossenes Stroh entsprechen in dieser Beziehung 115 kg Hafer.

Man könnte die geringere Verdaulichkeit des Naturstrohs nicht durch Verfütterung einer größeren Menge gutmachen; denn zur Aufnahme der 5—6fachen Menge sind die Organe des Tieres nicht befähigt.

Für die menschliche Ernährung werden durch Strohaufschließung große Mengen Hafer frei, welcher sich in Form von Haferflocken sehr allgemeinen Zuspruchs erfreut.

Für den Aufschließungsvorgang sind vielfache Abänderungen ausprobiert worden, um nach der einen oder andern Richtung besondere Vorteile zu erreichen.

Wenn man die Ablauge mit immer neuen Mengen Naturstroh zusammenbringt, kann man den Laugen schließlich alles freie Alkali entziehen und sogar saure Reaktion erhalten. Hiernach läßt sich also nicht nur, wie LEHMANN gefunden hat, bei Kochhitze und evtl. folgendem Durchleiten von Luft, sondern schon bei Lufttemperatur saures Strohfutter erhalten. Die dabei zum Schluß abfallende Lauge kann mit weniger Bedenken in fischführende Gewässer abgelassen werden.

Die Ausfällung der beim Aufschluß mit Lauge in Lösung gebrachten sog. Inkrusten läßt sich auch mit Mineralsäuren oder sauren Salzen bewirken. Ein brauchbares Futter wird z. B. erhalten, wenn man gemahlenes

Stroh mit Alkalilauge in der Kälte aufschließt, die Mischungen mit Natriumbisulfat übersättigt und darauf auswäscht. Unter diesen Verhältnissen werden durch das gemahlene Stroh die aus der Lauge ausgefällten organischen Stoffe zurückgehalten.

Natürlich werden solche besonderen Strohpräparate nur für spezielle landwirtschaftliche Zwecke in Frage kommen. Diese Präparate haben aber gezeigt, daß es beim Aufschließen für Steigerung der Verdaulichkeit nicht so sehr auf die völlige Entfernung der Inkrusten ankommt, als hauptsächlich auf eine Zertrümmerung der großen Zellstoffkomplexe durch chemische Mittel, wobei Rohfaser, Pentosane, Hexosane, Lignin und Kieselsäure voneinander abgetrennt werden. Diesen Aufschluß könnte man als „digestiven Aufschluß" bezeichnen, weil dabei fast alles Verdauliche vor Zerstörung bewahrt bleibt.

Nachdem ermittelt war, wie leicht Stroh durch alkalische Mittel verändert wird, mußten auch schwächere basische Mittel einer erneuten Prüfung auf Wirksamkeit unterzogen werden.

Sodalösung wirkt ohne Erwärmen nur wenig auf Stroh ein. Erhitzt man aber damit unter Anwendung analoger Mengenverhältnisse wie beim Aufschluß mit Ätznatron bis nahe zum Kochen, so läßt sich auch so ein hinreichend aufgeschlossenes Produkt erreichen. Bei wirklichem Kochen hätte man wieder den Nachteil einer größeren Zerfaserung und des Verlustes von Aroma.

Für die Praxis empfiehlt sich vor allem das Kaustifizieren der Soda mit Kalkmilch in der Kälte, auch wegen der größeren Billigkeit und Bequemlichkeit.

Schon F. LEHMANN hat Ammoniak zum Strohaufschluß verwendet. Er erhitzte mit etwa 8 proz. wäßrigen Ammoniak 10 Stunden auf 6—8 Atmosphären. Dieses Verfahren erschien verheißungsvoll, weil Stickstoff in das Stroh aufgenommen worden war und dieser ein höherwertiges Futter liefern konnte. Leider erwies sich aber das Stickstoffprodukt als unverdaulich.

Neuerdings hat man festgestellt, daß über 110° Eiweißprodukte bald ihre Verdaulichkeit einbüßen. Geht man beim Aufschluß mit wäßrigem Ammoniak nicht über 70° hinaus, so wird ohne Einverleibung von Ammoniak aufgeschlossen, aber nicht so weit wie mit Natronlauge in der Kälte.

Schließlich sei noch das Verhalten des Strohes zu Kalk erwähnt. Ätzkalk gehört zwar zu den ziemlich starken Basen, ist aber nur zu 0,15% in Wasser löslich, weshalb sich die Lösung rasch erschöpft. Eine Aufschwemmung von Ätzkalk in Wasser (Kalkmilch) wirkt anhaltender, indessen setzt sich Kalk im Stroh fest und läßt sich beim Waschen nicht leicht wieder entfernen. Am besten bereitet man die Kalkmilch in einem besonderen Gefäß und läßt sie aus diesem zum Stroh abfließen oder bewirkt den Wechsel durch eine Zirkulationspumpe. Besonders muß man darauf achten, daß nicht Sand oder Steine in das Stroh gelangen, weil diese dasselbe ganz ungenießbar und schädlich machen.

Die Wirkung des Kalks auf Stroh ist von den obigen, auf die Inkrusten lösend wirkenden Aufschlußmitteln insofern verschieden, als derselbe mit den Inkrusten, Lignin und Kieselsäure, wenig bzw. ganz unlösliche Verbindungen bildet.

Daß hier gleichwohl starke Erhöhung der Verdaulichkeit eintritt, beruht wieder darauf, daß der große Komplex von Lignin, Zellulose, Pentosan und Hexosan gesprengt wird und dadurch hauptsächlich die Verdauungsbakterien des Darmes freien Zutritt zu den Einzelbestandteilen erhalten. Bei dem obigen Vergleich des Hafers mit dem nach dem Verfasser mit Natron aufgeschlossenen Stroh ist immer zu bedenken, daß der Ersatz nur ein einseitiger ist, da es dem Stroh an Stickstoff fehlt. Wie Stärke, kann aufgeschlossenes Stroh nur zur Wärme- bzw. Kraftproduktion und Fettansatz beitragen, zur Erhaltung eines Tieres gehört aber auch noch stickstoffhaltiges Futter. Die tierischen Zellen enthalten durchweg Protein bzw. Eiweiß, welche beständig zum Aufbau der tierischen Organe gebraucht werden und nach erfolgtem Abbau als Harnstoff, Harnsäure usw. den Körper verlassen und ständige Stickstoffzufuhr notwendig machen.

Das an sich verbrennbare Eiweiß kann auch im tierischen Körper verbrannt werden und wie die Zellulose usw. zur Wärme- oder Kraftproduktion evtl. auch zum Fettansatz dienen. Das ist aber bei dem viel höheren Preis von Eiweißfutter nicht ökonomisch.

Die Natur ist glücklicherweise auf Sparen von Eiweiß bedacht, und bei genügend Vorrat von Kohlehydraten wird nur wenig Eiweiß abgebaut. Für den Stickstoffersatz im Körper kann man mit relativ wenig Eiweißfutter auskommen.

Die an Eiweiß reichen Futtermittel faßt der Landwirt als ,,Kraftfuttermittel‘‘ zusammen. Dahin gehören z. B. Blutmehl, Fleischmehl, Fischmehl mit 50—80% Protein, Leinmehl, Kleie mit 35—15%. Ärmer daran sind Klee, Heu mit 12—7% usw.

Für arbeitende Pferde wurde u. a. folgende Futtermischung verwendet:

<blockquote>
4,5 kg Heu,
6   kg Hafer,
1   kg Leinmehl.
</blockquote>

Mit gleichem Arbeitserfolg konnte folgende Mischung mit aufgeschlossenem Stroh verwendet werden:

<blockquote>
9   kg trockenes aufgeschlossenes Stroh,
1,5 kg Hafer,
1   kg Leinmehl.
</blockquote>

Daraus ergibt sich der mögliche Ersatz von Hafer durch aufgeschlossenes Stroh auf das deutlichste.

Nachdem COLSMANN dem Kochstroh zu Propagandazwecken den Namen Kraftstroh beigelegt hat, liegt die Verwechslung mit den anderen Kraftfuttermitteln in der Landwirtschaft nahe, als welche sonst nur die durch hohen Eiweißgehalt ausgezeichneten Futterstoffe benannt werden. Von diesen sind kleine Mengen nötig, um aufgeschlossenes Stroh zu vollwertigem, auch auf die Bildung von Blut, Milch, Fleisch hinwirkenden Futtermittel zu machen.

Veredelung von Lupinenkörnern.

Für Eiweißergänzung des Kraftstrohs eignen sich von unseren Pflanzen besonders die Hülsenfrüchte und unter diesen am besten die Lupinenkörner, welche weniger guten Boden verlangen und sich durch hohen Gehalt an Eiweiß (28—38%) und Fett (4—7%) auszeichnen.

Während Eiweiß in bezug auf Wärmeproduktion mit Stärke ziemlich gleichwertig ist, zeigt Fett $2^1/_4$ mal so große Wirkung.

Was aber der Verwendung der Lupinenkörner als Tierfutter im Wege steht, ist ihr Gehalt an giftigen und bitterschmeckenden Alkaloiden. Man hat schon lange angestrebt, dieselben zu entfernen. Schon die alten Römer versuchten es durch Einlegen der ungeschälten Körner in Meereswasser. Fast alle leicht zugänglichen Salze, Säuren und Basen sind als Zusätze zum Auslaugewasser empfohlen worden, ohne sicher zum Ziel geführt zu haben.

Man hat dabei eines außer acht gelassen, daß die Lupinenkörner, auch derselben Sorte, sehr verschieden widerstandsfähig gegen das Eindringen von Wasser sind. Aus der landwirtschaftlichen Praxis hätte man dies ohne weiteres ableiten können, denn man weiß, daß die Lupinenkörner selbst von derselben Sorte im Boden nicht alle gleichmäßig keimen, sondern zum Teil erst im nächsten oder übernächsten Jahr aufgehen.

Ebenso findet man beim Einwässern, daß ein Teil der Körner rasch aufquillt, während andere anscheinend unverändert und hart bleiben.

Dies bedingt eine außerordentliche Erschwerung beim Entbittern.

Um eine vollständige Entbitterung zu erhalten, hat deshalb O. KELLNER (Leipzig-Möckern) vorgeschlagen, zunächst mit kaltem oder lauem Wasser 24—36 Stunden einzuweichen, dann aber eine Stunde zu kochen und nun erst mit kaltem Wasser aller 6—24 Stunden des öfteren auszulaugen.

Dieses Verfahren bedeutet im ganzen einen sehr großen Fortschritt. Auch hier wird die Schale nicht entfernt, weil beim Kochen der geschälten Körner Gesamtverluste und besonders solche an Fett eintreten. Das Kochen möchte man aber auch deshalb vermeiden, weil die Eiweißstoffe dadurch Veränderungen erleiden, welche den Nutzen derselben herabsetzen. Bei 110—120° geht die Verdaulichkeit fast ganz verloren. Daraus ergeben sich zwei Wege, um diese Nachteile zu beseitigen.

Grobes Schroten vor dem Einweichen macht alle Körner dem Eintritt des Wassers zugänglich. Die frühere Befürchtung großer Verluste, durch Wegschwemmen feinpulvriger Substanz, trifft nicht zu oder kann durch geeignetes Arbeiten leicht beseitigt werden.

Aber auch trotz des Schrotens findet bei dem Auslaugen mit kaltem Wasser eine zum Teil auffallend langsame Entbitterung statt. Ein rasches Arbeiten ist aber auch deshalb wünschenswert, weil leicht Gärung und Säurung eintritt. Man hat geglaubt, diese Säurung anstreben zu sollen, um rasch zu entbittern; doch werden dadurch die Eiweißverluste unnötig vermehrt.

Man kommt aber leicht und sicher zum Ziel, wenn man abwechselnd mit Wasser von Mitteltemperatur (40—70°) und kaltem Wasser bis zur völligen Entbitterung behandelt.

Ob die Entbitterung eine vollständige ist, kann man weniger sicher durch Kauen der Körner selbst beurteilen, als dadurch, daß man von dem Wasser, welches eine Zeitlang über den Lupinenkörnern gestanden hat, einen Schluck zur Probe nimmt. Man gebe sich erst zufrieden, wenn nicht nur der bittere, sondern auch der zusammenziehende gerbstoffartige Geschmack beim Schlucken verschwunden ist.

Durch geeignete Behandlung kann man das Ziel in weniger als 12 Stunden erreichen.

Bei der langsamen Diffusion in das Innere der Körnersubstanz bedeutet ein rasches Durchfließenlassen von Wasser eine Verschwendung.

Zur Verfütterung werden die entbitterten Lupinen im feuchten Zustande gegeben, falls nicht längere Transporte stattfinden, welche zum Schimmeln führen können! Schimmeln ist bei Lupinen nicht ganz unbedenklich, weil durch Infektion sich möglicherweise Eiweißgifte bilden, die für die sog. Lupinenkrankheit, Lupinose verantwortlich gemacht werden. Die Infektionskeime scheinen in allen Teilen der Pflanze vorzukommen. Eine Probefütterung bei kleinen Tieren ist zum Schutz vor größeren Verlusten evtl. ratsam. Das Auftreten der Krankheit beschränkt sich gewöhnlich auf bestimmte, insbesondere nasse Jahrgänge.

Die entbitterten Lupinenkörner geben mit aufgeschlossenem Stroh zusammen, soweit die organischen Bestandteile in Betracht kommen, einen vollkommenen Ersatz für Getreide und besonders Hafer.

Durch das Auswaschen können aber in den veredelten Körnern Mineralstoffe fehlen, die für ein Futter ebenfalls unentbehrlich sind. Diesem Mangel kann man aber durch Beimischung von Heu usw. oder durch direkte Gabe von etwas Futterkalk und Salz leicht abhelfen.

Der Landwirt wird in jetzigen schwierigen Zeiten immer mehr lernen müssen, sich den oft rasch wechselnden Bedürfnissen anzupassen und dazu die Wissenschaft als Beraterin heranzuziehen.

Für alle in der vorstehenden Abhandlung erwähnten Verfahren des Verfassers besitzt die Veredlungsgesellschaft für Nahrungs- und Futtermittel (Venafu) Berlin W 50, Tauentzienstraße 15, den Patentschutz. Ohne große Opfer zu scheuen, hat dieselbe den Beweis geliefert, daß die Veredlung von Stroh und Lupinenkörnern für die Volkswirtschaft auch in Friedenszeiten großen Nutzen bringen kann.

Über intramolekulare Umsetzungen organischer Verbindungen.

Von

M. Bergmann-Berlin-Dahlem.

Über die quantitativen Gesetze, welche den Ablauf chemischer Umsetzungen wiedergeben, sind wir verhältnismäßig gut unterrichtet. Viel weniger wissen wir von den molekularen Zwischenzuständen, welche dabei auftreten, und ebenso mangelhaft sind unsere Kenntnisse über die qualitative Natur der Widerstände, welche das Tempo chemischen Geschehens vorschreiben, seinen Ablauf verlangsamen oder seinen Eintritt ganz verhindern. Besonders verwickelt liegen natürlich diese Verhältnisse bei den atomreichen Gebilden der organischen Chemie. Aber andererseits hat das riesige hier gesammelte Tatsachenmaterial in Verbindung mit gewissen Besonderheiten der Kohlenstoffverbindungen die Möglichkeit geboten, doch schon manche Gesichtspunkte für die Beurteilung der eben genannten Fragen zu gewinnen.

Man darf vielleicht aus der großen Zahl von Arbeiten, die dem Studium intramolekularer Umlagerungen gewidmet wurden, den Schluß ziehen, daß die Organiker speziell aus der Bearbeitung dieses besonderen Kapitels Aufschluß erwartet haben über alle die Umstände, welche bestimmend auf den Verlauf einer chemischen Umsetzung wirken. Leider sind aber die Fälle nicht allzu häufig, in welchen die Aufklärung intramolekularer Umwandlungen soweit gediehen ist, daß man von ihr auch für andere chemische Vorgänge breitere Nutzanwendung hätte ziehen können.

Etwas aussichtsvoller scheint in dieser Hinsicht die Lage bei einer besonderen Art intramolekularer Umlagerung, der man in neuerer Zeit des öfteren begegnet ist, der sog. Acylwanderung. Darum mögen hier einige Gesichtspunkte kurz besprochen werden, welche bei der Beschäftigung mit dieser Erscheinung gewonnen wurden.

Man hatte seit den 80er Jahren des vorigen Jahrhunderts wiederholt die Bemerkung gemacht, daß Acylgruppen — den Rest R · CO einer beliebigen Karbonsäure R · COOH bezeichnet der Organiker als „Acyl"rest — daß Acylgruppen, die ester- oder amidartig dem Verband eines Moleküls eingefügt sind, unter gewissen Umständen auffallend leicht ihren Platz innerhalb des Moleküls vertauschen und vom Sauerstoff zum Stickstoff, aus einer Ester- in eine Amidbindung, oder auch umgekehrt wandern. Besonders K. v. Auwers, A. W. Titherley und S. Gabriel haben dieser Tatsache viele schöne Arbeiten gewidmet. Dabei sah man immer als wesentliches Moment den Wettbewerb zwischen einer Hydroxyl- und einer Amidogruppe an. Erst die letzten Jahre haben gezeigt, daß man es mit einer viel allgemeineren Erscheinung zu tun hat. Zuerst wurde an Abkömmlingen der Gallussäure $(HO)_3C_6H_2COOH$ die Tatsache gefunden[1]), daß sich Hydroxyle von recht ähnlicher chemischer Natur den Besitz einer Säuregruppe streitig machen können, auch hier mit dem Erfolg der innermolekularen Umordnung. Verschiedene mild verlaufende Operationen, welche zu acylierten Gallussäuren mit Parastellung des Acyls hätten führen müssen, ergaben Metaderivate;

$$\text{statt:} \qquad \underset{\text{HO}}{\overset{\text{HO}}{\text{Acyl}\cdot\text{O}}}\!\!-\!\!\langle\ \rangle\!\!-\!\text{COOH} \quad\text{wurde}\quad \underset{\text{Acyl}\cdot\text{O}}{\overset{\text{HO}}{\text{HO}}}\!\!-\!\!\langle\ \rangle\!\!-\!\text{COOH}$$

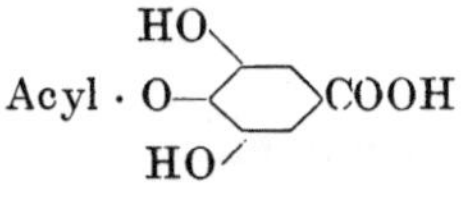

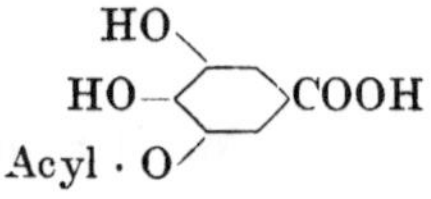

erhalten. Bald haben sich analoge Beobachtungen an Fetten (Wettstreit der Glyzerinhydroxyle)[2]) angeschlossen und erst ganz kürzlich konnte über Umlagerungen ähnlicher Natur bei einem natürlichen Zucker, der Rhamnose, berichtet werden[3]).

Die aufgezählten Beispiele lassen schon erkennen, daß die Acylwanderung nicht mehr als eine vereinzelt dastehende Sondererscheinung zu betrachten ist. Man wird ihr künftig noch recht häufig begegnen und der Biochemiker darf erwarten, sie u. a. beim Studium der leicht veränderlichen Proteine, der Kohlenhydrate, mancher Gerbstoffe und gewisser Phosphatide anzutreffen.

Neuerdings wurde aus der Beweglichkeit von Säuregruppen auch schon für präparative Zwecke Nutzen gezogen; denn auf die Möglichkeit, Acyle durch Veränderung der Arbeitsbedingungen willkürlich zwischen zwei Haftstellen hin und her zu schieben, wurde jüngst in Gemeinschaft mit den Herren Dr. Brand und Dreyer[4]) eine neuartige Synthese von Säureglyzeriden gegründet, die an Vielseitigkeit und struktureller Zuverlässigkeit den bisherigen Verfahren überlegen zu sein scheint.

Es soll hier nicht von der tieferen Ursache gesprochen werden, welche als treibende Kraft die Bewegung der Acyle auslöst. Sie mag bei den einzelnen Formen der Erscheinung wechseln. Mehr interessiert für die folgenden Darlegungen der Mechanismus, durch welchen die Beförderung der sauren Atomgruppen von einer Molekülstelle zur anderen vermittelt wird und die Kenntnis solcher Umstände, welche dem Ablauf dieses Mechanismus förderlich sind oder ihm entgegenwirken.

Vor allem fällt die Abhängigkeit der Umlagerungserscheinung von gewissen Eigentümlichkeiten des Molekülbaues in die Augen. Es handelt sich dabei um räumliche Voraussetzungen, die sich etwa in den Satz zusammenfassen lassen: Acylwanderung wird nur beobachtet, wenn die um den Säurerest konkurrierenden Gruppen innerhalb des Moleküls einander nahe stehen. Als Beispiel mögen Beobachtungen an verschiedenen

---

[1]) E. Fischer, M. Bergmann und W. Lipschitz, Ber. d. Deutsch. chem. Ges. **51**, 45 (1918). Hier findet sich auch eine Zusammenstellung der älteren Literatur und insbesondere der Arbeiten von Auwers, Gabriel und Titherley.

[2]) E. Fischer, Ber. d. Deutsch. chem. Ges. **53**, 1621 (1920).

[3]) Fischer †, M. Bergmann und A. Rabe, Ber. d. Deutsch. chem. Ges. **53**, 2362 (1920).

[4]) Die Versuche werden demnächst veröffentlicht.

Polyphenolkarbonsäuren dienen:

COOH	COOH	COOH	COOH
OH	OH OH	OH	OH
O ↑	O ↑	O	HO
H —	H	H	

Protocatechusäure[1]   Gallussäure[1]   β-Resorcylsäure[2]   Gentisinsäure[2]
Acylverbindungen lagern sich um.   Acylverbindungen lagern sich n i c h t um.

In diesen Fällen standen mehrere Hydroxyle in Wettbewerb um den Besitz eines esterartig gebundenen Säurerestes. Bei Protokatechu- und bei Gallussäure befinden sich Hydroxyle in Orthostellung zueinander, und das bedeutet nach unseren heutigen Anschauungen räumliche Nähe. Hier findet, wie schon erwähnt, sehr leicht Wanderung von Acyl aus der einen Haftstelle in die andere, benachbarte statt. Dagegen konnten wir an den Abkömmlingen der Resorcylsäure und Gentisinsäure infolge des vergrößerten Abstandes der fraglichen Gruppen ebensowenig wie v. AUWERS u. a. bei m- und p-Aminophenolderivaten eine Umlagerung beobachten. Der ebengenannte Forscher hat bei systematischen Untersuchungen auch alle Übergangsstufen zwischen beiden Extremen gefunden. Mit zunehmendem innermolekularem Abstand konnte er dabei wachsende Reaktionsträgheit feststellen.

Diese Abhängigkeit gewinnt noch an Anschaulichkeit, wenn zwei funktionell gleichartige, aber verschieden weit entfernte Gruppen gleichzeitig mit einer dritten in Acylaustausch treten wollen. Wir haben selbst eine Reihe derartiger Fälle kennengelernt, die deutlich erkennen ließen, daß dabei räumliche Verhältnisse scharf differenzierend auf sonst wesensähnliche Molekülteile wirken. Der Vergleich des in der folgenden Gegenüberstellung rechts angedeuteten Beispiels mit den beiden links wiedergegebenen Beobachtungen GABRIELs wird das Wesentliche erkennen lassen:

$$\text{O·Acyl} \quad \text{NH}_2 \qquad \text{O·Acyl} \qquad \text{NH}_2 \qquad \text{O·Acyl} \quad \text{O·Acyl} \quad \text{NH}_2$$
$$\text{CH}_3\cdot\text{CH}\cdot\text{CH}_2 \qquad \text{CH}_2\cdot\text{CH}_2\cdot\text{CH}_2 \qquad \text{CH}_2\cdot\text{CH}\cdot\text{CH}_2$$

Während in den einfachen Fällen sowohl das Acyl in der sekundären wie in der primären Estergruppe zur Umsetzung mit dem basischen Rest befähigt ist, wird im rechts dargestellten kombinierten Fall nur die in direkter Nachbarschaft zum Stickstoff stehende Estergruppe zum Austausch herangezogen. Ähnlich liegt ein anderes, verwandtes Beispiel, bei dem es sich um eine Wechselwirkung zwischen Halogen und Acylamidrest handelt, die weiterhin auch zur Wanderung des Säurerestes führt:

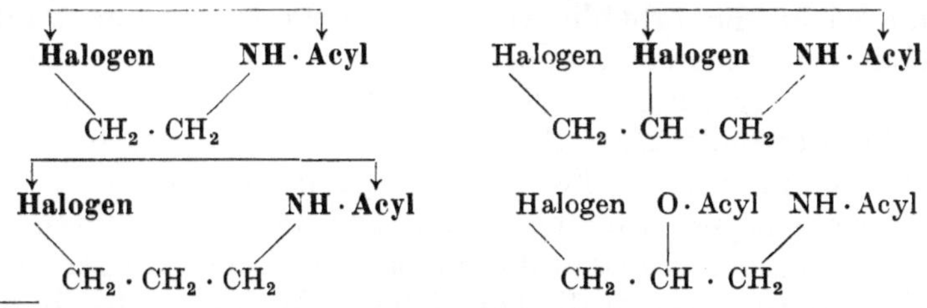

$$\text{Halogen} \quad \text{NH·Acyl} \qquad \text{Halogen} \quad \text{Halogen} \quad \text{NH·Acyl}$$
$$\text{CH}_2\cdot\text{CH}_2 \qquad\qquad \text{CH}_2\cdot\text{CH}\cdot\text{CH}_2$$

$$\text{Halogen} \qquad\qquad \text{NH·Acyl} \qquad \text{Halogen} \quad \text{O·Acyl} \quad \text{NH·Acyl}$$
$$\text{CH}_2\cdot\text{CH}_2\cdot\text{CH}_2 \qquad\qquad \text{CH}_2\cdot\text{CH}\cdot\text{CH}_2$$

[1]) E. FISCHER, M. BERGMANN und W. LIPSCHITZ a. a. O.
[2]) M. BERGMANN und P. DANGSCHAT, Ber. d. Deutsch. chem. Ges. **52**, 371 (1919).

Auch hier sind zum Vergleich links zwei einfache Beispiele aus Gabriels Arbeiten angesetzt. Bei der rechts oben wiedergegebenen Vereinigung beider Einzelfälle fanden die Herren Dreyer und Radt in unserem Laboratorium, daß ausschließlich das eine benachbarte Halogenatom zur Auswechslung mit dem Acyl herangezogen wird. Darunter gesetzt ist ein Beispiel, in welchem am sekundären Kohlenstoffatom kein Halogen mehr steht, dafür aber eine Estergruppe; offenbar schneidet sie dem endständigen Halogen weitgehend die Verbindung mit der Säureamidgruppe ab, denn es zeigt keinerlei Neigung mehr, mit ihm in Umsetzung zu treten.

Wenn alle bisherigen Beobachtungen eindeutig die innigen Beziehungen zwischen intramolekularer Beweglichkeit der Acyle und dem Abstand der substituierbaren Molekülteile erwiesen haben, so mußte diese Erkenntnis ihren Niederschlag finden in der Auffassung, die man sich vom feineren Mechanismus des Vorganges zu bilden hat. So gewinnt denn auch gegenüber der vor Jahren von verschiedenen Seiten vertretenen Anschauung eines direkten, sprunghaften Platzwechsels von Atomgruppen in neuerer Zeit mehr und mehr eine andere Erklärung Anhänger, welche die intermediäre Bildung zyklischer Übergangsverbindungen bei der Verschiebung von Acylen voraussetzt. Sie mag am Beispiel der Umlagerung einer Esterbase in ein Hydroxyacylamid dargelegt werden. Man nimmt an, daß dabei der basische Aminorest mit dem negativen Karbonyl in Verbindung tritt, vielleicht zunächst durch Restvalenzen oder dergleichen, dann aber unter Bildung eines zyklisch gebauten Zwischenproduktes, in welchem der Acylrest gleichzeitig mit der alkoholischen und der basischen Gruppe in Beziehung steht. Das Zwischenprodukt — das folgende Reaktionsschema läßt erkennen, wie man es sich in vielen Fällen vorzustellen hat — soll aber nur die Rolle eines unbeständigen Übergangsstadiums haben, dessen Ring sogleich wieder gesprengt wird, aber jetzt so, daß das Acyl am Stickstoff bleibt. Damit wäre aber die Umlagerung vollzogen:

$$\bigcirc\!\!\begin{array}{l}O\cdot COR\\ NH_2\end{array} \rightarrow \bigcirc\!\!\begin{array}{l}O\\ NH\end{array}\!\!C\!\!\begin{array}{l}OH\\ R\end{array} \rightarrow \bigcirc\!\!\begin{array}{l}OH\\ NH\cdot COR\end{array}$$

(Die Kreise sollen den Molekülrest andeuten, welcher Hydroxyl- und Amidogruppe trägt.)

Ähnlich denken wir uns den Vorgang bei der Acylwanderung zwischen zwei sauerstoffhaltigen Komplexen

$$\bigcirc\!\!\begin{array}{l}O\cdot COR\\ OH\end{array} \rightarrow \bigcirc\!\!\begin{array}{l}O\\ O\end{array}\!\!C\!\!\begin{array}{l}OH\\ R\end{array} \rightarrow \bigcirc\!\!\begin{array}{l}OH\\ O\cdot COR\end{array}$$

Man erkennt leicht die erheblichen Vorzüge dieser zweiten Auffassung. Von vornherein macht sie verständlich, warum räumliche Nähe der Gruppen Bedingung der Umlagerung ist; wie in vielen anderen Fällen wird auch in unserem die intramolekulare Ausbildung eines Ringsystems an die Erfüllung derartiger räumlicher Forderungen geknüpft sein.

Was aber mehr sagen will: bei einem Teil der untersuchten Beispiele von Acylverschiebung hat man tatsächlich mehr oder weniger beständige zyklische Übergangsformen auffinden können. Wenn das bei bestimmten anderen Formen der Acylwanderung bisher trotz aller Bemühung nicht gelungen ist, so möchten wir darin doch kein Argument für die Theorie des freien Platzwechsels erblicken. Wie wenig sagt auch hier ein negatives Ergebnis! Man bedenke nur, von wieviel experimentellen Zufälligkeiten die Auffindung solch vergänglicher Substanzen abhängt. Sind sie nicht gut kristallisierend, selbst oder in ihren Verbindungen schwerlöslich oder stark gefärbt, so können sie kaum zur Beobachtung gelangen.

Unsere heutigen Anschauungen vom Mechanismus chemischer Umsetzungen gehen bekanntlich zurück auf die alte Kekulésche Ansicht, daß dem Substitutionsvorgang eine Addition der reagierenden Teile vorhergehen müsse[1]). Wenn man heute Kekulés Ausführungen liest über Aneinanderlagerung zweier Moleküle und über Wiederzerfall der neugebildeten Atomgruppe nach anderer Richtung, wenn man weiter verfolgt was er über jene selteneren aber um so interessanteren Fälle sagt, in welchen sich das primäre Anlagerungsprodukt als Zwischenstadium festhalten läßt — dann könnte man glauben, seine Darlegungen seien eigens für die Beschreibung der Acylwanderung verfaßt und nicht als Erklärung der doppelten Umsetzung gedacht gewesen.

In der Tat braucht man nur z. B. die Umsetzung von Essigester mit Ammoniak, wie sie nach der Kekuléschen Auffassung erscheint

$$CH_3COOC_2H_5 + NH_3 \;\rightarrow\; CH_3\,C\!\!\begin{array}{l}\nearrow NH_2 \\ -OH \\ \searrow O\,C_2H_5\end{array} \;\rightarrow\; CH_2CO \cdot NH_2 + C_2H_5OH$$

zu vergleichen mit der oben gegebenen allgemeinen Formulierung der intramolekularen Wanderung eines Acyls von Sauerstoff zum Stickstoff, um die Ähnlichkeit beider Prozesse zu erkennen. Sie geht so weit über das Formale hinaus, daß wir nicht anstehen, die Erscheinung der Acylwanderung lediglich für eine spezielle Form der doppelten Umsetzung zu erklären. Ihre Besonderheit liegt darin, daß hier die beiden in Wechselwirkung tretenden Atomkomplexe ein und demselben Molekül angehören. Das hat, falls sie sich innerhalb des Moleküls in günstiger Lage zueinander befinden, zur Folge, daß die Wahrscheinlichkeit für ihre räumliche Begegnung und für ihr Aneinanderhaften, welches Voraussetzung für den Eintritt einer Reaktion ist, außerordentlich erhöht ist. Auch die quantitative Beschaffenheit und das Zahlenverhältnis der Gruppen, welche in Verbindung treten sollen, sind hier eindeutig geregelt. Schließlich wird durch die innermolekulare Zuordnung der Atomgruppen die Gefahr herabgesetzt, daß fremde Molekülarten störend in den Ablauf des chemischen Prozesses eingreifen. Alles das muß nicht nur einen ein-

---

[1]) Einen hübschen Beitrag zur Additionstheorie liefert eine Beobachtung, die Herr DREYER in unserem Laboratorium kürzlich machte. Die Tatsache, daß Allylbenzamid $CH_2 = CH \cdot CH_2 \cdot NHCOC_6H_5$ bei der leicht und momentan erfolgenden Anlagerung von einem Molekül Brom nur etwa zur Hälfte das normale Anlagerungsprodukt (Dibrompropylbenzamid $CH_2Br \; CHBr \cdot CH_2 \cdot NHCOC_6H_5$) liefert, zur anderen Hälfte aber sich umlagert und dann in das bromwasserstoffsaure Salz des Benzoesäureesters vom Bromoxypropylamin [$CH_2Br \cdot CH(OCOC_6H_5) \cdot CH_2NH_2 \cdot HBr$] übergeht, läßt sich, wie wir demnächst ausführlicher darlegen werden, nur durch die Annahme der primären Entstehung einer labilen Vorverbindung begreifen. Denn das stabile Additionsprodukt, das zuvor genannte Dibrompropylbenzamid, zeigt unter den Reaktionsbedingungen keinerlei Neigung zur Umlagerung.

heitlichen Verlauf der Umsetzung begünstigen, sondern auch eine erhebliche Beschleunigung der Reaktion im Vergleich mit gewöhnlichen, polymolekular verlaufenden Vorgängen bewirken.

In Gemeinschaft mit den Herren Dr. Brand und Dreyer wurde versucht, auf präparativer Grundlage den Beweis für die Richtigkeit dieser Schlußfolgerungen zu erbringen. Wir haben an zwei ähnlich gebauten Molekülen analoge Umwandlungen vorgenommen mit dem Unterschied, daß der Prozeß in einem Fall intramolekular, im anderen aber durch Wechselwirkung mit einer fremden Molekülart vollzogen wurde. Es handelte sich darum, aus einem Säureamid komplizierterer Natur das am Stickstoff sitzende Acyl so herauszuholen, daß es nachträglich esterartig an ein Alkoholradikal gebunden war. Eben diese alkoholische Gruppe wurde im einen Fall durch das eigene Molekül, im anderen durch ein fremdes zur Verfügung gestellt:

<table>
<tr><td align="center">Dimolekularer Vorgang</td><td align="center">Intramolekularer Vorgang</td></tr>
<tr><td>$Acyl\ O \cdot CH_2 \cdot CH(O\ Acyl) \cdot CH_2 \cdot NH \cdot Acyl + CH_3OH$</td><td>$Acyl\ O \cdot CH_2 \cdot CH(OH) \cdot CH_2 \cdot NH \cdot Acyl$</td></tr>
<tr><td align="center">↓</td><td align="center">↓</td></tr>
<tr><td>$Acyl\ O \cdot CH_2 \cdot CH(O\ Acyl \cdot CH_2 \cdot NH_2 + CH_3O\ Acyl$</td><td>$Acyl\ O \cdot CH_2 \cdot CH(O\ Acyl) \cdot CH_2 \cdot NH_2$</td></tr>
</table>

Bei der experimentellen Durchführung beider Reaktionen zeigte sich schon am quantitativen Ergebnis die erhebliche Überlegenheit des intramolekularen Prozesses. Viel beweisender erscheint aber eine Versuchsanordnung, bei der ein und derselben Verbindung Gelegenheit gegeben war, zwischen den beiden Reaktionsarten zu wählen; neben der im eigenen Molekül vorhandenen alkoholischen Gruppe wurde ein erheblicher Überschuß an Methylalkohol (etwa 50 Moleküle) zur Verfügung gestellt. Wie es folgende Formeln andeuten:

$$Acyl\ O \cdot CH_2 \cdot CH(OH) \cdot CH_2 \cdot NH \cdot Acyl + 50\,CH_3OH \rightarrow Acyl\ O \cdot CH_2 \cdot CH(O\ Acyl) \cdot CH_2NH_2$$

wurde so gut wie ausschließlich der intramolekulare Vorgang bevorzugt.

Solche Verhältnisse mögen für reaktionskinetische Untersuchungen einiges Bemerkenswerte bieten; denn der Fall einer Reaktion, welche zwischen zwei monomolekularen Systemen vermittelt, die also rein intramolekular verläuft, ohne daß fremde Molekülarten aufgenommen oder eigene Molekülteile abgespalten werden, mag nicht eben häufig sein. Bei der Acylwanderung scheint es sich aber recht häufig um solche Vorgänge zu handeln, die nicht nur rechnerisch, sondern effektiv monomolekular verlaufen.

Hat uns somit der Vergleich der Acylwanderung mit analogen dimolekularen Umsetzungen die bevorzugte Stellung des innermolekularen Vorganges vor Augen geführt, so werden wir uns unwillkürlich fragen: Gibt es nicht ein Mittel, den Ablauf chemischer Reaktionen dadurch zu beschleunigen, daß man die reagierenden Stoffe zwangsweise zu einem einzigen Molekül zusammenschließt. Vielleicht ist eine solche Fragestellung geeignet, die Wirkung mancher Katalysatoren von einer neuen Seite zu zeigen. Man hat vielfach zur Erklärung katalytischer Prozesse die primäre Entstehung von Zwischenprodukten aus dem Katalysator und der reagierenden Substanz herangezogen. Wie man sich diese auch vorstellen mag — man hat meist wohl nur an eine Verbindung aus dem

Katalysator und der einen Reaktionskomponente gedacht —, jedenfalls ist, wenn man an der Kekuléschen Additionstheorie festhalten will, im weiteren Verlauf des katalysierten Vorganges auch noch eine Anlagerung der zweiten Reaktionskomponente an das erste Additionsmolekül anzunehmen. Die eigentliche Umsetzung der beiden reagierenden Teile des „Substrates" beginnt also mit der Herstellung eines Komplexes aus dem Katalysator und den beiden Komponenten des Substrates. Dem Katalysator wird dabei häufig die Aufgabe zufallen, zwischen den beiden Stoffen, welche sich umsetzen sollen, zu vermitteln und die Bildung eines dreiteiligen Additionsmoleküls zu ermöglichen. Man wird erwarten dürfen, daß für Reaktionen innerhalb dieses zusammengesetzten Moleküls ähnliche räumliche Voraussetzungen gelten, wie sie für die intramolekulare Umsetzung der Acylwanderung festgestellt wurden. Eine Substanz wird demnach, selbst wenn alle übrigen Voraussetzungen erfüllt sind, nur dann die Umsetzung zweier Stoffe katalytisch beschleunigen können, wenn sie in der Lage ist, die reaktionslustigen Gruppen beider Moleküle einander räumlich nahezubringen. Mit zunehmendem Molekularumfang des Katalysators hat man also eine wachsende Spezifität seiner Wirkung auf wesensähnliche, aber strukturell oder konfigurativ verschieden gebaute Stoffe zu gewärtigen. So wird z. B. die bekannte Tatsache, daß Wasserstoffionen die hydrolytische Spaltung aller Glukoside beschleunigen, die hochmolekularen Fermente der Hefe und der bitteren Mandeln dagegen sehr wählerisch bezüglich der Natur ihres Substrates sind, auf neue Weise verständlich. Bisher hat man die Spezifität der Fermente zwar auch schon räumlich gedeutet und davon gesprochen, daß nur bei ähnlichem geometrischen Bau diejenige Annäherung von Glukosiden mit den Enzymen stattfinden könne, welche zur Einleitung des chemischen Vorganges erforderlich ist. Die bisherige Auffassung setzte also voraus, daß schon die Entstehung der ersten Additionsverbindung der kritische Punkt ist, in welchem räumliche Verschiedenheiten so zur Wirkung kommen können, daß von zwei chemisch ähnlichen Stoffen nur der eine gespalten wird.

Nach den vorhergehenden Ausführungen scheint aber ebensogut eine andere Deutung des Vorganges möglich. Wenn der Fermentkomplex des Emulsins wohl Amygdalin und andere β-Glukoside hydrolytisch spaltet, dagegen α-Methylglukosid nicht angreift, so braucht das keineswegs von einem Unvermögen zur Verbindung mit dem α-Glukosid herzurühren. Im Gegenteil scheint unsere Beobachtung, daß die Wirkung von Emulsin auf Amygdalin durch die Gegenwart von α-Methylglukosid erheblich verlangsamt wird, dafür zu sprechen, daß das Methylglukosid dem hydrolytischen System die Hauptmenge seines enzymatischen Katalysators entzieht, daß sich also auch solche Glukoside mit einem Ferment additionell verbinden können, die gegen seine Wirkung resistent sind. Auch α-Methylglukosid scheint sich mit Emulsin zu verbinden. Nur wird diese Verbindung einen derartigen räumlichen Bau haben, daß das für die Glukosidspaltung erforderliche Wasser von dem Ferment nicht an die empfindliche Stelle des Zuckerabkömmlings herangebracht werden kann.

Der Schichtungsplan der menschlichen Großhirnrinde.

Von
Max Bielschowsky-Berlin.

In der Großhirnrinde der Säuger läßt sich von einer frühen Periode des Embryonallebens an eine schichtweise Anordnung der Parenchymbestandteile, d. h. ihrer Ganglienzellen und Nervenfasern, nachweisen; es wechseln zell- und faserreiche Schichten mit zell- und faserärmeren ab. Diese Schichtung ist aber am reifen Organ nicht an allen Stellen der Oberfläche vollkommen gleichartig, denn es erfolgt schon in den letzten Monaten des Fötallebens und in der ersten Kindheit eine Differenzierung der Fläche nach in der Weise, daß sich in den einzelnen Rindengebieten mehr oder weniger weitgehende Unterschiede in der räumlichen Entfaltung der verschiedenen Schichten und in der Gruppierung ihrer Ganglienzellen und Nervenfasern entwickeln. Die Forschungsrichtung, welche die Feststellung dieser Unterschiede verfolgt, bezeichnen wir als zyto- und myeloarchitektonische, je nachdem sie ihr Augenmerk auf die feinere Topographie der Ganglienzellen oder der markhaltigen Nervenfasern richtet. In den letzten Jahrzehnten sind es besonders die Arbeiten O. und C. VOGTs und des zu früh heimgegangenen K. BRODMANN gewesen, welche auf diesem Wege höchst bedeutsame Ergebnisse für die Lokalisationslehre geliefert haben. Wir wissen heute, daß sich beim Menschen die Großhirnrinde jeder Hemisphäre aus etwa 200 nebeneinander gelagerten und gut begrenzbaren Feldern zusammensetzt, die zu einem erheblichen Teil auch eine weitgehende phylogenetische Konstanz besitzen und von denen wir deshalb annehmen dürfen, daß ihnen konstante funktionelle Beziehungen innewohnen. Allerdings sind uns heute die funktionellen Eigenschaften erst von einem relativ kleinen Teil der Felder bekannt.

Bei aller Vielgestaltigkeit der zyto- und myeloarchitonischen Rindenbilder bleibt aber doch der ursprünglich einheitliche Grundplan unverkennbar. Die embryologischen und vergleichend anatomischen Untersuchungen BRODMANNs haben den Beweis dafür erbracht, daß alle örtlichen Verschiedenheiten nur Modifikationen eines sechsschichtigen Grundtypus darstellen. Eine Ausnahmestellung nehmen in dieser Hinsicht nur gewisse phylogenetisch alte (zum Riechhirn gehörige) Gebiete ein, welche in ihrer Gesamtheit das sog. Archipallium bilden. Für die generelle Betrachtung der menschlichen Rinde, in welcher sie einen relativ geringen Raum einnehmen, besitzen diese atypisch gegliederten Gebiete keine erhebliche Bedeutung.

Seitdem man erkannt hat, daß Ganglienzellen und Nervenfasern in der Hirnrinde schichtweise angeordnet sind, gibt es neben dem Felderungsproblem auch ein Schichtenproblem, welches die anatomischen Tatsachen mit allgemein physiologischen Vorstellungen zu verbinden sucht. Diesem Streben liegt das histologisch gut fundierte Axiom zugrunde, daß die Zellen der gleichen Schicht auch gleichartige resp. gleichwertige Verbindungen in zellulifugaler und zellulipetaler Richtung besitzen.

Der gröbste Versuch dieser Art bestand darin, daß man aus der Form der in den einzelnen Schichten enthaltenen Zellen und aus den strukturellen Eigenschaften ihrer Zellkörper Schlüsse bezüglich ihrer funktionellen Bedeutung ableitete. Daß dieser Weg sehr leicht zu Irrtümern führen kann, hat schon Meynert mit aller Entschiedenheit betont, und nach ihm hat auch Brodmann auf die Unsicherheit derartiger Umdeutungen hingewiesen. Die Funktion einer Zellgruppe oder Zellschicht kann, wenn man von den großen motorischen Typen absieht, nicht aus den morphologischen Eigenschaften der sie bildenden Zellen, sondern nur aus ihren Verbindungen mit anderen Zentren oder mit der Peripherie erschlossen werden.

Man unterscheidet nun im Hirnmantel drei Faserarten. Die Projektionsfasern, welche die Rinde mit tiefer gelegenen Zentren verbinden, die Assoziationsfasern, welche verschiedene Punkte derselben Hemisphäre in Konnex bringen, und die Kommissurenfasern, die korrespondierende Punkte der beiden Hemisphären zusammenschließen. Will man Einblicke in die Schichtenphysiologie der Großhirnrinde gewinnen, so wird man sich in erster Reihe die Frage vorlegen müssen, mit welcher der genannten Faserarten jede einzelne Schicht vornehmlich verknüpft ist, und wie sich der Verknüpfungsmodus gestaltet, ob vor allem die Fasern der betreffenden Schicht aus anderen Zentren kommen und zu den Rindenzellen hinstreben oder aus ihnen hervorgehen.

Auf rein histologischem Wege haben die mit der Golgischen Methode arbeitenden Forscher, unter denen Ramon y Cajal und Köllicker hervorragen, manchen wertvollen Beitrag zur Lösung dieses Problems geliefert. Da ihre Untersuchungen aber vornehmlich an embryologischen, von niederen Säugern stammenden Objekten durchgeführt worden sind und außerdem oft durch recht willkürliche Kombinationen unvollständiger Färbungen getrübt erscheinen, möchte ich hier, wo uns die menschliche Hirnrinde beschäftigt, auf ihre Ergebnisse nicht näher eingehen.

Den Weg der vergleichend anatomischen Betrachtung hat Ariens Kappers eingeschlagen. Kappers teilt die Rinde in eine innere infragranuläre und eine äußere supragranuläre Hauptzone ein. Die Grenze zwischen beiden bildet die innere Körnerschicht. Diese ist nach seiner Meinung der älteste Bestandteil der Rinde und hat ursprünglich rezeptorische Funktion. Die infragranuläre Schicht stehe in enger Beziehung zur Projektionsfaserung und den niederen und kurzen interregionalen Assoziationen, während durch die supragranuläre Schicht, deren Gehalt an Pyramidenzellen in der aufsteigenden Säugetierreihe konstant zunehme, die höheren und ausgedehnteren Assoziationsleistungen vollbracht werden. — Auf demselben Wege ist auch Christfried Jakob zu einer funktionellen Gliederung der Rindenschichten gelangt, welche von derjenigen Kappers aber in wesentlichen Punkten abweicht. Er verlegt die rezeptorischen

Funktionen in die Außenzone des gesamten Kortex; die Innenzone nimmt auch er für die effektorischen Funktionen in Anspruch. Zwischen diesen beiden Hauptzonen bildet auch in seinem Schema die aus Schaltneuronen zusammengesetzte innere Körnerschicht eine Grenze. Alle Windungsgebiete der Rinde des Menschen und der Säugetiere sind ausnahmslos rezeptorisch und effektorisch tätig. Die rezeptorische, oder wie man auch sagen kann, sensible Außenzone, leitet er vom Riechhirn, einem phylogenetisch alten sensiblen Hirnteil, ab, während er die effektorische Innenschicht vom Corpus striatum, einem alten motorischen Großhirnzentrum, abstammen läßt. Trotz dieses verschiedenartigen Ursprungs gelange aber die Hirnrinde zu einer festen Verbindung beider Bestandteile, welche um so inniger werde, je höher sich der Hirntypus entwickle. Bei den Säugern führe die Ausbildung von Protoplasmafortsätzen und Kollateralen einerseits und das Auftreten massenhafter kurzaxoniger Schaltneurone andrerseits zu einer förmlichen Verschmelzung des ursprünglich getrennten Schichtenmaterials. In seiner höchsten Potenz sei dieses Prinzip im Gehirn der Primaten und des Menschen verwirklicht. JAKOB geht in seinen Folgerungen noch weiter. Er betont gegenüber entgegengesetzten Anschauungen FLECHSIGS und CAJALS, daß alle Rindengebiete, von allgemein physiologischen Gesichtspunkten betrachtet, prinzipiell gleichwertig sind, weil sie immer dasselbe Grundschema erkennen lassen. Die vorhandenen Differenzen, die sich im zyto- und myeloarchitektonischen Bilde in so mannigfaltiger Richtung offenbaren, seien nur gradueller Natur. Rindengebiete, welche weder rezeptorisch noch effektorisch sind und auf das Prädikat „Assoziationsrinde" oder „Gedächtnisrinde" begründeten Anspruch erheben könnten, seien nirgends zu finden. Diese ursprünglich rein anatomischen Betrachtungen hat JAKOB durch experimentelle und histopathologische Untersuchungen ergänzt. Bei Krankheitsfällen mit Rindenherden hat er die Thalamusveränderungen an Serienschnitten verfolgt und dabei festgestellt, daß Rindendefekte, an welcher Stelle des Kortex sie auch liegen mögen, gesetzmäßig retrograde Zelldegenerationen im Zwischenhirn herbeiführen. Daraus gehe hervor, daß die gesamte Hemisphärenrinde vom Thalamus sensible Impulse erhalte, und daß sich im Hirnmantel die Rezeptionsfelder lückenlos aneinanderschließen, von denen ein jedes mit eigenartiger Sensibilitätsqualität ausgestattet sei. Jede der beiden Rindenschichten besitzt nach seiner Meinung einen besonderen Assoziationsapparat von annähernd gleicher Stärke, welchen er als äußeren resp. inneren Rindenbogen bezeichnet. Beide stehen in mannigfaltiger Verbindung miteinander.

Einen wertvollen experimentellen Beitrag zur Klärung des Schichtenproblems hat NISSL geliefert. Seine Versuche beziehen sich zwar auf die Rinde eines tief stehenden Säugers, nämlich des Kaninchens, sind aber wegen ihrer Gründlichkeit und der Konstanz ihrer Resultate sehr beachtenswert. NISSL hat festgestellt, daß in der vom Zwischenhirn und der inneren Kapsel losgelösten Hirnrinde neugeborener Tiere eine weitere Entwicklung aller Schichten trotz absoluter Funktionsunmöglichkeit stattfindet. Während aber in den inneren Schichten (V, VI) sich deutliche Zellausfälle bemerkbar machen, erscheinen die äußeren Schichten quantitativ in weit geringerem Grade verändert. In der physiologischen Verwertung dieses sehr interessanten Befundes ist NISSL recht vorsichtig. Er zieht nur den Schluß, daß der

Gesamtquerschnitt der Konvexitätsrinde mit dem übrigen Zentralorgan nicht gleichmäßig verknüpft sei, sondern daß die Beziehungen der beiden inneren Schichten zu den tieferen Teilen unverhältnismäßig inniger sein müssen als diejenigen der äußeren. Es wird später noch davon die Rede sein, daß die unzweifelhaft richtigen Beobachtungen NISSLS einer etwas anderen Deutung zugänglich sind. Hier interessiert uns zunächst die Tatsache, daß auch bei diesem Experiment die Gliederung der Hirnrinde in eine innere und äußere Hauptzone zutage tritt.

Ein weiterer Weg, zu neuen Einblicken in den allgemeinen Bauplan der Rinde zu gelangen, eröffnet sich durch die feinere Analyse geeigneter pathologisch anatomischer Objekte. Ich hatte in den letzten Jahren Gelegenheit, drei Gehirne zu untersuchen, deren Träger bei Lebzeiten das klinische Bild der cerebralen Kinderlähmung geboten hatten. Die Kranken waren von Jugend auf halbseitig gelähmt, und das Wachstum ihrer gelähmten Gliedmaßen war gegenüber der gesunden Seite erheblich zurückgeblieben. Die Lähmung war eine ausgesprochen spastische und mit einer Steigerung des Muskeltonus, der Sehnenreflexe und mit Kontrakturen verbunden. Das anatomische Substrat bestand in allen Fällen in einer „atrophischen Sklerose" der den gelähmten Extremitäten gegenüberliegenden Großhirnhemisphäre, deren Gesamtvolumen im Vergleich mit der gesunden Seite um etwa ein Drittel verkleinert war. Im Hirnmantel ließ sich stets ein Herd stärkster Erkrankung nachweisen, in dessen Bereich das Gewebe stark geschrumpft und trotz Erhaltung der äußeren Formverhältnisse in einen fast parenchymlosen Gliafilz umgewandelt war. Das Merkwürdige derartiger Fälle besteht darin, daß sich von diesen alten Herden, welche als Restbestände längst abgelaufener enzephalitischer Prozesse gelten müssen, eine schichtförmige Erkrankung über die gesamte Hemisphärenrinde derselben Seite fortpflanzen kann, gleichviel ob der ursprüngliche Herdprozeß sich im Stirnlappen, im Scheitellappen oder im Temporo-Okzipitalgebiet angesiedelt hatte und räumlich von größerer oder geringerer Ausdehnung gewesen war. Diese schichtförmige Erkrankung der (extrafokalen) Großhirnrinde betrifft vorzugsweise, ja über weite Strecken ganz ausschließlich, die dritte Rindenschicht, die sog. Lamina pyramidalis BRODMANNs. In dem letzten der von mir untersuchten Fälle war die Beschränkung des Rindenprozesses auf diese Schicht eine vollkommen reine, ja über weite Strecken war sie noch nicht einmal in ihrer vollen Breite, sondern nur in ihrer Außenzone betroffen. Die Schichtenveränderung besteht im wesentlichen darin, daß die Nervenfäserchen und Ganglienzellen zu einem erheblichen Teil zugrunde gehen, ohne daß stärkere Reaktionserscheinungen an den Gefäßwandungen oder an der faserigen Neuroglia zustande kommen. Daß gerade diese Schicht einer derartigen Fernwirkung bei ursprünglich scharf begrenzten und herdförmigen Erkrankungen unterliegt, hat vornehmlich darin seinen Grund, daß ihre Grundsubstanz von besonderer Zartheit ist, und daß Zirkulationsstörungen sekundärer Natur sie über lange Zeiträume ungünstig beeinflussen. Auf die histopathologischen Einzelheiten soll hier nicht näher eingegangen werden, so viel Interesse sie für den pathologischen Anatomen auch besitzen. Für uns ist nur die Tatsache von Bedeutung, daß ein derartiger scharf begrenzter Schichtenprozeß unter pathologischen Bedingungen tatsächlich vorkommt und zu scharf determinierten sekundären Veränderungen führt. Ich möchte nur ergänzend bemerken, daß die tiefen Schichten an den von mir untersuchten Gehirnen in allen Fällen gut erhalten waren und sich deshalb von der dritten Schicht scharf abhoben. Die an der Grenze der schwer betroffenen Lamina pyramidalis und der gut konservierten inneren Schichten gelegene Lamina granularis interna war in zwei Gehirnen an einzelnen Stellen in das Degenerationsgebiet mit hineingezogen worden, im dritten Fall war sie, abgesehen von der nächsten Nachbarschaft des Herdes, vollkommen frei. Da die sekundären Degenerationserscheinungen aber bei allen drei Fällen vollkommen übereinstimmten, so ist man zu der Annahme berechtigt, daß auch in den beiden ersten ihre geringfügige Beteiligung für das Zustandekommen der sekundären Veränderungen nicht von Belang gewesen sein kann.

Vergleicht man einen Schnitt aus dem Parazentralläppchen der gesunden und der kranken Hemisphäre von einem solchen Fall, so sieht man schon auf den ersten Blick, daß die Rinde der kranken Seite um fast die Hälfte ihres Querdurchmessers verschmälert ist, und bei der Betrachtung mit dem Mikroskop stellt sich heraus, daß diese Verschmälerung auf Rechnung einer Destruktion in der dritten Schicht zu setzen ist. Die Beetzschen Riesenpyramidenzellen in der fünften und die Zellen der sechsten Schicht sind dagegen auf beiden Seiten gleich gut und in annähernd gleicher Zahl sichtbar. Beim Vergleich der hinteren Zentralwindungen, welche eine deutliche innere Körnerschicht besitzen, läßt sich die Lokalisation des Rindenprozesses auf die dritte Schicht fast noch besser wahrnehmen. Auch die äußeren Schichten der Rinde (Lamina zonalis und Lamina granularis externa) zeigen auf der kranken Seite keine nennenswerte Einbuße an Parenchymbestandteilen.

Sehr bedeutungsvoll sind nun die faseranatomischen Befunde, welche sich an derartigen Gehirnen gleichmäßig wiederholen. Diejenigen Projektionsfasersysteme, welche in ihrer Gesamtheit den Hirnschenkelfuß bilden, haben keine irgendwie nennenswerte Einbuße an leitenden Elementen erfahren. Obgleich wir es hier mit Individuen zu tun haben, bei denen auf Grund ihrer klinischen Symptome eine schwere Läsion ihrer kortikomotorischen Bahn zu postulieren war, ist weder im Hirnschenkelfuß noch in der inneren Kapsel oder in der weiter kaudal gelegenen Gebieten des Gehirnes eine Veränderung der Pyramidenbahn kenntlich[1]). Im stärksten Gegensatz zur Integrität des Hirnschenkelfußes und des hinteren Schenkels der inneren Kapsel stehen schwere Schrumpfungserscheinungen der Thalami in den kranken Hemisphären. Sie betreffen ausschließlich diejenigen Kerngebiete des Zwischenhirns, welche wir als Großhirnanteile auffassen und von denen wir wissen, daß sie durch Projektionsfasern mit der Großhirnrinde in kortikopetaler und kortikofugaler Richtung verknüpft sind.

[1]) Diese Hemiplegie bei intakter Pyramidenbahn ist einesteils darauf zurückzuführen, daß durch die Veränderung in der dritten Schicht die Zentralwindungen der kranken Hemisphäre ihre Rezeptivität für alle aus der Peripherie kommenden kinästhetischen Impulse eingebüßt haben, andernteils darauf, daß auch die der Regio giganto-pyramidalis übergeordneten motorischen Zentren defekt waren. Das kortikomotorische Neuron der Pyramidenbahn stellt nur das letzte Glied einer langen kortikalen Kette dar, welches isoliert zu motorischen Willkürleistungen untauglich wird. Für die Hypoplasie der gelähmten Extremitäten ist im wesentlichen der Ausfall der zentralsten sensiblen Neurone verantwortlich zu machen; denn für die Entwicklung des normalen Körperwachstums ist die Integrität der gesamten sensiblen Leitung von der Peripherie bis zum Cortex eine unerläßliche Vorbedingung. Freilich handelt es sich hier vorwiegend um Sensibilitätsqualitäten, welche nicht zum Bewußtsein gelangen.

Dagegen sind die Kerne im zentralen Höhlengrau des Zwischenhirns in der Ventrikelwandung an dem Schrumpfungsprozeß nicht beteiligt. Auch die Kerne und Fasersysteme der Regio subthalamica, der Substantia nigra und der Linsenkernschlingen sind auf der kranken Seite ebenso gut erhalten wie auf der gesunden. An vergleichenden Zellfärbungen sieht man, daß diese Großhirnanteile auf der kranken Seite einen beträchtlichen Teil ihrer Ganglienzellen eingebüßt haben. Dabei haben sie aber trotz ihrer hochgradigen Schrumpfung von ihrem Faserbestand — scheinbar wenigstens — nicht viel verloren.

Aus diesen Befunden geht hervor, daß die kortikofugalen Projektionsfasersysteme, welche wir im Hirnschenkelfuß vereinigt finden, nämlich die Pyramidenbahn und die kortikopontilen Systeme ihre Ursprungszellen in den tiefen Schichten der Hirnrinde (V, VI) haben.

Daß Pyramidenfasern aus den Beetzschen Riesenzellen der Lamina ganglionaris (V) hervorgehen, war bereits durch die Untersuchungen von KOLMER, NISSL und MONAKOW sicher gestellt. Die vorliegenden Beobachtungen sprechen aber entschieden dafür, daß auch die kortikopontilen Fasern in den tiefen Schichten entspringen. Es ist ferner in hohem Maße wahrscheinlich, daß aus diesen tiefen Schichten zahlreiche Fasern hervorgehen, welche die Rinde mit dem gleichseitigen Thalamus in kortikofugaler Richtung verbinden; denn in den Großhirnanteilen des Zwischenhirns sind ja immer noch viel einströmende Fasern vorhanden. Der starke Zellausfall, den die Großhirnanteile auf der kranken Seite gesetzmäßig erfahren, ist mit der Annahme unvereinbar, daß diese Fasern aus dem Thalamus selbst entspringen; sie müssen aus andern Zentren herrühren. Einfache faseranatomische Überlegungen führen zu dem Schluß, daß eine ihrer Hauptquellen in der Großhirnrinde, und zwar in deren Innenzone, liegt.

Von besonderer Bedeutung sind aber die starken Zellausfälle in den bezeichneten Thalamusgebieten. Das Verschwinden der Zellen kann nur als Ausdruck einer retrograden Degeneration aufgefaßt werden und nach Lage der Dinge nur eine Folgeerscheinung des Ausfalles der dritten Schicht sein. In dieser Schicht endigen offenbar die kortikopetalen Neurone der Großhirnanteile des Zwischenhirns, und die Zerstörung ihrer Endstrecken führt unter gewissen Bedingungen zum Untergang ihrer Ursprungszellen. Fände ein ergiebiger Kontakt zwischen den Endausbreitungen dieser Neurone und den Zellen der tieferen Schichten einschließlich der Lamina granularis interna statt, so würde sich nie und nimmer ein so hoher Grad von retrograder Degeneration in den betreffenden Thalamuskernen entwickeln. Auch die Lamina granularis interna kann, wie ich entgegen der Anschauung von KAPPERS betonen möchte, als Hauptaufnahmestätte der kortikopetalen sensiblen Faserung nicht in Betracht kommen, weil im dritten meiner Fälle diese Schicht keine nennenswerte Veränderung, weder im Zell- noch im Faserbild, aufwies. Der Einwand, daß nicht die Veränderungen in der dritten Rindenschicht, sondern andere Faktoren, etwa primäre Herde im Mark, schädigend auf die thalamokortikalen Verbindungen eingewirkt haben könnten, wird dadurch hinfällig, daß ja die aus verschiedenen, weit auseinander liegenden Windungen des Kortex zum Hirnschenkelfuß absteigenden Systeme keine sekundären Veränderungen aufwiesen. Ob alle Windungsgebiete resp. alle Felder der Hemisphärenrinde an der Aufnahme thalamogener sensibler Neurone gleichmäßig beteiligt sind, darauf geben die von mir untersuchten Fälle keine sichere

Antwort. Auf Grund der erwähnten Untersuchungen von Jakob und der myelogenetischen Forschungen Oscar und Cécile Vogts halte ich aber die Annahme für viel wahrscheinlicher, daß dies der Fall ist, und daß es eine reine „Assoziations- oder Gedächtnisrinde" nicht gibt. Als Beweis für die Richtigkeit der hier vorgetragenen Auffassung, ja geradezu als eine Probe aufs Exempel, kann folgende Tatsache gelten. In zweien meiner Fälle war die Calcarinarinde, welche die Opticusfaserung aufnimmt, von dem Schichtenprozeß in der Lamina pyramidalis verschont geblieben. Der Großhirnanteil dieses Rindengebietes ist im Zwischenhirn vornehmlich das Corpus geniculatum laterale. Dieses mußte also, wenn die Beweisführung richtig ist, in diesen Fällen intakt sein. Tatsächlich ist das auch der Fall gewesen. Daß diese Korrelationen auf keinem Zufall beruhen, bedarf keiner weiteren Auseinandersetzung.

Neben der Degeneration der Thalami ist weiter die starke Volumenverminderung und Lichtung der Markkegel und des tiefen Hemisphärenmarkes ein Befund, der Beachtung verdient. Daß die Raumeinbuße des Markkörpers durch den alleinigen Ausfall von Projektionsfasern nicht erklärt werden kann, liegt auf der Hand. Es müssen da noch andere Quellen versiegt sein. Da auch die Kommissurenfaserung nur wenig an leitenden Elementen eingebüßt hat, bleiben nur die Assoziationssysteme übrig, auf deren Rechnung das Defizit gesetzt werden kann; und zwar müssen sowohl lange als kurze Assoziationsbündel gelitten haben. Auch dieser Faserausfall ist durch die Zerstörung der dritten Rindenschicht hervorgebracht worden. Dieselben Pyramidenzellen, um welche sich in der dritten Schicht die Endformationen der thalamogenen sensiblen Neurone aufsplittern, sind offenbar zu einem erheblichen Teil Ursprungszellen langer und kurzer Assoziationsfasern. Damit soll nicht behauptet werden, daß aus den tiefen Rindenschichten keinerlei Assoziationsfasern hervorgehen; aber die Tatsache, daß das Centrum semiovale in allen Fällen auf der kranken Seite so viel Fasern verliert, gestattet doch den Schluß, daß die vom Außenkortex kommenden gegenüber denjenigen aus den inneren Schichten stark überwiegen.

Wenn Nissl meint, daß die Außenzone der Hirnrinde mit dem übrigen Gehirn loser verknüpft sei als die inneren Schichten, so ist diese Auffassung für das Kaninchen zutreffend; sie darf aber für die höheren Säuger nicht verallgemeinert werden. Bei den Nagern, welche nur einen sehr dürftigen Markkörper in ihren Hemisphären aufweisen und für ihre Assoziationen im wesentlichen intrakortikale, d. h. in der Rinde verbleibende Faserzüge benutzen, werden bei seinem Experiment die Pyramidenzellenaxone der dritten Schicht vom Messer nicht berührt. Diese Zellen können deshalb auch nicht rückläufig degenerieren. Bei den höheren Säugern mit stärker entwickeltem Assoziationsapparat, bei denen die extrakortikalen in das Hemisphärenmark eindringenden Fasern zu größerer Entfaltung gelangen, würde dasselbe Experiment auch deutliche Zellausfälle in der dritten Schicht zur Folge gehabt haben.

So läßt sich denn aus den mitgeteilten pathologisch-anatomischen Befunden der Schluß ziehen, daß in der Rinde zwei Fundamendalzonen existieren, nämlich eine Innenzone, aus welcher die kortikofugalen Projektionsfasern hervorgehen, und der deshalb effektorische resp. motorische Funktionen im weitesten Sinne beizumessen sind, und eine Außenzone, deren wichtigster Bestandteil die Lamina pyramidalis ist. Diese Schicht nimmt die kortikopetale Projektionsfaserung auf und ist dementsprechend als rezeptorischer resp. sensibler Organbestandteil aufzufassen. Sie ist zugleich die Ursprungsstätte der meisten Assoziationsfasern, woraus hervorgeht, daß die Örtlichkeiten, welche der sensiblen Funktion dienen, auch zu den psychischen Funktionen in engerer Beziehung stehen als diejenigen, aus welchen effektorische Impulse abfließen. Dieses Resultat läßt sich mit den erwähnten Ergebnissen der vergleichend anatomischen Forschung gut in Einklang bringen.

Es handelt sich bei diesen Untersuchungen um einen ersten, noch ziemlich groben Anfang, der nach vielen Richtungen des weiteren Ausbaues bedarf. Er zeigt aber, daß die pathologische Anatomie und die Histopathologie dazu befähigt sind, an der Lösung des Schichtenproblems tätigen Anteil zu nehmen. In der Literatur der letzten Zeit findet sich in dieser Hinsicht auch sonst noch mancherlei Verheißungsvolles. Erwähnt sei nur der Nachweis von gliösen Pseudokörnerschichten in agranulären Rindengebieten bei Huntingtonscher Chorea durch KÖLPIN und bei amyotrophischer Lateralsklerose durch SCHRÖDER. Beachtenswert sind auch die Beobachtungen CREUZFELDTS, der bei einem eigenartigen Fall von progressiver Demenz, der mit schweren somatischen Störungen einherging, herdförmige Zellausfälle in der Hirnrinde feststellen konnte, die vorwiegend in der dritten Brodmannschen Schicht entwickelt waren. Es ist zu erwarten, daß solche für die Physiologie und Pathologie der Rinde verwertbare Befunde sich rasch häufen werden, wenn bei einschlägigen Fällen die feinere Topographie der Rindenveränderungen mehr Beachtung finden wird, als es bisher im allgemeinen der Fall gewesen ist.

Die ersten zwanzig Jahre Mendelscher Vererbungs-lehre[1].

Von

C. Correns-Berlin-Dahlem.

Im Frühjahr 1900 erschienen in den Berichten der deutschen bota-nischen Gesellschaft kurz hintereinander von drei Forschern Arbeiten, die alle eine Bestätigung der Tatsachen und Schlüsse brachten, die der Augustinerpater GREGOR MENDEL bei seinen Vererbungsversuchen mit Erbsen im stillen Klostergarten zu Brünn gefunden hatte. Er hatte sie zwar im Jahre 1866 an einer schwer zugänglichen Stelle, in den Sitzungs-berichten seiner heimatlichen naturforschenden Gesellschaft als ,,Versuche über Pflanzenhybriden'' veröffentlicht, aber die Gelehrten jener Tage waren achtlos daran vorübergegangen, auch NÄGELI, der seiner Veranlagung und seinen Bestrebungen nach am ehesten die Tragweite der Entdeckungen hätte richtig einschätzen können. Woran das lag? Zum größten Teil war sicher Schuld, daß MENDEL bei seinen weiteren Versuchen besonderes Gewicht auf eine Pflanzengattung gelegt hatte, die so ungünstig wie nur möglich für eine Bestätigung des vorher Gefundenen war. So außerordent-lich glücklich der wohlüberlegte Griff bei den Erbsen gewesen war, so ver-hängnisvoll war er bei den Hieracien. Die zweite und letzte kleine Vererbungs-arbeit MENDELS aus dem Jahre 1870 über Bastarde aus dieser Gattung zeigte denn auch einen ganz entgegengesetzten Ausfall der Versuche. Die Gründe dafür traten erst kurz nach MENDELS Wiederentdeckung zutage; die Nachkommen einer Pflanze, auch eines Bastardes, verhalten sich hier wie Stecklinge, die von ihr gemacht werden, weil sie fast immer auf un-geschlechtlichem Wege, apogam, entstehen. Sie können dann nichts von den Gesetzen zeigen.

Und doch ist es leichtverständlich, daß MENDEL gerade auf diese Gattung verfiel. Hatte sie doch seit langem infolge ihrer ungemeinen Viel-förmigkeit und der außerordentlichen Schwierigkeiten in der Abgrenzung der Arten, als besonders günstiges Objekt zum Studium der Artbildung die Aufmerksamkeit der Botaniker auf sich gezogen. So hatte auch NÄGELI sich schon früher mit ihr beschäftigt und war damals gerade im Begriff, sie wieder eingehend zu studieren. Was lag da näher, als den Tatsachen, die wohl für eine Kulturpflanze wie die Erbse Gültigkeit hatte, sich aber bei Hieracium gar nicht nachweisen ließen, keine große Bedeutung zuzu-schreiben? Für die Wissenschaft ist es sicher ein Nachteil gewesen. Ob

---

[1] Die einundzwanzigjährige Wiederkehr der Entdeckung des Lebenswerkes MENDELS und damit der Begründung der modernen Vererbungslehre reizte, einiges aus dem inzwischen Geleisteten in einer kurzen Übersicht zusammenzustellen. Sie soll keine vollständige Ge-schichte dieser Zeit sein; deshalb sind auch nur die Namen verstorbener Forscher genannt.

für den Ruhm Mendels? Kaum. Wäre die bahnbrechende Bedeutung seiner Arbeit gleich erkannt worden, so würde man jetzt die moderne Vererbungslehre vermutlich nicht Mendelismus nennen, oder von einem Bastard sagen, er mendelt, wenn er sich wie Mendels Erbsenbastarde verhält.

Wichtig für die Charakteristik des Mannes sind seine an Nägeli gerichteten Briefe. Mendel selbst war sich der Richtigkeit seiner Entdeckung wohl bewußt und glaubte gewiß auch, daß seine Zeit noch kommen werde; die Tragweite schätzte er nicht voll ein und konnte es ja auch gar nicht, nach dem, was wir eben hörten.

Als vor 20 Jahren die Aufmerksamkeit wieder auf Mendels Arbeit gelenkt wurde, lag alles viel günstiger. Denn in den 34 Jahren, die zwischen Mendels Veröffentlichung und seiner Wiederentdeckung liegen, war eben durch die intensive Geistesarbeit Galtons, Nägelis, Weismanns und anderer der Boden für ihr Verständnis gut vorbereitet worden. So gaben die drei eingangs genannten Veröffentlichungen den Anstoß zu einer so raschen und reichen Entwicklung der Vererbungslehre, wie sie wohl die Geschichte keiner anderen biologischen Disziplin aufweisen kann. Dabei ist die Wirkung der parallel gehenden Untersuchungen über Mutationen bei Oenothera und vor allem jener über „reine Linien" nicht zu unterschätzen. Das Ausland griff den Anstoß eifrig auf, vor allem England und Amerika, auch Schweden, während man in Deutschland erst kurz vor dem Kriege für diese Forschungsrichtung besser zu sorgen begann. Jetzt lastet die finanzielle Lage schwer auf ihr.

Durch die glänzende Entwicklung der Zellenlehre war in der Zwischenzeit auch die Möglichkeit geschaffen worden, tiefer einzudringen und den Mechanismus des von Mendel beobachteten Geschehens zu verstehen. War doch im Jahre 1866 noch nicht einmal das Wesen des Befruchtungsvorganges, die Übertragung materieller Teilchen durch das Spermatozoon oder den Spermakern in die Eizelle, bekannt gewesen, und ebensowenig die wunderbare Feinheit, mit der die Substanz des Kernes bei der Zellteilung halbiert und auf die Tochterzellen übertragen wird, geschweige denn die Vorgänge bei der Reduktionsteilung.

Der Stand unserer Kenntnis der Bastarde — auf der sich jedes Wissen von der Übertragung der elterlichen Eigenschaften auf die Kinder aufbaut — zur Zeit der Wiederentdeckung Mendels ist gut durch den Report der Hybrid Conference gekennzeichnet, die im Juli 1899 in London von der Royal Horticultural Society abgehalten wurde. Wohl finden wir Ansätze zu dem Fortschritt, den Mendel brachte, vor allem bei seinem Zeitgenossen Charles Naudin; sie entwickelten sich aber nicht weiter.

Das Wesentlichste an den neuen Vorstellungen ist sicher, daß für die einzelnen Eigenschaften der Organismen einzelne, getrennte, körperliche Anlagen, „Gene", „Faktoren", vorhanden sind. Sie sind voneinander unabhängig, bleiben ganz unverändert, wenn sie bei einer Bastardierung mit den Anlagen eines anderen Individuums zusammenkommen, werden bei der Bildung der Keimzellen wieder sauber getrennt und nach den Gesetzen der Wahrscheinlichkeitsrechnung auf die Keimzellen verteilt. Wir können die Chancen einer bestimmten Kombination von Erbanlagen berechnen und können neue konstante Sippen, Kombinanten, aufbauen, indem wir die eine Eigenschaft von jenem Elter, die andere von diesem nehmen, ein Verfahren, dessen praktische Bedeutung auf der Hand liegt. Auf die zugrunde liegenden Tatsachen selbst, die man als „Spaltungsgesetz" und „Unabhängigkeitsgesetz" zusammenfaßt, brauche ich hier nicht einzugehen. Ich will nur bemerken, daß es uns heutzutage nicht mehr zu beunruhigen braucht, wenn wir bei einer Nachkommenschaft Zahlenverhältnisse erhalten, die von denen abweichen, die man nach der Rechnung erwartet. Sehr bald nach der Wiederentdeckung konnte schon ein solcher sehr auffälliger Fall von Abweichung durch nachträgliche Verschiebungen erklärt werden, sei es durch den Wettbewerb, die „Zertation", verschiedener Pollensorten oder durch Elimination, und seitdem haben wir reichliche Belege dafür erhalten. Die Rückkreuzung des Bastardes mit seinem einen Elter ist in solchen Fällen instruktiver als die Aufzucht seiner zweiten Generation nach Inzucht oder Selbstbefruchtung.

Ein weiteres Gesetz, das aber nicht wie die oben genannten die Übertragung der Merkmale, sondern die Entfaltung der Anlagen beherrscht, war zunächst als „Dominanz-" oder „Prävalenzgesetz" aufgestellt worden. Nach ihm sollte das Merkmal des einen Elters über das korrespondierende des anderen im Bastard ganz oder stark überwiegen, die rote Blütenfarbe z. B. über die weiße, so daß der Bastard rot blüht. Etwas Wichtigeres findet aber in dem „Uniformitätsgesetz" A. LANGS seinen Ausdruck: die Nachkommen erblich reiner Eltern sehen unter den gleichen äußeren Bedingungen stets gleich aus.

Wie ein Merkmal überhaupt ausfällt, hängt außer von seiner ererbten Anlage von den äußeren Bedingungen ab, unter denen sich diese Anlage entfaltet. Das ist schon von NÄGELI betont worden, aber erst jetzt, vor allem durch die Untersuchungen über reine Linien, ganz scharf herausgearbeitet und zur Anerkennung gebracht worden. Vererbt wird z. B. beim Weizen nicht eine bestimmte Länge des Halmes, sondern die Fähigkeit, unter bestimmten Bedingungen einen Halm von bestimmter Länge zu bilden, auch nicht die rote Farbe einer Blüte, sondern die Fähigkeit, unter bestimmten Bedingungen, z. B. bei einer gewissen Temperatur, rote Farbe von bestimmter Intensität zu bilden. Bei höherer Temperatur kann dieselbe Pflanze blasser oder weiß, bei tieferer noch dunkler rot blühen. Trotzdem wird man der Kürze halber auch fernerhin einfach von einer „Anlage für Rot" sprechen oder von einer „Vererbung von Hell- oder Dunkelrot", und darunter das verstehen, was vorhanden sein muß, soll die Pflanze überhaupt roten Farbstoff bilden können, und daß sie unter denselben Bedingungen hellrot oder dunkelrot blüht.

Die einfachen Tatsachen, die MENDEL gefunden hatte, und die daraus abgeleiteten Gesetze haben sich überall nachweisen lassen, wo der Bastardierungsversuch darauf zu prüfen erlaubte. Daß sie gerade bei Pflanzen entdeckt wurden und ihre erste experimentelle Bestätigung auch dort fanden, ist kein Zufall und hängt mit der hier sehr häufigen Zwittrigkeit und der oft gegebenen Selbstbefruchtung zusammen. Auch fast alle Fortschritte über MENDEL hinaus sind zunächst bei Pflanzen gemacht worden. Nur in letzter Zeit, und auf einem bestimmten, freilich sehr wichtigen Gebiet, bei der Verbindung von Mendelismus und Zytologie, hat umgekehrt die Zoologie durch ihre ungleich günstigeren Objekte einen Vorsprung gewonnen, den die Botanik nicht einholen kann.

Schon sehr bald nach der Wiederentdeckung konnte darauf aufmerksam gemacht werden, daß die Bastardierungsversuche, die von GUAITA nicht lange vorher mit der japanischen Tanzmaus und der Hausmaus angestellt hatte, zu den Mendelschen Gesetzen paßten, und rasch wurde auch an der Hand von Stammbäumen wahrscheinlich gemacht, daß Eigenschaften des Menschen, zunächst Bildungsanomalien und Krankheiten, ihnen folgten. Wir wissen jetzt, daß im Pflanzenreich, im Tierreich und beim Menschen alle möglichen Eigenschaften mendeln, normale und pathologische, morphologische, anatomische und physiologische, herab bis zu den Stoffen, die in manchen Fällen die Selbststerilität bedingen.

Zu allererst spielte, hauptsächlich unter dem Eindruck des noch unerklärten Verhaltens der Hieracienbastarde, die Vorstellung eine Rolle, als ob die neuentdeckten Vererbungsgesetze für Rassenbastarde charakteristisch seien. Es ließ jedoch der Beweis nicht lange auf sich warten, daß wenigstens einzelne, leicht faßbare Eigenschaften auch bei Bastarden zwischen besten Arten im alten LINNÉschen Sinne mendelten, und heutzutage liegt die Sache gerade umgekehrt, jede Angabe des Nichtmendelns fordert eine Nachprüfung. Wenn es bei Artbastarden vielfach schwer ist, das Mendeln nachzuweisen, so liegt das teils daran, daß die Merkmale sehr kompliziert aufgebaut sind oder allerlei, eigentlich nebensächliche Umstände das Spalten erschweren oder verhindern.

Ein wesentlicher Fortschritt über MENDEL hinaus war die Erkenntnis, daß eine Eigenschaft durch mehrere voneinander unabhängige, ganz verschiedenartige Erbanlagen bedingt sein kann. Es wird bei dem Uneingeweihten immer wieder Staunen erregen, wenn er den Bastard zwischen einer weißblühenden und einer rotblühenden Pflanze blau blühen sieht, oder gar zwei weißblühende Eltern lauter blaublühende Nachkommen geben. Die Erklärung dafür ist erst durch das genauere Studium des Zustandekommens der Eigenschaften möglich geworden, in den genannten Fällen durch das der Entstehung der Farbstoffe. Auf die Bedeutung solcher Arbeit kann nicht nachdrücklich genug hingewiesen werden. Umgekehrt gibt aber auch der Vererbungsversuch Fingerzeige für die entwicklungsgeschichtliche Untersuchung. In dem oben genannten Fall entsteht z. B. das Blau genau so, wie es bei einer sauren, roten Lackmuslösung durch Zusatz einer genügenden Menge Alkali zustande kommt. Die eine Pflanze vererbt den sauren Zellsaft und den darin gelösten Farbstoff, blüht also rot, die andere den dominierenden, alkalischen Zellsaft, aber keinen Farbstoff, und blüht weiß. Der Bastard zeigt den Farbstoff in alkalischer, blauer Lösung. Oder das Blau entsteht, wie sich das Indigoblau beim Zusammentreten von Indigweiß mit Sauerstoff bildet: das eine Elter vererbt ein Chromogen, das andere einen oxydierenden Stoff. Sie blühen deshalb beide nur weiß; der Bastard dagegen, bei dem beide Stoffe zusammen-

treffen, blau. Wir kennen sehr viele solche Fälle, auch im Tierreich, wenn
z. B. der Bastard zwischen einer schwarzen Maus und einer weißen grau ist.

Von ganz besonderer Bedeutung aber war die Entdeckung der gleichsinnig wirkenden Anlagen, der „multiplen" oder „polymeren"
Faktoren. Sie ist wohl die genialste, sicher die theoretisch wichtigste Erweiterung unseres Wissens seit Mendel, für die wir freilich wohl schon
bei diesem selbst eine Ahnung finden, dort, wo er die verschiedenen intensiv
roten Blütenfarben zu erklären sucht, die in der zweiten Generation seines
Bastardes zwischen einer weißblühenden Buschbohne und der rotblühenden
Feuerbohne auftraten.

Für ein Merkmal, z. B. eine Färbung, können nämlich statt einer
Anlage zwei oder mehr vorhanden sein, die aber nicht, wie wir eben sahen,
erst zusammen das Merkmal geben, sondern von denen jede für sich allein
es schon hervorbringt, in voller Stärke oder in schwächerer Ausbildung.
Die schwarze Spelzenfarbe mancher Hafersorten beruht so auf zwei Farb-
anlagen, von denen jede für sich schon Schwarzbraun gibt, und die, zu-
sammenwirkend, eine noch tiefere Farbe hervorbringen. Der „rote"
Weizen wird durch drei derartige Anlagen für die Körnerfarbe bedingt.
Wenn mit jeder Anlage, die in der Erbmasse mehr vorhanden ist, die Fär-
bungsintensität steigt, und wenn die Ausbildung der Färbung auch noch
von äußeren Einflüssen abhängt, so muß in der Nachkommenschaft eines
Bastardes zwischen einem stark roten und einem weißen Weizen im Durchschnitt unter je 64 Pflanzen nur eine weiße Körner zeigen; die anderen 63
sind eine bunte Menge aus Pflanzen mit verschieden stark rot gefärbten
Körnern, deren Färbungsunterschiede teils erblich, teils durch die äußeren
Umstände hervorgerufen sind, und aus der man konstante, verschieden stark
rote Kombinanten isolieren kann. Ja, die Färbung kann bei dem Bastard
zwischen zwei roten Weizen intensiver ausfallen als bei den Eltern.

Die multiplen Faktoren klären nun das Verhalten vieler Bastarde auf,
die man zunächst als Ausnahmen von den neuen Vererbungsgesetzen oder
als Beweise gegen sie betrachtet hatte, weil die erste Generation eine Mittel-
stellung, die zweite ein buntes Gemisch von Formen gab, das sich zwischen
den Extremen der Eltern bewegte. Es läßt auch manchen Versuch, die
Vererbung somatisch erworbener Eigenschaften zu beweisen, in ganz neuem
Licht erscheinen, indem man, wie erst ganz neuerdings hervorgehoben
wurde, vielleicht eine unbewußte Auswahl schon vorher vorhandener,
erblich fixierter Abänderungen in neuen Kombinationen getroffen hatte.

Vielleicht das überraschendste Ergebnis aber, zu dem die moderne Ver-
erbungsforschung geholfen hat, ist die Lösung des Problems der Geschlechtsbestimmung. Auch diese Frage — wie weit die neuentdeckten Tatsachen
hierfür verwendet werden könnten — ist Mendel selbst schon durch den
Kopf gegangen, wie eine Stelle in einem der an Nägeli gerichteten Briefe
beweist.

Wir wissen jetzt, daß überall, wo uns die beiden Geschlechter, das
männliche und das weibliche, im Tierreich und im Pflanzenreich, gegen-
übertreten, der Vorgang, durch den sie entstehen, im wesentlichen der

gleiche ist. Er kann in völlige Parallele gebracht werden zu der Rückbastardierung eines ganz einfachen mendelnden Bastardes mit einem seiner
Eltern, dem mit der zurücktretenden, „rezessiven" Eigenschaft. Hier ist
die eine Hälfte der Nachkommen wieder der aufs neue spaltende Bastard,
die andere Hälfte wiederholt das rezessive Elter. Dort gehört die
eine Hälfte der Nachkommen dem „heterogametischen" Geschlecht —
meist ist es das männliche — an, das, wie der spaltende Bastard, zweierlei
Keimzellen hervorbringt, Männchenbestimmer und Weibchenbestimmer;
die andere Hälfte der Nachkommen wiederholt das „homogametische"
Geschlecht, das, wie das rezessive Elter des Bastardes, nur einerlei Keimzellen bildet, die nach der Vereinigung mit einer männchenbestimmenden
Keimzelle des heterogametischen Geschlechtes ein Männchen, mit einer
weibchenbestimmenden ein Weibchen geben.

Nachträglich kann nicht nur das „mechanische" Zahlenverhältnis der
Geschlechter 1:1 stark verschoben werden, es kann auch der Einfluß dieser
primären Geschlechtsbestimmung dadurch abgekürzt sein, daß die Entfaltung der Geschlechtsmerkmale mehr oder weniger vollständig Stoffen
übertragen wird, die erst von den Keimdrüsen des neu entstandenen
Wesens gebildet werden. Diese Keimdrüsen sind ja aber immer das Ergebnis der primären Bestimmung, und sie ist im Grunde deshalb auch
hier das eigentlich Entscheidende, auch in Fällen, wo wir durch Vertauschung der Keimdrüsen ein Männchen nachträglich weitgehend weiblich, oder ein Weibchen männlich machen können. — Die Theorie ist auf den
Fällen geschlechtsbegrenzter Vererbung, auch beim Menschen, und den
Ergebnissen aufgebaut, die die Bastardierung getrenntgeschlechtiger mit
gemischtgeschlechtigen (einhäusigen oder zwittrigen) Arten brachte.
Bei den viel glänzenderen Beweisen, die gleichzeitig die Zellenlehre in den
Geschlechtschromosomen beigebracht hat, ist nicht zu vergessen, daß
diese äußerlich sichtbaren Unterschiede in den Chromosomengarnituren der
Kerne etwas Sekundäres, nachträglich Erworbenes sein muß, eine
Folge, nicht die Ursache des Modus der Geschlechtsbestimmung.

Schon zur Zeit der Wiederentdeckung Mendels lag es nach dem,
was vor allem Weismann in seinen Studien über das Keimplasma vorgearbeitet hatte, nahe, den Sitz der Erbanlagen in die Chromosomen zu
verlegen, und das Spalten mit Hilfe der Reduktionsteilung geschehen zu
lassen, die ja der Befruchtung mit ihren neuen Anlagenkombinationen
zeitlich vorangeht. Manches konnte direkt aus den Spaltungserscheinungen
erschlossen werden; die vorliegenden zytologischen Tatsachen und Deutungen, namentlich auf botanischem Gebiet, reichten noch nicht gleich
zur völligen Aufklärung. Der erste wesentliche Fortschritt war der Beweis
für die Verschiedenwertigkeit der einzelnen Chromosomen desselben
Kernes, den Boveri durch entwicklungsphysiologische Versuche erbrachte.
Es war damit der Anfang zu einer Entwicklung gemacht, die uns schon
soweit geführt hat, daß man bei einem besonders günstigen Objekte, der
Taufliege, Drosophila, das Chromosom und sogar die Stelle im Chromosom angegeben hat, wo eine bestimmte Erbanlage, z. B. für die Farbe

der Augen oder den Zuschnitt der Flügel, zu suchen ist, daß man eine Topographie der Chromosomen entwerfen konnte.

Diese Errungenschaften haben uns auch die Fälle von vollständiger oder teilweiser „Koppelung" zweier Eigenschaften verstehen gelernt, ihre gemeinsame Vererbung z. B. von Blütenfarbe und Behaarung oder von Blütenfarbe und Form der Pollenkörner.

Wir kennen keinen Fall, wo eine richtige Spaltung an anderer Stelle als bei der Keimzellbildung, also durch die Reduktionsteilung, geschieht. Der sprungförmige Übergang vom spaltenden Bastardzustand in einen konstanten, reinen, der gewöhnlich dem einen Elter entspricht, oder umgekehrt der Übergang von diesem in jenen Zustand, den wir an den Trieben mancher Pflanzen, ausnahmsweise oder ziemlich regelmäßig, beobachten können, hat mit dem eigentlichen Spalten wohl sicher gar nichts zu tun.

Durch die neuen Ergebnisse ist auch die alte Streitfrage nach der Rolle von Kern und Plasma bei der Vererbung im Prinzip gelöst. Im Kern, und zwar in den Chromosomen, sind die einzelnen Erbanlagen, wie sie der Mendelsche Vererbungsversuch fordert, lokalisiert. Das genügt aber nicht; es muß auch dafür gesorgt sein, daß die Anlagen zur richtigen Zeit und zur richtigen Stelle aktiv werden. Im Plasma, das von Sippe zu Sippe mehr oder weniger verschieden sein muß, laufen Vorgänge ab, in die die Erbanlagen im Kern eingreifen, sobald sie dazu passen, und so arbeiten Plasma und Kern zusammen.

Wie die Erbanlagen wirken, davon wissen wir fast gar nichts. In neuerer Zeit hat man vielversprechend versucht, hier tiefer einzudringen, ausgehend von Tatsachen, die das Studium intersexueller Geschlechtsformen geliefert hatte.

Die Lehre von den selbständigen und unveränderlichen Erbanlagen, zusammen mit dem schon von Nägeli betonten, aber erst jetzt vollbewerteten Unterschied zwischen dem erblichen „Genotypus" und dem von äußeren Bedingungen hervorgerufenen und nicht erblichen „Phänotypus" haben neuerdings Anlaß gegeben, die ganze Abstammungslehre in Frage zu ziehen. Eine Wirkung äußerer Einflüsse auf das Keimplasma in dem Sinne, daß eine Vererbung von Anpassungen erfolgt, die am Individuum zustande gekommen sind — wie sie noch Nägeli, trotz der scharfen Unterscheidung von erblich und nicht erblich, annahm —, läßt sich experimentell nicht nachweisen. Nach der Entdeckung der gleichsinnigen Faktoren sind die wenigen Beispiele, die man dafür anzuführen pflegte, mehr als fraglich geworden. Die Flucht in lange Zeiträume, zu zahllosen Wiederholungen der Einwirkungen, kann auch kaum weiterhelfen. Was wir in Mutationen von neuen erblichen Eigenschaften auftreten sehen, sind fast ausschließlich Verluste oder pathologische Merkmale, die keinen phylogenetischen Fortschritt bedeuten. Dazu ist nur bei wenigen der Verdacht ausgeschlossen, sie seien durch eine mehr oder weniger komplizierte Mendelspaltung entstanden, also überhaupt nichts eigentlich Neues. Der Formenreichtum ist in vielen Verwandtschaftskreisen sehr groß; wir dürfen aber annehmen, daß sehr vieles davon „Kombinanten" sind, infolge vorangehender Bastardierung. Etwas phylogenetisch Neues entsteht natürlich auch so nicht.

Wir stehen hier zur Zeit ziemlich ratlos zwischen den Tatsachen, die uns die Paläontologie und, wenn auch weniger sicher, die Ökologie liefert, und den experimentell festgestellten Tatsachen der Vererbungslehre. Die Kluft muß einmal überbrückt werden, aber zur Zeit scheinen wir von der Lösung weiter entfernt zu sein, als man vor 20 Jahren dachte.

Die ersten 20 Jahre Arbeit auf dem von MENDEL erschlossenen Gebiete haben, wie aus dem Vorhergehenden, trotz seiner Kürze, hervorgehen wird, reichliche Früchte getragen. Was wird die Zukunft bringen?

Zunächst zweifellos eine außerordentliche Ausdehnung in die Breite. Jede Nutz- oder Zierpflanze, jedes Haustier wird Gegenstand eingehender Studien werden müssen, soll die Züchtung rationell betrieben werden. Jede Eigenschaft des Menschen verlangt eine Untersuchung, zum Teil schon vom Standpunkt der Rassenhygiene aus.

Diese Arbeit hat zunächst praktisches Interesse, und die gute Absicht, möglichst bald zu Nutzen bringenden Resultaten zu gelangen, schließt eine Gefahr in sich, die nicht unterschätzt werden darf. Bei gründlichem Studium werden aber auch neue Gesichtspunkte gefunden werden, Wege, die weiter führen und in die Tiefe gehen. Das beste Beispiel, was eine Untersuchung, die zunächst Züchtungszwecken diente, zutage fördern kann, ist die Aufdeckung der gleichsinnig gerichteten Faktoren, von denen ich oben sprach. Daneben muß eine theoretische Forschung gehen, der das Material nicht vom praktischen Bedürfnis in die Hand gedrückt wird.

Aus den Anfängen, die sich in knapper Form auf wenig Seiten vollständig darstellen ließen, ist eine selbständige Wissenschaft geworden, die ihre Objekte bald dem Pflanzenreich, bald dem Tierreich entnimmt, deren Methoden aber einheitlich sind. Ob wir die Blütenfarbe einer Wunderblume, die Haarfarbe einer Maus, die Augenfarbe des Menschen studieren, immer ergeben sich die gleichen Grundgesetze. Das bindet die Tatsachen stärker zusammen, als die Herkunft des Materials, an dem sie gewonnen wurden. Die Vererbungslehre ist nicht mehr ein Teil der physiologischen Botanik oder Zoologie, sie ist zu einem besonderen Forschungsgebiet geworden, wie die Chemie eines ist, gleichgültig, ob die Stoffe, die sie untersucht, oder von denen sie ausgeht, dem Pflanzenreich, dem Tierreich oder dem Mineralreich angehören. Dazu kommt noch die eminente praktische Bedeutung der Vererbungslehre, die sich die zusammenschließende Behandlung botanischer und zoologischer Objekte nicht nehmen lassen wird.

Wie weit wir Deutsche noch an der Fortführung des Baues teilnehmen können, dessen Grundstein MENDEL gelegt hat und an dessen Fundamenten wir mitgearbeitet haben, wird die Zukunft lehren. Die ungünstige materielle Lage drückt gerade hier sehr schwer, denn wenig Forschungsgebiete stellen so große Anforderungen an Mittel wegen des Raumes und der Hilfskräfte. Hoffentlich kann Deutschland seinen Anteil an dem Ausbau auch weiterhin leisten.

Eine einfache Anwendung des Newtonschen Gravitationsgesetzes auf die kugelförmigen Sternhaufen.

Von
Albert Einstein-Berlin.

Es dürfte wohl kaum zu bezweifeln sein, daß das Newtonsche Gesetz über diejenigen Abstände hinaus, für die es verifiziert ist, extrapoliert werden darf. Dies Vertrauen wird auch durch die allgemeine Relativitätstheorie gestützt, die dem Newtonschen Gesetze eine rationelle Begründung verleiht, so daß eine Extrapolation auf größere Distanzen der aufeinander wirkenden Körper um so berechtigter erscheint. Allerdings läßt die allgemeine Relativitätstheorie für den Fall, daß unsere Welt räumlich endlich ist, erhebliche Abweichungen vom Newtonschen Gesetze voraussehen, aber nur in dem Falle, daß die mittlere Dichte der Sternmaterie in dem untersuchten gravitierenden Gebilde nicht erheblich größer ist als die mittlere Dichte der Sternmaterie in der Welt überhaupt.

Im folgenden soll das Newtonsche Gravitationsgesetz auf sog. kugelförmige Sternhaufen Anwendung finden. Die Hauptschwierigkeit ist hierbei, auf irgendwie prüfbare Konsequenzen zu kommen; denn unser tatsächliches Wissen über die Bewegung der Sterne eines solchen Haufens ist ungemein gering. Die Ortsänderungen der Sterne sind in den uns zur Verfügung stehenden Zeiten zu gering, als daß sie sich bei den heutigen Beobachtungsmitteln hätten bemerkbar machen können. Die Sterne sind ferner infolge ihrer großen Entfernung von uns zu lichtschwach, als daß eine Untersuchung ihrer Bewegung in Richtung des Visionsradius mittels des Dopplerschen Prinzipes möglich wäre. Man besitzt nichts anderes als das parallel zum Visionsradius projizierte Bild des Sternhaufens, und auch dieses nur für die lichtstärksten Sterne des Haufens.

Dennoch kennt man den ungefähren Abstand solcher Kugelhaufen von uns und damit ihren wahren Radius ungefähr. Diese Schätzung beruht auf der bewährten Annahme, daß Sterne von demselben Spektraltypus ungefähr gleiche Größe und ungefähr gleiche absolute Helligkeit besitzen. Diese Annahme setzt uns in den Stand, aus der scheinbaren Leuchtkraft der Sterne einen Schluß auf ihre Distanz von uns zu ziehen, und zwar durch Vergleich mit uns benachbarten Sternen von demselben Spektraltypus. Kennt man also die Entfernung jener benachbarten Sterne von uns, so ergibt sich auch der Abstand des Sternhaufens von uns. Aus dem scheinbaren Radius des Sternhaufens ergibt sich dann — wenigstens der Größenordnung nach — der wahre Radius des Sternhaufens; für letzteren ergaben sich so Werte von 100—500 Lichtjahren.

Es ist wohl sicher, daß die lichtstarken Sterne des Sternhaufens absolut hellen Sternen unserer Umgebung ungefähr entsprechen. Für letztere hat man unter Verwendung des Dopplerschen Prinzips gefunden, daß sie sich mit einer mittleren Geschwindigkeit von etwa 26 km/sec relativ zueinander[1]) bewegen, und wir werden wohl annehmen dürfen, daß dies auch die Größenordnung der mittleren Geschwindigkeit der lichtstarken Sterne des Sternhaufens gegen den Schwerpunkt des letzteren ist, zumal es sich zeigt, daß auch die mittleren Geschwindigkeiten von Sternen verschiedener Spektraltypen in der Größenordnung miteinander übereinstimmen.

Wir nehmen nun an, daß die Verteilung der Sterne des Sternhaufens insoweit stationär sei, daß letzterer seinen Radius und seine Sternverteilung (vom Standpunkt der Statistik aus betrachtet) nicht wesentlich ändert in einer Zeit, in welcher die einzelnen Sterne des Haufens einen gegen den Haufenradius großen (krummlinigen) Weg zurückgelegt haben. Daß diese Bedingung erfüllt ist, läßt sich bei der radialsymmetrischen und für viele Sternhaufen gemeinsamen statistischen Verteilung der Sterne kaum bezweifeln. Dann kann man den Clausius'schen Virialsatz auf den ganzen Sternhaufen anwenden, indem man die einzelnen Sterne als materielle Punkte behandelt. Dieser liefert im Falle Newtonscher Kräfte, wie H. Poincare wohl zuerst gezeigt hat,

$$L = \tfrac{1}{2}\,\Phi\,. \tag{1}$$

Dabei bedeutet L die kinetische Energie aller Sterne des Haufens zusammen, Φ diejenige negative potenzielle Energie, welche dem Haufen zukommt, wenn man den Nullpunkt der potenziellen Energie der Sterne so definiert, daß sie bei unendlich großen Sternabständen verschwindet.

Um aus der Gleichung (1) Folgerungen ziehen zu können, mache ich Näherungsannahmen über den Bau des Haufens. Ich behandle die Sterne, welche bei kürzeren Aufnahmen auf der photographischen Platte abgebildet werden, als von gleicher Masse m, und es sei N die Gesamtzahl solcher Sterne des ganzen Haufens. Ferner nehme ich vorläufig an, daß die lichtschwächeren, also auch kleineren Sterne des Haufens zum Gravitationsfelde des Haufens nicht wesentlich beitragen, so daß man auf sie bei der Berechnung von L und Φ keine Rücksicht zu nehmen braucht. Dann erhält man, wenn man mit v das (quadratische) Geschwindigkeitsmittel $\left(v = \sqrt{\overline{v^2}}\right)$ bezeichnet, unmittelbar

$$L = N \cdot \frac{m\,v^2}{2}\,. \tag{2}$$

Für die Berechnung von Φ muß man die räumliche Dichte ϱ der Sterne des Sternhaufens kennen. Diese wird bekanntlich befriedigend dargestellt durch die empirische Formel:

$$\varrho = \frac{3}{4\,\pi}\,\frac{N}{a^3}\left(1 + \frac{r^2}{a^2}\right)^{-\frac{5}{2}}\,. \tag{3}$$

Dabei bedeutet a eine dem Radius des Sternhaufens proportionale Länge. $2\,a$ ist der Radius, in dem die Dichte auf etwa 2% der zentralen Dichte

---

[1]) Genauer: relativ zum Schwerpunkt des Systems, dem sie angehören.

gesunken ist. $\varrho\, m$ ist ferner die mittlere Dichte der Sternmaterie im Haufen an einer bestimmten Stelle desselben. Man begeht keinen wesentlichen Fehler, wenn man Φ so berechnet, wie wenn die Materie stetig mit der Dichte $\varrho\, m$ verteilt wäre. Man erhält so:

$$\Phi = A\,\frac{k\,N^2\,m^2}{a}\,. \tag{4}$$

k ist die Gravitationskonstante, A ein Zahlenfaktor, für den ich etwa 0,6 finde.

Aus (1) erhält man für den Radius des Sternhaufens mit Rücksicht auf (2) und (4)

$$2\,a = 1,2\,\frac{k\,N\,m}{v^2}\,. \tag{5}$$

Setzt man für den Sternhaufen im Herkules $N = 2000$, $m = 15$ Sonnenmassen, $v = 26$ km/sec, so erhält man

$$2\,a = 0{,}65 \cdot 10^{18}\ \text{cm} = 0{,}65\ \text{Lichtjahre}.$$

Nach der scheinbaren Helligkeit der hellsten Sterne des Sternhaufens muß man dessen Entfernung von uns so groß annehmen, daß jener Radius nicht weniger als 100 Lichtjahre betragen kann. Es muß also ein Fehler in unserer Annahme stecken.

Ich hatte Gelegenheit, die hier vorliegende Schwierigkeit mit meinen Kollegen am astrophysikalischen Institut in Potsdam eingehend zu besprechen. Dabei ergab sich, daß nach dem heutigen astronomischen Wissen über die Massen und Verteilung der Fixsterne eine der von mir gemachten Annahmen beträchtlich fehlerhaft ist. Weitaus die größte Zahl der Fixsterne des Sternhaufens dürfte weit lichtschwächer sein als die etwa 2000 Sterne, welche bei kurzer Exposition auf der photographischen Platte erscheinen, ohne daß darum ihre Masse als wesentlich kleiner anzunehmen wäre als die der hellsten Sterne. Nach Aufnahmen des Sternhaufens mit langer Expositionszeit sowie nach der Verteilung der Fixsterne in unserer näheren Umgebung läßt sich schätzen, daß die Zahl der zum Gravitationsfelde des Haufens beitragenden Fixsterne etwa 100 mal größer ist, als wir oben angenommen haben. Wir kommen dann auf einen Radius des Sternhaufens von 65 Lichtjahren, der von der auf anderem Wege geschätzten unteren Grenze nicht mehr so weit entfernt ist.

Die Unvollständigkeit des heute vorliegenden Beobachtungsmaterials zwingt uns, uns mit dieser Größenordnungsübereinstimmung einstweilen zu begnügen. Genauere Ergebnisse sind an eine bessere Kenntnis der Sternmassen und Sterngeschwindigkeiten gebunden. Einen Schluß von erheblichem Interesse läßt die gewonnene Übereinstimmung bezüglich der Größenordnung bereits zu, nämlich den, daß die nichtleuchtenden Massen zur Gesamtmasse keinen Beitrag von höherer Größenordnung liefern als die leuchtenden Massen.

Über anaerobe Wundinfektion.

Von

Martin Ficker-Berlin-Dahlem.

Es sind jetzt 60 Jahre her, daß PASTEUR die vor allem durch LAVOISIER wissenschaftlich begründete Lehre, zum Leben sei Sauerstoff unentbehrlich, durch den Nachweis von anaeroben Lebewesen angriff. Die Zweifel, die gegen die Pasteursche Lehre geltend gemacht wurden, mußten allmählich vor den Tatsachen verstummen und sind heute nur noch ein warnendes Beispiel dafür, daß die an höheren Organismen gewonnenen Beobachtungen nicht ohne weiteres in der Mikrobiologie verallgemeinert werden dürfen. Die Fortschritte in der energetischen Forschung lehren es, daß beim Leben durchaus nicht allein durch oxydative Vorgänge Betriebsenergie gewonnen wird. Ist uns heute die Existenz von Anaeroben nichts Seltsames, so muß es bei der anziehenden Eigenartigkeit dieser Mikroorganismen doch Wunder nehmen, daß wir über sie nur mangelhaft unterrichtet sind. Da die Gruppe der anaeroben Infektionserreger verhältnismäßig klein ist, so ist in der Medizin ein praktisches Bedürfnis, näher in die Biologie der Anaeroben einzudringen, nicht in dem Maße vorhanden gewesen wie bei anderen Infektionserregern. Zudem ist die klinische Diagnose der wichtigsten anaeroben Wundinfektion, des Wundstarrkrampfes, meist nicht schwer, und nach der Entdeckung des Tetanustoxins und Antitoxins hat der Anreiz, sich weiter mit diesen Anaeroben zu beschäftigen, sehr nachgelassen.

Diese Vernachlässigung der Anaerobenforschung hat sich leider im Weltkriege bitter gerächt.

Am wenigsten beim Wundstarrkrampf. Hier hat das antitoxische Tetanusserum von BEHRINGS Abertausenden hüben wie drüben das Leben gerettet. Wenn trotzdem im Felde Tetanusfälle vorkamen, so hat das vor allem darin seinen Grund, daß den Ärzten im Anfang nicht genügende Mengen dieses Serums zur Verfügung standen. Hier waren wir mangelhaft vorbereitet. Ich habe mehrfach in Frankreich in Erfahrung gebracht, daß von jeher gewisse Gegenden als stark mit Tetanuskeimen verseucht galten, so daß es schon lange in Friedenszeiten bei den Ärzten Sitte war, Tetanusserum bei Verletzungen und größeren Operationen prophylaktisch einzuspritzen. Das scheint vor dem Kriege bei uns nicht bekannt gewesen zu sein. Eine große eiserne Ration von Tetanusserum hätte jedenfalls bei geeigneter Konservierung noch mehr Menschenleben erhalten. Die Heilwirkung des Tetanusserums bei ausgebrochenem Tetanus hat sich auch im Kriege wieder als fraglich erwiesen. Es ist bedauerlich, daß diese Frage noch immer nicht gefördert ist; wirkt das Tetanusserum nicht, dann konnte man große Serummengen sparen zu gunsten der sicher wirkenden Schutzspritzungen, die oft unterbleiben mußten. Man muß sich auch fragen, ob es nicht noch andere Wege und Mittel gibt, das Tetanusserum wirksamer zu machen und seine spezifischen Komponenten in konzentrierter Form dorthin zu lenken, wo das Gift den Angriff ausübt.

Völlig überraschend sind aber unseren Ärzten andere anaerobe Wundinfektionen gekommen, die wir heute unter dem Namen Gasödem, Gasbrand, Gasphlegmone zusammenfassen. Der Gasbrand ist durchaus nichts Neues. Selbst in den dem Weltkrieg unmittelbar voraufgehenden Kriegen ist er beobachtet worden. Leider ist gerade diesen wichtigen Beobachtungen nicht die nötige Beachtung geschenkt worden. In der Kriegschirurgie haben die glänzenden Erfolge der Asepsis offenbar den Gedanken nicht aufleben lassen, daß jemals wieder Mikroorganismen Schreckbilder früherer Zeiten in größerem Ausmaße in den Lazaretten hervorrufen könnten. Und Schreckbilder waren es denn auch! — Wer die grauenhaftesten Verwundungen vor sich sah und eine Steigerung nicht mehr für möglich hielt, wurde doch immer wieder erschüttert, wenn nun noch der Gasbrand hinzutrat, der, das Werk des Geschosses erbarmungslos fortsetzend, das Bild, das ein wochenalter sich zersetzender Leichnam bietet, an Teilen des lebenden Körpers oft in wenigen Stunden reproduzierte, um ihn dann durch die unaufhaltsame Tätigkeit der anaeroben Eindringlinge zu Fall zu bringen.

Die Forschung hatte zunächst die Aufgabe, die Ursachen des Gasbrandes zu ermitteln. Dabei mußten die biologischen Eigenschaften der Erreger näher untersucht und ein Einblick in die Entstehungsweise der Krankheit gesucht werden, um Fingerzeige für die Verhütung und Behandlung zu erhalten. Vor allem aber war zu ermitteln, ob die Erreger auch in vitro Gifte zu bilden vermöchten und ob diese Gifte echte Toxine im Sinne Ehrlichs seien, deren Injektion bei Tieren Anlaß zur Bildung von Antitoxinen geben würde. Ein antitoxinhaltiges Serum herzustellen, mußte das Ziel sein, um den Vergiftungstod der Infizierten oder überhaupt die Infektion zu verhüten, indem die eingedrungenen Keime zur Rolle von Saprophyten herabzudrücken waren.

In der Gasbrandforschung ist die vorerst wichtigste Aufgabe, die ätiologische, zunächst nicht mit der wünschenswerten Vielseitigkeit gehandhabt worden. Erst allmählich konnte man erkennen, daß es nicht einen Gasbranderreger gibt, sondern daß verschiedene Arten von Anaeroben die Krankheit zu erzeugen vermögen, und ferner, daß oft mehrere Arten gleichzeitig ihre Wirksamkeit entfalten. Die üblichen Methoden der Identifizierung ergaben zunächst zwei leicht differenzierbare Gruppen von Gasbranderregern: den unbeweglichen Fränkelschen Bazillus und die beweglichen Gasödemanaeroben. In der letzteren Gruppe hoben sich zwei Untergruppen ab, die durch eine bisher von den meisten Anaerobenforschern (von Hibler usw.) als wichtig aufgestellte Trennungslinie sich scheiden ließen. Die einen zersetzten Eiweiß unter Gestank und schwärzten Hirnbrei, die anderen nicht. In der letzteren Gruppe ließen sich wieder solche feststellen, die den bisher beschriebenen Rauschbrandbazillen völlig glichen, sowie solche, die als Ödembazillen bezeichnet wurden. Beide

Gruppen boten aber keine scharfe Grenze, die Differenzierungsmethoden brachten eher Verwirrung als Ordnung. Denn während die Beobachtungen einzelner Merkmale die Arten aneinander rückte, so schienen sie wieder durch den Vergleich anderer weit voneinander entfernt. Über allen diesen Untersuchungen ging viel Zeit verloren zum Schaden der Verwundeten.

Hier haben die Arbeiten des Kaiser Wilhelm-Instituts für experimentelle Therapie zielbewußt eingesetzt. Zunächst gelang die Gewinnung eines echten Toxins von Ödemkulturen, die aus schwersten Gasbrandfällen isoliert worden waren. Wesentlich erleichtert wurde dessen Gewinnung durch die zur Toxindarstellung von uns zum erstenmal benutzten Membranfilter DE HAËNS, die seitdem auch zur Gewinnung anderer leicht adsorbierbarer Toxine uns gute Dienste leisteten. So wichtig dieser Giftnachweis war, es war doch nur ein Anfang. Die Möglichkeit, wirksame Antitoxine zu gewinnen, wurde zwar sehr bald von v. WASSERMANN und mir erbracht. Aber es konnte sich dabei vielleicht doch nur um Giftbildung von seiten weniger Stämme und um Antitoxine handeln, die gerade nur auf die Gifte dieser wenigen Stämme abgestimmt waren. Da erbrachten denn die weiteren Arbeiten des Instituts die Tatsache, daß sich von den meisten Stämmen der oben angeführten zweiten Gruppe der nichtstinkenden Gasödemerreger Toxine gewinnen lassen und daß ihre Antitoxine auf die Gifte aller Stämme dieser Gruppe einwirken, ja, daß sogar Gifte von einzelnen Stämmen der stinkenden Gasödemerreger von diesen Antitoxinen beeinflußt werden. Diese Beobachtung mußte zunächst auffallend erscheinen, brachte sie doch Stämme, die nach ihren kulturellen Merkmalen weit voneinander entfernt schienen, nahe aneinander. Bisher wurde in der Bakteriologie dann, wenn morphologische Unterscheidungsmerkmale nicht aufzufinden waren, vor allem das kulturelle Verhalten zur Richtschnur für die Zuteilung zu den Arten genommen. Später trat die Prüfung durch agglutinierende und bakterizide Seren hinzu. Durch unsere Arbeiten nun ließen wir die Fähigkeit, Toxine von bestimmter Wirkung zu bilden, in den Vordergrund treten und reihten die Stämme dann einer gemeinsamen Gruppe ein, wenn ein und dasselbe antitoxische Serum die Gifte der Stämme neutralisierte. Der Systematiker muß dagegen natürlich seine Bedenken haben, er kann aber vorläufig bei den Anaeroben etwas Besseres nicht an die Stelle setzen, denn bei ihnen sind die biologischen Fähigkeiten labiler als bei den Aeroben, ist doch bei den Anaeroben das Vermögen, Fäulnis oder Gärung herbeizuführen, ein Lebenselement, sie stehen damit der eigentlichen Hauptaufgabe der Bakterien in der Natur überhaupt am nächsten. Gerade die Fähigkeit, an die verschiedenen Medien sich anzupassen und sie der Zersetzung zuzuführen, läßt eine solche Summe von Spaltungsprodukten entstehen, daß eine Differenzierung der Arten durch vergleichsweise Ermittlung dieser Umsetzungsstoffe großen Schwierigkeiten begegnet. Bei der bisherigen kulturellen Differenzierung der Anaeroben spielte die Geruchsprobe eine große Rolle. Nun ist aber die Feststellung von Gestank oft ganz subjektiv. Bei den Anaerobenkulturen ergeben gerade die flüchtigen Stoffe allein und in ihrer Mischung die allerverschiedensten Geruchsabstufungen, für

die wir keinerlei Maß oder Bezeichnung haben. Es kommt aber noch
etwas anderes hinzu. Wie ich feststellen konnte und an anderer Stelle
begründen werde, kommen in Reinkulturen von Anaeroben Typenbildungen
vor. Es finden sich nebeneinander in der gleichen Reinkultur Typus A
und Typus B. Beide Typen sind z. B. auf verschiedene Sauerstoffspan-
nungen abgestimmt oder greifen bestimmte Stoffe mehr oder weniger
rasch an oder werfen sich von vornherein auf den Umsatz verschiedener
Stoffe. Je nach der Zusammensetzung des Nährbodens, Einsaatmenge,
Vordringen oder Zurücktreten des einen Typs müssen notwendigerweise
die Kulturbeobachtungen, Verschiedenheiten bei einem und demselben
Stamm aufweisen. Das gilt auch für die Gestaltung der Kolonien, auf
deren Beschaffenheit bisher die Systematik der Bakterien großen Wert legte.

Es würde natürlich zu weit gehen, wenn das von v. WASSERMANN
und mir geübte Verfahren der Gruppenbildung durch Toxin- und Anti-
toxinprüfungen verallgemeinert würde. Wenn wir hier besondere systematische Bedenken fallen ließen, so geschah es einmal, weil die Identität
der Krankheitsbilder der einzelnen Stämme bei Mensch und Tier ihre
Zusammengehörigkeit befürwortete. Zum anderen aber und vor allem,
weil mit unseren Feststellungen der Toxineinheitlichkeit ganz offensicht-
liche praktische Vorteile für die Serumgewinnung verknüpft waren. Denn
es handelte sich dann in erster Linie darum, Antikörper gegen die durch
gemeinsame Giftmoleküle verbundenen Stämme der Rauschbrand- und Ödem-
gruppe, sowie gegen die der leicht davon abzugrenzenden Fränkelgruppe
zu gewinnen und diese Seren schließlich noch zu verstärken durch Antikörper gegen diejenigen seltener auftretenden stinkenden Ödemstämme, auf
die die zuerst genannten Antikörper nicht einwirken (K. İ.-Gruppe Klose).

Damit waren die wissenschaftlichen Richtlinien für die Gewinnung der
Seren gegeben, die ja zunächst am dringendsten war. In der Nachkriegs-
zeit mußte sich das Augenmerk auf Fragen rein wissenschaftlicher Art
richten, die im Drange der Kriegsarbeit im Hintergrund geblieben waren.
Zu diesen gehört das weitere Eindringen in die Entstehung des Gasbrandes. Wir wissen, daß die Erreger des Gasbrandes weit verbreitete
Mikroorganismen sind. Sie sind unschwer aus tierischem Fäzes, Mist,
Dünger, Staub, Erde und allem, was mit Erde beschmutzt ist (Kleider,
Holzsplitter) zu isolieren. Warum nun bei dieser enormen Verbreitung
der Gasbranderreger in der Außenwelt zu Friedenszeiten so wenig Gas-
brandfälle, daß die meisten unserer Chirurgen selbst die vielbeschäftigten
in den Krieg eintraten, ohne jemals Fälle gesehen zu haben? Und dabei
sind mit diesen die todbringenden Mikroorganismen enthaltenen Medien
die Menschen, namentlich die Erdarbeiter, Landarbeiter, Kinder in dauernder inniger Berührung. Das führt uns zunächst auf das wichtigste Merkmal der Keime dieser Gruppe, die Anaerobiose. Sie vermögen nur dann
zu wachsen, wenn der Sauerstoff fehlt oder eine bestimmte niedere Sauer-
stoffspannung gegeben ist. Es schien daher vielen Chirurgen folgerichtig,
durch Einschnitte der Luft Zutritt zu gewähren, um die Gasbrandent-
stehung zu verhüten oder zum Stillstand zu bringen oder die Wunden
mit Sauerstoff direkt zu behandeln oder Ortizonstifte einzuführen. Diese

Maßnahmen gehen auf die Annahme zurück, der Sauerstoff sei für die Anaeroben ein Gift. Nun wissen wir aber, daß die Anaeroben auch bei Sauerstoffanwesenheit unter gewissen Bedingungen sehr gut gedeihen können. Diese aber sind gerade in Wunden gegeben: einmal die Anwesenheit von Aeroben, die in keiner Wunde fehlen, vor allem aber liegen nirgends besser die Kultivierungsbedingungen für Anaerobe unter aeroben Verhältnissen vor als in den durch die moderne Kriegführung gesetzten Wunden. Wie THEOBALD SMITH und TAROZZI durch Hinzufügen von ausgeschnittenen Organstücken zur Bouillon unter aeroben Bedingungen die Anaeroben züchten konnten, so gelangen diese in den Wunden, in denen Gewebstrümmer, gequetschte Muskelfetzen sich finden, auch bei Luftzutritt zu stärkster Entwicklung. Die oben erwähnten chirurgischen Maßnahmen können die fortlaufenden Reduktionsprozesse und damit das Weiterwachsen der Anaeroben nicht hindern. Es hat sich gerade beim Gasbrand mit aller Deutlichkeit erwiesen, daß die bloße Anwesenheit der Erreger die Erkrankung noch nicht macht. Selbst wenn die der Entwicklung der Gasbranderreger günstigen Bedingungen gegeben sind (und das trifft für alle Wunden zu), so bedarf es doch sicher bei einzelnen Arten und Stämmen noch besonderer begünstigender Momente. Unter normalen Verhältnissen läßt der Organismus die Gasbranderreger nicht aufkommen. Diese Vorgänge sind uns noch dunkel, wohl aber haben wir Bedingungen kennengelernt, unter denen die örtlichen Schutzkräfte des Organismus lahmgelegt werden. Hierauf hat v. WASSERMANN bereits aufmerksam gemacht, indem er von Meerschweinchen, die mit Rauschbrandmaterial infiziert waren, Ödemflüssigkeit entnahm und keimfrei filtrierte. Das Filtrat vermochte an Kohle angetrocknete Rauschbrandsporen, die an und für sich Rauschbrand nicht erzeugten, zu aktivieren. Diese Versuche sind dann von v. WASSERMANN und mir erweitert worden, indem wir mit Formalin versetzte Rauschbrandkulturen, die in der Menge von 5 ccm von Meerschweinchen glatt vertragen wurden, mit unwirksamen Filtraten von Rauschbrandkulturen versetzten. Es starben nur die mit der Mischung Formolsporen plus Filtrat gespritzten Tiere. Wir dehnten diese Versuche dann auch auf Fränkelkulturen aus; die Einspritzungen von ungiftigem Filtrat von Fränkelkulturen zusammen mit untertödlichen Dosen schwach virulenter Fränkelkultur ergab den Tod der Tiere. Es sind also zweifellos in den Filtraten Substanzen vorhanden, welchen eine Aktivierungsfähigkeit zukommt. Hier ergeben sich neue Fragestellungen[1]), die der Bearbeitung harren. Sind diese aktivierenden Stoffe spezifisch oder aktivieren sie auch die Sporen heterologer Arten? Gibt es gegen diese aktivierenden Stoffe Antikörper? Wie ist ihr Verhältnis zu den Toxinen und Antitoxinen? Wirken diese Stoffe nur vermehrungbegünstigend und verhalten sie sich dem Organismus gegenüber rein passiv? Verwickelt wird die Frage dadurch, daß wir es mit mehreren Gasbranderregern zu tun haben, bei denen auch wieder besondere Stammeseigentümlichkeiten

---

[1]) Bezüglich der Aktivierung biologischer Prozesse siehe die entsprechenden Versuche NEUBERGS mit chemisch definierten Katalysatoren der Gärungsvorgänge. (Biochem. Zeitschrift 1918—1920.)

und Verschiedenheiten bestehen. Während z. B. die von Besson benutzten Sporen des Vibrion septique selbst in großen Mengen eine Infektion nicht hervorriefen, sobald er sie von ihrem Gift befreite — ein Versuch, der auch von Klose mit dem gleichen Erfolge bei seinem K_1-Stamm wiederholt wurde —, so gelang es Weil nicht, durch Entfernung der Toxine den Ödembazillen ihre Pathogenität zu nehmen. Müssen wir den letzteren den Charakter als Infektionserreger ohne weiteres zuerkennen, so sind die ersteren entschieden den Saprophyten näherstehend. Der Ausdruck „toxigene Saprophyten", der vielfach gebraucht wird, kennzeichnet nicht in jeder Hinsicht ihre Wesensart. Denn eine gewisse Anpassungsfähigkeit an den Parasitismus kann ihnen nicht abgesprochen werden. Auch brauchen nach unseren Resultaten die aktivierenden Substanzen durchaus nicht toxischer Art zu sein. Der Vergleich mit dem Botulinus, dem Typus der toxigenen Saprophyten, trifft nicht durchaus das Richtige. Denn dieser bildet das Gift außerhalb des Organismus. Auch bei dem Wundstarrkrampf liegen die Verhältnisse anders, da hier die spärlichen Erreger nicht über eine geringe örtliche Vermehrung hinauskommen. Die Gasbranderreger hingegen sind zum Teil massenhaft (Fränkel), zum Teil in nicht unerheblichen Mengen an den erkrankten Körperstellen zu finden. Sie entfernen sich aber auch dadurch von diesen mit allerstärkster Giftbildung ausgestatteten Mikroorganismen, daß für sie die Erzeugung von aktivierenden Stoffwechselprodukten und Giften nicht ohne teleologische Bedeutung ist. Während das Botulinustoxin, das Tetanustoxin den erzeugenden Mikroorganismen kaum Vorteile für den Daseinskampf bringt, tritt gerade in den von den Gasbranderregern zu Falle gebrachten Organismen eine enorme postmortale Vermehrung ein, die ihrem Fortbestand förderlich ist. Aus dem gleichen Grunde hebt sich der größte Teil unserer Gruppe von den mit starker Pathogenität ausgestatteten und außerhalb des Organismus nicht vermehrungsfähigen Mikroorganismen ab, die eine sehr unzweckmäßige Arbeit verrichten, indem sie ihren Wirtsorganismus dem Tode zuführen und damit sich ihres Nährbodens berauben. Demgegenüber sind gerade unsere Mikroorganismen auf eine viel breitere biologische Basis gestellt und mit vielseitigen Befähigungen ausgerüstet, indem sie auf weitverbreitetem totem Substrat die günstigsten Wachstumsbedingungen finden und dazu noch die dem lebendigen Gewebe innewohnenden Schutzvorrichtungen zu überwinden und es in toten Nährboden zu wandeln vermögen.

So beanspruchen die Fragen der Entstehung des Gasbrandes und Rauschbrandes ein weitergehendes Interesse. Berühren sie doch das Grenzgebiet von Saprophyten und Parasiten, welchen beiden ihre Erreger zugehören. Anaerobe Bewohner der unbelebten Natur, die an dem Abbau von Eiweiß und Kohlenhydraten lebhaft beteiligt sind, können unter besonderen Bedingungen auch in dem noch lebenden Organismus diese ihre saprophytische Tätigkeit entfalten, dabei durch aktivierende und toxische Stoffe ihr weiteres Fortschreiten vorbereiten und durch temporären Parasitismus das Leben vernichten. Damit aber sehen wir Paradigmata für die phylogenetische Entwicklung der Krankheitserreger vor uns und gewinnen Einblicke in die Entstehung des Parasitismus überhaupt.

Die bisherigen Anschauungen über die Konstitution der Kohle.

Von

Franz Fischer und **Hans Schrader**-Mülheim/Ruhr.

Daß unsere Kohlen, zu denen wir als Vorstufe den Torf mitrechnen können, in langen Zeiträumen aus abgestorbener pflanzlicher Substanz entstanden sind, wird heute von niemandem mehr bezweifelt. Man nennt derart entstandene Kohlen auch eigentliche oder Humuskohlen, im Gegensatz zu den viel seltener vorhandenen, linsenartig eingelagerten, nach POTONIÉ aus Faulschlamm entstandenen Gebilden, den Sapropelkohlen[1]). Wenn die Wissenschaft nun schon lange die Frage nach den Ausgangsstoffen der Entstehung der Kohlen gestellt hat, so hat diese Frage vorwiegend der Humuskohle gegolten, welche die Hauptart der Kohlen darstellt, und mit dieser wollen wir uns im folgenden beschäftigen. Die Grundstoffe für die Entstehung des Torfs liefert die abgestorbene Pflanze oder von ihr abgeworfene Teile, deshalb müssen wir als Ausgangsstcff die Bausteine des Pflanzenkörpers ins Auge fassen. Andererseits müssen wir versuchen, aus dem Gemisch hochmolekularer Verbindungen, die sich uns als Kohle präsentieren, identifizierbare und w e s e n t l i c h e, nicht etwa zufällige oder begleitende Bestandteile zu isolieren, und zwar, wenn es nicht anders geht, durch mehr oder weniger weitgehenden chemischen Abbau. Die dritte Aufgabe muß sein, zwischen den Anfangs- und Endstufen des vieltausendjährigen Prozesses der Kohlenbildung die genetische Verknüpfung zu finden.

Ehe wir auf unsere eigenen Arbeiten und deren Ergebnisse eingehen, sei uns gestattet, die zurzeit noch herrschenden Anschauungen zu beleuchten und dabei zu zeigen, daß eine klare und einwandfreie Deutung bisher noch völlig gefehlt hat, wenn auch die eine oder andere Einzelbeobachtung vorliegt, die sich in unsere neue, weiter unten dargestellte Anschauung mit Vorteil einfügt. Die wichtigsten festen Bestandteile der Pflanzen, die für die Kohlenbildung in Betracht kommen, sind Zellulose und Lignin, oder besser gesagt, die Zellulose- und Ligninarten. Von deren chemischem Molekül läßt sich heute leider noch lange nicht alles Wünschenswerte sagen. Sagt doch WILLSTÄTTER[2]) noch im Jahre 1919 in seinem Vortrage auf der Hauptversammlung des Vereins deutscher Chemiker:

---

[1]) Bezüglich der Sapropelkohlen siehe O. STUTZER, Ergebnisse neuerer Forschungen auf dem Gebiete der Kohlengeologie, Glückauf **65**, 685 (1920).

[2]) Über den gegenwärtigen Stand der aliphatischen Chemie. Zeitschr. f. angew. Chemie **32**, 330 (1919).

„Die Kohlen sind im wesentlichen aus den zwei Komponenten des Holzes, der Zellulose und dem Lignin entstanden. Die Konstitution der Zellulose ist ungenügend bekannt, die des Lignins noch völlig rätselhaft, denn eine Formel des Lignins von Cross und Bevan[1]) entbehrt der experimentellen Grundlage. Große Schwierigkeiten sind daher zu überwinden, um in die Natur der Kohlen, der in geologischen Zeiträumen verdorbenen Pflanzenreste einzudringen."

Die Zellulose ist in den Pflanzen stets gegenüber dem Lignin der überwiegende Bestandteil. Das Lignin ist in den jungen Trieben und vielen Pflanzen gar nicht vorhanden. Die Natur erzeugt es erst nachträglich zur Verfestigung, gewissermaßen als konstruktives Element; es findet sich vor allem in den mehrjährigen und großen Pflanzen, den Sträuchern und Bäumen, insbesondere im Holze, daher auch sein Name. Von dem Kohlenhydrat Zellulose ist bekannt, daß es leicht durch Wasserentziehung auf chemischem Wege verkohlt und auch durch Erhitzen auf einige hundert Grad in eine kohlenähnliche Substanz übergeht. Die Ähnlichkeit mit der natürlichen Kohle besteht allerdings nur darin, daß die Substanz unlöslich, schwarz und kohlenstoffreich ist, mehr ist nicht bewiesen.

Augenblicklich findet man in der Literatur überall die Meinung verbreitet, daß der Torf und damit die Kohlen aus dem Zelluloseanteil der Pflanzen im Laufe der Zeit entstanden sind. Zwar berichtet Ehrenberg[2]) 1910, daß außer den natürlichen Humusstoffen des Ackerbodens auch als Humusstoff bezeichnete Gebilde beim Erhitzen von Zuckerarten in stark angesäuerter Lösung erhalten werden, anderseits entständen bei der Zelluloseherstellung mit Alkalien ebenfalls zu den Humusstoffen gerechnete Massen. Daß im verholzten Pflanzengewebe und zwar wahrscheinlich in den sog. Ligninstoffen eine Muttersubstanz für Humussubstanzen zu suchen ist, gehe aus der bekannten Erscheinung hervor, daß die Sulfitlaugen der Zellulosefabrikation sich beim Neutralisieren dunkel färben und daß sich aus ihnen humusartige Substanzen isolieren lassen. Ferner weist Ehrenberg darauf hin, daß es zweifellos sei, daß in den Pflanzen, die nach ihrem Absterben das Material zur Humusbildung geben, Benzolderivate vorhanden seien; ferner, daß bisher die meisten Versuche, aus Zellulose oder andern Kohlenhydraten Humussubstanzen durch die übliche Zersetzung bei normaler Bodentemperatur zu erhalten, sowohl bei saurer wie bei basischer Reaktion fehlschlugen. Ehrenberg weist darauf hin, daß er nicht in der Lage sei, sich eingehender mit diesem Gebiete zu befassen, d. h. eine beweiskräftige Entscheidung in irgendeinem Sinne herbeizuführen. Immerhin aber muß festgestellt werden, daß Ehrenberg die allgemeine Meinung, daß die Zellulose das Ausgangsmaterial für die Humussubstanzen sei, nicht ohne weiteres teilt. Da andererseits die Humussubstanzen wahrscheinlich in naher Beziehung zur Kohle stehen, so erschien es uns zweckmäßig, auf die Ehrenbergsche Mitteilung hinzuweisen, wenn er sich auch mit der Kohle selbst nicht befaßt hat. Jedenfalls darf man sich den Worten

---

[1]) Über die Klasonsche Formulierung (B. **53**, 1869 [1920]) äußert sich hier Willstätter nicht.

[2]) Chem.-Ztg. **34**, 1157 (1910).

anschließen, mit denen SCHWALBE in seiner Chemie der Zellulose[1]) das Kapitel über Torf und Humus schließt, nämlich:

„Diese Vermutungen werden erst dann weiter ausgebaut werden können, wenn die Forschung erst einmal die aliphatische oder aromatische Natur der Ligninstoffe enträselt hat."

In seiner Schrift „Die Anwendung hoher Drucke bei chemischen Vorgängen und eine Nachbildung des Entstehungsprozesses der Steinkohle"[2]) versucht BERGIUS unter Anwendung höherer Temperaturen und Drucke die natürliche Bildung der Kohle nachzumachen. Er zeigt, daß man beim Erhitzen von Zellulose oder Torf im Autoklaven bei Gegenwart von viel Wasser auf etwa 300° sukzessive zu schwarzen Gebilden kommt, die unter Verlust von Wasser und Kohlensäure immer kohlenstoffreicher werden und schließlich prozentische Zusammensetzungen erreichen, die auch bei den verschiedenen Steinkohlensorten vorkommen. Den Nachweis der chemischen Identität seiner künstlichen Kohle mit den natürlichen hat er allerdings nicht versucht, er weist aber darauf hin, daß der Inkohlungsvorgang bei ihm bei ähnlichen prozentischen Zusammensetzungen zum Stehen kommt, wie sie die natürlichen Kohlen aufweisen. Er erwähnt[3]):

„Bemerkenswert ist, daß bei der Inkohlung der Zellulose die gasförmigen Zersetzungsprodukte praktisch völlig aus Kohlensäure bestehen. Die bei der Torfverkohlung entwickelten, nicht unwesentlichen Mengen von Methan müssen also aus der Zersetzung nicht zelluloseartiger Torfbestandteile herstammen."

Trotzdem nimmt er aber an, daß die Kohle im wesentlichen aus Zellulose entsteht, wie ja aus dem Kapitel „Formulierung des Zellulosezerfalls und Berechnung der Wärmetönung und Affinität" hervorgeht. BERGIUS ist schließlich ferner der Ansicht, daß der Inkohlungsvorgang in der Natur gemäß dem exothermen Charakter der Reaktion freiwillig schon bei gewöhnlicher Temperatur verlaufen ist, nur hat er, der niedrigen Temperatur entsprechend, ungeheure Zeiträume zum Ablauf gebraucht. Daß aber Zellulose wirklich der Ausgangspunkt für die Bildung der natürlichen Kohlen ist, hat BERGIUS nicht bewiesen und ferner auch nicht festgestellt, welche konstitutionellen Eigenschaften der künstlichen Kohle zugrunde liegen.

Daß die Kohle, abgesehen von ihren harzartigen Beimischungen, aus Zellulose entstanden sein müsse, hielten auch WHEELER und JONES[4]) für selbstverständlich. So schreiben sie in „The constitution of coal" S. 714:

„The coal conglomerate can be resolved by means of solvents into cellulosic and resinic portions. The cellulosic derivatives contain compounds the molecules of which posses the furan structure and yield phenols when destructively distilled."

Ferner sagen sie vorher (S. 709):

[1]) Berlin 1911, Verlag Gebr. Bornträger. S. a. ODEN, Die Huminsäuren, Verlag Steinkopff 1919.

[2]) Halle a. d. Saale 1913, Verlag Knapp.

[3]) S. 50.

[4]) The constitution of coal. Journ. Chem. Soc. **109**, 707 (1916).

„The production of phenols on destructive distillation is occasioned by the presence of the furan grouping

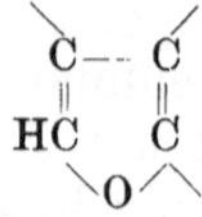

in the substance distilled."

Zellulose als Ausgangsstoff ist Wheeler und Jones so selbstverständlich (diese allerdings zunächst naheliegende Idee ist schon früher von vielen anderen ausgesprochen worden), daß sie irgendeinen Beweis dafür gar nicht antreten. Die Gedankenkette Zucker (Furanformel) — Zellulose genügt ihnen, um in der Steinkohle noch den Furankern anzunehmen. Merkwürdigerweise werden sie durch eine Tatsache nicht stutzig, die sie selbst erwähnen. Wichelhaus[1]) hatte behauptet, daß bei der trockenen Destillation von Baumwollzellulose keine anderen Phenole außer Karbolsäure entstehen. Wheeler und Jones finden bei der destruktiven Destillation des in Pyridin unlöslichen Hauptteiles ihrer Kohlen, den sie als aus der Zellulose entstanden betrachten, unter den dabei entstehenden Phenolen keine Karbolsäure, sondern im wesentlichen Kresole und Xylenole. Dieser Unterschied stört sie nicht, im Gegenteil, sie scheinen so fest von der Zelluloseabstammung der Kohle überzeugt, daß ihnen die Tatsache, daß überhaupt Phenole entstehen, ausreichend erscheint. Aber sie unterlassen wenigstens nicht zu erwähnen (S. 711):

„On the other hand, the existence in coal of substances the molecules of which are similar in type to the carbon molecule must be presumed." . . . . . . „Moreover, both carbon and coal yield benzenehexacarboxylic acid (mellitic acid) on oxydation, showing that in both cases there are molecules present the structure of which involves a six-carbon ring, each carbon atom being attached to another carbon atom."

Wir werden auf die Bedeutung der Mellithsäure als Abbauprodukt der Kohle noch zurückkommen.

Im Jahre 1914 veröffentlichte Chardet[2]) seine Ansichten unter dem Titel „Le Chimisme des Sols. L'évolution du carbone" und stellte dabei nachstehendes Entstehungsschema für die Kohle auf:

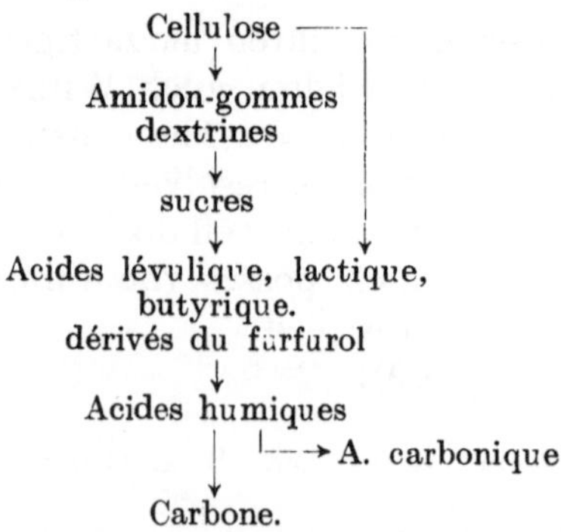

[1]) Ber. d. Deutsch. chem. Ges. **43**, 2922 (1910).
[2]) Rev. générale de chimie pure et appliquée **17**, 214 (1914). C. 1914 II. 1001.

Chardet meint:

„On peut admettre que toutes les bactéries cellulophages hydrolysent la cellulose et la transforment en dextrines ou en sucres et qu'ils assimilent ultérieurement ces produits en les transformant en acide gras et en acide CO_2." . . . . „Dans la tourbe, le milieu anaérobie empêchera les actions oxydasiques, les phénomènes de condensation se poursuivront activés par des actions de pression et de châleur, on arrivera alors à des acides humiques qui ne seront plus attaquables par les agents naturels."

Von den Huminsäuren, diesem nicht nur wörtlich „dunkeln" Kapitel der Chemie, erwähnt Chardet die bekannte Tatsache, daß sich solche aus Zucker durch Behandlung mit Salzsäure bei höherer Temperatur bilden, während bei weniger energischer Einwirkung Furfurol bzw. Methylfurfurol sich bilden; er schließt deshalb:

„Le furfurol est donc susceptible de former des acides humiques."

Ähnlich wie bei diesen aus Zucker entstandenen Huminsäuren, meint er (obwohl tatsächlich im Boden die genannten Bildungsbedingungen gar nicht vorliegen), könne man sehr hypothetischer Weise bei denen des Bodens Furanringe annehmen, und zwar vielleicht drei kondensierte. Nachdem er einige, sich eigentlich widersprechende Angaben über die Eigenschaften der natürlichen Huminsäuren gemacht hat, kommt er zu dem Schlusse, daß die Frage nach der Struktur der Huminsäuren sich noch in der Schwebe befinde, und daß die Schwierigkeiten, auf die man bei dem Studium dieser Körper stoße, keine baldige Lösung voraussehen lassen.

In einigen Aufsätzen „Erdöl und Steinkohle", „Zur Kenntnis der Huminsäuren" und „Die Vorstufen der Asphalte und Kohlen" erörtert Marcusson[1]) ebenfalls die Konstitution der Huminsäuren und der Kohlen, augenscheinlich ohne die Arbeit von Wheeler und Jones zu kennen. Er sagt, er hätte nachgewiesen, daß die Steinkohle als Hauptbestandteil zwei Arten von polyzyklischen gesättigten Sauerstoffverbindungen enthält, deren Sauerstoff sich in Brückenbindung vorfindet, nämlich einerseits aus Harz-, Fett- und Wachsstoffen des Urmaterials stammende asphalt- artige Stoffe (von ihm Karboide genannt), anderseits aus der Zellulose stammende Produkte. Diese seien von ihm schon früher als polymerisierte (verharzte) Furanderivate angesprochen worden; durch seine neue Unter- suchung werde seine damalige Annahme bestätigt. Die Furanverbindungen der Kohle seien es, welche bei der trockenen Destillation Phenole liefern; die sogen. Karboide seien zur Phenolbildung nicht befähigt.

Einer strengen Kritik halten seine Beweisführungen nicht stand.[2]) Er bringt dieselben Gedankengänge, die zwei Jahre vor ihm schon Wheeler und Jones veröffentlicht haben.

Fassen wir die bisher erwähnten Veröffentlichungen kurz zusammen, so ergibt sich, daß sie alle von der durchaus unbewiesenen Voraussetzung ausgehen, daß Huminsäuren, Torf und Kohlen aus Zellulose entstanden seien, und daß ihnen deshalb ein Furanring zugrunde liegen müsse.

---

[1]) Chem.-Ztg. **42**, 437 (1918); Zeitschr. f. angew. Chemie **31**, 237 (1918). Chem.-Ztg. **44**, 43 (1920).

[2]) Der Beweis beruht lediglich auf einer Vermutung von Russig aus dem Jahre 1901.

Eine neue Hypothese über die Abstammung und die chemische Struktur der Kohle.

Von
Franz Fischer und **Hans Schrader.**

Auf Grund unserer eigenen experimentellen Arbeiten und unter Heranziehung einiger Literaturangaben sind wir zu einer neuen Auffassung über die Entstehung der Humussäuren, des Torfes und über die Bildung der Kohle gekommen. Wir wollen sie im folgenden zunächst schildern und dann versuchen, den Beweis anzutreten. Wir gehen dabei mit voller Absicht lediglich von den beiden wichtigsten Bestandteilen der Pflanzen, der Zellulose und dem Lignin aus.

1. Zellulose und Lignin haben eine prinzipiell verschiedene Konstitution. Ob dem Kohlehydrat Zellulose eine rein aliphatische Konstitution oder eine furanähnliche zugrunde liegt, können wir einstweilen dahingestellt sein lassen. Bezüglich des Lignins aber nehmen wir zunächst an, daß ihm eine aromatische Struktur, vielleicht ungefähr so, wie sie sich KLASON[1]) denkt, zugrunde liegt, daß es also u. a. den Benzolring mit Azetyl- und Methoxylgruppen enthält.

2. Bei der Vertorfung der Pflanzenreste wird zunächst die Zellulose unter Mitwirkung der Bakterien verändert und verbraucht, d. h. sie verschwindet und geht weitgehend in Kohlensäure und Wasser über.

3. In der vertorfenden Masse muß dementsprechend das Lignin mit wachsendem Alter des Torfes relativ zunehmen, es muß dies erkenntlich sein durch die Zunahme des Methoxylgehaltes[2]) des Torfes mit zunehmendem Alter und durch die Abnahme der in hochkonzentrierter Salzsäure löslichen Bestandteile, d. h. der Zellulose und ihrer Veränderungsprodukte. Gleiches muß bei vermoderndem Holz festzustellen sein.

4. Da die Braunkohle nur noch wenig, die Steinkohle aber gar kein Methoxyl mehr nachzuweisen gestattet, so muß (evtl. schon beim Torf) sich später wieder eine Abnahme des Methoxylgehaltes zeigen, indem vielleicht durch Verseifung der Methoxylgruppen diese in Hydroxylgruppen übergehen. Die Abnahme der in hochkonzentrierter Salzsäure löslichen Substanzen müßte aber eine dauernde bleiben. Ob die Methoxylgruppe wirklich verseift wird unter Bildung einer Hydroxylgruppe und unter Bildung von Methylalkohol, oder ob Reduktionen stattfinden, indem die Methoxylgruppe in eine Methylgruppe übergeht, oder ob eine Hydroxylgruppe entsteht, statt Methylalkohol aber infolge Reduktionswirkung Methan entsteht, sei zunächst offengelassen. Jedenfalls nehmen wir an, daß aus dem neutralen Lignin zunächst unter Verseifung der Azetylgruppe ein phenolartiger alkalilöslicher Körper entsteht, und daß dieser saure Körper nichts anderes ist, als die Huminsäure. Der Huminsäure müßte

---

[1]) Ber. d. Deutsch. chem. Ges. **53**, 1869 (1920).

[2]) Die Methoxylgruppe ist für das Lignin charakteristisch und durch die Zeiselsche Methode leicht zu bestimmen.

demnach dieselbe Konstitution zugrunde liegen, wie dem Lignin, und sie müßte zunächst noch methoxylhaltig sein. Eine weitere Veränderung könnte dann in dem Verschwinden der Methoxylgruppen bestehen, was zu einer Vermehrung der Hydroxylgruppen führen würde.

5. Aus der Huminsäure entsteht unter Vergrößerung des Moleküls, vielleicht durch Wasseraustritt oder durch Oxydation, die alkaliunlösliche Humussubstanz, das sog. Humin.

6. Aus dem Humin entsteht durch weitere Abspaltung von Wasser und Kohlensäure und wohl auch von Methan, d. h. durch den Vorgang der Inkohlung, bei gewöhnlicher Temperatur die Braunkohle und Steinkohle. Immer aber bleibt als Grundlage durch die ganze Reihe die Benzolstruktur des Lignins erhalten, selbst noch in der Steinkohle.

Folgende Beweise sind deshalb zu liefern:

1. Daß das Lignin im Gegensatz zur Zellulose zu aromatischen Abbauprodukten führt.

2. Daß bei vermoderndem Holz oder bei Torflagern tatsächlich mit dem Alter das Lignin sich anreichert.

3. Daß mit zunehmendem Alter der Methoxylgehalt wieder abnimmt.

4. Daß die Unlöslichkeit in hochkonzentrierter Salzsäure von dem Beginn der Vertorfung ab dauernd zunimmt.

5. Daß im Torf die alkalilösliche Humussäure zunächst zunimmt und später infolge der Huminbildung wieder abnimmt.

6. Daß im Laboratoriumsversuch durch die Einwirkung wässeriger Alkalien in der Wärme nicht die Zellulose, sondern das Ligninmethoxylhaltige Huminsäuren liefert; daß bei noch höherer Temperatur auch das Methoxyl unter Bildung von Methylalkohol abgespalten wird und schließlich die aus Lignin entstandene Huminsäure in eine kohleartige Substanz übergeht, nicht aber die Zellulose.

7. Der Nachweis, daß die natürliche Huminsäure Methoxyl enthält im Gegensatz zur künstlichen aus Zucker gewonnenen.

8. Daß die Kalischmelze zur Entscheidung über die aromatische Struktur nicht ohne weiteres verwendet werden kann, da sowohl natürliche als auch künstliche Huminsäuren, als auch infolge Nebenreaktionen Zellulose dabei Protokatechusäure bzw. Brenzkatechin entstehen lassen; daß aber die natürlichen Huminsäuren viel größere Ausbeuten an aromatischen Säuren liefern.

9. Der Nachweis, daß die Druckoxydation der Zellulose einerseits, des Lignins anderseits durchaus verschieden verlaufen; daß vom Lignin vorübergehend Huminsäuren und schließlich aromatische Karbonsäuren erhalten werden, von der Zellulose aber nicht.

10. Der Nachweis, daß durch die Druckoxydation der Zellulose und der künstlichen Huminsäuren Furankarbonsäuren erhalten werden, aus Lignin aber nicht.

11. Der Nachweis, daß aus entbituminierter Braunkohle und Steinkohle durch die Druckoxydation nicht Furankarbonsäuren, sondern Benzolkarbonsäuren erhalten werden.

12. Der Nachweis, daß Halbkoks, der elektrisch noch nicht leitet, ebenfalls zu aromatischen Karbonsäuren abgebaut wird.

13. Der Nachweis, daß auch andere durch Oxydationsmittel aus fossilen Kohlen Benzolkarbonsäuren (Mellithsäure u. a.) erhalten werden.

14. Der Nachweis, daß auch geglühter Holzkohle mit Oxydationsmitteln Benzolkarbonsäuren entstehen, und daß bisweilen auffallend hohe Ausbeuten an solchen (bis 40 Gewichtsprozent) erhalten wurden.

15. Der Nachweis, daß die Ausführungen von Wheeler und Jones, die Richtigkeit der im 1. Abschnitt angeführten Behauptung von Wichelhaus vorausgesetzt, besser dahin ausgelegt werden kann, daß der Humusanteil der Kohle nicht von der Zellulose, sondern vom Lignin abstammt, wie auch der Ligninteer prozentisch viel mehr Phenole enthält als der Zelluloseteer.

16. Der Nachweis, daß Analogien bekannt sind, wonach man annehmen kann, daß die als phenolartige Körper zu betrachtenden alkalilöslichen Huminsäuren durch Oxydation in unlösliche humin- bzw. kohleartige Substanzen übergehen können.

Über das Verhalten von Zellulose und Lignin bei der Vermoderung.

Von
Franz Fischer und **Hans Schrader.**
Unter Mitwirkung von
Alfred Friedrich und Albert Schellenberg.

1. Bezüglich der älteren Literatur über die aromatische Struktur des Lignins kann auf die Arbeiten von P. Klason[1]) verwiesen werden. Kürzlich berichtete er, daß er bei der trockenen Destillation des Lignins 15% Phenole erhalten, andererseits durch Kalischmelze Protokatechusäure erhalten habe. Neuerdings haben ferner Hönig und Fuchs[2]) gezeigt, daß durch die Kalischmelze bis zu 19% Protokatechusäure aus den Sulfosäuren des Lignins gewonnen werden kann. Auch haben sie festgestellt, daß aus der Sulfosäure die Sulfogruppe erst bei hoher Temperatur durch die Kalischmelze entfernt werden kann, was nach ihrer Ansicht ebenfalls für eine aromatische Struktur des Lignins spricht. Melander[3]) hat durch die Kalischmelze der Sulfosäuren des Lignins Vanillinsäure, Protokatechusäure, Brenzkatechin (bis zu 10% der organischen Substanz), ferner Essigsäure und geringe Mengen höherer Fettsäuren erhalten.

2.—5. Vielfach wird in der Literatur erwähnt, daß Zellulose verhältnismäßig schnell von Bakterien angegriffen und verbraucht wird, während ähnliche Angaben über das Lignin nicht vorliegen. Aber auch systematische wissenschaftliche Untersuchungen über den raschen Verbrauch der Zellulose durch Bakterientätigkeit liegen vor. Die Ergebnisse dieser Versuche sind

---

[1]) Ber. d. Deutsch. chem. Ges. **53**, 706, 1864 (1920); C. 1919 I, 92; Der Papierfabrikant **15**, 321 (1917).
[2]) Monatshefte f. Chemie **40**, 341 (1919).
[3]) C. 1919 I, 862.

für unsere Anschauungen über die Entstehung der Kohle von hohem Wert, denn Stutzer berichtet, daß sogar noch in tiefen Schichten der Torflager die bakterielle Tätigkeit vorhanden ist. Er schreibt:[1]

„Bis vor kurzem nahm man in geologischen Kreisen an, daß Bakterien bei der Zersetzung abgelagerter Pflanzenmasse und bei ihrer Umwandlung zu Torf eine nur untergeordnete Rolle spielen. Man glaubte, daß die antiseptischen Eigenschaften der Humuswasser und des Torfes die Lebensbedingungen und damit die Tätigkeit von Bakterien schnell unterbinden, und daß daher schon in geringer Tiefe keine Zersetzung durch Bakterien mehr stattfindet, selbst nicht durch Bakterien, die ohne Luftsauerstoff zu leben vermögen, d. h. durch anaerobe Bakterien. Neue Untersuchungen von White[2]) haben aber ergeben, daß amerikanische Torflager selbst in 9 m Tiefe noch anaerobe Bakterien enthalten. Da eine Schicht von 9 m Torf eine sehr lange Zeit zu ihrer Ablagerung nötig hat, so zieht White aus dieser Beobachtung den Schluß, daß auch die zersetzende Tätigkeit der Bakterien oft eine sehr lange Zeit hindurch in Torflagern angedauert haben muß.“

Hutchinson und Clayton[3]) stellten, wie wir einem Referate entnehmen, folgendes über die Zersetzung von Zellulose im Boden durch ein aerobes Bakterium (Spirochaeta cytophaga) fest:

„Impfung einer mineralischen Nährlösung, die einen Streifen Filtrierpapier enthielt, mit Rothamstederde veranlaßte unter aeroben Bedingungen das Wachstum eines gekrümmten Fadenpilzes, welcher den Spirochäten mehr als den Bakterien ähnelte und Spirochaeta cytophaga genannt wurde. In alten Kulturen verändern sich die Fäden zu ovalen oder sphäroiden Formen und gleichen dann Sporen. Die günstigste Temperatur ist 30°, jedoch wächst er nicht auf dem gewöhnlichen Nährboden; so wird das Wachstum durch 0,25% Pepton gehindert. Am besten wächst er in einer Lösung von Nährsalzen mit Zellulose und einfachen stickstoffhaltigen Substanzen, wie Nitrate, Ammonsalze, Amide und Aminosäuren in schwacher Konzentration. Alle kohlenstoffhaltigen Verbindungen außer Zellulose hindern das Wachstum. Zellulose in jeder Form wird schnell zersetzt bei 25—30° und liefert einen Schleim von pektinartigem Charakter. Fügte man eine Zellulosekultur des Pilzes zu einer Mannitkultur von Azotobacter, so wurde eine vermehrte Bindung von Stickstoff beobachtet.“

Zu ähnlichen Resultaten ist auch E. W. Schmidt[4]) gekommen. Er hat festgestellt, daß die Zelluloseanteile des Torfes als Nahrung für stickstoffassimilierende Bakterien Verwendung finden und sagt am Schlusse seiner Abhandlung:

„Die Versuche haben erwiesen, daß Zellmembranstoffe rezenten Sphagnummmooses und jungen Sphagnumtorfes durch Zellulosebakterien angegriffen werden, wobei Spaltprodukte entstehen, die zur Ernährung

---

[1]) Glückauf **56**, 686 (1920).

[2]) White und Thiessen, The origin of coal, Bureau of mines 1913, Bull. 38.

[3]) Ref. I. Soc. chem. Ind. **38**, 381 A. (1919).

[4]) Zentralbl. f. Bakt., Parasitenk. u. Infektionskrankh. **52**, 281 (1920).

von Azotobacter zu dienen vermögen, so daß Sphagnummoos und junger Sphagnumtorf (Hochmoortorf) als indirekte Kohlehydratquelle ähnlich dem Filtrierpapier für Azotobacter angesprochen werden können."

Das Kasseler Braun ist der Hauptbestandteil einer bei Kassel vorkommenden Braunkohle, die durch die Eigenschaft ausgezeichnet ist, sich fast völlig in Alkali zu lösen. Nach unserer Auffassung handelt es sich hier um eine natürliche Huminsäure, die hervorgegangen ist aus Lignin und noch die aromatische Struktur des Lignins besitzt, mit Zellulose also gar nichts zu tun hat. Versuche, die nun E. W. SCHMIDT mit diesem Kasseler Braun vornahm, „zeigten, daß jedoch dieser Art Humussäure keinerlei Nährqualitäten für Bakterien zukommen. Weder Azotobacter noch andere Bodenbakterien entwickelten sich in einer Lösung von neutralisiertem Kasseler Braun, dem die nötigen Salze zugesetzt sind, obwohl Kasseler Braun immerhin noch eine Gesamtreduktion von 0,82% hat. (KEPPELER, vgl. S. 55.)"[1])

Man sieht, daß diese Ergebnisse von E. W. SCHMIDT so ausgefallen sind, wie sie nach unserer Meinung ausfallen mußten, wenn die Huminsäure vom Lignin, nicht aber von der Zellulose abstammt.

ROSE und LISSE[2]) berichten bezüglich der Chemie des Holzzerfalles, daß derselbe mit einer beträchtlichen Zersetzung der Zellulose Hand in Hand geht, während sich das Lignin als widerstandsfähiger erweist. Sie finden für frisches bzw. halbvermodertes bzw. ganz vermodertes Holz folgende Werte in Prozenten:

Tabelle 1.

	Cellulose	Methoxyl-gruppen	Alkali-löslich	In kaltem Wasser löslich	In heißem Wasser löslich
Frisches Holz	59,0	3,9	10,6	4,0	2,2
Halbvermodertes Holz	41,7	5,2	38,1	1,8	4,2
Ganzvermodertes Holz	8,5	7,8	65,3	1,2	7,8

Das ganz vermoderte Holz stammte aus einem Baumstumpf, war dunkelrotbraun und ließ sich zwischen den Fingern leicht zerreiben.

Man sieht aus der Tabelle, daß der prozentische Gehalt an Methoxyl sich verdoppelt und daß sich also das Lignin angereichert hat[3]), während die Zellulose verschwand. Nach der Methoxylzahl besteht das ganz vermoderte Holz zu zwei Dritteln aus Lignin, da es bei der ursprünglichen Methoxylzahl ungefähr einen Ligningehalt von einem Drittel haben mußte. Da die Verff. aber bereits zwei Drittel ihrer Substanz alkalilöslich gefunden haben, so muß davon mindestens die Hälfte bereits eine alkalilösliche, methoxylhaltige Huminsäure sein. Bezüglich des Restes ist es immer noch möglich, daß er ebenfalls dem Lignin entstammt, aber infolge des Verlustes der Methoxylgruppe an dieser nicht mehr erkannt werden kann.

---

[1]) l. c. S. 283.

[2]) Journ. of Ind. and Engin. Chem. **9**, 284 (1917); C. 1920 III, 354.

[3]) Wir haben bei vermodertem Eschenholz ebenfalls eine Anreicherung des Lignins und gleichzeitig eine Zunahme des in hochkonzentrierter Salzsäure unlöslichen Anteils feststellen können.

Die Verff. weisen übrigens auf die außerordentliche Verschiedenheit hin, mit der der Holzzerfall gelegentlich vor sich geht. Es kommt dabei sicherlich auch darauf an, ob die Bedingungen für die Ansiedlung zellulose-zerstörender Bakterien günstig sind oder nicht.[1])

Wir haben nun unter Mitarbeit von Herrn Dr. FRIEDRICH in unserm Institut gefunden, daß in einem Torflager (Velen i. W.) der Methoxylgehalt des Torfes zunächst deutlich mit der Tiefe, d. h. mit dem Alter zunimmt, während wir bei einem älteren schwarzen Torf (Lauchhammer, Prov. Sachsen) wieder eine Umkehrung, d. h. eine Abnahme des Methoxylgehaltes mit dem Alter feststellen konnten.

Wir fanden folgende Zahlen:[2])

	Tiefe m	Asche-gehalt %	Methoxyl %	In hochkon-zentrierter Salzsäure unlöslich %	In Natron-lauge löslich %	Bitumen-gehalt %
Velener Torf 1	0	1,8	0,49	29,5	11	2,0
„ „ 2	0,9	1,7	1,22	58,0	20	4,9
„ „ 3	1,8	1,8	1,67	72,5	35	7,7
Lauchhammer Torf 3 . .	zuneh-	7,1	2,97	74,5	—	5,3
„ „ 4 . .	mende	6,8	2,73	77,5	—	6,3
„ „ 5 . .	Tiefe	6,6	1,66	84,5	—	12,2

Aus der Tabelle ist ersichtlich, daß bei beiden Torfarten mit dem Alter der in hochkonzentrierter Salzsäure lösliche Anteil abnimmt, und für den Velener Torf zeigt sich, daß mit dem Alter die alkalilösliche Substanz, d. h. die Huminsäuren zunehmen. Die Abnahme des Methoxylgehaltes bei höherem Alter läßt sich zwanglos erklären durch die Abspaltung der Methoxylgruppe, so daß also deswegen die Anreicherung an den Substanzen, die dem Lignin entstammen, trotzdem weitergegangen sein kann.

Die Gleichheit der Vorgänge bei der Vermoderung des Holzes und der Bildung von Waldmooren ist ohne weiteres verständlich. Bei den Mooren aber, die im wesentlichen aus Sphagnum entstanden sind, könnte man Bedenken haben, denn bisher sind Methoxylbestimmungen für den Ausgangs-stoff, für das Sphagnummoos, uns nicht bekannt geworden. Denn sollte das Sphagnum kein Lignin enthalten, dann könnte sich auch keines anreichern. Wir haben nun aber feststellen können durch Untersuchung von Sphagnum-proben, die Herr Professor KEPPELER in Hannover so liebenswürdig war, uns zur Verfügung zu stellen, daß zwar der Methoxylgehalt des Sphagnums klein, aber doch feststellbar ist. Bei Sphagnum Medium fanden wir 0,3% OCH_3. Bei Sphagnum Cuspidatum lag der Methoxylgehalt innerhalb der Fehlergrenzen des Bestimmungsverfahrens. Als wir aber die gröberen Fasern des Sphagnums aussiebten, die etwa ein Viertel der ganzen Menge

[1]) Kommen Bakterien nicht in Frage, so scheint sich die Veränderung zuerst beim Lignin bemerkbar zu machen, wie aus der Tatsache hervorgeht, daß reine Zellulose (Filtrierpapier) auch auf die Dauer weiß bleibt, während das Lignin im Holzschliffpapier wahrscheinlich infolge der Bildung von Huminsäure das Vergilben des Papiers hervorruft, soweit dieses nicht durch Papierleim und dergl. hervorgerufen ist.

[2]) Die Bestimmungen des Gehalts an Huminsäuren und Bitumen wurden von Herrn Dr. SCHELLENBERG in unserem Institut ausgeführt.

betrugen, und diese dann untersuchten, ergab sich deren Gehalt an OCH_3 zu 0,4%, der Ligningehalt also annähernd zu 2,7%, falls man den Methoxylgehalt des Holzlignins mit 15% OCH_3 der Rechnung zugrunde legt.

Aus der Tabelle 2 ist ferner ersichtlich, daß mit dem Alter des Torfes die Menge der nach unserer Ansicht aus dem Lignin entstandenen Huminsäuren zunimmt. Es liegen also hier die gleichen Verhältnisse vor wie bei dem vermodernden Holz. Interessant ist auch zu sehen, wie der Gehalt an Bitumen mit steigendem Alter anwächst. Das Bitumen des Torfes dürfte nach den Untersuchungen von Ryan und Dillon[1]), die mit einem irischen Torf vorgenommen worden sind, ebenfalls wie bei der Braunkohle als charakteristische Substanz die Montansäure enthalten. Der Bitumen oder Montanwachsgehalt kann deshalb ebenfalls als Kriterium für das Alter des Torfes benutzt werden, wenn wir bedenken, daß es keine Pflanzen gibt, die 12% Wachs bzw. Harz enthalten, bezogen auf ihre gesamten absterbenden Teile. So kann auch aus diesem Grunde die Anreicherung an Wachs nur dadurch stattgefunden haben, daß die übrigen Bestandteile der Pflanzen während des Vermoderungsvorganges sich in hohem Maße vermindert haben. Daß das die zersetzlichere und den Bakterien zur Nahrung dienende Zellulose und nicht das beständige Lignin gewesen ist, liegt fast auf der Hand. Aber auch wenn wir zahlenmäßig versuchen, aus einem Wachsgehalt von 12% Rückschlüsse zu ziehen, so können wir verstehen, daß selbst aus so ligninarmen Produkten wie das Sphagnum schließlich Torf oder Braunkohle von wesentlicher Ligninabstammung entstanden sind, die aber der Anreicherung an Lignin entsprechend auch einen stark vervielfachten Wachsgehalt haben mußten. Werfen wir noch einmal einen Blick auf die Zunahme der alkalilöslichen Stoffe mit dem Alter, so müssen wir annehmen, daß diese Zunahme später wieder in eine Abnahme übergeht, denn es ist bekannt, daß die Braunkohlen, die unzweifelhaft aus Torf hervorgegangen sind, mit zunehmendem Alter wieder eine Abnahme an alkalilöslichen Huminsäuren zeigen. Bei der Steinkohle ist ja außer dem Methoxyl auch die alkalilösliche Huminsäure praktisch nicht mehr vorhanden.

Über das Lignin
als Ausgangsstoff und über die Benzolstruktur der Kohle.

Von

Franz Fischer und **Hans Schrader.**

Unter Mitwirkung von

Wilhelm Treibs und Hans Tropsch.

1. Bei dem bekannten technischen Prozeß der Herstellung von Natronzellstoff aus Holz wird das Lignin mit Hilfe von Natronlauge bei einer Temperatur von 180° in Lösung gebracht unter Bildung einer dunkelbraunen Lauge, auf deren Verwandtschaft mit den Huminsäuren schon hin-

---

[1]) C. 1913, II, 2048.

gewiesen worden ist. Die Zellulose dagegen bleibt bei diesem Verfahren praktisch unverändert.

Wir haben nun in einem Autoklaven Zellulose (Filtrierpapier) mit Kalilauge auf 200° erhitzt, und zwar verwandten wir 30 g Zellulose und 50 ccm 4 n. Kalilauge. Die Dauer der Erhitzung betrug 3 Stunden. 10 g Zellulose waren dann nur noch übrig, der Rest war in Lösung gegangen; die Lösung war hell, beim Ansäuern entstand so gut wie kein Niederschlag.

Wir führten nun den gleichen Versuch mit Lignin aus. Das Lignin war nach der Willstätterschen Methode mittels hochkonzentrierter Salzsäure aus Holz gewonnen und entstammte einer größeren Menge, die uns die Firma Th. Goldschmidt, A.-G., Essen, in dankenswerter Weise überlassen hat. Als Ergebnis des Versuches stellte sich heraus, daß das Lignin praktisch völlig in Lösung gegangen war. Beim Ansäuern der tiefbraunen Lösung schieden sich rund 26 g eines huminsäureartigen Niederschlages aus.

Führte man die beiden Versuche bei 300° aus statt bei 200°, so lieferte der Versuch mit Zellulose einen festen, öldurchtränkten Rückstand von 4,3 g, der sich durch Äther in 3 g festen Rückstand und 1,3 g Öl zerlegen ließ.

Das Ergebnis beim Lignin war ein durchaus anderes. Wir erhielten etwa 20 g kohleartige, feste Ausscheidung; die alkalische Lösung war braun, beim Ansäuern schieden sich aus ihr nur noch 1,3 g eines huminsäureartigen Niederschlages aus.

Die Versuche zeigen, daß bei der Behandlung mit wässrigen Alkalien in der Wärme nur aus dem Lignin Huminsäuren und bei höherer Temperatur kohlige Ausscheidungen erhalten werden. Ebenso trat nur beim Lignin Methylalkohol auf, und zwar bei 200° nur wenig, eben nachweisbar, bei 300° dagegen konnten wir leicht den Methylalkohol aus der Lösung herausfraktionieren und in solcher Menge auffangen, daß wir ihn anzünden konnten. Da bei 200° alles Lignin in Lösung gegangen war, die Hauptmenge des Methylalkohols aber erst bei 300° abgespalten wurde, so geht daraus hervor, daß die bei 200° entstandenen Huminsäuren noch methoxylhaltig waren. Eine Untersuchung der bei 200° erhaltenen Huminsäuren ergab einen Methoxylgehalt von 14,0%.

2. Die natürlichen Huminsäuren, die aus Braunkohle durch sorgfältige Reinigung hergestellt wurden, ergaben 0,94% OCH_3. Die Braunkohle wurde zu diesem Zwecke durch Extraktion mit Alkohol und Benzol vom Bitumen befreit; dann wurden die Huminsäuren mit Ammoniak in Lösung gebracht, mit Säuren ausgefüllt und durch vielfaches Zentrifugieren gewaschen. Aus Torf hergestellte Huminsäuren ergaben einen Methoxylgehalt von 1,4%. Aus Zucker hergestellte Huminsäuren enthielten, wie ja zu erwarten, kein Methoxyl.

3. Kalischmelze liefert Protokatechusäure bzw. Brenzkatechin sowohl aus natürlichen Huminsäuren[1]) als auch aus künstlichen, die aus Zucker hergestellt sind[2]), ferner aus Zellulose[3]), jedoch sind die Mengen an aroma-

---

[1]) DEMEL, Monatshefte f. Chemie 3, 769 (1882). Ferner EULER, Pflanzenchemie. 1908, Bd. 1, S. 74, Bd. 2, S. 224.

[2]) DEMEL l. c.

[3]) SCHWALBE, Chemie der Zellulose S. 49.

tischen Substanzen beim Lignin und bei den natürlichen Huminsäuren erheblich größer als bei der Zellulose und bei den künstlichen Huminsäuren. Aus den natürlichen Huminsäuren hat Herr Dr. Tropsch in unserm Institut etwa viermal soviel in Wasser lösliche und mit Äther extrahierbare Säuren erhalten als aus den künstlichen.

4.—5. Unterwirft man Zellulose der Druckoxydation[1]) bei 200° in Gegenwart von $2^1/_2$ n. Sodalösung, so verschwindet sie fast vollständig unter Bildung einer hellen Lösung, aus der als Reaktionsprodukte vorwiegend niedere Fettsäuren und Oxalsäure isoliert wurden.

Ganz anders verhält sich das Lignin. Es bildet eine tiefbraune Lösung, die erst bei weitgehender Oxydation sich wieder aufhellt.

Erhitzt man die Natriumsalze, die bei der Druckoxydation des Lignins erhalten werden, in wässriger Lösung im Autoklaven 3 Stunden auf 400°, so erhält man, wie Herr Dr. Treibs ermittelt hat, auf 100 g Lignin berechnet, etwas Benzoesäure und mehrere Gramm Isophtalsäure.

Führt man den gleichen Versuch mit Zellulose aus, so werden nur Spuren von Benzolkarbonsäuren gefunden, dagegen läßt sich beim Abblasen des Apparates im Gegensatz zu dem Ligninversuch Furan nachweisen. Wenngleich die Erhitzung auf 400° geeignet ist, die Unterschiede durch spätere Umwandlungen zu verwischen, so ist trotzdem noch das verschiedene Verhalten der beiden Stoffe bei der Druckoxydation genügend zu erkennen. Bezüglich der bei der Druckoxydation des Lignins zuerst erhaltenen braunen Lösungen sei noch darauf hingewiesen, daß aus ihnen ebenso wie aus den alkalischen Lösungen der natürlichen Huminsäuren Kochsalzzusatz ausfällend wirkt.

6. Wir unterwarfen die verschiedensten Braunkohlen und Steinkohlen der Druckoxydation bei 200° in Gegenwart von $2^1/_2$ n. Sodalösung. Unter Bildung tiefbrauner Lösungen lösten sich die Kohlen auf. Die Bräunung trat um so früher auf, je mehr Huminsäuren die betreffende Kohle noch enthielt. Das spätere Auftreten der braunen Färbung der Lösungen bei der Steinkohle kann so erklärt werden, daß zwar die Steinkohle durch Kondensation von Huminsäuremolekülen zu großen Aggregaten entstanden ist, daß aber durch Oxydation oder Verseifung eine Verkleinerung des Aggregats bis zur Huminsäure herbeigeführt wird. Abgesehen von niedrigen Fettsäuren, insbesondere Ameisensäure und Essigsäure, ferner von Oxalsäure, haben wir aus den Lösungen bisher nur Benzolkarbonsäuren isolieren und identifizieren können.[2]) Wir haben Mellithsäure, Mellophansäure, Phtalsäure und Isophtalsäure, ferner Benzoesäure erhalten. Bei magerer Steinkohle sind wir, auf das Gewicht der angewandten Kohle umgerechnet, bis zu 10% an Isophtalsäure und Benzoesäure gekommen; wir haben auch die uns nicht bekannten Säuren mit Kalk destilliert, aber niemals eine Furanreaktion bekommen. Dies spricht entschieden dafür, daß in der Kohle nicht der Furanring, wohl aber die Benzolstruktur erhalten ist.

---

[1]) Vgl. Abh. Kohle **4**, 342 (1919).

[2]) Diese Untersuchungen sind unter Mitarbeit von Herrn Dr. Treibs ausgeführt worden.

7. Wurde Halbkoks von sächsischer Braunkohle oder Halbkoks von Steinkohle der Druckoxydation unterworfen, so wurden aromatische Karbonsäuren erhalten, welche die für die Mellithsäure charakteristische Euchronreaktion gaben. Der Halbkoks war in beiden Fällen durch Erhitzen von Kohlen auf etwa 500° erhalten worden, demgemäß elektrisch noch nicht leitend.[1]) Auf 1000° erhitzt gewesener Koks, der demgemäß elektrisch leitend war, lieferte äußerst wenig saure Reaktionsprodukte. Interessanterweise erhielten wir auch hier die Euchronreaktion. Man kann demnach annehmen, daß die Benzolstruktur in der Kohle sogar noch beim Erhitzen erhalten bleibt.[2])

8. BARTOLI und PAPASOGLI[3]) fanden, daß bei der Einwirkung von unterchlorigsaurem Natrium in der Kälte oder bei 100° alle natürlichen und künstlichen Kohlen, die 1% Wasserstoff oder mehr enthalten, Mellithsäure geben. GIRAUD[4]) gewann durch Erhitzen von Steinkohlen mit einem Überschuß von konzentrierter Schwefelsäure reichliche Mengen (etwa 5%) Pyromellithsäure. DICKSON und EASTERFIELD[5]) erhielten aus Steinkohlen durch die Einwirkung eines Gemisches von rauchender Salpetersäure und Kaliumchlorat wenig Mellithsäure. HANS MEYER[6]) berichtet, daß Braunkohlen, Steinkohlen und Schungit (älteste Steinkohlenformation) beim Kochen mit konzentrierter Salpetersäure nur wenig oder gar keine Mellithsäure liefern.

9. Zahlreiche Forscher: SCHULZE[7]), HÜBNER[8]), GIRAUD[9]), VERNEUIL[10]), DICKSON und EASTERFIELD[11]), HANS MEYER und STEINER[12]) und K. A. HOFMANN[13]) haben gezeigt, daß aus durch Glühen erhaltener Holzkohle auf die verschiedenste Weise Benzolkarbonsäuren erhalten werden, so mit Permanganat, mit kochender konzentrierter Schwefelsäure und mit kochender konzentrierter Salpetersäure. Insbesondere letztere Methode hat HANS MEYER und STEINER bei manchen Holzkohlen bis zu 40% des Gewichts der Holzkohle an Mellithsäure geliefert. Auch aus letzteren Versuchen geht hervor, daß die Glühtemperatur nicht ohne Einfluß auf die Ausbeuten ist, d. h. daß ganz hocherhitzte Holzkohle nicht mehr nennenswert unter Mellithsäurebildung angegriffen wird. Wenn auch die eben erwähnten Beobachtungen für den von uns angestrebten Beweis, daß die fossile, also noch nicht erhitzte Kohle, eine aromatische Struktur enthält, nicht in

---

[1]) Vgl. FRANZ FISCHER und GEORG PFLEIDERER, Über das Auftreten und die Änderung der elektrischen Leitfähigkeit natürlicher Kohlen beim Erhitzen. Abh. Kohle 4, 394 (1919) u. Brennst.-Chem. 1, 86 (1920).
[2]) Wir wollen dies gelegentlich noch eingehender prüfen.
[3]) Gazz. chim. 15, 446 (1885); Ref. Ber. d. Deutsch. chem. Ges. 19, R. 249 (1886.)
[4]) Bull. (3) 11, 389 (1893); Ref. Ber. d. Deutsch. chem. Ges. 27, R. 750 (1894).
[5]) Proc. chem. Soc. 197, 163 (1897/98); C. 1899 I, 42.
[6]) Monatshefte f. Chemie 35, 169 (1914).
[7]) Ber. d. Deutsch. chem. Ges. 4, 802 (1871).
[8]) Chem.-Ztg. 14, 440 (1890).
[9]) l. c.
[10]) Compt. rend. de l'Acad. des Sc. 118, 195 (1894); 132, 1340 (1901).
[11]) l. c.
[12]) Monatshefte f. Chemie 35, 475 (1914).
[13]) Ber. d. Deutsch. chem. Ges. 46, 1665, 2857 (1913).

Betracht kommen, so zeigen sie doch, daß diese Struktur selbst nach dem Erhitzen zu finden ist. Wir möchten aber doch die theoretischen Betrachtungen über die Struktur der erhitzten Kohle auf eine spätere Zeit verschieben.

10. Wie wir in dem ersten Abschnitt gezeigt haben, sahen Wheeler und Jones in der Tatsache, daß der in Pyridin unlösliche Teil ihrer Kohlen beim Destillieren Phenole gibt, einen Beweis dafür, daß dieser Teil sich aus Zellulose gebildet hat, da die Zellulose nach Wichelhaus Karbolsäure liefert. Angenommen nun, wovon wir, offen gestanden, nicht fest überzeugt sind, daß die Zellulose wirklich von allen möglichen Phenolen nur die Karbolsäure liefert, so scheint uns die von Wheeler und Jones festgestellte Tatsache, daß die Kohle nur Homologe der Karbolsäure liefert, eher gegen die Zellulose als Muttersubstanz zu sprechen. Auch ist gerade der Teer des Lignins erheblich reicher an Phenolen als der der Zellulose. Beim Zelluloseteer haben wir 8% wirkliche Phenole, bezogen auf den Teer, gefunden, beim Ligninteer dagegen 34%. Deshalb scheint das Lignin besonders berufen, bei seiner weiteren Veränderung die Substanzen zu liefern, von denen die bei der Urdestillation der Kohle entstehenden Phenole abstammen.

11. Wir haben einstweilen angenommen, daß das Lignin unter Verlust der Azetyl- und Methoxylgruppen in einen phenolartigen Körper, die Huminsäure, übergeht. Das Verschwinden der Alkalilöslichkeit unter Vergrößerung des Moleküls durch irgendeine Art von Kondensation unter Bildung der unlöslichen Huminsubstanz des Torfes und der Kohle können wir vorerst nicht beweisen, aber es existieren Analogien dazu. Bei der Druckoxydation der Phenole bei Gegenwart von Sodalösung hatte einer von uns (F.) mit W. Gluud schon im Jahre 1918 beobachtet, daß die verschiedenen Phenole dabei in unlösliche, kakaobraune Körper übergehen. Wir haben diese Versuche weiter ausgedehnt[1]) und dabei festgestellt, daß eine solche Kondensation um so leichter stattfindet, je weniger alkalisch die Lösung ist.

Eller und Koch[2]) berichten über die Bildung humusartiger Substanzen durch die Oxydation verschiedener Phenole mit Luft oder besser mit Kaliumpersulfat und geben auch der Ansicht Ausdruck, daß die so erhaltenen braunen, alkalilöslichen Substanzen eine Zusammensetzung haben, die der Formel $C_6H_4O_3$ bzw. einem Vielfachen davon entspricht. Sie glauben, daß ihre Produkte den natürlichen Humusstoffen völlig gleichen, aber sie nehmen an, daß die Bildung der Humusstoffe in der Natur auf Kosten der Kohlenhydrate stattfindet, denn sie sagen ausdrücklich:

„Die Kohlenhydrate können demnach als Stammkörper der Huminsäuren angesehen werden, während die Behauptung der Abstammung der Huminsäuren aus Eiweißspaltprodukten einstweilen keine Stütze findet, da die bisher erhaltenen synthetischen Huminsäuren stickstofffrei sind.“[3])

<hr>

1) Abh. Kohle **4**, 299 (1919).
2) Ber. d. Deutsch. chem. Ges. **53**, 1469 (1920).
3) Brennst.-Chem. **1**, 73 (1920).

Vom Lignin leiten sie also die natürlichen Humusstoffe nicht ab.

Auch in der Mitteilung von Fritz Hofmann[1]) ist vom Lignin als Muttersubstanz der Kohle nicht die Rede. Hofmann erhält durch Erhitzen von Phenolnatrium in einer Wasserstoff- oder Stickstoffatmosphäre bis auf 490° polymerisierte Phenole in Form von dunkelbraunen Pulvern und stellt dafür Formelbilder auf. Wenn Fritz Hofmann seine Produkte auch nur kohleähnlich nennt und die dabei verwandten Temperaturen von fast 500° für den Bildungsprozeß in der Natur bestimmt nicht in Frage kommen, so können seine Versuche doch immerhin als Analogie für die Bildung kondensierter Systeme aus Phenolen hier erwähnt werden.

Aus dem bisher Gesagten glauben wir es jedenfalls in hohem Grade wahrscheinlich gemacht zu haben, daß nicht, wie man bisher dachte, die Zellulose, sondern daß das Lignin im wesentlichen die Muttersubstanz der Kohle ist. Die aromatische Struktur des Lignins finden wir deshalb auch in der Kohle wieder, nicht etwa den Furankern.

Jede Mitbeteiligung der Zellulose an der Kohlebildung wollen und können wir nicht bestreiten. Auf keinen Fall aber spielt sie die ausschlaggebende Rolle, die man ihr bisher zugeschrieben hat.

Wir möchten diese Abhandlung nicht schließen, ohne die sogenannte trockene Destillation der Kohle im Zusammenhang mit der Benzolstruktur der Kohle einer kurzen Betrachtung zu unterziehen. Wie wir in einer Abhandlung: „Woraus entsteht das Benzol im Koksofen und in der Gasretorte?"[2]) haben zeigen können, entstehen zunächst bei der Destillation der Steinkohlen außer den aus dem Bitumen entstehenden erdölartigen Kohlenwasserstoffen Phenole, die bei den jüngsten Steinkohlen, den Gasflammkohlen, fast die Hälfte des Urteers ausmachen und, auf die Kohle berechnet, 5 bis 6% derselben betragen. Infolge der hohen Temperatur im Koksofen und der Gegenwart von Wasserstoff werden diese Phenole, soweit sie nicht zerstört werden, zum Benzol reduziert.

Die Benzolstruktur der Kohle gilt ebenso wie für die Steinkohlen auch für die Braunkohlen. Die infolgedessen bei der Destillation der Braunkohlen entstehenden Phenole sind aber im Braunkohlenteer in geringerer Menge vorhanden, weil die Braunkohlen verhältnismäßig reich an Kohlenwasserstoff lieferndem Bitumen, dem sogenannten Montanwachs sind. Entsprechendes gilt auch für den Torf. Im übrigen liefern bitumenarme Braunkohlen, z. B. Lignit, ähnlich wie die Steinkohlen, einen Teer, der fast zur Hälfte aus Phenolen besteht. Man darf demnach wohl sagen, daß die aus der Humussubstanz der Kohlen sich bei der Destillation bildenden Phenole im Urteer umso stärker durch Kohlenwasserstoffe verdünnt sind, je reicher die Kohle an Bitumen ist.

Im ganzen genommen stellt sich einerseits die Entstehung anderseits die trockene Destillation der Kohle in folgender Weise dar:

Von den Pflanzenstoffen Zellulose, Lignin, Wachs und Harz verschwindet im Laufe der Zeit die Zellulose hauptsächlich durch bakterielle Tätigkeit, und es bildet sich die Kohle im wesentlichen durch den Übergang

---

[1]) Brennst.-Chem. **1**, 2 (1920).
[2]) Brennst.-Chem. **1**, 4 (1920).

des Lignins in Huminstoffe, ferner aus den durch das Verschwinden der Zellulose prozentisch angereicherten Beimengungen von Wachsen und Harzen.

Bei der trockenen Destillation der Kohle bei niedriger Temperatur entsteht der sogenannte Urteer, dessen Kohlenwasserstoffe im wesentlichen durch die thermische Zersetzung der Wachse und Harze, dessen Phenole durch die Zersetzung des Humusanteiles, dem noch die aromatische Struktur des Lignins innewohnt, entstanden sind.

Wird die Destillation der Kohle nicht bei niedriger Temperatur, sondern bei den hohen Temperaturen unserer Kokereien und Gasanstalten ausgeführt, dann fallen die Kohlenwasserstoffe, die aus den Wachsen und Harzen entstanden sind, einer weiteren Veränderung anheim. Die aliphatischen gehen in gasförmige Kohlenwasserstoffe über, die hydroaromatischen werden nur zum Teil dehydriert, zum Teil scheinbar auch in gasförmige Kohlenwasserstoffe verwandelt. Die Phenole des Urteers bleiben zum geringen Teil als solche erhalten, zum weitaus größeren Teil aber werden sie zu hitzebeständigen Kohlenwasserstoffen wie Benzol reduziert, zum Teil auch zum Aufbau von Naphtalin, Anthrazen und dergl. verwandt.

So glauben wir, nunmehr den Weg zu überblicken, den abgestorbene pflanzliche Substanzen im Laufe von Jahrtausenden in der Natur bei ihrer Vermoderung und Inkohlung und nachher als Kohle bei ihrer technischen Verwendung durchschreiten.

Bemerkungen über die Verbreiterung von Spektrallinien.

Von

J. Franck-Berlin-Dahlem.

Die BOHRsche Atomtheorie hat den Weg zum prinzipiellen Verständnis der Gesetze der Spektrallinienserien erschlossen. Darüber hinaus hat sie es ermöglicht, bei dem einfachsten Atom, dem Wasserstoffatom, die Wellenlängen jeder einzelnen Spektrallinie mit größter Schärfe zu berechnen. Diesen ungeheuren Fortschritt erzielte BOHR, indem er auf der Planckschen Quantentheorie als Fundament aufbaute. Dadurch wird die Anwendung der klassischen Elektrodynamik, die man jahrzehntelang als gesicherte Grundlage der optischen Forschung zu benutzen gewohnt war, für den einzelnen Akt einer Lichtemission oder Absorption des Atoms, d. h. für den sog. Elementarakt vollkommen verworfen. Bei dem augenblicklichen Stand der Forschung ist noch nicht zu übersehen, ob die Quantentheorie in jeder Beziehung einen vollwertigen Ersatz liefern wird für alle die auf Grund der klassischen Rechenmethode gewonnenen optischen Gesetzmäßigkeiten. Bei diesem unbefriedigenden Zustand hat man sich daran gewöhnt, fürs erste im alten Hause wohnen zu bleiben und nur allmählich einen Stein um den andern herüberzutragen, um zu versuchen, ob er sich in das Quantengebäude einfügt. Die Art des Vorgehens wird durch das von BOHR aufgestellte Korrespondenzprinzip gegeben. Für den hier zu behandelnden Spezialfall läuft seine Anwendung darauf hinaus, die einzelnen Quantenprozesse so zu behandeln, daß ihre Gesamtwirkung der von der klassischen Theorie geforderten entspricht.

Die Verbreiterung der Spektrallinien war auf dem Boden der alten Theorie weitgehend geklärt. Die Übertragung in die Quantentheorie ist bisher nur teilweise ausgeführt. Um eine bessere Übersicht zu erhalten, wollen wir in folgendem alle die Spektrallinien verbreiternden Einflüsse diskutieren, wie man sie nach der alten Auffassung erklärt hat resp. nach der quantentheoretischen Auffassung zu deuten versuchen kann.

Strahlungsdämpfung. Ein elektrischer Oszillator, etwa ein quasi elastisch gebundenes Elektron, hat Energie aufgenommen und strahlt sie nach den Gesetzen der Elektrodynamik wieder aus. Durch die Ausstrahlung von elektromagnetischer Energie wird die Schwingung gedämpft. Eine gedämpfte Schwingung läßt sich aber darstellen als Übereinanderlagerung unendlich vieler ungedämpfter Schwingungen aller möglichen Frequenzen. Bei nicht zu großer Dämpfung treten nur die Frequenzen mit merkbarer Intensität auf, die in unmittelbarer Nachbarschaft der ursprünglichen Frequenz liegen. So erhält man statt einer scharfen Eigenschwingung einen gewissen Bereich von Frequenzen, also statt einer scharfen Spektrallinie eine verbreiterte. Diese Breite läßt sich genau berechnen aus dem logarithmischen Dekrement der Schwingung, oder, was dasselbe heißt, aus der Zeit in der die Energie der ungestörten Ausstrahlung auf den e-ten Teil gesunken ist.

An Stelle des elastisch gebundenen, kontinuierlich ausstrahlenden Elektrons setzt die Quantentheorie den Sprung eines Elektrons von einer höheren auf eine niedere Quantenbahn unter explosionsartiger Emission der Energiedifferenz zwischen den beiden Bahnen. Die ausgestrahlte Frequenz berechnet sich dabei nach der bekannten Bohrschen Gleichung $h \cdot \nu = E_2 - E_1$. Um den von der klassischen Theorie geforderten exponentiellen Abfall der Intensität der Gesamtstrahlung mit der Zeit zu erhalten, führt man nach Stern und Volmer eine mittlere Lebensdauer der höherquantigen Zustände der strahlenden Atome ein. Von den Atomen, die höherquantige Elektronen enthalten, zerfällt wie bei radioaktiven Prozessen pro Zeiteinheit immer der gleiche Prozentsatz, so daß ebenfalls eine exponentielle Abklingung der Strahlung erfolgt. Setzt man für die mittlere Lebensdauer der Atome den Wert 10^{-8} Sekunden ein, so erhält man die gleiche Abklingung wie bei klassischer Rechnung, und dieser Wert scheint durch neuere experimentelle Bestimmungen sich zu bestätigen. Will man nun außerdem noch die aus der Strahlungsdämpfung sich ergebende Verbreiterung der spektralen Emission quantentheoretisch deuten, so ist man gezwungen, dem einzelnen Strahlungsquant nicht eine einzige Frequenz, sondern die Emission des ganzen allerdings sehr kleinen Frequenzbereiches zuzuschreiben. Eine formale Analogiebetrachtung könnte das durch die Annahme deuten, daß die Schwingungen zwar streng periodisch emittiert werden, aber daß nur eine endliche Zahl von Schwingungen auftritt. Für einen solchen Kurvenzug ergibt die Zerlegung nach der Fourierschen Reihe ebenfalls eine Streuung der beobachteten Frequenzen um einen Mittelwert, also eine Verbreiterung. Diese Betrachtung ist deshalb nur als formal anzusehen, weil sie nicht die Schwierigkeit beseitigt, daß die Bohrsche Theorie dem Emissionsakt eine viel kleinere Dauer zuschreibt, als wir zur Erklärung der Kohärenz eines Wellenzuges brauchen. Aber diese Schwierigkeit trifft die ganze Grundlage der Quantentheorie und gehört in das große Gebiet der noch offenen Fragen der quantentheoretischen Klärung der Wellenoptik.

Dopplereffekt. Eine wesentlich stärkere Verbreiterung der Spektrallinien als ihn die Strahlungsdämpfung ergibt, wird durch den Dopplereffekt hervorgerufen. Die Temperaturbewegung der lichtausstrahlenden Atome und Moleküle ist selbst bei der Temperatur der flüssigen Luft noch so groß, daß die ganze beobachtete Verbreiterung sich durch ihren Einfluß nach dem Dopplerschen Prinzip berechnen läßt. Betrachten wir ein mit der Geschwindigkeit v sich bewegendes quasi elastisch gebundenes Elektron, dessen Bewegungsrichtung mit der Sehachse den Winkel φ einschließt und das mit seiner Eigenfrequenz ν_0 schwingt. Dann ist die beobachtete Schwingungsfrequenz $\nu = \nu_0\left(1 + \dfrac{v}{c}\cos\varphi\right)$, wo c die Lichtgeschwindigkeit bedeutet. Im Falle eines lichtausstrahlenden Gases kommen alle Richtungen der Geschwindigkeiten und alle nach der Maxwellschen Verteilung zulässigen Werte der Geschwindigkeiten der Atome oder Moleküle vor. Folglich ergibt sich eine kontinuierliche Anzahl von Frequenzen, die sich um den Wert ν_0 herumgruppiert. Die Verbreiterung ist klein, da die Geschwindigkeit der Atome klein gegen die Lichtgeschwindigkeit ist. Bei der Lichtemission von Kanalstrahlen, denen man eine große Geschwindigkeit in einer bestimmten Richtung erteilen kann, bekommt man an Stelle der Verbreiterung eine Verschiebung der Frequenz, um den Betrag $\Delta \nu = \nu_0 \dfrac{v}{c} \cdot \cos \varphi$.

Der Betrag der Verschiebung ist wegen der großen Geschwindigkeit von v wesentlich größer und hängt, wie die Formel sagt, von der Richtung der Sehachse zu der Richtung der bewegten Teilchen ab. Für die klassische Theorie bietet das Resultat keine Schwierigkeit, es wird genau so gedeutet, wie der bekannte Fall des akustischen Dopplereffektes. Bei der Quantentheorie dagegen hat ein einmal emittiertes Energiequant ein Sonderdasein. Es kann z. B. als Ganzes vom Auge absorbiert werden, und es ist unzulässig, seine Größe von der Blickrichtung abhängig zu machen. Läuft der strahlende Kanalstrahl auf das ruhende Auge zu, so muß das emittierte Quant, das zur Beobachtung gelangt, eben um den Betrag $2 \cdot \Delta \nu$ größer sein, als das Quant, das ins Auge fällt, wenn die Geschwindigkeitsrichtung um 180° gedreht ist. Woher kommen nun diese Energiedifferenzen? Die Antwort ergibt sich aus der Mitberücksichtigung des Strahlungsdruckes[1]). Im ersten Fall wird die Energie der Energie des fliegenden Atoms entnommen, indem es durch den Druck der eigenen Strahlung einen Rückstoß erhält und dadurch abgebremst wird. Im zweiten Falle wird das Atom durch den Strahlungsdruck beschleunigt. Diese Betrachtung gilt nur, wenn man die Einsteinsche Nadelstrahlung (gerichtete Emission eines Quants) zugrunde legt. Nimmt man dagegen die Emission eines Quants in Form einer Kugelwelle an, so heben sich die Strahlungsdruckeffekte auf das bewegte Atom wegen ihres verschiedenen Vorzeichens gerade fort.

Stoßdämpfung. Bei hohem Druck und auch bei starken elektrischen Entladungen verbreitern sich die Spektrallinien weit über den durch Dopplereffekt bedingten Frequenzbereich hinaus. H. A. LORENTZ deutete diese Erscheinung als Wirkung der Zusammenstöße, die das emittierende oder absorbierende Atom an den umgebenden Atomen oder Molekülen erfährt. Wird durch Zusammenstöße die Emission vorzeitig unterbrochen, oder tritt ein Phasensprung ein, so ergibt sich, wie schon oben erwähnt, durch Zerlegung des Kurvenzugs in eine Fouriersche Reihe eine um so größere Streuung der Frequenzen, je kürzer die Dauer der ungestörten Emission war. Da mit wachsendem Druck die Häufigkeit der Stöße zunimmt, so wächst die Verbreiterung, wie es der Beobachtung entspricht, mit dem Drucke. Die Quantentheorie setzt an Stelle der Stoßdämpfung die Einwirkung der elektrischen Felder der umgebenden Moleküle auf die Lage

---

[1]) Auf den Einfluß des Strahlungsdruckes wurde ich gelegentlich einer Unterhaltung über diese Frage von Prof. EINSTEIN aufmerksam gemacht.

resp. die Energie der Elektronen auf den Quantenbahnen. Somit wird auch die Energiedifferenz zwischen den Bahnen, zwischen denen der Elektronensprung erfolgt, und damit der Betrag $h \cdot \nu$ verändert Diese auch künstlich reproduzierbare elektrische Beeinflussung der Spektrallinien, die nach ihrem Entdecker Stark-Effekt benannt wird, gibt, wie zuerst von STARK selbst betont wurde und später von DEBYE und HOLTSMARK theoretisch begründet wurde, viele Fälle starker Verbreiterung von Spektrallinien vollkommen wieder. Die Zunahme der Verbreiterung mit wachsendem Druck ergibt sich aus der Überlagerung aller einzelnen Molekularfelder zu einer mit der Zahl der Moleküle wachsenden Gesamtfeldstärke. Offenbar, und wie auch neuerdings durch besondere Versuche erhärtet ist, genügt jedoch der Stark-Effekt nicht, um in allen Fällen die Stoßdämpfung zu ersetzen. Denn es gibt Spektrallinien, die keinen Stark-Effekt zeigen und doch eine große Druckverbreiterung aufweisen. Man muß daher versuchen, die Stoßdämpfungstheorie der Quantentheorie anzupassen. Genau wie oben aus der normalen Strahlungsdämpfung sich eine normale mittlere Lebensdauer der angeregten Atome berechnen ließ, kommt man unter Berücksichtigung der Einwirkung der Zusammenstöße zu einer verkürzten mittleren Lebensdauer angeregter Atome. Eine solche Einwirkung ist durchaus zu erwarten, wenn man die bisher vorliegenden Erfahrungen nach dieser Richtung hin betrachtet. Der Durchmesser der normalen Atome ist bestimmt durch den Durchmesser der Quantenbahnen der äußeren Elektronen des Atoms. Die Reflexion zweier Atome aneinander beim Zusammenstoß ist hervorgerufen durch die abstoßenden Kräfte der beiderseitigen Elektronenschalen bei ihrer Annäherung. Bei kleinen Relativgeschwindigkeiten der Atome, d. h. bei normalen Temperaturen, wo die wechselweis beim Stoß übertragenen Energien klein sind, ist der Stoß völlig elastisch, daher tritt die übertragene Energie ganz als kinetische Energie des Gesamtatoms in Erscheinung. (Bei mehratomigen Molekülen kommen außerdem noch hinzu die Rotationsenergie und die Schwingungsenergie der Atome des Moleküls gegeneinander.) Man wird dabei aber nicht außer acht lassen dürfen, daß im Moment des Zusammenstoßes die relativen Lagen der Elektronenbahnen gegenüber dem Kern verschoben werden. Die Verschiebungen gleichen sich jedoch bei Entfernung der Atome voneinander wieder aus. Gehen wir zu angeregten Atomen über, so wächst wegen Vergrößerung der Quantenbahn die Zusammenstoßmöglichkeit des äußeren Elektrons. Gleichzeitig wird die Bindung am Atom lockerer, die Energiedifferenz zwischen den folgenden benachbarten Quantenbahnen geringer, so daß in gewissen Fällen z. B. das Elektron durch den Stoß auf eine noch weiter außen gelegene Quantenbahn gehoben werden kann. Der Stoß ist dann im mechanischen Sinn nicht mehr elastisch. Umgekehrt kann auch beim Zusammenstoß das äußere Elektron auf eine niedrigere Quantenbahn zurückgeworfen werden, eher und evtl. in anderer Art, als es ohne Störung geschehen würde. Als Beispiel hierfür kann man Versuche von WOOD betrachten, der bei Anregung von Natriumatomen mit einer Linie des D-Linienduplets in der Fluoreszenzreemission der aufgenommenen Energie dann beide D-Linien fand, wenn der Druck des Gases groß genug war. Man kann unter diesen Bedingungen sowohl durch Beleuchtung des Gases mit der D_1-Linie das Licht von D_2 als auch umgekehrt durch Beleuchtung mit D_1 die Emission von D_2 anregen. Beim ersten Falle muß durch den Zusammenstoß mit einem Atom das Elektron des angeregten Atoms auf eine höhere Bahn gehoben sein, im zweiten Fall auf eine energetisch niedere geworfen sein, damit bei der Rückkehr des Elektrons in die Ruhebahn D_1 resp. D_2 ausgestrahlt werden kann. In diesem Fall wird durch den Zusammenstoß eine Spektrallinie emittiert, die ohne seine Mitwirkung überhaupt nicht hätte erscheinen können, und wir können daher den durch die Störung erzwungenen Übergang von einer höheren zu einer niederen Quantenbahn direkt feststellen, ohne allerdings eine Aussage machen zu können, wie die beim Übergang zwischen der D_1 und D_2 Bahn freiwerdende Energie verwandt wird. Wir folgern, daß auch in den Fällen, bei denen ein erzwungener Übergang zu einer niederen Quantenbahn nicht durch Emission anderer Spektrallinien sich bemerkbar macht, eine gewaltsame Abkürzung der mittleren Lebensdauer des angeregten Zustandes durch Zusammenstöße eintreten kann. Machen wir den oben ausgeführten Analogieschluß, so bekommen wir formal hierdurch die Verbreiterung. Fragt man weiter, wie im Einzelfall die Veränderung der einzelnen Quantenwerte durch den Zusammenstoß entsteht, so läßt sich darauf nur sagen, daß der erzwungene Sprung des Elektrons hier im Moment des Zusammenstoßes erfolgt, sodaß Störungen elektrischer Natur äußerst wahrscheinlich werden. Der Unterschied gegenüber dem oben erwähnten Starkeffekt besteht darin, daß die Störung, die nur im Moment des Elektronensprunges erfolgt, anders behandelt werden muß als eine allmählich sich einstellende Änderung der Quantenbahn. Nehmen wir solche Störungen an, so wird je nach der Art des Zusammenstoßes die verfügbare Energiedifferenz, welche ausgestrahlt wird, etwas verschieden sein und eine Verbreiterung der beobachteten Gesamtstrahlung der Spektrallinie die Folge sein. Schließlich mag noch erwähnt werden, daß ein Teil der beobachteten asymmetrischen Verbreiterung von Spektrallinien sich durch Bildung von mehratomigen Molekülen aus angeregten Atomen erklärt, wie GROTRIAN und der Verfasser neulich nachgewiesen haben. Da dieser Prozeß aber eine direkte chemische Änderung des bestrahlten Gases darstellt, so gehört seine Besprechung nicht in den Rahmen dieses Aufsatzes.

Schützende und flockende Wirkung hydrophiler Kolloide auf hydrophobe Sole.

Von

H. Freundlich und **E. Loening**-Berlin-Dahlem.

Die Schutzwirkung, die hydrophile Kolloide auf hydrophobe Sole gegenüber der flockenden Wirkung von Elektrolyten auszuüben vermögen, ist seit langem bekannt und kann durch die Feststellung der Goldzahl nach ZSIGMONDY auch der Größenordnung nach gemessen werden. Außer dieser Schutzwirkung ist aber vereinzelt[1]) nur qualitativ, in zwei Fällen dagegen auch messend, eine ausflockende oder die Ausflockung begünstigende Wirkung der hydrophilen Kolloide auf hydrophobe Sole festgestellt worden. Der erste Fall betrifft die Ausflockung von albuminhaltigen Fe_2O_3-Solen durch Elektrolyte. BROSSA und FREUNDLICH[2]) fanden, daß die Flockungswerte von Elektrolyten für die Fe_2O_3-Albuminsole mit zunehmendem Albumingehalt sanken. Sie nannten diese Erscheinung Sensibilisierung. Andererseits beschreibt und mißt GANN[3]) die flockende Wirkung von Eiweißstoffen auf saure Goldsole in Abwesenheit von weiteren Elektrolyten. Als quantitativen Maßstab benutzte er dabei den Begriff der Umschlagzahl. Es ist dies die Menge Kolloid, bei der unter bestimmten Versuchsbedingungen ein Umschlag der roten Farbe des Goldsols in Violett statthat, während sich die sonst zum Kennzeichen der Koagulation benutzten Flockungswerte auf die Konzentration des koagulierenden Stoffes beziehen.

Es fragt sich nun, ob zwischen der in der Brossa-Freundlichschen Arbeit beschriebenen Sensibilisierung eines Sols durch Albumin und der durch GANN festgestellten Koagulierung saurer Goldsole durch Eiweißstoffe nicht vielleicht ein Zusammenhang besteht, der beide Erscheinungen allgemein als Wirkungen gewisser hydrophiler Kolloide auf hydrophobe Sole anzusehen gestattet. Diese Frage trat uns besonders nahe, als wir die Einwirkung kleiner Mengen von Gelatine auf ein Carey Leasches Silbersol untersuchten. Zugleich gestatteten die Versuche an diesem Sol eine Entscheidung im bejahenden Sinne.

Zunächst seien noch einmal kurz die beiden Erscheinungen gegenübergestellt, die sich durch ein gemeinsames Band verknüpfen ließen. Wir haben

---

[1]) U. a. HENRI, LALOU, MAYER und STODEL, Compt. rend. de la soc. de biol. **35**, 1671 (1903); PAULI und FLECKER, Biochem. Zeitschr. **41**, 461 (1912).

[2]) Zeitschr. f. physikal. Chem. **89**, 306 (1915).

[3]) Kolloidchem. Beih. **8**, 251 (1916).

1. ein hydrophobes Sol, das durch Zugabe eines Eiweißstoffes (Albumin) äußerlich — bis auf eine leichte Trübung — und unter dem Ultramikroskop nicht verändert wird, sich aber gegen Elektrolyte als zunehmend empfindlicher erweist (Sensibilisierung);
2. gleichfalls ein hydrophobes Sol, das schon durch den bloßen Zusatz geringer Mengen von Eiweißstoffen (Gelatine, Albumin, Hämoglobin u. a.) ohne Zugabe von Elektrolyten koaguliert wird.

In beiden Fällen handelt es sich um Zugabe eines Eiweißstoffes, der in größerer Menge zugesetzt Schutzwirkung ausübt, was allerdings in der Brossa-Freundlichschen Arbeit nicht festgestellt wurde. Bei der Wechselwirkung von Gelatine mit einem Carey Leaschen Silbersole ließ sich je nach den Versuchsbedingungen der eine wie der andere Fall beobachten.

Zu den Messungen wurde sog. elektrolytfreie Gelatine verwendet, die die Elektro-Osmose-Gesellschaft uns liebenswürdigerweise zur Verfügung stellte. Setzt man zu wachsenden Mengen einer Gelatinelösung konstante Mengen eines Silbersols — die Konzentration der Gelatine wurde zweckmäßig so gewählt, daß auf 100 ccm Silbersol höchstens 2 ccm Gelatinelösung kam —, so beobachtete man zunächst ohne weiteren Elektrolytzusatz folgende Erscheinung: Bereits die kleinste Menge Gelatine verändert die ursprünglich in der Durchsicht braune, in der Aufsicht grüne Farbe des Silbersols ins Schwärzliche. Mit steigender Gelatinemenge nimmt diese Farbänderung zu, bis man zu Werten kommt, bei denen man schon mit bloßem Auge nach einigen Minuten wahrnehmen kann, daß es sich um eine Koagulation der Silberteilchen handelt, der auch ein Absetzen zu folgen pflegt. Der Vorgang macht bis zu diesem Punkt fast völlig den Eindruck, als ob man das Sol mit wachsenden Mengen eines Elektrolyten versetzt hätte. Jedoch kommt es nicht immer bis zu einer mit bloßem Auge wahrnehmbaren Koagulation oder gar zu einer Ausflockung. Sehr verdünnte Sole vielmehr oder auch solche, die sich nach ihrem ganzen sonstigen Verhalten als stark geladen erweisen, verändern lediglich ihre Farbe bis zu einem gewissen Grade. Ob das Sol nun flockt oder nicht, in beiden Fällen gelangt man bei weiterer Steigerung der Gelatinemenge plötzlich zu einem Wert, bei dem das Solgemisch fast vollständig wieder das Aussehen des ursprünglichen Silbersols besitzt. Eine weitere Steigerung ändert hierin nichts.

Messung der Flockungswerte γ von Elektrolyten führt zu dem Ergebnis, daß zunächst mit steigendem Gelatinegehalt die Werte von γ sinken, entweder auf einen sehr niedrigen Wert oder — bei den Solen, die schon von selbst flocken — auf Null. Von dem Punkt an, bei dem das Sol sein ursprüngliches Aussehen trotz erhöhter Gelatinemenge behält, erweist es sich als innerhalb sehr weiter Grenzen (bis über das Zwanzigfache der Werte von γ) gegen Elektrolyte geschützt. Die Flockungswerte wurden in der üblichen Weise gemessen. Je 5 ccm des Solgemisches wurden mit je 0,5 ccm der Elektrolytlösung wachsender Konzentration versetzt und kräftig umgeschüttelt. Das Mittel aus der Elektrolytkonzentration, die gerade noch nach einer Beobachtungszeit von 2 Stunden völlig flockt, und der, die gerade nicht mehr flockt, ist der Flockungswert γ, der in

Millimol angegeben wird. Nachfolgende Tabelle erläutert das beobachtete Verhalten.

Tabelle 1.

Flockung eines gelatinehaltigen Silbersols durch $Sr(NO_3)_2$-Lösung.

Gehalt des Silbersols 0,8 g im Liter.

Gelatinegehalt (mg Gelatine im Liter des Solgemischs)	Flockungswert γ in Millimol
0	0,55
5	0,50
10	0,42
20	0,28
30	} Flocken von selbst
40	
50	Geschützt

Versuchen wir diese Ergebnisse mit den von Brossa und Freundlich am Fe_2O_3-Albuminsol gefundenen in Einklang zu bringen, so müssen wir zunächst berücksichtigen, daß der Farbänderung des Silbersols bei Zugabe von Gelatine beim Fe_2O_3-Sol keine ebenso große, sichtbare Änderung im Aussehen entspricht. Wir müssen aber beachten, daß Änderungen in der Teilchengröße beim amikronischen Fe_2O_3-Sol nicht in das Gebiet des ultramikroskopisch Sichtbaren zu gelangen brauchen, die beim viel weniger dispersen Silbersol unter Umständen bereits zu makroskopisch sichtbarer Vergröberung führen. Es kommt noch hinzu, daß bei den Mizellen des Fe_2O_3-Sols der Unterschied im Brechungsvermögen gegenüber dem Wasser zu gering ist, als daß sich Änderungen im Dispersitätsgrad deutlich erkennen ließen. Berücksichtigt man dies, so scheinen uns die Vorgänge bei Zugabe von Gelatine zum Silbersol mit denen bei der Vermischung von Albumin- mit Fe_2O_3-Solen identisch zu sein; besonders wenn wir nur an die Fälle beim Silbersol denken, bei denen es zu einer Ausflockung ohne Elektrolytzusatz nicht kommt, die aber von den ohne Elektrolytzusatz flockenden nur grad- — nicht art- — verschieden sind. In beiden Fällen erhöht Zusatz eines Eiweißstoffes zu einem hydrophoben Sol dessen Empfindlichkeit gegen Elektrolyte. Man kann diesen Vorgang als Sensibilisierung bezeichnen, wenn man mit diesem Begriff eine Vorstufe zur Koagulation ausdrücken will, oder vielmehr eine Koagulation, die nicht weit genug gediehen ist, um unmittelbar beobachtet werden zu können. Allerdings weist beim Silbersol die Farbänderung, beim Fe_2O_3-Sol die nach Brossa und Freundlich eintretende leichte Trübung der Sole bereits auf eine einsetzende Koagulation hin, so daß sich der Begriff Sensibilisierung durch ein Sol vielleicht erübrigt, wenn er sich nicht gerade noch bei anderen kolloiden Lösungen als praktisch erweisen sollte. Jedenfalls bezeichnet er nichts Neues, sondern nur eine Koagulation, die erst bei Zugabe eines Elektrolyten vollständig und deutlich erkennbar wird.

Nachdem es uns gelungen war zu zeigen, daß die Vorgänge beim Vermischen von Fe_2O_3-Solen mit Albumin- und Silbersolen mit Gelatine grundsätzlich gleicher Art sind, galt es zu prüfen, wie weit die von Gann beschriebene Einwirkung von Gelatine auf ein saures Goldsol mit der von uns am Silbersol gefundenen Einwirkung übereinstimmt. Hierbei kam es uns weniger auf die Umschlagzahl an als darauf, zu vergleichen, wie weit die Koagulation des Goldsols durch Gelatine allein der durch Gelatine + Elektrolyt entspricht.

Zu diesem Zweck wurden zu wachsenden Mengen einer Gelatinelösung (0,01 prozentig) je 10 ccm eines Donauschen[1]) — also schwach sauren — Goldsols zugesetzt, und zwar ohne Zusatz eines Elektrolyten. Es ergab sich folgendes Bild:

Tabelle 2.

Umschlag eines sauren Goldsols (nach DONAU) durch Gelatine.

Zusatz an Gelatinelösung ccm 0,01 proz. Lösung	Gelatinegehalt (mg Gelatine im Liter des Solgemisches)	Farbenänderungen
0	0	
0,02	0,199	
0,04	0,398	Von rot stetig violettstichiger werdend,
0,06	0,596	bis beim Wert 1,96 völliger Umschlag
0,08	0,794	erreicht ist.
0,1	0,992	
0,2	1,96	
0,3	2,92	In der Farbe wie bei 0,992 mg Gelatine[2]).
0,4	3,85	
0,6	5,66	Unverändert, dem reinen Goldsol gleich.
0,8	7,41	
1,0	9,09	

Man sieht: Das stetige Violettstichigerwerden beim Goldsol entspricht genau dem Schwärzlicherwerden beim Silbersol. Der völlige Umschlag beim Goldsol entspricht der sichtbaren Koagulation und dem unter Umständen eintretenden Ausflocken des Silbersols. Mischungen mit größerem Gelatinegehalt und gegen das reine Sol unverändertem Aussehen erwiesen sich beim Gold wie beim Silber als weitgehend geschützt.

Die geringere Beständigkeit der Goldsole mit kleinem Gelatinegehalt wurde ferner noch durch Messungen einiger Flockungswerte γ erwiesen.

Tabelle 3.

Umschlag eines gelatinehaltigen Goldsols (nach DONAU) durch NaCl-Lösung.

Gelatinegehalt (mg Gelatine im Liter des Solgemisches)	Flockungswert γ in Millimol
0	27
0,5	21
1,0	18
2,0	Völlig umgeschlagen ohne Zusatz
3,0	Geschützt. [von NaCl.

Tabelle 3 beweist das Sinken von γ mit wachsender Gelatinekonzentration und damit die eingetretene Sensibilisierung.

Es verdient bemerkt zu werden, daß, wie beim Goldsol in den Gannschen Versuchen eine Verdünnung des Sols ein Sinken der Umschlagzahl mit sich bringt — es entspricht diese in unserem Beispiel in Tabelle 2

---

[1]) Monatshefte f. Chemie **26**, 525 (1905); durch Reduktion saurer Goldsalze mit Kohlenoxyd bereitet.

[2]) Hier äußert sich der Beginn der Schutzwirkung.

einem Zusatz von 0,2 ccm oder einem Gehalt von 1,96 mg Gelatine —, auch beim Silbersol der Wert der Gelatinemenge, bei dem Koagulation und Ausflockung ohne Elektrolytzusatz eintreten, mit Verdünnung des Silbersols sinkt (vgl. Tabelle 4).

Tabelle 4.

Abhängigkeit der ausflockenden Gelatinemenge vom Gehalt des Silbersols.

Gehalt des Silbersols g im Liter	Gelatinegehalt, der Ausflockung bewirkt (mg im Liter des Solgemisches)
0,4	20
0,8	30
1,6	60

Unsere Versuche zeigen also, daß es sich tatsächlich bei der Wechselwirkung von einem Hydroxyd-, Silber- und Goldsol einerseits, Albumin- und Gelatinesolen andererseits um ein und dieselbe Erscheinung handelt. Es ist eine Koagulation des hydrophoben Sols durch ein hydrophiles Kolloid, und die Sensibilisierung ist gewissermaßen eine latent gebliebene Koagulation, die sich erst an der Verkleinerung der Flockungswerte γ der Elektrolyte zu erkennen gibt.

Die Frage, ob es sich bei dieser Sensibilisierung und etwaigen Ausflockung um eine Wirkung der Gelatine als Elektrolyten handelt, oder um eine gegenseitige Ausflockung entgegengesetzt geladener Kolloide, entscheidet Gann nicht. Vielmehr läßt er beide Wirkungen nebeneinander als möglich gelten. Wir haben den Eindruck, daß es nicht zweckmäßig ist, diese Vorgänge beim Silber- und Goldsol mit der Koagulation entgegengesetzt geladener Kolloide zu vergleichen. Hätte man hiermit zu rechnen, so möchte man das plötzliche Auftreten der Schutzwirkung der Umladung gleichsetzen und würde erwarten, daß die geschützten Sole entgegengesetzt, also positiv, geladen sind, während die ursprünglichen Sole ja negativ sind. Aus kataphoretischen Versuchen an gelatinehaltigen Silbersolen geht nun eindeutig hervor, daß auch die geschützten Sole negativ sind wie die ursprünglichen.

Mit einer Versuchsanordnung, die gleichzeitig eine Anzahl Wanderungsgeschwindigkeiten zu messen gestattete, wurden kataphoretische Messungen an Silbersolen ausgeführt. Sind auch solche makroskopischen Kataphoreseversuche immer nur halbquantitativ, so genügen sie doch, um eindeutig den Eintritt einer Umladung auszuschließen.

Tabelle 5 zeigt, daß die Wanderungsgeschwindigkeit, wie bei den Versuchen von Brossa und Freundlich an Fe_2O_3-Albuminsolen, mit zunehmender Sensibilisierung sinkt, was durchaus der Auffassung entspricht, daß die Sensibilisierung nichts anderes ist als eine durch die Entladung bedingte latente Koagulation. Beim geschützten Sol steigt die Wanderungsgeschwindigkeit rasch wieder zu einem Wert an, der dann konstant bleibt, jedoch kleiner ist als der des unvermischten reinen Silbersols. Die Wanderungsrichtung — und das ist das Entscheidende — ist stets zum positiven Pol, das Sol hat also keine Umladung erfahren.

Auch am Goldsol wurde die Wanderungsgeschwindigkeit gemessen. Sie ergab ebenfalls deren Sinken mit wachsender Gelatinemenge. Für die

Tabelle 5.

Kataphoretische Wanderungsgeschwindigkeit gelatinehaltiger Silbersole.

Gelatinegehalt (mg im Liter des Solgemisches)	Fortschritte der Kataphorese in mm nach 30′	Bemerkungen
0	28	
5	26	
10	16	
20	15	
30	13	Beginnt zu flocken
50	14	
65		
70		
80	mit geringen Abweichungen 20[1])	Geschützt
100		
200		

geschützten Sole war dagegen die Wanderungsgeschwindigkeit praktisch gleich Null.

Ehe auf die Theorie der Erscheinung eingegangen wird, sei hervorgehoben, daß nicht alle hydrophilen Kolloide in dieser Weise sowohl flockend wie schützend wirken. Je nach den Versuchsbedingungen können solche Kolloide auch ausschließlich nur schützen[2]). Beim Carey Leaschen Silbersol waren derartige Kolloide z. B. Gummi arabikum und Saponin. Bereits bei den kleinsten Schutzkolloidmengen wurde eine Zunahme der Flockungswerte γ beobachtet, die bei größeren Mengen stetig stieg. Der zahlenmäßige Zusammenhang zwischen γ und der Menge des Schutzkolloids möge hier nicht näher erörtert werden, ebenso daß und wie er sich mit der Wertigkeit des flockenden Kations ändert. Wichtig ist es aber, daß einem alkalischen Goldsol, wie dem nach dem Zsigmondyschen Formolverfahren hergestellten, gegenüber Gelatine nur als Schutzkolloid wirksam ist; es tritt, wie schon ZSIGMONDY[3]) und GANN betonen, keine Koagulation und auch keine Sensibilisierung durch Gelatine in kleinen Konzentrationen ein.

Diese Gruppe von Erscheinungen erklärt sich, scheint uns, zwanglos, wenn man annimmt, daß es bei der Koagulation durch das hydrophile Kolloid auf eine Koagulation durch das entgegengesetzte Kolloidion ankommt, eine Auffassung, die im Grunde auch GANN bevorzugt. Soweit wir sehen, hat man in allen Fällen von Sensibilisierung und Koagulation ein Recht, derartige Ionen anzunehmen. Es handelt sich ja fast immer[4]) um Eiweißstoffe, Gelatine u. dgl., die in neutraler oder schwach saurer

---

[1]) In einem zweiten Versuch unter völlig gleichen Bedingungen gemessen.

[2]) Wir möchten durchaus die Möglichkeit offenhalten, daß es auch Bedingungen gibt, unter denen hydrophile Kolloide hydrophobe Sole ausschließlich koagulieren.

[3]) Zeitschr. f. Elektrochemie **22**, 102 (1916); Zeitschr. f. anorg. Chemie **96**, 265 (1916).

[4]) In der oben erwähnten Arbeit von HENRI und seinen Mitarbeitern handelt es sich allerdings um die Sensibilisierung eines F_2O_3-Sols durch Stärke. Wenn es sich aber nicht um besonders gereinigte Stärke gehandelt hat, kann sehr wohl das in der Stärke enthaltene Amylopektin als Kolloid angesehen werden, das kolloide Anionen liefert. Bei GANN gehören Stärke, Gummi arabicum, Dextrin zu den Kolloiden, die ein saures Goldsol der Theorie gemäß nicht koagulieren.

Lösung genügende Mengen kolloider Kationen bilden werden, um die negativen Silber- und Goldteilchen zu entladen und zu koagulieren, in neutraler Lösung wohl auch genug kolloide Anionen, um in entsprechender Weise auf das positive Fe_2O_3-Sol einwirken zu können. Daß das alkalische Goldsol durch Gelatine nicht koaguliert wird, beruht dann darauf, daß in alkalischer Lösung kolloide Kationen so stark zurücktreten, daß ihre Konzentration zur Flockung nicht ausreicht, zumal da die reichlicher anwesenden kolloiden Anionen die Teilchen eher noch weiter aufladen werden.

Der Übergang zur Schutzwirkung bei größerer Konzentration an hydrophilem Kolloid gleicht zunächst der Umladung eines negativen Sols durch stark adsorbierbare und hochwertige Kationen, wie etwa durch Strychninkation oder durch Thoriumion. Es bildet sich in irgendeiner Weise eine Hülle, die die Eigenschaften des hydrophoben Sols völlig verdeckt. Schon oft ist betont worden, wie die besonderen Eigentümlichkeiten der hydrophilen Kolloidteilchen (Zähigkeit u. dgl.) wohl die Schuld an der größeren oder geringeren Schutzwirkung tragen, mehr als die Unterschiede in der Adsorbierbarkeit der hydrophilen Mizellen. Daß die Ladung der geschützten Teilchen beim Silbersol der der ungeschützten Teilchen gleich ist, daß also keine Umladung statthat, beruht voraussichtlich auf folgendem: Die adsorbierten Kolloidionen — und auch die nicht dissoziierten Kolloidmizellen — sind amphoter und lagern sich demgemäß wahrscheinlich mit ihren positiven Enden den negativ geladenen Teilchen zu, während die negativen Enden überwiegend in die Flüssigkeit ragen. So kommt es, daß im Gegensatz zu der Umladung durch stark adsorbierbare und hochwertige Kationen hier keine Umladung eintritt.

Die zuerst von Gann an sauren Goldsolen beobachtete Tatsache, daß ein hydrophiles Kolloid koagulieren kann und doch bei wenig höherer Konzentration stark schützt, hat unserer Meinung nach eine recht allgemeine Bedeutung. Die Erscheinung wird immer auftreten; wenn auf ein hydrophobes Sol ein hydrophiles Kolloid einwirkt, das Kolloidionen zu bilden vermag, vorausgesetzt, daß die Kolloidionen die entgegengesetzte Ladung tragen wie die Teilchen des hydrophoben Sols.

Biologisch erscheint es uns nicht bedeutungslos, daß auch hier wieder ein und derselbe Stoff bei wenig verschiedenen Konzentrationen entgegengesetzte Wirkungen auszuüben vermag: er koaguliert in kleinen Konzentrationen, schützt in wenig höheren. Sehr oft mögen bei den Lebensvorgängen Teilchen von Lipoiden den Teilchen der hydrophoben Sole entsprechen, während Eiweißstoffe wieder die Kolloidionen liefern.

Zusammenfassend läßt sich sagen: Die Sensibilisierung eines hydrophoben Sols durch ein hydrophiles Kolloid ist nichts anderes als eine Koagulation, die zu gering ist, als daß sie sich unmittelbar bemerkbar macht. Sie tritt erst darin zutage, daß im sensibilisierten Sol geringere Elektrolytmengen zur Flockung erforderlich sind. So erweist sich die von Brossa und Freundlich untersuchte Sensibilisierung an Fe_2O_3-Solen durch Albumin als nicht wesensverschieden von der Koagulation der sauren Goldsole durch Eiweißstoffe nach Gann. Der von Gann hierbei

gefundene charakteristische Übergang von der Koagulation zur Schutzwirkung ist eine allgemeine Erscheinung, die z. B. sehr ausgesprochen bei
der Einwirkung von Gelatine auf Silbersole beobachtet wird. Er beruht
wahrscheinlich darauf, daß die entgegengesetzt geladenen Kolloidionen
des hydrophilen Sols in kleiner Konzentration die Teilchen des hydrophoben Sols koagulieren, während sie bei größerer Konzentration eine
Schutzhülle bilden. Das mit Gelatine geschützte Silbersol hat die gleiche
Ladung wie das ursprüngliche reine Silbersol, ist also nicht umgeladen;
es erklärt sich dies voraussichtlich aus der amphoteren Natur des schützenden hydrophilen Kolloids.

Geschlechtsbestimmung.

Von

Richard Goldschmidt-Berlin-Dahlem.

Unter den Problemen, die die mächtig emporstrebende neue Vererbungs-
wissenschaft teils gelöst, teils ihrer Lösung nahegebracht hat, nimmt das
Problem der Geschlechtsbestimmung eine besondere Stellung ein. Denn
nicht nur erfreut sich dieses eines allgemeinen Interesses, sondern es ist,
aller wissenschaftlichen Erkenntnis zum Trotz, bis zum heutigen Tage ein
Tummelplatz ungezügelter Spekulation geblieben, die sogar immer noch
bis in die medizinische Fachpresse einzudringen vermag. Deshalb hat es
wohl mehr als ein spezielles Fachinteresse, sich den gegenwärtigen Zustand
unserer Erkenntnis auf jenem Gebiet vor Augen zu führen, einer Erkenntnis, an deren Zustandekommen die verschiedensten biologischen Forschungs-
richtungen, Vererbungslehre und Zellforschung, Physiologie und Pathologie teilgenommen haben.

I.

Wenn wir die Tatsache als gegeben nehmen (die an sich ein sehr wichtiges biologisches Problem darstellt), daß in der Regel tierische und pflanzliche Organismen in zwei Geschlechtern, dem männlichen und weiblichen,
auftreten, dann ist das erste zu lösende Problem, den Mechanismus aufzufinden, der in so zuverlässiger Weise dafür sorgt, daß die Nachkommen
eines Elternpaares etwa zur Hälfte weiblich, zur Hälfte männlich sind.
Diese Frage, das Problem des Mechanismus der Geschlechtsvertei-
lung, kann heute als vollständig gelöst betrachtet werden. Wir wissen
nämlich, daß dieser Mechanismus darin gegeben ist, daß ein Geschlecht
stets zwei verschiedene Sorten von Geschlechtszellen liefert, das andere
Geschlecht aber nur eine Sorte, und zwar sind es bei vielen Pflanzen, Insekten, Säugetieren und dem Menschen die Samenzellen, die etwa zu gleichen
Teilen aus zwei Sorten bestehen, während bei Vögeln und Schmetterlingen
umgekehrt die Eizellen von zweierlei Art sind. Wir wissen nun aus den
Vererbungsexperimenten, daß dies eine genaue Parallele zu den Verhältnissen darstellt, die eintreten, wenn ein Bastard mit einer seiner Eltern-
formen rückgekreuzt wird. Dabei liefert der Bastard zwei Sorten Geschlechtszellen zu gleichen Teilen, die reine Form aber nur eine Sorte, und
das Resultat ist nachher die Erzeugung von zwei Sorten von Individuen
zu gleichen Teilen. Ferner hat uns aber die Zellforschung gezeigt, daß sich
in den Geschlechtszellen der Tiere sichtbare Geschlechtschromosomen oder
X-Chromosomen befinden, die sich genau so verhalten, wie man es von einem
Geschlechtsdifferentiator erwarten sollte. Sie sind nämlich in einem Geschlecht, dem homogametischen Geschlecht, in allen Geschlechtszellen enthalten, im andern, dem heterogametischen Geschlecht aber nur in der

Hälfte der reifen Geschlechtszellen. Wenn die Geschlechtszellen mit diesen Chromosomen X-Zellen genannt werden, die ohne sie aber Y-Zellen, so muß bei einer größeren Zahl von Befruchtungen immer die Hälfte wieder verlaufen als X + X, die andere Hälfte als X + Y und so die beiden Geschlechter erzeugen. Wir kennen jetzt jede Phase im Leben dieser Geschlechtschromosomen und alles zeigt, daß sie wirklich die Geschlechtsdifferentiatoren sind. Ja, wir können sogar so weit gehen, festzustellen, daß die Annahme, die Geschlechterverteilung geschehe mittels des Geschlechtschromosomenmechanismus, so fest steht, wie irgendein elementarer Satz der Physik oder Chemie. Die wichtigsten Beweispunkte für diese Behauptung sind die: 1. Die zahllosen morphologischen Studien, die in jedem günstigen Fall die Tatsachen in Übereinstimmung mit den theoretischen Erwartungen fanden. 2. Die zellulären Studien an Objekten mit komplizierteren Geschlechtsverhältnissen, wie etwa Blattläusen und Bienen, bei denen das Verhalten der Geschlechtschromosomen nach Erwartung allen Besonderheiten des geschlechtlichen Zyklus folgt. 3. Die zelluläre Untersuchung von Formen, die sich auf Grund von Vererbungsexperimenten als im weiblichen, und solchen, die sich als im männlichen Geschlecht heterogametisch erwiesen hatten. In beiden wurden die X-Chromosomen so angetroffen, wie die Theorie es erforderte. 4. Die bei vielen Tiergruppen vorhandenen Beziehungen zwischen Parthenogenese und Geschlecht, deren Mannigfaltigkeit vollständig durch die Geschlechtschromosomenlehre erklärt wird. 5. Die Analyse geschlechtlicher Mosaiks oder Gynandromorphe, für die auf dem Weg der Erblichkeitsforschung nachgewiesen werden konnte, daß die männlichen resp. weiblichen Mosaikteile die geforderte Chromosomenbeschaffenheit besitzen. 6. Die so wichtigen Untersuchungen über geschlechtsbegrenzte Vererbung, die zeigten, daß Charaktere, die konform mit dem Geschlecht vererbt werden, von Faktoren bedingt sind, die im Geschlechtschromosom liegen, eine Tatsache, die 7. in den Untersuchungen über Fälle, in denen die X-Chromosomen sich anders als typisch verhalten, ihren abschließenden Beweis erhielt. So hat also jede weitere Analyse des Geschlechtsproblems auf der Grundlage des Geschlechtschromosomenmechanismus aufzubauen.

II.

Die Erkenntnis des Mechanismus, der in richtiger Weise die Dinge verteilt, die letzten Endes für die Entstehung des einen oder andern Geschlechts verantwortlich sind, könnte man mit einer Kenntnis des Schienen- und Weichensystems einer Bahnanlage vergleichen, das die Richtung der verschiedenen Züge bestimmt. Solche Kenntnis sagt uns aber gar nichts über Stoff, Ladung und Antrieb der Züge, die über die Schienen fahren. Auf das Geschlechtsproblem übertragen, erscheint es als nächste Aufgabe, festzustellen, was in dem Mechanismus der Geschlechtschromosomen verteilt wird und wie dieses Etwas die Differenzierung der Geschlechter bedingt: auf das Problem des Mechanismus der Geschlechterverteilung folgt das Problem der Physiologie der Geschlechtsdifferenzierung. Seine Lösung ist in den Experimenten über das Phänomen der Intersexualität versucht worden.

Die Entdeckung, Abgrenzung und Analyse dieses Phänomens war bei Insekten möglich, wo es bei einem Schmetterling, dem Schwammspinner, gelang, das Phänomen unter experimentelle Kontrolle zu bringen. Durch geeignete Bastardierung verschiedener geographischer Rassen ist es möglich, alle Zwischenstufen zwischen Männchen und Weibchen zu erzeugen und auch jedes Geschlecht in das andere umzuwandeln. Bei diesem Objekt ist nun das weibliche Geschlecht das heterogametische und normalerweise treten, wie auch sonst, in der Nachkommenschaft die beiden Geschlechter in gleicher Zahl auf. Bei Rassenkreuzungen sind aber bestimmte Kombinationen normal, andere aber geben stets ein anderes Resultat, indem in typischer Weise Intersexe auftreten. So gibt z. B. ein Weibchen der Rasse A mit einem Männchen der Rasse B nur normale Nachkommenschaft, aber umgekehrt ein Weibchen B mit einem Männchen A zwar normale Männchen, aber lauter intersexuelle Weibchen. In wieder andern Kombinationen sind die Weibchen normal, die Männchen aber intersexuell. Nun ist der Grad der Intersexualität konstant für eine gegebene Kombination: es wird etwa ein Weibchen der Rasse A mit einem Männchen M nur normale Nachkommenschaft ergeben, mit N nur schwach intersexuelle Weibchen, mit O intersexuelle Weibchen, die etwa in der Mitte zwischen den Geschlechtern stehen, mit P hochgradig intersexuelle Weibchen, und bei Kreuzung mit Q werden nur Männchen entstehen, da alle Eier, die sich zu Weibchen entwickeln sollten, zu Männchen werden.

Diese, wie zahllose andere Tatsachen und ihre Analyse im Vererbungsexperiment, zeigten nun, daß ein jedes befruchtete Ei imstande ist, sich zu dem einen oder andern Geschlecht oder einer Zwischenstufe zu entwickeln, und daß somit jedes befruchtete Ei die Stoffe enthält, die zur Entwicklung beider Geschlechter benötigt sind, ferner, daß eine gewisse quantitative Beziehung zwischen den Grundstoffen der beiden Geschlechter bestehen muß, die im gegebenen Fall dem einen oder andern das Übergewicht und damit die Kontrolle des Geschlechts verleiht; ferner, daß die Einführung einer nicht richtig abgestimmten Quantität durch Kreuzung die Geschlechtsbestimmungssituation zugunsten der höheren Quantität verschiebt. Sodann zeigten die analytischen Versuche, daß die die männliche Differenzierung kontrollierenden Stoffe im Geschlechtschromosom gelagert sind, während die Grundstoffe der weiblichen Differenzierung rein mütterlich, d. h. von Mutter zu Ei, vererbt werden. Daraus folgt, daß (im Fall weiblicher Heterogametie) der Geschlechtschromosomenmechanismus es mit sich bringt, daß die eine Hälfte der befruchteten Eier die doppelte Quantität der männlichen Differenzierungssubstanz mitbekommt wie die andere Hälfte, während die Dose weibchenbestimmender Substanz in jedem Ei die gleiche ist. Und da nun die Differenzierung stufenweise zugunsten des einen Geschlechts beeinflußt werden kann, ohne daß der Chromosomenmechanismus selbst geändert wird, so folgt, daß die Geschlechtsentscheidung selbst bei der absoluten Quantität jener Differenzierungssubstanzen liegt. Die größere Quantität gewinnt.

Wie kann nun die größere Quantität die Entwicklung zugunsten eines Geschlechts beeinflussen? Die Antwort darauf gibt die Entwicklungsgeschichte der intersexuellen Individuen. Es zeigte sich nämlich, daß ein Intersex in der Weise zustande kommt, daß ein Individuum sich bis zu einem bestimmten Augenblick mit einem Geschlecht, sagen wir als Weibchen, entwickelt. Dann schlägt plötzlich das Geschlecht um, und das gleiche Individuum beendet seine Entwicklung mit dem andern Geschlecht, also als Männchen. Je früher nun dieser Umschlagspunkt liegt, um so mehr Zeit bleibt zur Ausbildung der Charaktere des andern Geschlechts, um so höher wird also der Grad der Intersexualität. Das Maß der Intersexualität ist also direkt proportional der mehr oder minder frühen Lage des Punktes der Geschlechtsumkehr. Da aber letzterer wieder bedingt wird durch die Größe der quantitativen Unstimmigkeit zwischen den beiden Geschlechtssubstanzen, so liegt eine Beziehung vor zwischen Stoffquantität und Zeitpunkt, ein Zeitkoeffizient: die Geschlechtsbestimmer sind Substanzen, die an einer Reaktion teilnehmen, deren Geschwindigkeit ihrer Quantität proportional ist. Damit ist klar, was der Geschlechtschromosomenmechanismus physiologisch bedeutet: er ist ein Mechanismus, der in idealer Weise dafür sorgt, daß von zwei gleichzeitigen und konkurrierenden Reaktionsabläufen (dem männlichen und weiblichen) der eine die größere Reaktionsgeschwindigkeit erhält und damit die alternative Entwicklungsmöglichkeit zu seinen Gunsten entscheidet.

<h2 style="text-align:center">III.</h2>

Welcher Art ist nun die Reaktion, die, wenn siegreich, über das Geschlecht entscheidet? Bei den Insekten, die die vorhergehende Analyse erlaubten, kann diese Frage nicht entschieden werden. Denn der ganze Vorgang ist mit dem Moment der Befruchtung festgelegt und verläuft dann innerhalb jeder einzelnen Körperzelle, wo er sich weiterer Untersuchung verschließt. Diese ist aber dafür bei Säugetieren und Vögeln möglich, weil hier zwischen die befruchtete Eizelle und den fertigen Organismus eine Zwischenstation eingeschaltet ist, der die weitere Kontrolle der geschlechtlichen Differenzierung übertragen ist. Dies ist der innersekretorische Anteil der Geschlechtsdrüsen. Hier entwickelt sich ein Organ innerhalb der eigentlichen Geschlechtsdrüse, das Stoffe abscheidet, die Geschlechtshormone, denen dann die weitere Kontrolle der geschlechtlichen Differenzierung zufällt. Infolgedessen bewirkt — was bei dem Insekt nicht der Fall ist — Kastration zum mindesten das Stehenbleiben der geschlechtlichen Entwicklung; darauffolgende Implantation der Drüsen des andern Geschlechts aber zwingt den Organismus, sich auch nach dem andern Geschlecht hin umzubilden: es entsteht hormonische Intersexualität. Schöner noch als in solchen Kastrations- und Transplantationsversuchen, tritt das in einem Naturexperiment hervor, dessen Analyse möglich war. Bei Zwillingskälbern kommt es selten vor, daß ein normales männliches und weibliches Kalb geboren wird. Wenn sie nicht beide demselben Geschlecht angehören, dann findet sich neben einem normalen Männchen ein sog. Hermaphrodit, auch Zwicke genannt. Es zeigte sich nun, daß in diesem Fall die beiden Embryonen durch eine Blutgefäßanastomose verbunden sind, also vom gleichen Blut durchströmt werden. Da nun der männliche

Zwilling zuerst seine Geschlechtshormone erzeugt, gelangen diese in den weiblichen Partner und zwingen seine Entwicklung in männliche Richtung, die so weit eingeschlagen wird, als noch Entwicklungsmöglichkeiten vorhanden sind. Das Resultat ist die Zwicke, also ein Intersex hormonischen Ursprunges.

Vergleichen wir nun diesen Fall mit der Intersexualität des Schwammspinners, so sehen wir, daß der dort erwähnte Punkt der Geschlechtsumkehr genau dem Augenblick in der Entwicklung der Zwicke entspricht, in dem sich die männlichen Hormone ins weibliche Blut ergießen. Das erlaubt nun die Frage nach der Reaktion, die von den Geschlechtsstoffen in den Geschlechtschromosomen beschleunigt wird, zu beantworten: die betreffende Reaktion ist die Produktion der spezifischen Hormone der geschlechtlichen Differenzierung.

IV.

Die erwähnten beiden Typen der „zygotischen" und der „hormonischen" Intersexualität sind nicht die einzigen, die uns Aufschluß über die Physiologie der Geschlechtsdifferenzierung geben. Von andern Intersexualitätsarten hat besonders noch eine Ergebnisse gezeitigt, die auf das schönste die bisherigen Schlüsse stützen. Es ist der Fall des eigenartigen Wurmes Bonellia, dem Prototyp eines geschlechtlichen Dimorphismus, da hier das Männchen ein dem Weibchen vollkommen unähnliches mikroskopisch kleines Wesen ist, das in der Scheide des Weibchens schmarotzt. Aus den Eiern der Bonellia entwickeln sich nun junge Larven, von denen einige sich an dem Rüssel des erwachsenen Weibchens anheften und hier eine Zeitlang sozusagen parasitisch leben. Sie entwickeln sich stets zu Männchen. Larven, die sich aber ohne dies parasitische Stadium entwickeln, bleiben eine Zeitlang indifferent und wachsen dann zu Weibchen heran. Wenn nun der Experimentator das parasitische Leben der Larven mit Gewalt auf verschiedenen Stadien unterbricht, dann entwickeln sich intersexuelle Individuen, deren Bau von der Zeit abhängt, zu der die Unterbrechung erfolgte. Ein Vergleich mit den andern Fällen von Intersexualität zeigt nun dies: Angenommen, wir wollten ein entscheidendes Experiment anstellen, das uns die quantitative Theorie der Wirkung der Geschlechtssubstanzen bewiese; dann würden wir wohl versuchen, eine Methode zu finden, die Wachstum und Differenzierung des Individuums verlangsamt oder beschleunigt, ohne die Reaktionsgeschwindigkeit der Geschlechtsstoffe zu beeinflussen. Dann könnten wir ja die Differenzierungsprozesse nach Belieben in die Wirkungszeit der männlichen oder weiblichen Hormone hineinpressen und damit Intersexualität erzeugen. Diesen Versuch führt nun sichtlich die Bonellia vermittels der Ausscheidung ihres Rüssels aus. Sichtlich werden in ihren Larven die männlichen Hormone früh, die weiblichen aber langsam gebildet. Die normale Entwicklungsgeschwindigkeit ist ebenfalls gering, und so tritt die geschlechtliche Differenzierung erst ein, wenn die Zeit der männlichen Hormone vorüber ist und es entstehen nur Weibchen. Die Sekretion des Rüssels aber beschleunigt die Differenzierungsprozesse (etwa wie das Schilddrüsensekret die Froschmetamorphose beschleunigt), die daher bei „parasitischer" Entwicklung noch in der Wir-

kungszeit der männlichen Hormone vor sich gehen. Die unvollständige
Beschleunigung durch Unterbrechung der Anheftung der Larve führt dann
natürlich zur Intersexualität.

V.

Der wissenschaftlichen Lösung eines Problems pflegt meist, wenn auch
nicht immer, seine praktische Nutzanwendung zu folgen. So liegt die Frage
nahe, was sich wohl aus der Erforschung des Geschlechtsproblems in bezug
auf die praktische Möglichkeit einer Geschlechtsbestimmung schließen läßt.
Da scheidet wohl sogleich eine Möglichkeit aus, die der Geschlechtsbestimmung auf dem Weg der Geschlechtsumwandlung, ähnlich wie in den Inter-
sexualitätsexperimenten. Denn wenn auch diese Methode praktisch beherrscht würde, so wäre sie doch aus naheliegenden Gründen nicht wünschenswert. So kommt wohl als einzig gangbarer Weg praktischer Geschlechtsbestimmung ein Eingriff in den Mechanismus der Heterogametie
in Betracht, derart, daß die eine Sorte von Geschlechtszellen von der
Befruchtungsmöglichkeit ausgeschlossen wird. Bei weiblicher Heterogametie erscheint dies zunächst leichter möglich als bei männlicher. Denn
hier liegt in den sog. Reifeteilungen des Eies ein Vorgang vor, der die Bildung
der zweierlei Eisorten (mit, resp. ohne X-Chromosom) dadurch herbeiführt, daß bei dieser Teilung das X-Chromosom entweder im Ei verbleibt,
was männchenbestimmende Eier bedingt, oder aber aus dem Ei entfernt
wird, was weibchenbestimmende Eier erzeugt. Man hat allen Grund zur
Annahme, daß durch bestimmte Eingriffe wie Überreife der Eier und Tem-
peraturwirkung diese entscheidende Teilung beeinflußt werden kann. In
einem Fall, bei Fröschen, ist es so gelungen, nur Männchen zu erzeugen;
doch ist die Interpretation dieses Falles noch nicht völlig feststehend.
Dagegen konnte bei Schmetterlingen in einwandfreier Weise diese Reife-
teilung experimentell beeinflußt und damit das Zahlenverhältnis der Geschlechter beträchtlich verschoben werden. Bei Objekten aber, die für eine
praktische Geschlechtsbestimmung hauptsächlich in Betracht kommen,
Säugetieren und Mensch, ist das männliche Geschlecht das heterogametische
und es kommen daher nur ganz andersartige Möglichkeiten des Eingriffs
in Betracht. Daß solche Möglichkeiten tatsächlich gegeben sind, zeigen die
erfolgreichen Versuche, die an Pflanzen mit männlicher Heterogametie ausgeführt wurden. Unter Ausnutzung der Feststellung, daß hier die Weibchen bestimmenden Pollenkörner leichter zu den Eizellen gelangen,
konnte das Geschlechtsverhältnis beträchtlich dadurch verschoben werden,
daß durch Bestäubung mit großen Pollenmassen die gute Chance jener
Pollenkörner noch erhöht wurde. Umgekehrt aber konnte auch das Verhältnis zugunsten der Männchen dadurch verschoben werden, daß die
männchenbestimmenden Pollenkörner in altem Pollen größere Leistungsfähigkeit bewahren, als die weibchenbestimmenden. Ähnliche Erfolge liegen
bis jetzt für das Tierreich nicht vor. Aber es dürfte wohl jetzt, nachdem
die theoretische Sachlage vollständig geklärt ist, nur noch eine Frage der
Geduld sein, daß auch für die Säugetiere die Methode der praktischen Geschlechtsbestimmung gefunden wird.

Über Wissenschaft und Wirtschaft.

Von

F. Haber-Berlin-Dahlem.

Das Verhältnis der Wissenschaft zur Wirtschaft erinnert an das Verhältnis der Menschen zur Religion. Der eine hat den festen Glauben, der andere lebt und stirbt als Heide. Zwischen beiden steht ein Kreis von Menschen, die lassen in freundlichen Tagen den Herrgott einen guten Mann sein, wenn aber schwere Stunden kommen, dann fangen sie sachte an zu beten in der Hoffnung, daß ihnen geholfen wird. So gibt es Wirtschaftskreise — ich brauche nur an die Farbenindustrie zu erinnern —, die ganz und gar durchtränkt sind von der Wissenschaft und die ihren Erfolg in der Welt auf den engsten Zusammenhang mit der Wissenschaft begründet haben. Es gibt andere, die an ein gutes Rezept und einen tüchtigen Werkmeister bei der Fabrikation glauben, der Wissenschaft aber fremd gegenüberstehen. Und dazwischen ist eine große Gruppe, deren Einstellung schwankend ist. In guten Zeiten sehen sie in der Wissenschaft einen Schmuck, aber kein Bedürfnis, in schlechten sind sie geneigt, ein Opfer für die Wissenschaft zu bringen, aber unter der Bedingung, daß sie ein Wunder tut und durch eine Erfindung schleunig über die Schwierigkeit weghilft, unter der sie gerade leiden. Ich möchte nicht versuchen, durch eine Aufzählung glanzvoller wissenschaftlicher Taten und ihrer wirtschaftlichen Wirkungen die Verteilung dieser drei Gruppen zu ändern. Die Betrachtung verliert sich leicht ins einzelne und sie versagt in einem Hauptpunkte. Das schlagendste Zeugnis für den Nutzen, den die Wirtschaft auf einem einzelnen Gebiete von der Wissenschaft gezogen hat, beweist nicht, daß die Pflege der Wissenschaft in ihrer Breite eine Lebensbedingung unserer wirtschaftlichen Zukunft ist. Auf diese Gewißheit aber kommt alles an. So wahr Unternehmungsgeist und Arbeitstüchtigkeit der Bevölkerung die Kräfte sind, auf die sich der Wiederaufbau unserer Wirtschaft in erster Linie gründen muß, ebenso wahr ist, daß nur die Wissenschaft das tragende Fundament unserer wirtschaftlichen Zukunft abgeben kann.

Um die Dinge im rechten Lichte zu sehen, muß man sich klarmachen, was unsere Welt von der des alten Goethe, von der Welt vor 100 Jahren unterscheidet. Der ganze Unterschied steckt in der Kohle, liegt in dem, was wir aus ihr erzeugen, mit ihr vollbringen. Damals beruhte die Wirtschaft auf dem, was der Mensch mit der Arbeit seiner Muskeln und mit der Kraft seiner Haustiere der Erde abgewann; heute ist alles, was unsere selbstgeschaffene technische Welt ausmacht, vom Automobil bis zum Kinderspielzeug, vom Kragenknopf bis zur Schuhsohle, von der Mähmaschine bis zum Zeitungspapier verwandelte Kohle, Kohle, die zu chemischen

Prozessen verbraucht oder zu Wärme- und Arbeitserzeugung nutzbar gemacht wird, um dem Bedürfnisse der Wirtschaft zu dienen. Mit der Kohle fließt ein Strom von Energie in die Adern unseres wirtschaftlichen Lebens, der hundertmal stärker ist als die physische Energie der Menschen. Dieser Energiestrom ist der Lebensfaktor geworden, der unser wirtschaftliches und mit ihm unser soziales Leben stärker als irgendein anderer bestimmt. Darum ist sein Verhältnis zur Wissenschaft der Punkt, auf den alles ankommt.

Dies Verhältnis ist ein doppeltes. Der Strom der Kohlenenergie, der aus dem Agrarstaat den Industriestaat geschaffen hat, hat der Wissenschaft unendlich viel an Hilfsmitteln der Forschung gegeben und erweitert täglich die technischen Bedingungen für ihre Tätigkeit; aber je länger es dauert, um so mehr fordert er von der Wissenschaft.

Dieser Strom bleibt nicht gleich von Jahr zu Jahr, wächst auch nicht in gleichförmigem Schrittmaß, sondern nimmt beschleunigt zu in der Art, wie ein Kapital zunimmt, das auf Zinseszinsen gelegt ist und jedes Jahr um denselben Bruchteil seines Augenblickswertes sich vermehrt. Mit diesem lawinenartigen Wachstum zugleich wächst der Bedarf an allen Rohstoffen, die mit der Kohle durch das Wirtschaftsleben in fester Verknüpfung stehen, sei es, daß sie wie die Erze mit Hilfe der Kohle chemisch in die Gebrauchsmetalle umgewandelt werden, sei es, daß sie wie die Rohstoffe der mechanischen Industrie, durch mechanische Kraft, die der Kohle entstammt, ihre Formgebung für die Wirtschaft erfahren. So sehen wir den Verbrauch aller großen Rohstoffe in ähnlich beschleunigtem Tempo in der Welt wachsen wie den Verbrauch der Kohle selbst. Die Bestände aber, aus denen wir die Rohstoffe entnehmen müssen, sind solchem Verbrauch vielfach nicht gewachsen. Unsere technischen Prozesse sind auf die wertvollen edlen Rohstoffe gestellt und unsere Bedürfnisse überwachsen zusehends die Ergiebigkeit ihrer Lagerstätten auf der Erde. Seit die großen Rohmaterialien unserer Metallgewinnung wie die Rohstoffe der Düngerwirtschaft von diesem Strudel mit gleicher Gewalt erfaßt sind, wird es für uns eine Lebens- und Sterbensfrage, daß wir die Geister bändigen, die wir riefen. Es ist die große Aufgabe der naturwissenschaftlichen und technischen Forschung, von Punkt zu Punkt die Lösungen zu finden, die das fortdauernde Bedürfnis mit dem Schwinden der Rohstoffvorräte in Einklang bringt. Der Krieg hat die Rohstoffschwierigkeit jedem nahegerückt, aber er hat sie nicht geschaffen, nur offenbar gemacht. Sie wurzelt viel tiefer; denn ihre Quelle ist der Widerspruch, in dem sich die Einstellung unserer Wirtschaft mit den geochemischen Grundtatsachen, nämlich mit dem Anteil der einzelnen chemischen Stoffe an der Zusammensetzung der Erdrinde, befindet. Zwei Wege gibt es. Wir müssen entweder das stoffliche Gleichgewicht des Agrarstaates in unserer wirtschaftlichen Welt herstellen und unsere technischen Prozesse zu Kreisläufen gestalten, so daß das benutzte Material in der Hauptsache wieder zur Quelle zurückkehrt, um in neuer Form der Benutzung wieder zugeführt zu werden, oder wir müssen unsere technische Kultur auf die Stoffe gründen, die die Hauptmasse der Gesteine bilden, wie Silizium und Aluminium, und so verbreitet und allgegenwärtig in der Erdrinde sind, daß es nichts ausmacht, ob wir sie von einem Orte nach dem anderen verschleppen und sie verwüsten. Das ist die entscheidende Forderung der Wirtschaft an die Wissenschaft. Wenn unsere Wissenschaft das wirtschaftlich ermöglicht, so ist unsere Sorge eingeschränkt auf die Gefahr des Kohleaufbrauchs selbst. Dann aber bleiben unserer Heimat wegen der geologischen Mächtigkeit der Kohlelager einige Menschenalter ruhiger Entwicklung gesichert.

Vorerst aber sind wir weit entfernt von dem stofflichen Gleichgewicht des Agrarstaates oder von der Einstellung auf die gemeinsten Bestandteile unserer Erdrinde. Noch leben wir in dem Reichtum neuer Möglichkeiten, den uns die Kohle gebracht hat, wie im Rausch und gehen mit den Beständen der Welt an wertvollstem Rohstoff um wie der Zecher, der das volle Glas hinunterstürzt und den leeren Becher an der Wand in Scherben gehen läßt.

Soll ich einzelne Beispiele anführen? Eines haben wir gerade erlebt und überwunden: die Sorge um den Stickstoff für die Landwirtschaft, die vor 25 Jahren in der Welt auftrat, weil die Lawine des Rohstoffverbrauches in den knappen Naturvorrat des chilenischen Salpeters mit einem Tempo hineinfraß, das innerhalb eines Menschenalters einen Notstand großen Stils sicher erwarten ließ. Wir haben in Deutschland vor dem Krieg $^3/_4$ Millionen Tonnen Salpeter jährlich aus Chile eingeführt und größtenteils auf dem Ackerboden verwendet. Der Acker zerstört den ihm zugeführten Düngestickstoff nicht, er gibt ihn nur an die Pflanze weiter, die wieder an Tier und Mensch, die von der Pflanze leben. Auch Tier und Mensch zerstören ihn nicht, sondern geben ihn mit ihren Ausscheidungen, schließlich mit ihrem toten Körper dem Boden zurück. Warum brauchten wir also jährlich diese ungeheure Menge Salpeter, deren ständiger Zuwachs uns so viele Sorge gemacht hat? Wir brauchten sie, weil die Hälfte der Menschen bei uns in Städten lebt und weil der Städter seine Ausscheidungen nicht dem Acker zurückgibt, von dem seine Nahrung stammt. Verschleppt und als Abfall hinausgetragen ins Meer, gingen sie der Wirtschaft verloren. Beim Stickstoff hat die Wissenschaft Abhilfe geschaffen, sie hat die Prozesse gefunden, die uns von der Sorge befreien, ob der Salpeter in Chile ausreicht oder nicht, sie hat uns gelehrt, den Stickstoff, den der Acker braucht, aus der unerschöpflichen und allgegenwärtigen Quelle zu beziehen, aus der Luft. Aber die eine umfahrene Klippe bedeutet nur ein kleines Stück freien Fahrwassers. Wie wir den Stickstoff verschleppen, so verschleppen wir den Phosphor, und wenn wir vor 25 Jahren angefangen haben, uns Sorge zu machen, was werden soll, wenn der chilenische Salpeter in seinen abbauwürdigen Lagern erschöpft ist, so müssen wir heute anfangen, uns darauf vorzubereiten, daß die reichen Rohphosphate, die Ausgangsstoffe der Superphosphatindustrie, nicht auf länger wie wenige Dezennien gesichert sind. Die Fragestellung ist beim Phosphor nicht dieselbe wie beim Stickstoff. Der Phosphor ist nicht allverbreitet und praktisch unerschöpflich in der Welt wie der Stickstoff, aber doch in Gestalt von armem Rohphosphat an manchen Stellen ausreichend vorhanden, um dem Bedürfnis auf lange Zeit zu entsprechen. Es wird der Auffindung veränderter Formen für die technische Nutzbarmachung der armen Rohphosphate bedürfen, und die Wiedergewinnung des Phosphors, die leichter als die des Stickstoffs ist, wird besondere Behandlung finden müssen.

Wie bei den Rohstoffen des landwirtschaftlichen Betriebes steht es bei denen unserer Metallwirtschaft. Gewöhnt, die reichen Vorkommen abzubauen, vergessen wir nur zu leicht, einen wie kleinen Bruchteil der Erdrinde sie ausmachen, bedenken nicht, daß Kupfer nur $^1/_{100}\%$, Blei und Zink nur wenige Tausendstel Prozent, Zinn einen verschiedenen Anteil davon bildet, und wieviel kleiner ist der Bruchteil, der sich in abbauwürdigen reichen Lagern zusammenfindet? Wahrlich, ein norwegischer Professor der Geologie, der im Kriege im Auftrage seiner Regierung diese großen Fragen der Rohstoffwirtschaft eingehend studiert hat, scheint nicht im Unrecht, wenn er dieses Jahrhundert, in dem wir leben, das Jahrhundert des Überganges „Zwischen zwei Zeitaltern“ nennt [1]). Eine späte Zukunft, die unsere Kultur nach den Stücken beurteilt, nach denen wir die Kulturperioden vergangener Zeiten einteilen, wird in unser Jahrhundert den Übergang verlegen zwischen der ausschließlichen Herrschaft der Schwermetalle und dem anschließenden Zeitalter der Leichtmetalle, unter denen das Aluminium schon heute führend hervortritt.

Verweilen wir einen Augenblick bei dem Aluminium, um all der Arbeit und Mühe zu gedenken, die man im Kriege darauf verwandt hat, dieses Metall aus heimischem Rohstoff zu erzeugen. Eine prinzipielle Schwierigkeit besteht nicht. Wir haben die Tone und verstehen aus ihnen Tonerde zu machen, und einmal im Besitz der Tonerde, brauchen wir nur den bereits seit 25 Jahren technisch gangbaren Weg zum Aluminium zu gehen. Aber das Stück des Weges, der von dem Ton zur Tonerde führt, ist noch roh und technisch nicht fahrbar. Selbst seine Trasse steht nicht an allen Punkten fest, und wir werden noch eine Weile zu tun haben, ehe wir die Pflastersteine der wissenschaftlichen Arbeit einen neben den anderen so in den Boden gesetzt haben, daß der Lastwagen der Wirtschaft auf diesem Wege so gut rollt wie auf der Straße, die statt vom Ton, von dem herkömmlichen ausländischen, vergleichsweise seltenen Rohmaterial, dem Bauxit, zum Aluminium führt. Ich will die Reihe der Beispiele nicht verlängern. So wie in diesem Falle liegt es in hundert anderen. Ein einzelnes Rohstoffvorkommen wird quantitativ unzulänglich oder wirtschaftlich unfruchtbar, und wir müssen das Verfahren ändern, um von einem abweichenden Rohstoffvorkommen zum selben Ergebnis zu gelangen. Mag diese Arbeit in den Forschungsstätten der Wissenschaft oder in den Laboratorien der Technik geleistet werden: sie wird nur geleistet durch die Kräfte, die auf den Wegen der Forschung geschult sind, und sie muß geleistet werden, wenn die Wirtschaft bestehen soll.

Noch ein anderer Gesichtspunkt drängt sich auf. Mit dem Anschwellen des Stromes der Kohlenenergie vermindert sich zwangsläufig die Stabilität der Betriebsformen. In der alten Zeit des Handwerks konnte dieselbe Arbeitsweise Jahrhunderte in Gebrauch bleiben. Heute bedeutet es viel, wenn sie ein volles Menschenalter bleibt, ohne durch eine andere ersetzt zu werden. Die einzelnen Zweige der Industrie sind so eng aneinander

---

[1]) Die Naturwissenschaften **8**, 691, 1920.

gewachsen, daß der Fortschritt der Entwicklung in Wissenschaft und Wirtschaft auf dem Nachbargebiete auf einmal Möglichkeiten fruchtbar macht,
die vorher nicht bestanden, und Umstellung verlangt. Umstellung aber
gelingt nur dort, wo an leitender technischer Stelle die wissenschaftliche
Kraft vorhanden ist, um das Gebiet über die Grenze von Herkommen und
Gewohnheit hinaus zu übersehen. Die Routine stirbt am Wechsel der
Betriebsform.

Die Pflege der Wissenschaft wird heute aus diesen Gründen nicht nur
bei uns, sondern in vielen Teilen der Welt zum Bedürfnis der Wirtschaft.
Bei uns aber fallen diese Gründe doppelt und dreifach ins Gewicht, weil
wir als Industrieland nur den einen ganz großen natürlichen Reichtum der
Kohle haben und darauf angewiesen sind, mit ihrer Hilfe uns durch Veredlungsarbeit zu ernähren. Wir nehmen den Rohstoff vom Ausland, um
ihn als fertiges Erzeugnis ans Ausland zurückzuliefern. Dabei sind wir im
Nachteil, wenn wir vor dem Rohstofflande nicht den Vorsprung des bes-
seren Könnens haben. Dieser Vorsprung des technischen Könnens läßt sich
nicht anders sichern als dadurch, daß wir die eigene Leistung immerwährend
überholen. Von der Veredlungsarbeit leben, heißt führend sein durch
ständiges Erfinden. Reichtum der Erfindung aber erwächst nur aus dem
Reichtum um ihrer selbst willen betriebener Wissenschaft. Nichts Un-
verständigeres gibt es als den Gedanken, die Leistung dadurch zu steigern,
daß man die wissenschaftliche Forschung auf das beschränkt, was unmittelbar praktisches Resultat verspricht. Angesichts solcher Vorschläge, die
mir nicht selten begegnet sind, habe ich an die Geschichte denken müssen,
die mir vor 20 Jahren drüben in den Vereinigten Staaten von einem Führer
der Technik berichtet wurde. Der suchte einen Kitt mit bestimmten, besonderen Eigenschaften, die schwer zu vereinigen waren, und glaubte am
schnellsten zu seinem Ziel zu kommen dadurch, daß er drei Chemiker an-
stellte und ihnen auftrug, statt langer Vorarbeiten kurzerhand alle Stoffe
paarweise zusammenzuschütten, die es in der Chemie gab, und die er, weil
es rasch gehen sollte, aus der ganzen Welt für sie kommen ließ. Ich weiß
nicht, wie lange die drei Unglücklichen an diesem Experimente gesessen
haben. Den gesuchten Kitt haben sie jedenfalls nicht gefunden. Man kann
auf dem unwahrscheinlichsten Wege einen Treffer machen. Jede Sicherheit
erfinderischen Erfolges aber erwächst nur auf dem Boden mühevoller
systematischer Arbeit, die allein auf die Aufklärung der wissenschaftlichen
Grundlagen gerichtet ist.

Und nun zum letzten Punkte. All dies scheint nur zu lehren, daß die
Physik und die Chemie und die technische Wissenschaft und was an Natur-
wissenschaft mit ihnen verbunden ist, gepflegt und gefördert werden muß.
Aber wozu man eine Archäologie braucht und eine Kunstwissenschaft,
Sprachforschung und Geschichte, das scheint vom Standpunkt der Wirt-
schaft darum noch nicht einleuchtend. Auf diese Frage möchte ich mit der
Erfahrung von 17 Jahren antworten, die ich an einer deutschen technischen
Hochschule verbracht habe. In all dieser Zeit hat die Hochschule um die
Ausdehnung ihrer allgemeinen Abteilung gekämpft, in der die Geistes-
wissenschaften vereinigt waren. Woher stammte dieser unablässige Wunsch?

Zum großen Teile aus dem Gefühle, daß die technisch-wissenschaftliche Erziehung den geisteswissenschaftlichen Einschlag nicht entbehren kann. Das geistige Leben der jüngeren Generation, die für die Forschung in den Fragen der Technik heranwächst, verödet und verkrüppelt, wenn die Pflege der alten geisteswissenschaftlichen Kultur nicht fortbesteht. Was dann heranwächst, ist ein Spezialistentum, eng in seinen Zielen, arm an Idealismus, brauchbar für tausend Geschäfte, aber ungeeignet für die führende Leistung, die die Zukunft von ihm fordert. Der Forscher verzichtet auf manchen Anspruch der Lebenshaltung; auf den Reichtum der Kultur, in dessen Mitte er steht, kann er nicht verzichten, ohne sich aufzugeben. Die Erhaltung des Nachwuchses erfordert die Erhaltung des Wissenschafts-betriebes in seiner Breite. Die Leistung, die die Gegenwart dafür auf sich nimmt, ist der Versicherungsbeitrag für die Existenz unserer Wirtschaft in der Zukunft.

Über die radioaktiven Zerfallsreihen und über eine neue aktive Substanz im Uran.

Von

Otto **Hahn**-Berlin-Dahlem.

Vor 25 Jahren hat BECQUEREL die Erscheinungen der Radioaktivität an dem schon lange bekannten Element Uran aufgefunden. Die Erscheinungen waren sehr schwach und erregten bei weitem nicht das Aufsehen, wie die unmittelbar vorhergegangene Entdeckung der Röntgenstrahlen. Dies änderte sich aber, als 2 Jahre später das Ehepaar CURIE die sehr viel stärker aktiven Elemente Polonium und vor allem Radium auffanden und abschieden. Mit der Reindarstellung des Radiums begann dann die fast beispiellos schnelle Entwicklung des neuen, anfänglich so rätselhaften Gebietes der Radioaktivität.

Der Gang der Forschung verlief vor allem nach zwei Hauptrichtungen. Einerseits wurden die verschiedenen Arten von Strahlen untersucht, die von den radioaktiven Substanzen ausgeschleudert werden und die Methoden ausgearbeitet, nach denen man sie voneinander unterscheiden kann. Andererseits wurden mit Hilfe dieser Strahlen eine ganze Reihe neuer radioaktiver Substanzen entdeckt und in ihren chemischen Eigenschaften festgelegt. Mehrere Lücken im periodischen System der Elemente wurden durch neue radioaktive Elemente ausgefüllt.

Die Gesetzmäßigkeiten, nach denen die radioaktiven Prozesse verlaufen, werden restlos erklärt durch das Atomzerfallsgesetz von RUTHERFORD und SODDY vom Jahre 1903. Danach sind die radioaktiven Elemente instabil; ein bestimmter Prozentsatz von ihnen zerfällt spontan, ohne unser Zutun, unter Ausschleudern korpuskularer Strahlen in neue radioaktive Elemente, die ihrerseits wieder weiter zerfallen können, bis schließlich ein stationärer Endzustand erreicht ist. Werden bei dem radioaktiven Zerfall α-Strahlen emittiert, so ist das Atomgewicht des entstehenden Elements um 4 Einheiten niedriger als das Mutterelement, denn die α-Strahlen sind positiv geladene Heliumatome von der Masse 4. Werden sog. β-Strahlen, negative Elektronen, ausgeschleudert, so bleibt das Atomgewicht des entstehenden Elements das gleiche wie das der Muttersubstanz; aber auch hier hat sich durch inneratomistische Umlagerung des Atomkerns ein neues Element mit neuen chemischen Eigenschaften gebildet. Je mehr Strahlen von einer gegebenen Gewichtsmenge radioaktiver Substanz in der Zeiteinheit ausgesendet werden, desto stärker aktiv ist das betreffende Element, desto schneller wandelt es sich um. Es kann sich deshalb auch nicht in beliebiger Menge ansammeln, und wir finden daher in einem radioaktiven Mineral die schwach aktiven Elemente Uran oder Thor in sehr viel größerer Gewichtsmenge vor, als z. B. die stark aktiven, viel instabileren Elemente Radium oder Mesothor.

Man kennt heute nicht weniger als 37 radioaktive Substanzen, die sich alle von den beiden Urelementen Uran und Thor ableiten. Uran hat das Atomgewicht 238,2, Thor 232,2; es sind die Elemente mit dem höchsten Atomgewicht, und es ist sicher kein Zufall, daß gerade diese instabil sind und die Neigung haben, sich in Elemente mit niedrigerem Atomgewicht abzubauen. Ihrem Ursprung entsprechend unterscheidet man daher zwei große radioaktive Zerfallsreihen, die Uranreihe und die Thorreihe. Zur Uranreihe gehören als wichtigste Substanzen das Radium, die Radiumemanation, das Polonium; zur Thorreihe das Mesothor und das Radiothor.

Es gibt noch eine dritte Reihe radioaktiver Zerfallsprodukte, die sog. Aktiniumreihe, über deren direkten Ursprung man bis vor kurzem nicht unterrichtet war. Zwar nahm man schon lange an, daß das Aktinium und seine Folgeprodukte in einer genetischen Beziehung zum Uran ständen, aber das die beiden Reihen verbindende Glied war nicht bekannt. Dieses fehlende radioaktive Element, die Muttersubstanz des Aktiniums, wurde 1918 von Hahn und Meitner aufgefunden und in seinen Haupteigenschaften festgelegt. Der Körper erhielt den Namen Protaktinium. Es ist ein α-strahlendes Element von etwa 12 000 Jahren Halbwertszeit. Die Gewichtsmenge an Protaktinium, die 1 t Uran eines beliebigen Uranminerals entspricht, beträgt 72 mg; der entsprechende Wert für Radium ist 330 mg. Es besteht somit die Hoffnung, daß man dies neue Element in auch dem Chemiker zugänglichen Mengen wird herstellen können.

Daß das Protaktinium trotz seiner sehr großen Lebensdauer nur in so relativ kleinen Gewichtsmengen in Uranmineralien vorkommt, hat seinen Grund darin, daß dies Element und mit ihm alle übrigen Aktiniumprodukte nur eine sog. Seitenlinie des Uranzerfalls bilden. An einer bestimmten Stelle, und zwar nimmt man dafür nach unseren derzeitigen Ansichten das Uran II an, tritt eine Gabelung der Umwandlungsprozesse ein. Von 100 Atomen Uran II zerfallen je 97 in die Radiumreihe und etwa 3 Atome in die Aktiniumreihe, und so ist es verständlich, daß das Protaktinium trotz seiner Beständigkeit nur zu etwa einem Viertel der Radiumgewichtsmenge in den Mineralien enthalten ist.

Außer der hier erwähnten Verzweigung, die also zur Ausbildung einer selbständigen neuen Umwandlungsreihe führt, sind in den Zerfallsreihen noch je eine Verzweigung bekannt, und zwar bei den sog. aktiven Niederschlägen. Diese führen aber nicht zu selbständigen Zerfallsreihen, sondern die getrennten Glieder schließen sich wieder zu einheitlichen Endprodukten. Eine Erklärung für diese auffälligen Erscheinungen ist in allerjüngster Zeit von L. Meitner gegeben worden, die diese früher sehr merkwürdigen Verzweigungen und auch die anderen Arten der radioaktiven Umwandlungen unter einem einfachen Gesichtspunkte zusammenfaßt und verständlich macht.

Mit dem Protaktinium wurde die letzte Lücke in den großen radioaktiven Zerfallsreihen geschlossen. Irgendwelche neuen radioaktiven Elemente, die sich in gerader Folge in die Zerfallsreihen einordnen ließen, konnten nicht mehr vorhanden sein, und so bedeutete die Auffindung des Protaktiniums einen gewissen Abschluß in der so stürmisch verlaufenen Geschichte der Entdeckung neuer aktiver Elemente. Dabei boten aber die radioaktiven Zerfallsprozesse selbst, die Gesetzmäßigkeiten in der Geschwindigkeit und Art der von den einzelnen Substanzen emittierten Strahlen noch so viele ungelöste Probleme, daß das Studium der Radioaktivität noch lange nicht dem Abschluß nahe sein konnte.

Bei den radioaktiven Substanzen geht es nun aber augenscheinlich ähnlich, wie bei so vielen Zweigen der Naturerkenntnis. Eine Zeitlang erscheint alles klar; beim näheren Zusehen erkennt man aber, daß die Prozesse nicht so einfach verlaufen, als man angenommen hat, und neue Beobachtungsmethoden oder eine Verfeinerung der bekannten Methoden lassen Komplikationen erkennen, die man vorher übersehen hatte.

Ein besonders lehrreiches Beispiel hierfür sind die jetzt im Vordergrunde des Interesses stehenden Arbeiten des englischen Physikers ASTON, der durch Einführung einer neuen Untersuchungsmethode den Nachweis erbracht hat, daß eine ganze Reihe der bisher für einheitlich angesehenen chemischen Grundstoffe in Wirklichkeit Gemische sog. isotoper Elemente vorstellen, wie man solche bei den radioaktiven Elementen schon längst kennt. Es sind dies Elemente, die sich zwar in ihren chemischen Eigenschaften vollständig gleich verhalten, die aber in ihrem Atomgewicht um mehrere Einheiten differieren können. Es sei hier nur auf das altbekannte Chlor hingewiesen, vom Atomgswicht 35,45, das sicher aus einem chemisch nicht trennbaren Gemisch von Cl 35 und Cl 37 besteht.

So wurden nun auch in der jüngsten Zeit im hiesigen Institut Beobachtungen gemacht, die den Beweis dafür erbringen, daß die radioaktiven Umwandlungsprozesse, so wie wir sie heute kennen, noch nicht alle Tatsachen einschließen. Eine genauere Untersuchung des am längsten bekannten radioaktiven Elements, des Urans, hat zur Auffindung eines neuen radioaktiven Zerfallsproduktes geführt, das in seinen wichtigsten chemischen und radioaktiven Eigenschaften festgelegt werden konnte. Allerdings sind die beobachteten Intensitäten nur recht gering, und die Strahlenwirkung der neuen Substanz beteiligt sich an der Gesamtaktivität des Urans augenscheinlich nur zu einem sehr kleinen Betrage. Zum Verständnis sei hier folgendes vorangestellt.

Das seit Jahren festliegende Schema der Umwandlung des Urans in das Radium ist folgendes: U I — UX_1 — UX_2 — U II — Jo — Ra.

Neben dieser Hauptumwandlung nimmt man die Entwicklung in die Aktiniumreihe nach folgendem Schema als die wahrscheinlichste an: U II — UY — Pa — Ac. Aus den experimentellen Befunden und auch aus den sog. radioaktiven Verschiebungssätzen sind die chemischen Eigenschaften der einzelnen Produkte eindeutig festgestellt. Uran I und Uran II sind isotope Atomarten des sechswertigen Elementes Uran; UX_1, UY und Ionium sind Isotope des vierwertigen Thoriums; UX_2 und Protaktinium sind ebenfalls untereinander isotop und höhere Homologe des Tantals.

In den üblichen käuflichen Uransalzen sind von den genannten Körpern nur UX_1, UX_2 und UY enthalten, und zwar im sog. radioaktiven Gleichgewicht; denn sie sind kurzlebig und bilden sich in dem Uran sehr schnell nach, auch wenn sie vorher abgetrennt waren. Die andern dagegen sind langlebige Elemente, die bei der Uranherstellung ebenfalls von diesem abgetrennt werden. Da zur Erreichung ihres radioaktiven Gleichgewichts aber viele Jahrtausende erforderlich sind, so finden sich diese Elemente in neueren Uransalzen nur in äußerst geringer Menge vor. Man kann sogar aus dem Betrage, in dem sich diese langlebigen Elemente im Laufe der Jahre im Uran nachbilden, einen recht genauen Schluß auf die Halbwertszeit der genannten Substanzen ziehen. Und in der Tat konnten Frl. MEITNER und der Verfasser nach dieser Methode die Halbwertszeit des Protaktiniums zu 12 000 Jahren bestimmen. Die Arbeitsweise war die, daß das tantalähnliche Protaktinium aus Uransalzen bekannten Alters nach chemischen Methoden abgeschieden und seine Aktivität im Vergleich zu der des Urans genau bestimmt wurde.

Im Verlaufe der Untersuchung hatte sich bei einigen der Protaktinium-präparate anfänglich eine kleine Unstimmigkeit in der Konstanz der Messungen gezeigt. Dies wurde aber nicht weiter verfolgt, weil die ganze Erscheinung nur äußerst geringfügig war und auch nicht immer auftrat.

Von einem neuen Gesichtspunkte ausgehend, wurden dann in der letzten Zeit die ersten Umwandlungsprodukte des Urans erneut genauer geprüft und bei dieser Gelegenheit auch die obigen Erscheinungen zu reproduzieren gesucht. Es zeigte sich in der Tat, daß kleine Tantalmengen, die in flußsaurer Lösung Uransalzen zugegeben und dann in geeigneter Weise wieder davon abgeschieden wurden, eine sehr schwache Aktivität aufwiesen, deren Ursprung unbekannt war.

Die Versuche wurden mit größeren Uranmengen verschiedener Verarbeitung wiederholt mit praktisch dem gleichen Resultat. Allmählich wurden die Arbeitsbedingungen verbessert und die Aktivität genauer untersucht. Es war eine typische, nicht sehr durchdringende β-Strahlung, die mit einer Halbwertszeit von etwa 6—7 Stunden abklang. Nun kennt man in den radioaktiven Zerfallsreihen eine β-strahlende Substanz von der Halbwertszeit 6,2 Stunden, es ist das Mesothor 2; und man mußte selbstverständlich mit der Möglichkeit rechnen, daß die an sich ja sehr geringe Aktivität von Spuren von Mesothor 2 herrührte. Es hätte sich dann einfach um eine Infektion gehandelt, wie sie in einem Institut, in dem mit den verschiedensten radioaktiven Substanzen gearbeitet wird, leider leicht vorkommt.

Es wurde daher vor allem dieser Punkt aufgeklärt. In den Raum, in dem die Untersuchung vorgenommen wurde, kamen keinerlei andere aktive Stoffe als Uran hinein. Nur neue Gläser und Geräte wurden benutzt und auch die Platingefäße, von denen wegen der dauernden Verwendung von Flußsäure ausgiebiger Gebrauch gemacht werden mußte, wurden nur für den besonderen Zweck verwendet. Ermöglicht wurde dies durch das große Entgegenkommen der Badischen Anilin- und Soda-Fabrik, die unserer Abteilung eine größere Menge Platin gütigst leihweise überließ. Die Uranpräparate selbst wurden wenigstens teilweise einer besonderen Reinigung unterworfen, um auch hier Irrtumsmöglichkeit auszuschließen. Dann wurden die Versuche wiederholt und es ergab sich jetzt als einwandfreies Resultat die Anwesenheit einer neuen radioaktiven Substanz. Anfänglich wurden 50—100 g Uransalz, später teilweise mehr als 1 kg verwendet. Der allgemeine Gang war der, daß zuerst aus dem Uran das Uran X ausgefällt wurde. Mit diesem fällt auch der neue Körper aus, der dann nach Zugabe von Tantal von dem UX abgetrennt wird. Eine möglichst wirksame Abtrennung des UX ist notwendig. Denn zur Zeit der ersten Messung ist die Aktivität des UX annähernd 1000 mal so groß als die des neuen Körpers. Befinden sich bei letzterem daher nur minimale Reste von UX, so kann dessen Aktivität noch beträchtlich viel größer sein als die Gesamtaktivität der neuen Substanz. Die Trennungen gelangen aber bei späteren Versuchen überraschend gut und es wurden Präparate erhalten, die radioaktiv fast völlig rein waren, d. h. ihre Aktivitätsabnahme erfolgte bis auf weniger als 1 Prozent nach dem für einheitliche radioaktive Stoffe gültigen Abfallsgesetz, wobei allerdings von kleinen anfänglichen Abweichungen abgesehen ist.

Der neue Körper hat die chemischen Eigenschaften des Protaktiniums, er emittiert β-Strahlen nicht sehr großer Durchdringbarkeit und hat eine Halbwertszeit von knapp 7 Stunden. Im folgenden sei er kurz als Z bezeichnet.

Um zu einer Schätzung zu gelangen, zu welchem Prozentsatz die neue Substanz Z im Verhältnis zu den anderen Uranzerfallsprodukten vorliegt, wurde ihre β-Aktivität auf die Zeit der Abtrennung umgerechnet und mit der β-Aktivität des aus dem Uran entstehenden UX verglichen. Der Wert scheint ungefähr 2 Promille zu sein, doch ist diese Zahl wohl noch als vorläufig anzusehen, da der Vergleich verschiedener β-strahlender Substanzen an sich schon etwas mißlich ist und hier wegen der Kompliziertheit der Fälle die besten Vergleichsbedingungen noch nicht bekannt sind.

Natürlich muß Z eine Muttersubstanz haben, aus der es entsteht und muß selbst wieder in ein anderes Produkt zerfallen. Nach dem sog. radioaktiven Verschiebungsgesetz entsteht das fünfwertige Z durch den Zerfall eines vierwertigen β-Strahlers oder eines siebenwertigen α-Strahlers.

Die näherliegende Annahme für das Mutterprodukt ist ein vierwertiger β-Strahler und deren sind ja im Uran auch zwei enthalten, nämlich das UX_1 und UY. Es wurden daher weitere Versuche unternommen, um zu prüfen, welcher von den beiden Körpern als Muttersubstanz in Frage kommt. Uran X_1 hat eine Halbwertszeit von 24 Tagen, UY eine von nur 1 Tag.

Fällt man aus Uranlösungen das UX_1 aus, so fällt dabei automatisch das mit ihm isotope UY ebenfalls aus. Nur ist dann das letztere wegen seiner großen Zerfallsgeschwindigkeit nach wenigen Tagen praktisch verschwunden. Ist UY die Muttersubstanz von Z, so wird man also Z in einem älteren UX-Präparat nicht mehr finden dürfen. Ist UX die Muttersubstanz, dann muß die Menge an Z proportional der Menge des vorhandenen UX sein, d. h. die Ausbeuten an Z müssen sich mit einer Periode von 24 Tagen verringern.

Aus einer größeren Uranmenge wurde das Uran X quantitativ abgetrennt und dieses nach bestimmten Zeitabschnitten auf Z bearbeitet. Es zeigte sich, daß man Z auch aus älteren UX-Präparaten abscheiden kann, so daß UY als Muttersubstanz dafür nicht in Frage kommt. Die Ausbeuten nehmen in den älteren Präparaten allmählich ab. Ob diese Abnahme aber wirklich mit einer Periode von 24 Tagen erfolgt, ließ sich vorerst noch nicht genau feststellen.

Nach diesen Befunden ist es immerhin möglich, daß das UX_1 die Muttersubstanz von Z ist. Da dies aber, wie seit langem bekannt, auch die Muttersubstanz von UX_2 ist, so müßten wir beim UX_1 einen doppelten Zerfall annehmen; derart, daß der weitaus größte Teil der Atome in UX_2 zerfällt und daß etwa 2 von je 1000 Atomen den neuen Körper Z bilden.

Das Zerfallsschema wäre danach also voraussichtlich das folgende:

$$\begin{array}{ccc}
 & \mathrm{U\,I} & \\
 & \big\downarrow \alpha & \\
 \beta\nearrow & \mathrm{UX_1} & \searrow\beta \\
 \mathrm{UX_2} & & \mathrm{Z} \\
 \beta\searrow & \mathrm{U\,II} & \nearrow\beta
\end{array}$$

Es würde sich hier also um einen dualen Zerfall handeln, bei dem beide Äste durch je eine β-Strahlenumwandlung entstehen. Ein solcher Fall ist bis jetzt bei den radioaktiven Umwandlungen noch nicht beobachtet worden.

Wie schon betont, ist der Beweis, daß das Zerfallsschema so ist, wie hier aufgeführt, erst dann erbracht, wenn wirklich die Abnahme von Z genau mit der Periode von UX_1 erfolgt. Sollte die Abnahme nach einem anderen Gesetz vor sich gehen, so müßte statt des UX_1 eine andere Muttersubstanz für Z vorhanden sein, und man würde dann gleichzeitig zu der Annahme eines neuen Uranisotopen gezwungen. Mit wenig Worten sei hierauf noch eingegangen. Das Atomgewicht des Urans unterscheidet sich von dem des Radiums nicht, wie man aus ihrer genetischen Beziehung vermuten sollte, um 12 Einheiten (= 3 Heliumatome), sondern um 12,2 Einheiten. Um diese Unstimmigkeit aufzuklären, hat man angenommen, daß das Uran I keine einheitliche Substanz sei, sondern ein Isotopengemisch, von denen der eine Bestandteil mit dem Atomgewicht 238,0 die Muttersubstanz des Radiums, der andere hypothetische Bestandteil mit einem höheren Atomgewicht der Ausgang für die Aktiniumreihe sei. Diese Hypothese fand aber keine Annahme, weil sich andere experimentelle Tatsachen damit nicht in Übereinstimmung bringen lassen.

Nun hat unlängst K. HERMANN (Charlottenburg) gesprächsweise die Vermutung geäußert, um die Abweichung des Atomgewichts des Urans (238,2) von der Ganzzahligkeit zu erklären, daß unabhängig von der Aktiniumreihe das Uran I doch vielleicht als ein Isotopengemisch aus Uran I und einem noch unbekannten Uran III aufzufassen wäre. Uran III würde dann vermutlich ebenfalls eine Reihe aktiver Zerfallsprodukte bilden, die sich als Isotope unter die eigentlichen Radiumprodukte mischen könnten, ohne daß man sie bei ihrer verhältnismäßig geringen Menge bisher hätte entdecken müssen.

Durch die Auffindung des neuen Zerfallsproduktes Z rückt diese Hypothese in entscheidbare Nähe. Stellt es sich heraus, daß die Muttersubstanz von Z nicht das UX_1 ist, sondern ein Isotopes von ihm, so wären dieses jetzt noch hypothetische Produkt und der Körper Z die ersten beiden Umwandlungsprodukte einer neuen Uranzerfallsreihe, von der wohl im Laufe der Zeit sich noch weitere Glieder nachgewiesen werden dürften.

Man sieht, die scheinbar so restlos aufgeklärten radioaktiven Zerfallsreihen bergen noch mancherlei ungelöste Fragen. Ihre Erklärung muß der zukünftigen Forschung überlassen bleiben.

Ergebnisse und Probleme der Protistenkunde.

Von

Max Hartmann-Berlin-Dahlem.

Die Erforschung des Lebens der einzelligen Protisten, der Urtiere oder
Protozoen, wie der Urpflanzen oder Protyphyten hat seit Aufkommen einer
Biologie als Wissenschaft für die allgemeinen Probleme derselben eine große,
ja vielfach entscheidende Rolle gewonnen. Studien an einzelligen Tieren
waren es, die MAX SCHULZE die Zellenlehre zu einer Protoplasmatheorie
vertiefen ließen, und DE BARY und PRINGSHEIM haben an einzelligen pflanzlichen Organismen (Algen) im Prinzip das Wesen der Befruchtung entdeckt.
Und wieder waren es einzellige Urtiere, an denen BÜTSCHLI einerseits die
moderne Richtung der Zellen- und Befruchtungslehre angebahnt, andererseits die Grundlagen für die Auffassung vom Aggregatzustand des Proto-
plasmas sowie der Statik und Dynamik der Zelle geliefert hat. Schließlich
haben Bakterien, Hefepilze und andere pflanzliche Protisten, nachdem
durch PASTEUR und ROBERT KOCH die Methoden der Reinkultur eingeführt
worden waren, zu den bedeutsamen Entdeckungen über die Physiologie
des Stoffwechsels der Zelle und den Kreislauf des Stickstoffes in der organisierten Natur geführt. Nicht minder bedeutungsvoll waren die Ergebnisse
der Protistenkunde nach der praktischen Seite hin für das Leben der
Menschen. Abgesehen von der wichtigen Rolle der Bakterien und Hefen
für die verschiedenartigen Gärungsvorgänge, die in der modernen Technik
eine weitgehende Berücksichtigung erfahren haben, ist es vor allem ihre
Bedeutung als die Erreger der wichtigsten und verheerendsten Krankheiten
der Menschen und seiner Haustiere, die ihnen eine allgemeine Beachtung
verschafft hat. Zu den Bakterien, pflanzlichen Protisten, die seit den
Tagen ROBERT KOCHS zunächst allein die Aufmerksamkeit als Krankheitserreger fanden, ist in den letzten 20—25 Jahren noch eine ganze Reihe
von Protozoen aus den verschiedensten Gruppen als Erreger von verheerenden Krankheiten [vorwiegend in den Tropen (wie Schlafkrankheit,
Malaria usw.) doch auch in unseren Breiten (Syphilis)] hinzugekommen.
Das Studium der Protozoen hat durch diese praktischen Bedürfnisse einen
erheblichen Aufschwung genommen und sich wie die Bakteriologie zu einer
besonderen Wissenschaft entwickelt. Während aber die letztere den engeren
Zusammenhang mit den allgemeinen Problemen der Biologie meist ganz verloren hat, befindet sich die Protozoologie wie in früheren Zeiten so auch
jetzt im innigsten Konnex mit fast allen großen Fragen der allgemeinen
Biologie, ja letztere hat gerade von hier aus vielfach ihre richtige Beleuchtung und erfolgreiche Bearbeitung gewonnen. Über die Ergebnisse und
Probleme der modernen Protistenforschung wollen die folgenden Zeilen

einen kurzen Überblick geben, wobei aber keineswegs eine geschlossene systematische, sondern nur eine mehr aphoristische Behandlung einzelner Fragen geboten werden kann.

Zelle und Energide. Als ein Zentralproblem der Biologie muß nach wie vor die Zellentheorie angesprochen werden. Das zeigt sich nirgends deutlicher als bei den Protisten. Sind dieselben doch Organismen, die nur den Formwert einer einzigen Zelle aufweisen. Gerade bei ihnen handelt es sich aber vielfach um Formen, auf die der Zellbegriff kaum, zum mindesten nicht in der Fassung als elementare Lebenseinheit, angewandt werden kann. So muß es heute schon als völlig gesicherte Tatsache gelten, daß ein großer Teil der sog. Einzelligen eine Organisation aufweist, die weit über den Begriff des Elementarorganismus hinausgeht. Denn es gibt Protozoen, Pilze und Algen, die nicht nur ein Elementarindividuum repräsentieren, das sich nur durch Zweiteilung vermehren kann, sondern die infolge von Vielkernigkeit die Potenz zu einer großen Anzahl von Individuen enthalten, indem sie bei der Fortpflanzung entsprechend der Kernzahl in eine Menge neuer Individuen zerfallen. Der Botaniker SACHS hatte auf Grund dieser Verhältnisse schon vor mehr als 35 Jahren Bedenken gegen die allgemeine Gültigkeit der Zellenlehre ausgesprochen und an Stelle der Zelle die E n e r - g i d e als Elementareinheit eingeführt, wobei er als Energide jeden Kern mit der nach theoretischer Annahme unter seinem physiologischen Einfluß stehenden, ihn umgebenden Plasmapartie definierte. Man hat sich nun dieser Auffassung gegenüber besonders zoologischerseits meist ablehnend verhalten, wohl vorwiegend wegen der rein stoffwechselphysiologischen und in diesem Sinne stark angreifbaren und unhaltbaren Fassung des Energidenbegriffes. Diese Schwierigkeit fällt aber weg, wenn man die Energide nicht stoffwechsel-physiologisch, sondern entwicklungsphysiologisch faßt. Hier soll der Begriff p o l y e n e r g i d e oder v i e l w e r t i g e Zelle nur das aussagen, daß in einer solchen Zelle bereits viele individualisierte Kerne oder Energiden vorhanden sind, die die Potenz haben, nach Isolierung mit einer beliebigen Portion Protoplasma ein typisches Individuum der Art zu bilden.

Gerade die neuere Protistenforschung hat in auffallender Weise die Ungleichwertigkeit verschiedener Protozoenformen, speziell die Vielwertigkeit der komplizierteren Arten gezeigt. Nicht nur, daß bei gewissen Algen und Pilzen viele gleichwertige Kerne in einer polyenergiden Zelle sich finden, es gibt auch Formen, bei denen die einzelnen Kerne verschiedene physiologische Bedeutung besitzen, indem einzelne nicht mehr vollwertig, sondern direkt analog den Körperzellen der höheren Tiere zu besonderen Organellen umgewandelt sind.

Ehe wir auf diese Verhältnisse näher eingehen, erscheint es notwendiger, die Konstitution der Protistenkerne kurz zu schildern, die in neuerer Zeit durch morphogenetische Analyse in eine einheitliche Fassung gebracht werden konnte. So ungeheuer mannigfaltig die Struktur der ruhenden Kerne und ihr Verhalten bei der Kernteilung gerade bei den Protisten ist, so prinzipiell abweichend die Verhältnisse hier auf den ersten Blick von den typischen Zellen der höheren Tiere und Pflanzen erscheinen, so hat sich doch für die Vertreter aller Protozoengruppen, wie für Algen und Pilze nachweisen lassen, daß bei der Kernteilung mehr oder minder deutlich zwei verschiedene Komponenten zutage treten, eine lokomotorische cder Teilungskomponente, meist in der Form einer intranukleären Zentralspindel, die den Teilungsapparat darstellt, und eine generative Komponente, die entweder wie beim Metazoenkern in Form von bestimmten Fäden oder Körnern, sog. Chromosomen auftritt oder ihnen wenigstens entspricht. Beide Komponenten können sowohl im ruhenden Kern wie bei der Kernteilung außerordentlich verschieden angeordnet sein, müssen aber wohl ebenso wie die Chromosomen der Kerne höherer Organismen als individualisierte, nur durch polare Zweiteilung sich vermehrende Elemente angesehen werden. Eine einfache Kerndurchschnürung oder Amitose, die man früher für weit verbreitet bei den Protisten hielt, gibt es normalerweise nicht, da auch in den Fällen von scheinbar amitotischer Kernteilung die beiden Komponenten, wenn auch weniger scharf oder nur auf kurzem Stadium erkennbar, getrennt vorhanden sind.

Es hat sich nun gezeigt, daß z. B. die Polkapsel- und Schalenkerne der Myxosporidien, parasitischer Urtiere, die bei Fischen verheerende Seuchen hervorrufen, Kerne sind, die die Teilfähigkeit eingebüßt haben und nur als Körperkerne funktionieren. Andererseits müssen nach den neueren Untersuchungen die Geißeln und Basalkörner bei den Geißeltieren oder Flagellaten als Abkömmlinge der lokomotorischen Komponente angesprochen werden. Eine Myxosporidienzelle oder eine mit vielen Geißeln und Basalkörnern ausgestattete Flagellatenzelle kann somit unmöglich gleichwertig sein einer einfachen einkernigen Amöbe, wenn auch in beiden Fällen nur ein einziger vollwertiger Kern, eine omnipotente Energide vorhanden ist.

In noch drastischerer Weise ist die Vielwertigkeit hoch komplizierter Protozoenzellen in andern Fällen erwiesen worden. Im Mittelmeer findet sich zu gewissen Zeiten im Plankton ziemlich reichlich eine 5 mm große bläuliche Kugel, das einzellige Radiolar Thalassicolla nucleata, das einen einzigen riesigen Kern besitzt, der ebenso wie andere Radiolarienkerne weit über 1000 chromosomenartige Gebilde aufweisen kann. Bei der Fortpflanzung zerfällt dieses Radiolar rasch in viele Tausende von kleinen geißeltragenden Schwärmern (Sporen). Durch entwicklungsgeschichtliche Untersuchungen konnte nun der Nachweis erbracht werden, daß die scheinbaren Chromosomen schon vollwertige Kerne darstellen, die sich innerhalb des einfachen Primärkernes mitotisch teilen können und bei der Fortpflanzung aus dem Primärkern herauswandern. Derartige vielwertige Polycaryen oder polyenergide Kerne, wie man sie im Gegensatz zu den einwertigen Monocaryen genannt hat, sind bei Urtieren weit verbreitet, und es ist augenscheinlich, daß eine Zelle mit einem einzigen Polycaryon (oft sind es geradezu die größten Zellen, die es überhaupt gibt) genau so vielwertig, polyenergid, wenn man will, „nichtzellig" ist, wie eine Zelle mit vielen Vollkernen, z. B. eine siphonee Alge.

In Anbetracht dieser Tatsachen, dem Vorhandensein polyenergider Zellen, seien es viele vollwertige Energiden (viele einwertige Monocaryen

oder ein vielwertiges Polycaryon) oder ein resp. einige Teilkerne neben einem
Vollkern, kann die Zelle als elementare Lebenseinheit nicht mehr aufrecht
erhalten werden, zum mindesten ist man gezwungen, die polyenergiden
Protisten als „Nichtzellige" den zelligen Organismen gegenüber zu stellen.
Damit legt man aber die Axt an einen der wertvollsten biologischen Begriffe
und konstruiert zudem einen Gegensatz zwischen Organismen, die sich
verwandtschaftlich außerordentlich nahestehen. Man kann jedoch den
Zellbegriff vollkommen beibehalten und doch alle Schwierigkeiten beseitigen, wenn man an Stelle der Zelle die Energide in dem oben entwicklungsphysiologisch gefaßten Sinne als elementare Lebenseinheit einsetzt.

Fortpflanzung. Aufs engste verknüpft mit der Auffassung der Zelle
ist die Beurteilung der Fortpflanzungsvorgänge bei den Protisten. Wie
für den Ausbau der Zellenlehre in eine Energidenlehre Kernstudien von
der ausschlaggebenden Bedeutung waren, so sind sie es auch für ein tieferes
Verständnis und ein tieferes Eindringen in das Wesen und die Physiologie
der Fortpflanzung. Es gibt bei Protisten nur eine Art der Vermehrung,
das ist die Zellteilung in ihren verschiedenen Modifikationen als Zweiteilung, Knospung, Vielfachteilung. Da jedoch die Zellen der Protisten
unter sich nicht homolog sind, so sind auch die Vermehrungsvorgänge einer
monoenergiden Protistenzelle durch Zweiteilung und einer polyenergiden
Form durch Zweiteilung, Knospung oder Vielfachteilung nicht gleichwertig.
Der Schwerpunkt des Vorganges verschiebt sich auch hier von der Zelle
auf die Energide. Jede homopolare Teilung eines Kernes, einer Energide
ist schon der wichtigste Schritt zur Fortpflanzung, und es ist, allgemein
theoretisch gesprochen, gerade in Hinsicht auf das Vorhandensein mono-
energider und polyenergider Formen in der gleichen Gruppe ein Umstand
von sekundärer Bedeutung, wenn die Zellteilung erst nachträglich nach
einer größeren Vermehrung der Kerne einsetzt. Damit in Übereinstimmung
steht auch die Möglichkeit, monoenergide Formen mit normaler Zweiteilung
experimentell in Polyenergide mit multipler Vermehrung überzuführen.

Am ersten wird man daher zu allgemein gültigen Vorstellungen über die
Physiologie der Fortpflanzung gelangen können, wenn man die einfachen
Zweiteilungen einwertiger Protistenzellen einer Analyse zugrunde legt. Bei
solchen Formen, wie manchen Amöben und Infusorien, zeigte es sich nun,
daß zur Fortpflanzung eine bestimmte Zellgröße erforderlich ist, die für
die einzelnen Arten innerhalb gewisser Grenzen erblich fixiert ist. Auf Grund
von Untersuchungen an Infusorien wurde nun R. Hertwig dazu geführt,
das innerhalb bestimmter Grenzen konstante Massenverhältnis zwischen
Kern und Protoplasma, die sog. Kernplasmarelation, dafür verantwortlich zu machen. Nach einer Teilung wächst nämlich der Kern im Verhältnis zum Plasma langsam. Die Kernplasmarelation wird verschoben
und gerät in ein Mißverhältnis. Es wird eine Kernplasmaspannung
erzeugt. Dadurch wird der Kern zu einem plötzlichen raschen Wachstum
(Teilungswachstum) veranlaßt, was dann zur Teilung der Kerne und
der Zelle führt. Fraglos gilt eine solche Kernplasmarelation für viele
Protozoen, speziell Infusorien, und sie ist sicher der Ausdruck wichtiger
zellphysiologischer Beziehungen zwischen Wachstum und Teilung. Bei

vielen andern Protozoen dagegen lassen sich für eine solche, rein quantitative Beziehung keine Anhaltspunkte gewinnen. Auch ist wohl von vornherein anzunehmen, daß hier vielmehr noch qualitativ wirkende innere Faktoren eine Rolle spielen. Von anderer Seite sind daher Anschauungen geäußert und durch Beobachtungen und Experimente gestützt worden, die im engen Zusammenhang mit der oben geschilderten Auffassung von der Konstitution der Kerne stehen und zugleich den Schwerpunkt der Fortpflanzung auf die Kernteilung verlegen. Die lokomotorischen Komponenten finden sich nämlich nach neueren Untersuchungen fast immer geteilt und daher a priori für die Teilung befähigt. Durch das übrige Assimilationsgetriebe der Zelle kann aber das Teilungswachstum dieser Produzenten der Teilungsapparate nicht effektiv werden und wird so lange niedergehalten, bis das Funktionswachstum der andern Funktionsträger (trophisch-generative Kernkomponente) nachläßt. Dieses Verhältnis zwischen lokomotorischer Komponente resp. Teilungsfaktor und trophisch-generativer Komponente resp. Wachstumsfaktor ist für manche Protozoen mehr oder minder streng festgelegt, und solche zeigen dann die Kernplasmarelation in typischer Weise. Für viele andere Formen läßt sich dieses Verhältnis aber weitgehend verschieben, wie aus Beobachtungen und neuen Experimenten hervorgeht. So lassen sich von Infusorien und besonders von manchen pflanzlichen Flagellaten einerseits Zwergformen erzeugen, andrerseits Riesenformen von zwei- bis vierfacher Größe, und bei gewissen Blutparasiten kommt durch Veränderungen im Wirt (also veränderte Außenbedingungen) eine dauernde Hemmung des Teilungsfaktors zustande, und auf diese Weise entstehen ebenfalls Riesenformen, die sich normalerweise nicht teilen. Nur nach Änderungen der Bedingungen im Wirtstier können sie wiederum die Vermehrungsfähigkeit erlangen. Diese Verhältnisse spielen zugleich für das Zustandekommen der Immunität und der Rückfälle bei Protozoenerkrankungen eine große Rolle (s. unten).

Befruchtung. Mit Wachstum und Fortpflanzung des Individuums sind die fundamentalen Lebensvorgänge der Protisten durchaus noch nicht erschöpft. Es finden sich vielmehr, wie gerade die Untersuchungen der letzten zwei Jahrzehnte gezeigt haben, bei fast allen Gruppen zwischen einer Reihe von Vermehrungsvorgängen manchmal periodisch, in andern Fällen sporadisch, Befruchtungsakte eingeschoben, Vorgänge, die zwar vielfach mit der Fortpflanzung aufs engste verknüpft sind, aber wie gerade die Verhältnisse bei den Protisten zeigen, als Lebenserscheinungen von ganz anderer Art und anderer Bedeutung als die der Vermehrung aufgefaßt werden müssen. So gibt es Fälle von sog. Autogamie oder Selbstbefruchtung, bei der innerhalb einer einzigen Zelle die wesentlichen Vorgänge der Befruchtung, d. i. die Verschmelzung zweier vermutlich geschlechtlich differenzierter Kerne, sich vollzieht und jede Vermehrung unterbleibt. Und in andern Fällen, in denen die Befruchtung in der Verschmelzung zweier gewöhnlicher vegetativer Individuen besteht (sog. Hologamie), ist sie sogar mit einer Verminderung der Individuenzahl auf die Hälfte verknüpft. Die Verbindung mit Fortpflanzungsvorgängen zur geschlechtlichen Fortpflanzung ist eine sekundäre. Sie ist für die vielzelligen

Organismen und polyenergiden Protisten eine Notwendigkeit, da die Befruchtung in der Regel nur an einwertigen, monoenergiden Zellen stattfindet.

Daß die Rolle der Befruchtung nicht in der Amphimixis, der Vereinigung zweier Zellindividuen zu einer neuen Einheit und der damit verbundenen Qualitätenmischung erschöpft ist, wie es die Verhältnisse der höheren Tiere und Pflanzen nahelegten, zeigen ebenfalls die Protisten. Denn für die bei Algen, Pilzen usw. weit verbreitete autogame Befruchtung ist die Qualitätenmischung ganz ausgeschaltet. Zudem vermag die Amphimixis über die Ursache der Befruchtung überhaupt nichts auszusagen, da sie ja nur die Folge der Befruchtungsvorgänge, ja wie wir eben gesehen haben, nur eines Teiles derselben ist.

Die allgemeine Verbreitung der Befruchtungsvorgänge bei den Protisten legte zunächst den Gedanken nahe, sie seien eine physiologische Notwendigkeit, wenn auch nicht in dem Leben des Individuums, so doch in dem der Art. Kulturversuche, die zuerst von Bütschli und Maupas zur Prüfung dieser Verjüngungshypothese angestellt, dann Jahrzehnte hindurch von vielen Forschern immer wieder verbessert und wiederholt wurden, schienen in der Tat zugunsten dieser Verjüngungshypothese zu sprechen. Bei dauernder Ausschaltung der Befruchtung traten nämlich sog. physiologische Degenerationen und Depressionen auf, die schließlich zum Aussterben der Kulturen führten. Neuerdings ist jedoch durch ganz exakte Versuche gezeigt worden, daß es bei genügender Kenntnis der Kulturbedingungen möglich ist, Organismen beliebig lange ohne Befruchtung oder irgendeinen Ersatz dafür völlig gesund und teilfähig zu erhalten. Dadurch ist auch dieser Hypothese der Boden entzogen.

Die einzige Anschauung, die mit den vorliegenden Tatsachen im Einklang steht und der Befruchtung als elementarer Lebenserscheinung gerecht wird, ist die vor 30 Jahren ebenfalls von Bütschli zuerst geäußerte, später unabhängig von ihm von Schaudinn aufgestellte Sexualitätshypothese. Danach ist gewissermaßen jede Protisten- und Geschlechtszelle hermaphrodit oder bisexuell. Durch das Überwiegen des einen oder andern Partners, das ohne vorhergehende Alterserscheinungen eintreten kann, wird eine Zelle männlich oder weiblich im Verhältnis zu einer andern, bei der der entgegengesetzte Partner der vorherrschende ist. Die männlichen oder weiblichen Sexualzellen oder Kerne sind jedoch nicht rein, absolut männlich oder weiblich, sondern nur relativ, besitzen also doch noch ihren hermaphroditen Charakter, nur im gestörten Verhältnis. In der entgegengesetzten Verschiebung zweier Zellen kann nun zugleich die Ursache erblickt werden, die die extrem differenzierten Zellen zur Vereinigung und zum Ausgleich der Kerndifferenz bringt.

Gegen diese Hypothese, nach der die sexuelle Differenzierung mit zum Wesen der Befruchtung gehört, hat man die weite Verbreitung von isogamer Befruchtung (d. i. ohne äußerliche Geschlechtsdifferenzierung der Gameten) und die allmähliche Ausbildung der Geschlechtsdifferenzierung gerade bei den Protisten ins Feld geführt. Neuere Untersuchungen haben jedoch in Fällen von scheinbarer Isogamie eine Geschlechtsdifferenzierung nachge-

wiesen, vor allem aber ist physiologisch eine sexuelle Differenzierung auch
bei morphologischer Isogamie von Pilzen und Protozoen bekannt geworden.
Hier sei nur auf die wichtigen experimentellen Untersuchungen an Schim-
melpilzen und Brandpilzen hingewiesen, die gezeigt haben, daß bei diesen
Gruppen eine ganz extreme (oder eine quantitativ abgestufte, relative)
sexuelle Differenzierung vorliegt bei ausgesprochener äußerer Isogamie, in
dem es 2 (oder mehr) Sorten von Pilzfäden und Sporen gibt, die morphologisch nicht zu unterscheiden sind. Nur wenn in einer Kultur männliche
und weibliche (+- und —-Sporen) ausgesät werden, kommt es an den
Stellen, wo sich die geschlechtlich verschiedenen Pilzfäden treffen, zu einer
isogamen Kopulation. Die Annahme einer allgemeinen sexuellen Differenzierung, trotz morphologisch isogamer Befruchtung erscheint speziell nach
den Experimenten an Pilzen schon heute als logisches Postulat, und durch
den erst kürzlich gelieferten Nachweis, daß nicht nur 2, sondern mehrere
verschiedene Sexualitätsstufen tatsächlich vorkommen können, ist auch
die wichtige theoretische Folgerung des relativen Charakters der Sexualität
jetzt experimentell bestätigt.

Generationswechsel. Der Fortpflanzungsmodus vieler Protisten kann,
wie schon bemerkt, durch äußere Bedingungen verändert werden oder aber
es finden sich in mehr oder minder regelmäßiger Aufeinanderfolge verschiedene Fortpflanzungsmodi, so meist ein besonderer vor oder nach der Befruchtung. Mit der Fixierung einer multiplen Fortpflanzung bei der Ga-
metenbildung und Befruchtung ist die Ausbildung einer besonderen geschlechtlichen Fortpflanzung gegeben und damit ohne weiteres die Möglichkeit eines Generationswechsels, der zunächst vollkommen fakultativ
ist. Die sich verschieden fortpflanzenden Generationen sind entweder morphologisch gleich oder mit einem Formwechsel verbunden. Bei der Besprechung der Befruchtungshypothesen haben wir nun schon gesehen, daß
die Befruchtung vollkommen unterdrückt werden kann, das Auftreten von
geschlechtlichen Generationen also von äußeren Bedingungen abhängig
ist; und das gleiche gilt auch für die ungeschlechtlichen Generationen.
Besonders bei manchen Algen und Pilzen sind die verschiedenen physiologischen Bedingungen (Salzgehalt, Licht, Feuchtigkeit usw.) durch KLEBS
in vielen Fällen mit aller Sicherheit ermittelt worden, so daß es möglich ist,
jederzeit experimentell jede gewünschte Fortpflanzungsweise auszulösen
und auf diese Weise unter Umständen den normalen Generationswechsel
vollkommen umzukehren oder völlig auszuschalten.

Auch für einige Protozoen ist diese Beherrschung des Generationswechsels
in neuerer Zeit gelungen. Bei vielen andern Urtieren dagegen erscheint der
Generationswechsel im wesentlichen festgelegt, er ist nicht mehr fakultativ,
sondern normalerweise obligatorisch und außerdem mit mehr oder minder
weitgehenden morphologischen Änderungen der Individuen verbunden. Das
ist vor allen Dingen bei dem Generationswechsel der parasitischen Sporozoen und der Malariaparasiten der Fall, wobei zwei verschiedene ungeschlechtliche Generationen und eine geschlechtliche in scheinbar absolut
regelmäßiger Weise aufeinander folgen. Doch kommen auch hier Ausnahmen vor, indem z. B. die erste ungeschlechtliche Generation nach der

Befruchtung (die sog. Sporogonie) ausfallen kann. Ferner können sich die weiblichen Geschlechtszellen der Malariaparasiten ohne Befruchtung, also durch sog. Jungfernzeugung (Parthenogenese) und unter Ausfall der ersten agamen Generation unter gewissen Bedingungen direkt wieder zu den sog. Schizonten entwickeln, die die eigentlichen Krankheitserscheinungen hervorrufen. Durch diese Parthenogenese kommen die Rückfälle bei den Malariaerkrankungen zustande. Derartige Erfahrungen legen aber den Gedanken nahe, und neuere Experimente haben die Richtigkeit desselben bestätigt, daß es auch bei den Sporozoen und andern Protozoen mit scheinbar obligatorischem Generationswechsel möglich ist, denselben zu brechen und die äußeren Bedingungen der verschiedenen Arten der Fortpflanzungen wenigstens teilweise zu ermitteln. Versuche nach dieser Richtung sind nicht nur theoretisch für die Physiologie der Fortpflanzung und Befruchtung von Interesse, sondern auch praktisch von großer Bedeutung, da wichtige Erscheinungen im Krankheitsverlauf mit verschiedenen Generationen der Parasiten im Zusammenhang stehen, und eine experimentelle Beherrschung dieser Entwicklungsvorgänge zugleich ein Eingreifen in den Verlauf der Krankheit gestatten würde.

Pathenogenese der Protozoenerkrankungen. In Anbetracht der komplizierten Entwicklung (Generationswechsel), die die pathogenen Protozoen in der Regel im infizierten Wirbeltierorganismus wie außerhalb desselben durchlaufen, sind die Wirkungsweisen derselben auf den Wirbeltierwirt, sowie die biologischen Beziehungen zwischen Wirbeltier und Parasit viel weniger bekannt und aufgeklärt, als dies bei den krankheitserregenden Bakterien der Fall ist. Wie wir oben gesehen haben, erfolgt dieser Generationswechsel teilweise aus inneren Gründen, wird aber auch durch äußere Bedingungen, in diesem Falle Änderungen im Wirtsorganismus, mit beeinflußt. Erst die genauere Erforschung der Physiologie der Befruchtung und Fortpflanzung der Protozoen auf breitester Basis, d. h. mit Berücksichtigung der freilebenden Formen, kann hier eine tiefere Einsicht ermöglichen. So ist über Gifte, Gegengifte und Immunität der Protozoenerkrankungen wenig Sicheres bekannt, und man kann nur so viel sagen, daß hier die Verhältnisse wesentlich anders liegen als bei den Bakterien und daß es nicht angängig ist, die dort gewonnenen Erfahrungen und Anschauungen ohne weiteres auf die hier waltenden Verhältnisse zu übertragen. So ist vor allem eine erworbene aktive Immunität, wenn man diesen Begriff überhaupt hier benutzen kann, meist an das Vorhandensein bestimmter Formen des Erregers im Körper des sog. immunen Tieres geknüpft. Es handelt sich somit nicht um eine echte Immunität, sondern um eine latente Infektion. Bei der Malaria sind es die weiblichen teilungsunfähigen Geschlechtsformen, beim Froschtrypanosom große Wachtumsformen ebenfalls mit gehemmten Teilungsfaktoren, deren Vorhandensein eine neue Infektion verhindert. Im Gegensatz zu der Immunität bei Bakterieninfektionen scheinen hier auch Stoffe mitzuwirken, die von den pathogenen Protozoen selbst, resp. gewissen Entwicklungsstadien ausgeschieden werden, die die Neuinfektion verhindern. Aus meist unbekannten Gründen (die experimentelle Behandlung dieser Fragen steht erst am Anfange) kann aber jederzeit bei einem scheinbar immunen Tier die Hemmung des Teilungsfaktors der latenten Infektionsträger wegfallen und mit der neuen Vermehrung derselben ein Rezidiv der Erkrankung eintreten.

Wie ersichtlich, sind hier die Fragen der Biologie der pathogenen Protozoen aufs engste mit den allgemein biologischen Problemen der Fortpflanzung und Sexualität der Protisten überhaupt verbunden. Diese wiederum haben durch das Studium der praktisch wichtigen biologischen Fragen an pathogenen Formen wichtige Anregungen für die experimentelle Bearbeitung erlangt. Die noch mehr wünschenswerte innige Durchdringung der Fragestellungen und theoretischen Anschauungen der verschiedenen, die Protistenforschung beherrschenden Richtungen, der mehr nach der praktischen Seite gerichteten Studien der Mediziner und der mehr nach allgemeinen Gesichtspunkten orientierten der Botaniker und Zoologen, wird auf diesem Gebiete zweifellos außerordentlich befruchtend wirken und sicher noch reiche Früchte tragen sowohl für die allgemeinen Probleme des Lebens wie für die menschheitswichtigen Fragen der Erforschung und Bekämpfung der Infektionskrankheiten.

Verwendung von Röntgenstrahlen zur Untersuchung metamikroskopischer biologischer Strukturen.

Von

R. O. Herzog und **W. Jancke**-Berlin-Dahlem.

Mit einer Tafel.

Untersucht man den Querschnitt eines längsgestreiften Muskels unter dem Mikroskop, so findet man, daß die — sehr leicht parallel zur Längsachse spaltbaren — Fasern selbst wieder Bündel von Fäserchen darstellen. M. Heidenhain[1]) schildert sehr anschaulich, wie jede stärkere Vergrößerung immer die Zahl der sichtbaren Felderchen, Faserquerschnitte, vermehrt, den Charakter der Erscheinung aber nicht verändert, und gelangt zu dem Schluß, daß auch die stärkste Vergrößerung nicht die letzten unteilbaren Elementarfibrillen des Muskels sichtbar macht, da sie molekulare Dimensionen besitzen[2]). Struktur und Eigenschaften des faserigen Gebildes werden also auf den Molekularbau zurückgeführt.

Eine Prüfung dieser Annahme erschien so lange nicht durchführbar, als die kleinste Wellenlänge der dem Experimentator zugänglichen elektromagnetischen Schwingungen 10^{-5} cm nicht überschritt, denn die Größenordnung der Moleküle mußte um 10^{-8}—10^{-7} cm liegen, eine Diskontinuität der Substanz konnte also nicht in Erscheinung treten. Erst die Verwendung der kurzwelligen Röntgenstrahlen gestattet prinzipiell, die Untersuchung solch feiner Strukturen in Angriff zu nehmen.

Die Benutzung der Röntgenstrahlen zur Untersuchung des Atom- und Molekularbaus, wie sie M. v. Laue[3]) zuerst vorgeschlagen hat, beruht auf dem Auftreten von Interferenzerscheinungen; die Deutung der Interferenzbilder, die ein solches Metamikroskop liefert, gelingt freilich nur mittels mathematischer Analyse.

Durchstrahlt man einen Kristall mit weißem Röntgenlicht, so werden einzelne Wellenlängen abgebeugt und schwärzen die photographische Platte in symmetrisch angeordneten Punkten, deren Symmetrie der Anordnung der Bausteine des Kristalls entspricht. Verwendet man nach dem Beispiel von Debye und Scherrer[4]) einfarbiges Röntgenlicht, so

---

[1]) Anatomischer Anzeiger **16**, 114 (1899); s. ferner Plasma und Zelle, Jena 1907 u. 1911.

[2]) Vgl. dazu Engelmann, Arch. f. d. ges. Physiol. **7**, 176 (1873); **25**, 562 (1881); ferner u. a. Ehrenberg, Verh. d. Kgl. Preuß. Ak. d. Wiss., Berlin 1849; C. Nägeli, Die Stärkekörner, Zürich 1858; E. Brücke, Kgl. Akad. d. Wiss. **15** (1858); W. Wundt, Lehrb. d. Physiol., 3. Aufl. (1873), S. 35.

[3]) Friedrich, Knipping und Laue, Ann. d. Phys. **41**, 971 (1913).

[4]) Phys. Zeitschr. **17**, 277 (1916); **18**, 291 (1917). Vgl. Zsigmondy-Scherrer, Kolloidchemie 3. Aufl., S. 408.

gelingt es, die Struktur eines feinsten Kristallmehls, das z. B. zu einem Stäbchen geformt ist, zu untersuchen. Sind die Kristallsplitter völlig ungeordnet, so bildet die reflektierte Strahlung für jede Wellenlänge einen Kegel um den Einfallstrahl und zeichnet sich auf der photographischen Platte als Kreis ab. Wird aber die Mannigfaltigkeit der Netzebenenlagen im beugenden Objekt um eine Dimension ärmer als im Falle des ungeordneten Kristallmehls, so entsteht ein monochromatisches Diagramm, das aus Punkten bzw. Streifen besteht[1]).

Ein Objekt mit solchem inneren Aufbau ist z. B. der entbastete Seidenfaden[2]). Zerknüllt und zu einem Stäbchen gepreßt, gibt er bei der Durchleuchtung mit einfarbigem Röntgenlicht auf der photographischen Platte kreisförmige Interferenzen wie ein Kristallpulver. Ein Bündel parallel gerichteter Fasern zeigt dagegen, senkrecht durchleuchtet, ein Punktdiagramm, das hauptsächlich aus symmetrisch zum Durchstoßpunkt angeordneten Vierpunktgruppen besteht (Abb. 1). Insbesondere die vom Zentrum weiter entfernten Punkte sind teilweise zu Linien entartet. Neigt man das Faserbündel gegen den Röntgenstrahl, so wandern die Punkte in vorauszusehender Weise; schließlich, wenn das Bündel dem Röntgenstrahl parallel gerichtet ist, zeichnen sich auf der Platte wieder konzentrische Ringe ab, ebenso wie bei völliger Unordnung der Kristallsplitter (Abb. 2)[3]).

Entnimmt man der Seidenraupe das Sekret der freigelegten Speicheldrüse direkt und zieht es zu einem Faden aus, der in verdünnter Essigsäure zur Gerinnung gebracht wird, wie dies die Chinesen zur Herstellung des beim Angeln verwendeten „Silkworm" tun, so erhält man von dem parallel geordneten Bündel bei senkrecht darauf gerichtetem Röntgenstrahl wieder ein Punktdiagramm, das dem der Seide durchaus gleicht.

Eine Aufnahme von Spinnenseide zeigt ähnliche Verhältnisse.

Kompliziertere Erscheinungen findet man beim Haar. Ordnet man die Haare parallel, so erhält man bei der Durchleuchtung senkrecht zu ihnen ein überraschendes Bild. Rechts und links vom Durchstoßpunkt tritt je ein Punkt auf, in einiger Entfernung oberhalb und unterhalb ein ziemlich scharfer Streifen, auf beiden Seiten ein unscharfer Streifen. Ist der Abstand zwischen Fasern und Platte klein, so kann eine liegende Ellipse um den Durchstoßpunkt, deren kleinere Achse der Längsrichtung des Faserbündels entspricht, vorgetäuscht werden (Abb. 3). Wird in der Richtung der parallel geordneten Haare durchleuchtet, so zeichnen sich auf der Platte 3—4 konzentrische Ringe ab[4]). Ein Unterschied zwischen Schweineborsten und menschlichem Haar wurde nicht gefunden.

---

[1]) R. O. Herzog, W. Jancke und M. Polanyi, Zeitschr. f. Phys. **3**, 343 (1920).

[2]) R. O. Herzog und W. Jancke, Ber. d. Deutsch. chem. Ges. **53**, 2162 (1920).

[3]) Die Abbildung zeigt keine volle Symmetrie, weil der Röntgenstrahl mit dem Bündel nicht genau parallel war.

[4]) Diese Beobachtung scheint im Widerspruch mit unserer Mitteilung in den Ber. d. Deutsch. chem. Ges., l. c., zu stehen, wo angegeben wurde, daß zerknülltes Haar sich wie ein amorpher Körper verhalte. Die Interferenzen konnten aber damals nicht beobachtet werden, da ein kreisförmig gebogener, im Durchstoßpunkt durchlochter Film in geringer Distanz benutzt wurde.

Eine Aufnahme parallel geordneter Byssusfäden von *Pinna nobilis* zeigt ein ähnliches Bild, doch liegt hier die Hauptachse der zusammengesetzten Ellipse mit der Faserrichtung parallel.

Es liegt nahe, die angewandte Methode zur Untersuchung komplizierterer tierischer Gebilde mit faseriger Struktur zu verwenden. Nachstehend werden einige Aufnahmen mit solchen Präparaten beschrieben. Man darf annehmen, daß man durch Verbesserung der Technik zu feiner differenzierten Bildern gelangen kann.

Eine Sehne (getrocknetes Nackenband des Rindes), senkrecht durchstrahlt, zeigt rechts und links vom Durchstoßpunkt zwei kleine Kreissegmente, etwas weiter entfernt vier regelmäßig angeordnete Schwärzungen, hierauf rechts und links zwei sichel- bis halbmondförmige Schwärzungen, ferner oberhalb und unterhalb des Zentrums zwei Kreisstücke und endlich diesen parallel zwei weitere sichelförmige Bogenstücke (Abb. 4). Die gequollene Sehne (Achillessehne) gibt dasselbe Bild etwas weniger deutlich. Richtet man die Sehne parallel zum Strahl, so zeichnen sich mindestens vier bis fünf konzentrische Ringe verschiedener Schwärzung ab (Abb. 5). Bemerkenswert ist, daß bei der aus einer Sehne entstandenen Chitinplatte in der Krebsschere das charakter'stische Diagramm der Sehne trotz völliger chemischer Umwandlung deutlich erhalten bleibt (Abb. 6).

Der frische Schließmuskel der Teichmuschel, senkrecht zur Faserrichtung des Strahls belichtet, zeigt zwei symmetrische Punkte rechts und links vom Durchstoßpunkt, die von einem diffusen differenzierten kreisförmigen Nebel umgeben sind. Trocknet man das Präparat unter Dehnung, so verschieben sich die Interferenzen gegeneinander und die Differenzierung wird deutlicher. Die beiden seitlichen Punkte zeichnen sich klarer ab und die schmalen Streifen treten mit dem ringförmigen Nebel zu einem differenzierten elliptischen Gebilde zusammen.

Der Riechnerv des Hechtes, senkrecht zur Achse durchstrahlt, zeigt einen kreisförmigen, oberhalb und unterhalb des Durchstoßpunktes verstärkten Nebel. Der *Nervus ischiaticus* von Meerschweinchen und Kaninchen gibt dasselbe Bild deutlicher; außerhalb des Nebels tritt noch je eine dünne Sichel oberhalb und unterhalb des Durchstoßpunktes auf.

Eine räumliche Umdeutung der beschriebenen Bilder kann bisher nicht gegeben werden; doch läßt sich so viel sagen, daß in den fibrillären biologischen Strukturen Symmetrien vorliegen, die aber geringer sind, als die der Bausteine in einem Kristall. Es zeigt sich, daß den verschiedenen Gebilden verschiedene charakteristische Feinstrukturen metamikroskopischer Dimensionen zukommen und daß die anfangs erwähnte Annahme M. Heidenhains ebenso wie die Micellarhypothese Nägelis zu Recht besteht. Die histologische Struktur setzt sich bis zu den molekularen Formelementen fort. Inwieweit die physiologische Erkenntnis an die Erforschung dieser letzten biologischen Strukturelemente geknüpft ist, können erst weitere Untersuchungen zeigen [1]).

---

[1]) Es ist uns eine angenehme Pflicht, den Herren Dr. J. Hirsch, Dr. Just und Dr. Süffert für die Herstellung von Präparaten wärmstens zu danken.

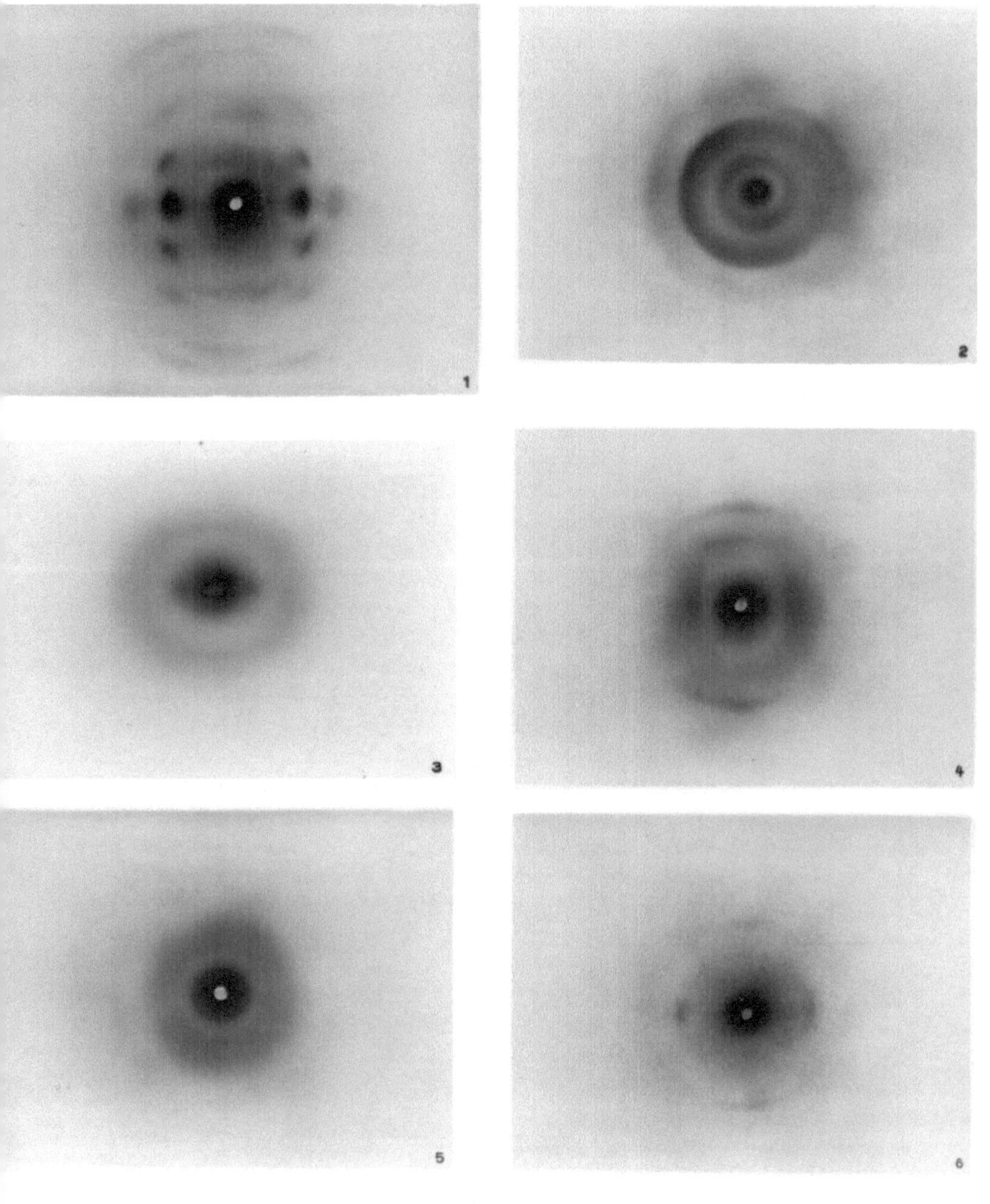

Verlag von Julius Springer, Berlin.

Eine Theorie der „Verfestigung" von metallischen Stoffen infolge Kaltreckens.

Von

E. Heyn-Neubabelsberg.

Mit 10 Textabbildungen.

1. Kaltrecken, Verfestigung. Es ist eine bekannte und in der Praxis in großem Umfange ausgenutzte Erscheinung, daß die große Mehrzahl der metallischen Stoffe nach vorausgegangener bleibender Formänderung bei gewöhnlicher Temperatur (Kaltrecken) einen größeren Widerstand gegenüber der Herbeiführung weiterer bleibender Formänderung leisten, als vor dem Kaltrecken, wenn die weitere angestrebte bleibende Formänderung in demselben Sinne geschieht, wie das vorausgegangene Kaltrecken.

Wenn man z. B. einen geglühten Draht einer Zugbeanspruchung aussetzt, so beginnt bei einer gewissen Spannung σ_{S_1} wesentliche bleibende Formänderung; der Stab fließt, wie man sich ausdrückt. Wird nach Überschreiten dieser Grenzspannung (der Fließ- oder Streckgrenze) der Draht entlastet und aufs neue der Zugbeanspruchung ausgesetzt, so kann er über σ_{S_1} hinaus belastet werden, ohne daß bleibende Formänderung eintritt. Diese beginnt vielmehr erst bei einer neuen, höher gelegenen Fließgrenze σ_{S_2}. Man pflegt diese Veränderung des metallischen Stoffes als „Verfestigung" zu bezeichnen.

Der Ausdruck ist nicht glücklich gewählt, da unter Umständen auch das Gegenteil von Verfestigung eintreten kann, wie durch die zahlreichen Versuche BAUSCHINGERS nachgewiesen worden ist. Wenn man z. B. einen kurzen Stab aus metallischem Stoff zuerst durch Zug über die ursprüngliche Streckgrenze $+\sigma_{S_1}$ hinaus bleibend streckt, darauf entlastet, und nun einer Druckbeanspruchung aussetzt, so tritt Fließen bei einer Grenzspannung $-\sigma_{S_2}$ ein, und es ist dem absoluten Wert nach σ_{S_2} kleiner als σ_{S_1}. Es hat sonach eine „Entfestigung" stattgefunden.

Es ist zweckmäßig, die beiden Wirkungen des Kaltreckens, die Verfestigung und die Entfestigung, als „Kaltreckwirkung" zusammenzufassen.

Die Kaltreckwirkung kann wieder beseitigt werden, wenn der metallische kaltgereckte Stoff oberhalb einer bestimmten Grenztemperatur t_r erhitzt wird. Man kann dann im allgemeinen die Eigenschaften des Materials wiederherstellen, die es vor dem Kaltrecken besaß. Ich will diese Wirkung des Glühens als „Entrecken", und die oben genannte Grenztemperatur t_r als die „untere Grenztemperatur der Entreckung" bezeichnen.

Oberhalb t_r kann man selbstverständlich durch bleibende Formänderung keine Kaltreckwirkung herbeiführen. Die letztere ist nur unterhalb t_r möglich und ist dem Grade nach verschieden, je nachdem ob die Temperatur, bei der das Kaltrecken geschieht, mehr oder weniger tief unter t_r liegt.

Da bei einigen Stoffen, wie z. B. Zinn und Blei, die Grenztemperatur t_r in der Nähe der atmosphärischen Temperatur liegt, so können die Kaltreckwirkungen bei ihnen nur gering oder ganz verschwindend sein. Von solchen Metallen soll bei der folgenden Besprechung abgesehen werden. In den Kreis der Betrachtung sollen nur solche metallische Stoffe gezogen werden, bei denen die Grenztemperatur t_r genügend weit oberhalb der atmosphärischen Temperatur liegt. Es soll ferner vorausgesetzt werden, daß die Kaltreckung in der Nähe der atmosphärischen Temperatur erfolgt.

2. Elastische und bildsame Formänderung. Elastische Formänderungen sind solche Formänderungen, welche unter der Einwirkung äußerer Kräfte entstehen und nach Aufhebung dieser Kräfte wieder rückgängig werden. Die auf Herbeiführung der elastischen Formänderung aufgewendete Arbeit wird nach Beseitigung der äußeren Kräfte wieder zurückgewonnen. Der Vorgang ist umkehrbar.

Im Gegensatz hierzu stehen die bildsamen Formänderungen, wie sie Stoffe nach Art des Plastilins, des Tones usw. zeigen. Hier ist es möglich, durch Einwirkung äußerer Kräfte Formänderungen unter Aufwendung von Arbeit zu erzeugen. Nach Beseitigung der äußeren Kräfte wird dagegen die Formänderung nicht rückgängig, sie bleibt bestehen. Es wird auch keine Arbeit zurückgewonnen. Der Vorgang ist nicht umkehrbar.

Man kann sich in folgender Weise von den Vorgängen ein Bild machen. Man denke sich den Stoff aufgebaut aus kleinsten Teilchen, die sich infolge anziehender und abstoßender Kräfte in eine Gleichgewichtslage zueinander einstellen. Die Teilchen werden infolge der Wärme Schwingungen um ihre Mittellage ausführen. Wir wollen für unsere Betrachtungen nur die Mittellagen berücksichtigen. Diese werden dann eine Art Verband bilden, bei den kristallisierten Stoffen das Raumgitter nach bestimmten geometrischen Gesetzen, bei nicht kristallisierten Stoffen ein Gitter ohne diese geometrischen Gesetzmäßigkeiten. Die Mittellagen der kleinsten Teilchen sind ortsfest zu denken; sie behalten ihre gegenseitige Stellung bei, sie wandern nicht. (Von den langsam verlaufenden Wanderungen infolge der Diffusion soll hier abgesehen werden.)

α) Elastische Formänderung. Wirken äußere Kräfte auf den Stoff ein, so werden Verschiebungen in den Mittellagen der kleinsten Teilchen eintreten. Die dadurch bedingten Widerstände halten den äußeren Kräften das Gleichgewicht. Die Mittellagen der kleinsten Teilchen treten hierbei aus ihren gegenseitigen Verbänden nicht aus; es findet also keine Wanderung der Teilchen statt. Nach Aufhören der äußeren Kraftwirkung werden die ursprünglichen Gleichgewichtslagen wieder eingenommen.

β) Bildsame Formänderung. Übersteigen die auf den Stoff einwirkenden äußeren Kräfte eine bestimmte Grenze P_S, so können die kleinsten Teilchen aus ihrer gegenseitigen Wirkungssphäre austreten und mit anderen Gruppen kleinster Teilchen einen neuen Verband bilden usw.

D. h. die kleinsten Teilchen wandern, schnappen unter der Kraft P_S aus einer Gleichgewichtslage in die andere ein; es erfolgt Fließen, und zwar ohne daß hierbei eine weitere Steigerung der Kraft P_S erforderlich ist, da sich ja die Abstände der Teilchen nicht ändern, sondern nur Platzwechsel stattfindet. Das Fließen muß sich unter der Last P_S weiter fortsetzen. Nur die Geschwindigkeit des Fließens könnte einen Einfluß auf die Größe der Kraft P_S ausüben.

Denkt man sich die unter a) und β) erwähnten Vorgänge als Zugversuch und zeichnet als Abszissen die Dehnungen ε = Verlängerung/Länge, und als Ordinaten die auf die Einheit des jeweiligen (nicht des ursprünglichen) Querschnittes bezogenen Spannungen $\sigma = P/f$ auf, so müßte man ein Schaubild erwarten wie in Abb. 1. Ein solches Schaubild soll als ε, σ-Bild bezeichnet werden.

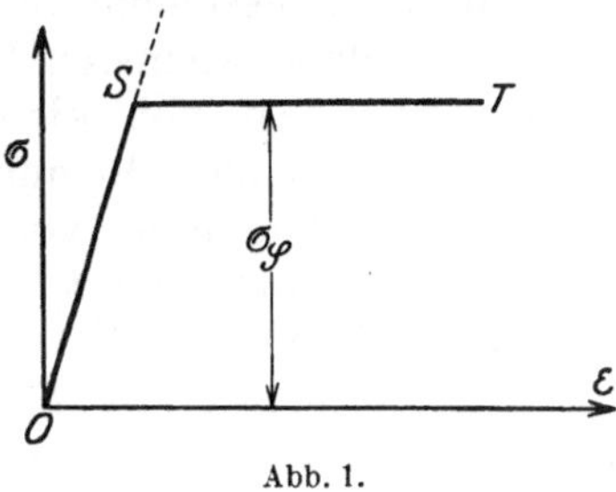

Abb. 1.

Bis zur Grenzspannung σ_S entspricht die Linie OS der elastischen Formänderung. Bei Gültigkeit des Hookeschen Gesetzes würde dieser Teil des Schaubildes eine Gerade darstellen. Sobald in S die Grenzspannung σ_S erreicht ist, tritt bildsame Formänderung ein, die Linie $S'T$ verläuft wagerecht[1]) (wenn die Geschwindigkeit des Fließens unverändert erhalten wird). Man nennt σ_S die Fließgrenze oder Streckgrenze.

3. Tatsächliche ε, σ-Bilder. In Wirklichkeit ist die Gestalt der ε, σ-Bilder bei metallischen Stoffen wesentlich verschieden von der in Abb. 1. Sie entspricht im allgemeinen der Abb. 2.

Von O bis S verläuft die Linie ähnlich wie in Abb. 1. Sie verläßt aber die gerade Linie vorher beim Punkte P. Das ist weiter nicht verwunderlich, denn die Spannung σ, die man durch Division der Kraft durch den jeweiligen Querschnitt erhält, ist nur ein Durchschnittswert. In Wirklichkeit werden die Spannungen örtlich diesen Wert überschreiten können, z. B. in der Nähe von Fehlstellen oder kleinen Hohlräumen, wo

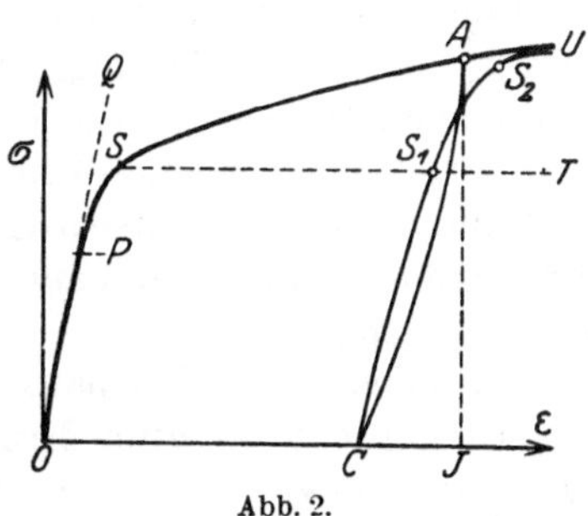

Abb. 2.

die Spannung wegen der Kerbwirkung gesteigert ist. Die Folge davon ist, daß an diesen Stellen bereits kleine bildsame Formänderungen eintreten können, während an den übrigen Stellen die Formänderungen noch rein elastisch sind. Die Linie OPS wird deshalb bereits unterhalb S, also unterhalb derjenigen Spannung von der Geraden OQ abweichen, bei welcher durchschnittlich die Streckgrenze erreicht ist.

In S setzt das Fließen, also die bildsame Formänderung ein. Wir beobachten aber in S keinen Knick wie in Abb.1, sondern nur eine Stelle mit kleinstem Krümmungshalbmesser. Die Linie verläuft von S aus auch nicht

---

[1]) Nach Thomson. S. Bouasse, Über die Deformationskurven von Drähten. 2. Teil. Ann. fac. sc. Toulouse, sr. 2, **2**, 431 (1900).

wagerecht, sondern steigt mit wachsender Dehnung ständig bis zum Eintritt des Bruches. Nur bei einer ganz kleinen Gruppe von metallischen Stoffen (darunter namentlich die Eisenlegierungen) ist bei S ein Knick und eine kurze wagerechte Strecke ST vorhanden; aber dann folgt auch wieder Anstieg wie in Abb. 2.

Nach Obigem geschieht also das Fließen (bildsame Formänderung) bei den meisten metallischen Stoffen nicht unter konstanter Spannung, also unter gleichbleibenden Widerständen, sondern der Widerstand wächst mit dem Fortschreiten der Formänderung. Das erklärt sich wie folgt:

Bei Metallen geschieht das Fließen nicht wie bei Flüssigkeiten derart, daß die einzelnen kleinsten Teilchen aneinander vorbeiwandern, sondern es sind **Gruppen** von kleinsten Teilen, die aneinander vorübergleiten und so die bildsamen Formänderungen bedingen. Wir können uns den Vorgang des Fließens so vorstellen, als ob der Stoff aus zwei Teilen zusammengesetzt wäre, einem rein bildsamen Teil β, der sich bei σ_S verhält wie in Abb. 1, Linie ST und einem Teil α, der auch oberhalb σ_S nur elastischer Formänderung fähig ist. Grob könnte man sich dies versinnlichen durch Plastilin, in das man kleine metallische Schraubenfedern eingestreut hat. Wird bei einem solchen Verbundkörper die Spannung σ_S überschritten, so möchte der Teil β nach der Linie ST in Abb. 2 fließen. Hierbei ist er aber gezwungen, die Federchen α mit zu strecken. Diese setzen der Streckung einen Widerstand entgegen, der mit dem Grade der Formänderung wächst.

Das Fließen kann also nicht mehr bei konstanter Spannung σ_S **vor sich gehen, sondern die Spannung muß steigen,** um den elastischen Widerstand der Federchen α zu überwinden, so wie es in der Abb. 2 die Linie SAU angibt.

Zu beachten ist, daß die Teile α und β des Stoffes nicht etwa notwendigerweise zwei verschiedenen Phasen entsprechen müssen, sondern daß sie auch einer und derselben Phase angehören können, daß also die oben geschilderten Vorgänge auch bei einphasigen metallischen Stoffen in genau gleicher Weise vor sich gehen.

4. Bleibende und elastische Dehnung. Wenn beim Zugversuch die Belastung nicht bis zum Bruch fortgesetzt wird, sondern wenn unterhalb der Bruchgrenze, z. B. bei A wieder entlastet wird, so geht die aus der äußeren Kraft P berechnete Spannung auf Null zurück etwa nach der Linie AC in Abb. 2. Man nennt dann die nach völliger Entlastung beobachtete Dehnung OC die **bleibende Dehnung**, die, wie später gezeigt wird, nicht ohne weiteres der bildsamen Dehnung gleichgesetzt werden darf. Der Betrag OJ entspricht der **gesamten Dehnung**, die unter der dem Punkt A entsprechenden Spannung σ_A erreicht worden war. Ein Teil JC dieser gesamten Dehnung ist während der Entlastung wieder verschwunden; man bezeichnet ihn als die **elastische Dehnung**, so daß man hat: Bleibende Dehnung + elastische Dehnung = Gesamtdehnung.

Man beobachtet mit feinen Hilfsmitteln, daß die Lage des Punktes C von der Schnelligkeit der Entlastung und von der Zeitdauer nach der Entlastung abhängt; er wandert etwas nach O hin. Dadurch wird der

Betrag der bleibenden und der elastischen Dehnung bis zu einem gewissen Grade unsicher. Es entsteht somit die Frage, ob die Strecke JC auch nach längerer Zeit den ganzen Betrag der elastischen Dehnung darstellt, oder ob nicht etwa ein Teil der elastischen Dehnung durch irgendwelche Widerstände im Innern des Stabmaterials verhindert wurde, zu Null zu werden, oder mit anderen Worten, ob nicht ein gewisser Betrag latenter, oder verborgener elastischer Dehnung noch in der bleibenden Dehnung OC enthalten ist, und diese zu groß erscheinen läßt. Die Strecke OC würde sich dann aus der wirklich bleibenden oder der bildsamen Dehnung $+$ dieser verborgen elastischen Dehnung zusammensetzen.

Wenn man z. B. Gummistreifen um das Mehrfache ihrer Länge streckt und dann plötzlich entlastet, so bemerkt man, namentlich bei weniger guten Gummisorten, Regeneraten usw., daß das Zurückgehen der Länge des Streifens sich noch Monate lang nach der Entlastung mit dem Millimetermaßstab verfolgen läßt. Das beweist, welche Widerstände sich der Rückgängigmachung der elastischen Dehnung entgegenstellen, so daß die Vorstellung von einer verborgen elastischen Dehnung sich geradezu aufdrängt.

5. Steigen der Streckgrenze infolge der Vorbelastung und erneuten Belastung. Belastet man nach der Entlastung aufs neue auf Zug, so wird die ε, σ-Linie ansteigen, etwa nach $CS_1 S_2$ in Abb. 2. Es wäre nun zu erwarten, daß das Fließen im Punkte S_1 beginnt, welcher dieselbe Ordinate hat wie der Punkt S, mit anderen Worten, daß die Streckgrenze bei der Wiederbelastung in derselben Höhe gefunden würde, wie bei der ersten Belastung. Das ist aber in Wirklichkeit nicht der Fall; sondern die neue Streckgrenze liegt beispielsweise bei S_2, das Fließen beginnt erst bei wesentlich höherer Spannung. Das ist auffällig und zunächst unerklärlich.

Setzt man, wie es bisher allgemein geschah, voraus, daß bei der Entlastung nach AC wirklich der gesamte Betrag der elastischen Dehnung verschwunden ist, so müßten auch die kleinsten Teile wieder ihre ursprünglichen Abstände angenommen haben, die sie zu Beginn des Versuches im Punkte O hatten. Warum sollte nun eine höhere Spannung, also ein stärkeres Auseinanderziehen dieser Teilchen nach der Vorbelastung und Entlastung nötig sein, um sie zum Wandern zu bewegen, als im ursprünglichen Zustande?

6. Hypothese von den verborgenen Dehnungen bzw. Spannungen. Die Aufklärung ist möglich, wenn man annimmt, daß ein metallischer Stoff, der über seine ursprüngliche Fließgrenze hinaus beansprucht und dann entlastet worden ist, einen bestimmten Betrag von elastischer Dehnung ε_l und demnach auch von Spannung σ_l zurückhält, dem nicht durch eine äußere Kraft P/f, sondern durch ein einem Reibungswiderstand ähnlichen Hindernis w das Gleichgewicht gehalten wird. Diesen zurückbleibenden Betrag der elastischen Dehnung bzw. der Spannung will ich, wie bereits oben angegeben, als verborgen elastische Dehnung bzw. als verborgene (latente) Spannung bezeichnen.

Wir können uns an der Hand folgenden Beispiels ein Bild von dieser verborgenen Spannung machen. Wir stellen einen Zylinder her aus Plastilin und eingestreuten feinen metallischen Schraubenfederchen. Wird jetzt dieser Verbundkörper durch Rollen in der Länge gestreckt, so werden die Federchen angespannt. Bei Entlastung des Probekörpers hat das Plastilin als bildsamer Körper kein Bestreben, sich zu verkürzen, wohl aber wollen sich die elastischen Federchen entspannen; sie streben Verkürzung ihrer Länge und der Länge der ganzen Masse an, in die sie eingebettet sind. Sie werden diesem Bestreben aber nur teilweise nachkommen können, zum anderen Teil werden sie durch den Widerstand der sie umgebenden bildsamen Masse an der völligen Entspannung verhindert·werden. Die zurückbleibende Spannung würde dann die verborgene Spannung sein.

Es liegt auf der Hand, daß das Gleichgewicht zwischen σ_l und dem Hindernis w von der Zeit beeinflußt wird. Der Einfachheit halber will ich aber im folgenden von diesem Einfluß der Zeit absehen; es bietet ja keine besonderen Schwierigkeiten, die durch die Zeit bedingten Abänderungen später anzubringen. Vor der Hand möchte ich nur das Grundsätzliche herausarbeiten.

Im folgenden soll nun aus der obigen Hypothese und aus der Vorstellung, daß einzelne Teile des Stoffes bei der bildsamen Formänderung bildsame, andere elastische Formänderung erfahren, abgeleitet werden, welche Vorgänge sich bei Belastung über die ursprüngliche Streckgrenze, Entlastung und Wiederbelastung einstellen müssen. Diese Schlußfolgerungen sollen an der Hand des vorhandenen Versuchsmaterials auf ihre Richtigkeit geprüft werden.

7. Spannung und äußere Kraft. Man muß streng unterscheiden zwischen der auf die Flächeneinheit des jeweiligen Querschnittes f bezogenen äußeren Kraft P/f und der im Stabmaterial herrschenden Spannung σ. Beide ohne weiteres gleichzusetzen ist nur dann zulässig, wenn a) in dem beanspruchten Stoff vor der Belastung (also bei $P/f = 0$) nicht bereits Spannungen (Eigenspannungen) vorhanden waren, und wenn b) während der Be- und Entlastung keine verborgenen Spannungen σ_l entstehen, denen nicht nur durch die äußere Kraft P/f, sondern durch reibungsähnliche Widerstände w das Gleichgewicht gehalten wird.

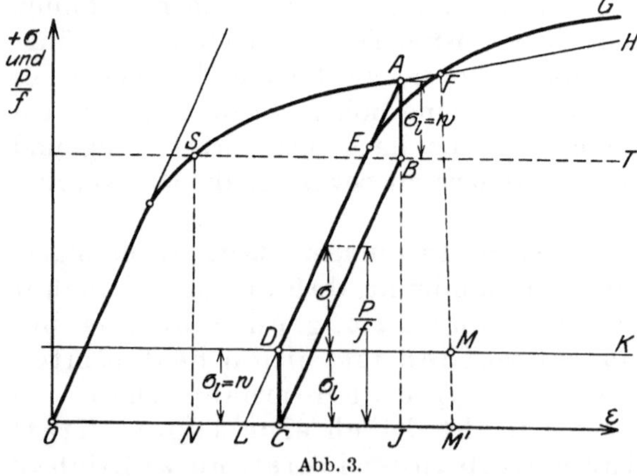

Abb. 3.

8. Belastung auf Zug bis über die Steckgrenze, Entlastung, Wiederbelastung auf Zug. S. Abb. 3. Darin ist wie früher die Dehnung ε als Abszisse, die äußere Kraft P/f bzw. die Spannung σ als Ordinate verwendet, so daß die Schaubilder ε, P/f und ε, σ erhalten werden. Der Probestab befinde sich zu Beginn des Versuches (im Punkt O) im „jungfräulichen" Zustande, d. h. er werde frei von Spannungen vorausgesetzt. Die Belastung erfolge nach OSA unter Überschreiten der Streckgrenze (dargestellt durch die Ordinate NS) bei S.

a) Entlastung. Im Punkte A sind die gedachten Federchen α in der bildsamen Masse β so, wie in Abb. 4 angedeutet, gespannt. Die Federspannung σ_A strebt Verkürzung an; ihr wird aber durch die Kraft $P/f = \sigma_A$ das Gleichgewicht gehalten. Sinkt P/f unter σ_A, so wirkt die Kraft $\sigma_A - P/f$ auf Verkürzung der Feder. Diese vermag zunächst den Widerstand w der bildsamen Masse nicht zu überwinden, infolgedessen bleibt die Feder gespannt, der Stab verkürzt sich nicht. Die Linie ε, P/f fällt längs AB ab. Die Spannung der Feder und somit im Stabe bleibt dabei unverändert σ_A; die Linie

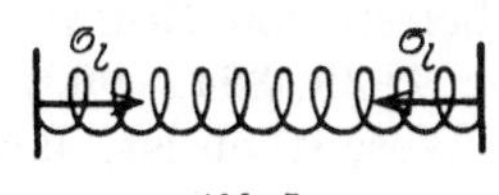
Abb. 4.

ε, σ wird also während dieser Zeit durch den Punkt A dargestellt. Erst wenn $\sigma_A - P/f$ infolge weiterer Abnahme von P/f den Grenzbetrag $AB = \sigma_l$ erreicht hat, vermag die Feder den Widerstand w der bildsamen Masse zu überwinden und sich und den Stab zu verkürzen. Die Spannung σ der Feder nimmt nun proportional der Verkürzung der Feder ab und wir erhalten als ε, σ = Linie die Linie AED, die der Beobachtung nicht unmittelbar zugänglich ist. Die zugehörige, beobachtbare ε, P/f-Linie ist BC. Von B ab findet bei weiterer Abnahme von P/f Verkürzung des Stabes statt. Die Linien BC und AD sind einander parallel. Schließlich gelangt die Linie ε, P/f in C an, da P und mithin auch P/f = Null geworden ist. Die Federspannung ist aber nicht gleich Null, sondern es ist noch die verborgene Spannung $\sigma_l = CD$ in der Feder (und im Stabe) vorhanden, welche bestrebt ist, den Stab zu verkürzen, aber durch den Widerstand w der bildsamen Masse β daran verhindert wird.

Zusammengefaßt haben wir bei der Entlastung von A aus die Linie ε, P/f dargestellt durch ABC und die Linie ε, σ durch AD. Beide Linien haben während der Entlastung den unveränderlichen Abstand σ_l = der verborgenen Spannung = dem Widerstand w der bildsamen Masse β.

b) Wiederbelastung. Wenn nach der Entlastung $P/f = 0$ geworden ist, so ist der Zustand der Federchen α innerhalb der bildsamen Masse β schematisch gekennzeichnet durch die Skizze 5. Infolge des Widerstandes w der bildsamen Masse β müssen die Federchen gespannt bleiben. Der Betrag der verborgenen Dehnung ist dargestellt durch die Strecke CL in Abb. 3. Wird wieder belastet, wächst also P/f, so wirkt auf die Federchen die Kraft $\sigma_l - P/f$ verkürzend, s. Abb. 6. Da diese Kraft kleiner als σ_l ist, so kann der Widerstand w nicht überwunden werden; die Federchen behalten ihre Länge bei, solange P/f kleiner als σ_l ist. Demgemäß bleibt auch die Stablänge unverändert. Die Linie ε, P/f verläuft nach CD. Die Spannung σ der Federchen bleibt während dieser ganzen Zeit unverändert gleich σ_l. Die Linie ε, σ wird also in der betrachteten Zeit durch den Punkt D dargestellt. Erst wenn im Punkte D die Kraft P/f den Grenzwert σ_l erreicht hat, kann bei weiterer Steigerung von

P/f proportional der Spannung $\sigma = P/f - \sigma_l$ Verlängerung des Stabes eintreten. Die Abszissenachse für die Spannungen σ ist somit die Wagerechte DK, die Beziehung zwischen Dehnung und Spannung wird angegeben durch die jungfräuliche Linie $OSAH$. Man erhält also den Verlauf der Linie ε, σ durch Verschiebung der Linie $OSAH$ parallel mit sich selbst so, daß der Punkt O nach D kommt, und dies ergibt als ε, σ-Linie $DEFG$, wobei die Ordinaten von DK aus zu messen sind. Die Linie $\varepsilon, P/f$ fällt mit $DEFG$ zusammen, nur sind die Ordinaten von OJ aus zu zählen.

Die Linie $DEFG$ würde unter normalen Verhältnissen über die Linie SAH hinausgehen, wie in der Abb. 3 gezeigt. Daß dies möglich ist, hat Bauschinger durch den Versuch festgestellt. Bei Eisen tritt aber dieser Fall nur ein, wenn die Zeit zwischen Entlastung und Wiederbelastung sehr lang ist. Ist diese Zeit kurz, so geht die Linie $DEFG$ in der Nähe von F allmählich in die Linie SAH über. Die Erklärung für diesen Einfluß der Zeit ist möglich durch die Reckspannungen. Ich habe sie gegeben in „Metall und Erz", 1918, Heft 22 und 23: „Einige Fragen aus dem Gebiet der Metallforschung" und will hier nicht näher darauf eingehen.

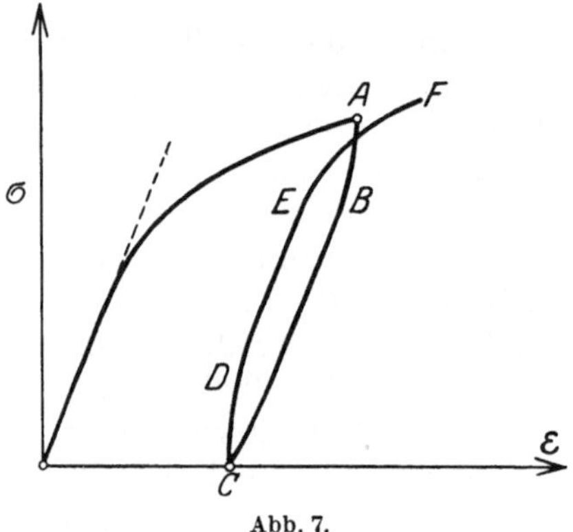

Abb. 7.

In Abb. 3 wird man leicht die Grundform der Schleifenbildung der $\varepsilon, P/f$-Linie bei Entlastung und Wiederbelastung wiedererkennen (s. Abb. 7), wie sie durch den Versuch ermittelt wird. Die Theorie der verborgenen Spannungen kann natürlich nur die Grundform liefern. Die Abweichungen von dieser Grundform sind bedingt durch die Einflüsse der Zeitdauer, während welcher die Belastung bei A erhalten wird, von der Zeitdauer der Ruhe in C und von der Geschwindigkeit der Entlastung und Wiederbelastung. Siehe hierüber die Arbeiten von Bouasse (Literaturübersicht in Annal. de Chim. et de phys. [sér. 7] 29, 384, 1903).

Wesentlich ist, daß die Schleifenbildung sich aus der Hypothese von der verborgenen Spannung ableiten läßt.

Die sogenannte „Verfestigung" ist dadurch bedingt, daß die Fließgrenze des Materials, die ursprünglich bei S in der Linie $OSAH$ lag, nach dem Kaltrecken (Belastung von O bis über S hinaus nach A) in der Linie $DEFG$ bis zum Punkte F hinaufgerückt ist. Diese Verfestigung ist aber nur scheinbar; da die Spannungen σ bei der Wiederbelastung von der Abszissenachse DK aus und nicht von OJ aus zu messen sind, so ist NS die Streckgrenze im ursprünglichen Material, MF die im kaltgereckten Stoff und beide können gleich sein. Die scheinbare Verfestigung ist also lediglich durch die Verschiebung der Abszissenachse von OJ nach DK bewirkt, und diese Verschiebung ist auf die verborgene Spannung, wie bereits gezeigt, zurückzuführen.

9. Belastung auf Zug, Entlastung und Wiederbelastung auf Druck.

Hierzu Abb. 8. Wie früher gezeigt, ist nach der Entlastung (also für $P/f = 0$) die ε, P/f-Linie in C, die ε, σ-Linie in D angekommen. Dabei ist die verborgene Spannung $CD = \sigma_l$ übriggeblieben, welche den Stab zu verkürzen bestrebt ist. Es wird nun eine Druckkraft P/f auf den Stab aufgebracht, welche ebenfalls auf Verkürzung des Stabes hinwirkt. Dieser Verkürzung wirken jetzt nicht mehr Reibungswiderstände, sondern elastische Widerstände entgegen, die wir uns durch Federn α' versinnlicht denken. Es wird demnach bei $P/f = 0$ den Federn α, welche unter der Zugspannung $CD = \sigma_l$ stehen (Abb. 8 und 10), also bestrebt sind, sich zu verkürzen, das Gleichgewicht gehalten durch die Federn α', welche unter der Druckspannung $CD = \sigma_l$ stehen, die die Federn α zu verlängern sucht. Die Federn α' sind infolge des Druckes $CD = \sigma_l$ um den Betrag

$$CQ' = DQ = \frac{\sigma_l}{E} = \varepsilon_l \text{ gekürzt. Punkt}$$

Q entspricht dem spannungslosen Zustand der Federn α', die ε, σ-Linie muß somit durch den Punkt Q als Nullpunkt und durch den Punkt C (für $P/f = 0$) hindurchgehen. Die Spannungen σ der Federn α' sind dementsprechend von der Achse DK, nicht aber von der ursprünglichen Abszissenachse NI aus zu messen. Letztere bleibt natürlich die Abszissenachse für die Bemessung der Druckkräfte P/f.

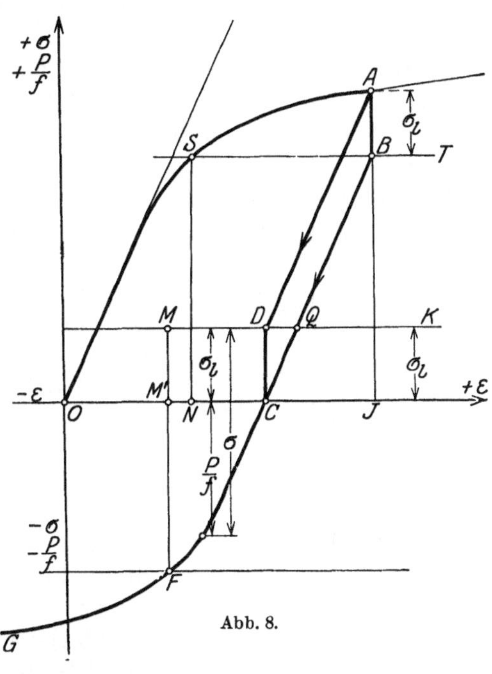

Abb. 8.

Um den Verlauf der ε, σ-Linie $QCFG$ (in Abb. 8) zu erhalten, brauchen wir nur die jungfräuliche ε, σ-Linie für Druck parallel mit sich selbst so zu verschieben, daß ihr Anfangspunkt O in den Punkt Q gelangt (siehe Abb. 8 und 10). Im vorliegenden Fall ist angenommen, daß die jungfräuliche ε, σ-Linie für Druck sich aus der jungfräulichen ε, σ-Linie für Zug OSA durch Drehung um 180° um den Anfangspunkt O im Sinne des Uhrzeigers ergibt, und daß die Fließgrenze σ_S für Zug dem absoluten Betrage nach gleich ist der Fließgrenze σ_S für Druck. Abweichungen von dieser Annahme berühren das Grundsätzliche unserer Untersuchung nicht.

Hat die Kraft P/f den Wert WX angenommen (Abb. 10), so werden die Federn α um diesen Betrag entlastet; ihre Zugspannung σ_1 wird somit nicht mehr durch $DC = \sigma_l$, sondern nur noch durch $WV = YW - YV = YW - XW = CD - XW = \sigma_l - P/f$ dargestellt. Die Druckspannung σ der Federn α' ergibt sich zu $\sigma = YX = \sigma_l + P/f$, weil die Federn um den Betrag $Q'W$ zusammengedrückt sind.

Erreicht P/f den Wert $\sigma_l = LU$, so ist die Zugspannung σ_1 der Federn α gleich 0. Es sind somit die letzten Reste der von der vorausgegangenen Belastung auf Zug unter Überschreitung der Streckgrenze herrührenden verborgenen Spannung verschwunden.

Wird die Kraft P/f noch weiter gesteigert, beispielsweise bis zum Betrage HR (Abb. 10), so ist entsprechend der Zusammendrückung der

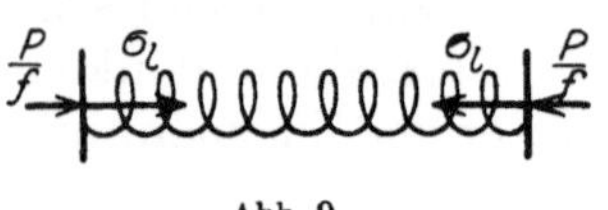

Abb. 9.

Federn α' um $Q'H$ die in ihnen herrschende Druckspannung $\sigma = ZR = ZN + NR$; wir haben also allgemein, wie in Abb. 9 angedeutet, als Druckspannung der Federn α'

$$\sigma = \sigma_l + P/f .$$

Soll σ den Wert σ_S der Fließgrenze erreichen, so muß $\sigma_S = \sigma_l + P/f$ oder $P/f = \sigma_S - \sigma_l = MF - MM' = M'F$ sein. Da wir nur P/f beobachten können, so erscheint die Streckgrenze um den Betrag σ_l erniedrigt.

Es ist noch eine Unstimmigkeit zu beseitigen. Wenn wir auf das unter Absatz 8b Gesagte zurückgreifen, so wurde für $P/f = 0$ der verborgenen Spannung $\sigma_l = CD$ durch den Widerstand $w = \sigma_l$ der bildsamen Masse β

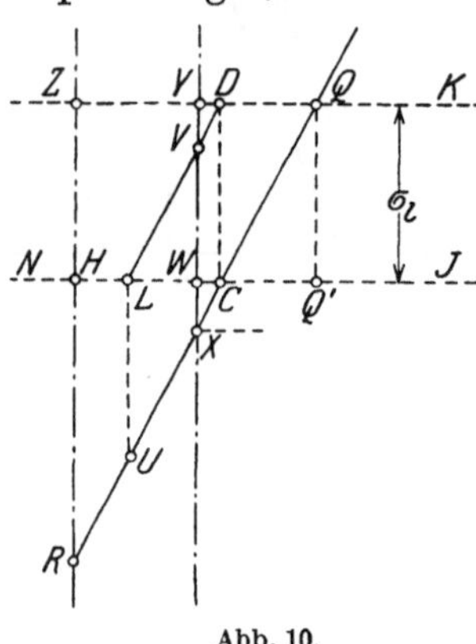

Abb. 10.

das Gleichgewicht gehalten. Für den Fall unter Absatz 9 dagegen wurde angenommen, daß die Spannung der Federn α' der verborgenen Spannung $\sigma_l = CD$ das Gleichgewicht hält. Um beiden Bedingungen gerecht zu werden, müßten wir uns die Federn α' so denken, daß sie sich bei der Zusammendrückung von der Länge $1 + LC$ (Abb. 10 entsprechend der Druckspannung $CD = \sigma_l$) auf geringere Längen wie wirkliche Federn verhalten, dagegen bei der Entspannung sich nicht über den Grenzbetrag $1 + LC$ hinaus verlängern und somit die Erscheinungen bei der Wiederbelastung auf Zug nach Entlastung (Absatz 8b) nicht beeinflussen können. Man kann sich das mechanisch so vorstellen, daß die Federn α' bei der Entspannung in dem Bestreben, sich über $1 + LC$ hinaus zu verlängern, einem Widerstand $w = \sigma_l$ in der bildsamen Masse β begegnen, der ihrer Entspannung in die natürl'che Länge $1 + LQ'$ entgegenwirkt, während s'e bei Längen unterhalb $1 + LC$ solchen Widerstand w nicht finden. Die Federn α' würden somit bei der Wiederbelastung auf Zug die Rolle der bildsamen Masse β mit übernehmen; sie würden nur der Verkürzung der Federn α, nicht aber deren Verlängerung entgegenwirken.

Beachtenswert ist, daß nach vorausgegangener Zugbeanspruchung über die Fließgrenze hinaus und darauf folgender Entlastung und Wiederbelastung auf Druck die Fließgrenze erniedrigt erscheint.

Es wird also scheinbar das Gegenteil von Verfestigung, nämlich Entfestigung durch das vorausgegangene Kaltrecken erzielt. Diese Tatsache ist durch die Versuche Bauschingers erhärtet. Die Erklärung ergibt sich logisch aus der Hypothese von der verborgenen Spannung.

10. Spezifisches Gewicht. Da in einem durch Zug kaltgereckten Stab nach der Entlastung die verborgene Spannung σ_l zurückbleibt, so sind nach der Entlastung ursprünglich würfelförmige Körperelemente des Stoffes in der Richtung des Zuges beim Recken gestreckt geblieben. Nach der Lehre von der Elastizität hat dann das Element ein größeres Volum als der ursprüngliche Würfel. Infolgedessen muß das spezifische Gewicht des durch Zug kaltgereckten Stoffes k l e i n e r sein als des nicht kaltgereckten. Das gleiche gilt auch für im Zieheisen kaltgezogene oder für kaltgewalzte metallische Stoffe.

Diese Schlußfolgerung aus der Hypothese ist durch die experimentelle Prüfung bestätigt.

Das Gesetz der Verminderung des spezifischen Gewichtes durch Kaltrecken gilt nicht nur für durch Zug kaltgereckte, sondern ganz allgemein für kaltgereckte metallische Stoffe. Denn gleichgültig ob das Kaltrecken durch Zug oder Druck erfolgt; immer werden einzelne Körperelemente nach einer Richtung gestreckt, nach den anderen Richtungen verkürzt, und zwar unter Volumvermehrung.

11. Zusammenfassung.

a) Auf Grund der Hypothese von der verborgenen Spannung finden die Bauschingerschen Beobachtungen ihre Erklärung, wonach bei Entlastung eines auf Zug (Druck) über die Streckgrenze beanspruchten metallischen Stoffes und durch nachfolgende Wiederbelastung auf Zug (Druck) die Streckgrenze erhöht erscheint, während bei der Entlastung eines auf Zug (Druck) über die Streckgrenze beanspruchten metallischen Stoffes und Wiederbelastung auf Druck (Zug) die Streckgrenze erniedrigt ist.

b) Die Hypothese führt auf die durch die Beobachtung festgestellte kennzeichnende Form der Schleifenbildung bei Entlastung eines durch Zug (Druck) kaltgereckten Metallstabes und darauf folgende Wiederbelastung durch Zug (Druck).

c) Aus der Hypothese läßt sich die ebenfalls durch Beobachtung sichergestellte Tatsache ableiten, daß das spezifische Gewicht des kaltgereckten metallischen Stoffes geringer ist als des nicht kaltgereckten.

d) Der Einfluß der Zeit ist vorläufig unberücksichtigt gelassen. Er bedingt gewisse Änderungen in den Ergebnissen, namentlich bei der Schleifenbildung.

e) Die oben genannten Einflüsse können überdeckt werden durch die Einflüsse von Reckspannungen. Es sei hierüber verwiesen auf die von mir in „Metall und Erz", 1918, Heft 22 und 23, angestellten Überlegungen.

Über den Chemismus der Phenolnatriumschmelze.

Von

Fritz Hofmann und **Myron Heyn**-Breslau.

Noch immer ist in der Einwirkung der Wärme auf die fossilen Brennstoffe die wichtigste Methode für ihre chemische Aufschließung zu erblicken. Ob das auf die Dauer so bleiben wird, oder ob mildere und schonendere Verfahren zum Teil wenigstens an die Stelle der heroischen pyrogenen Prozesse treten werden, kann hier unerörtert bleiben. Daß bei der Hitzebehandlung eine schier verwirrende Fülle von Reaktionen in der Braun- und Schwarzkohle — um nur diese hier zu nennen — stattfindet, macht diesen Zweig chemischer Forschung so überaus schwierig, verleiht ihm aber auch seinen besonderen Reiz. Die Bildung von Abbaustufen und die mannigfaltigsten Vorgänge der Aufbauprozesse gehen bunt nebeneinander her, und nur mit Mühe ermittelt der Forscher den Ariadnefaden, der ihn aus diesem Labyrinth chemischen Geschehens zur wissenschaftlichen Klarheit führt. Unter solchen Verhältnissen kann es nicht wunder nehmen, daß der mit diesen Fragen beschäftigte Chemiker sich immer wieder von Prozessen angezogen fühlt, die sich viel einfacher und durchsichtiger vollziehen, und die doch an Substanzen verlaufen, welche unter den pyrogenen Trümmern der Kohle eine wichtige Bedeutung besitzen. So hat uns eine Studie der einfachen Phenolnatriumschmelze mancherlei neue Aufschlüsse gebracht, obwohl die dabei verlaufenden Vorgänge schon wiederholt vor uns der Gegenstand chemischer Arbeit gewesen sind. Erst vor kurzem noch haben FRANZ FISCHER und UDO EHRHARDT „Über die thermische Zersetzung der Phenolate" berichtet[1]). Die Mülheimer Arbeiten greifen allerdings weit über das Ziel hinaus, das wir uns enger gesteckt hatten, und behandeln auch die thermische Zersetzung zahlreicher anderer Phenolate, doch wird dem Natriumphenolat ein besonderer Abschnitt gewidmet, der in der Arbeit die Seiten 241—248 füllt. Im Gegensatze zu der Mehrzahl der früheren Forscher haben wir zur Ausschaltung aller unerwünschten Komplikationen darauf gehalten, daß chemisch reines Phenolnatrium ohne einen Überschuß von Alkali zur Anwendung kam, und daß der Prozeß sich immer in sauerstofffreier Atmosphäre — im Wasserstoff- oder Stickstoffstrome — abspielte. Endlich vermieden wir bei der Durchführung der Schmelzen die für das organische Material mörderische Überhitzung durch freie Flamme, arbeiteten vielmehr immer in durch Wärmemessung kontrollierten Bädern. Dadurch erreichten wir von vornherein, daß die früher meist beobachtete Bildung koksähnlicher Substanzen, die auf einen unnötig tiefen Eingriff zurückzuführen war, unterblieb. Wir geben in

---

[1]) Abhandlungen zur Kenntnis der Kohle **4**, 237 ff.

folgendem zunächst eine kurze Schilderung der Arbeitsmethode, die nichts Überraschendes bietet, und lassen darauf die Untersuchung der gasförmigen und flüssigen Destillate folgen, um schließlich zur chemischen Aufklärung der im Alkalischmelzfluß vorhandenen Stoffe zu kommen. Vom Methan anfangend führt uns der Weg hinauf über Benzol und Diphenyl zu den Hauptprodukten, den sauerstoffhaltigen Verbindungen, die teils ätherartige Bindung zeigen, teils freie Phenolhydroxyle aufweisen, schließlich zu so großen Komplexen zusammenwachsen, daß sie nur noch kolloidale Lösungen eingehen, aus denen sie durch chemische Eingriffe leider momentan gefällt werden, so daß sie sich bisher zu unserm Mißvergnügen immer wieder einer eingehenden chemischen Erforschung entzogen. Wenn auch vieles von dem, was wir bei unserer Arbeit beobachtet haben, nur eine Bestätigung früherer Funde anderer Autoren war, so hat das häufig beackerte Land uns doch noch neue Ergebnisse beschert, die das alte Bild abrunden und bereichern.

Experimenteller Teil.

Wir benutzten zu unseren Versuchen entweder Phenolnatrium (Kahlbaum) oder stellten uns dasselbe sorgfältigst aus reinem Phenol und Natriummetall dar. In letzterem Falle wandten wir immer einen kleinen Überschuß von Phenol an und führten — wie erwähnt — alle Operationen bei der Darstellung (Trocknung usw.) im Wasserstoffstrom aus. In der Liste über die Benzolausbeute bezeichnen wir das Kahlbaumsche Salz mit C_6H_5ONa (K), das von uns dargestellte Salz einfach als C_6H_5ONa. Das Kahlbaumsche Salz enthielt bis zu 17,5% Wasser.

Vom Phenolnatrium wurden Mengen, die meist 500 g nicht überschritten, in einem Rundkolben, der mit einem Kühler versehen war, im niedrig schmelzenden Metallbade auf etwa 150—200° erhitzt, bis das meiste Wasser ausgetrieben war. Währenddessen strich ein lebhafter, trockner Wasserstoffstrom durch den Kolben hindurch. Die anfangs mit dem Wasser einen rötlichen Brei bildende Masse wurde schließlich heller und hatte das Aussehen eines kalzinierten Salzes. Diese Trocknung dauerte wenigstens 3—4 Stunden. Jetzt wurde die Temperatur langsam gesteigert. Noch immer entwichen beträchtliche Mengen Wasserdampf, die durch den Kühler verdichtet wurden. Nachdem kein Wasser mehr überging, wurde die Temperatur auf etwa 400° gesteigert. Das Salz begann allmählich zu einer dunkelbraun gefärbten Flüssigkeit zu schmelzen. Eine Gasentwicklung fand dabei nicht statt. Die letzten Spuren Wasser wurden so ausgetrieben. Die Temperatur stieg langsam weiter; allmählich setzte eine schwache Gasentwicklung ein. Erst bei 485'—490° Metallbadtemperatur geriet die ganze Masse unter Aufwerfen großer Gasblasen in lebhaftes Sieden. Der Wasserstoffstrom wurde schwächer eingestellt und die übergehende benzolartige Flüssigkeit in einer gut gekühlten Vorlage aufgefangen. Die aus dieser Vorlage entweichenden Gase oder Nebel hatten den charakteristischen Geruch des Diphenyloxyds. Die Masse wurde jetzt solange bei dieser Temperatur belassen, bis kein Destillat mehr überging. Die flüssige Schmelze nahm immer dickere Konsistenz an, bis sie schließlich anfing stark zu schäumen und zu steigen. Jetzt wurde das Erhitzen unterbrochen. Erhitzte man nach dem Erkalten im Wasserstoffstrome nochmals auf 485—490°, so war keine Änderung zu beobachten. Die Mehrzahl der Schmelzen wurde im H-Strom, andre im N-Strom ausgeführt. Sie verliefen gleichartig. Bei einer Schmelze, die im N-Strom durchgeführt worden war, erhielten wir aus 500 g Phenolnatrium, den N abgerechnet, etwa 20 l Gas. Die Analysenwerte dieses Gasgemisches waren:

I.		II.	
CO_2	0,0%	CO_2	0,0%
Äthylene	0,7%	Äthylene	0,4%
O	1,3%	O	1,5%
CO	0,0%	CO	0,0%
H	91,1%	H	89,2%
CH_4 oder C_2H_6	7,1%	CH_4 oder C_2H_6	8,9%

CO_2 oder CO konnten bei keiner Schmelze nachgewiesen werden, gleichgültig ob im H-, im N- oder im Luftstrom gearbeitet wurde.

Um die Ausbeute an benzolartigem Destillat zu veranschaulichen, dient folgende Tabelle. In einigen Fällen wurde das Destillat birektifiziert und das erhaltene Reinbenzol sorgfältigst identifiziert (als Nitrobenzol usw.).

C_6H_5ONa g	Gasstrom	Destillat g	Reinbenzol g	C_6H_5ONa g	Gasstrom	Destillat g	Reinbenzol g
200,0 (K)	H	8,5		250,0	kein	7,2	} 14,0
500,0 (K)	H	20,0		250,0	H	13,0	
310,0 (K)	H	13,0		500,0 (K)	H	25,0	
250,0	H	21,5	17,0	500,0	H	22,0	
250,0	N	5,5	} 12,0	500,0 (K)	N	21,0	
250,0	N	14,0					

Die Benzolausbeuten schwanken also recht erheblich, ohne daß wir den Grund dafür angeben können. Neben dem Benzol fanden sich reichliche Mengen Diphenyl und wenig Diphenyloxyd. Die erkaltete Schmelze wurde mit so viel Wasser übergossen, daß sie sich vollständig darin löste. (Für je 250 g Ausgangsmaterial genügte zum Lösen 1 l Wasser.) Dabei erwärmte sich die Masse stark. Die dunkelbraune Lösung roch deutlich nach Diphenyloxyd. Notfalls wurde noch auf dem Wasserbade erhitzt; dann hinterblieb beim Filtrieren kaum ein Rückstand auf dem Filter. Nach dem Abkühlen wurde die Lösung mit konzentrierter HCl übersäuert. War sie vor Luftzutritt geschützt worden, so konnte beim Ansäuern nur schwache Kohlensäureentwicklung beobachtet werden. Die saure Lösung trennte sich in zwei Schichten, eine dunkle teerartige Flüssigkeit und eine wasserklare Lösung. Nur manchmal war erstere mehr krümelig, meist aber schmierig und klebrig. Die Separation der beiden Schichten geschah entweder im Scheidetrichter oder durch Abgießen der wasserklaren Salzlösung. Aus letzterer konnte nichts wertvolles Organisches isoliert werden.

Die schwarze teerige Masse wurde nach und nach mit Äther aufgenommen. Zu starkes Schütteln ist dabei zu vermeiden. Es entstehen sonst emulsionsartige Mischungen, die auf keine Art und Weise weiterzuverarbeiten sind. Am günstigsten ist es, wenn man so viel Äther anwendet, daß die Lösung noch einigermaßen durch Faltenfilter filtrierbar ist. Die

Verarbeitung dieser dunklen Ätherlösungen ist aber auch dann noch sehr unerfreulich und äußerst zeitraubend, sind doch in ihnen feste, schwarze Körper fein verteilt, die jedes Filter in kurzer Zeit verstopfen. Besonders schwierig ist die Verarbeitung, wenn die schwarze Schicht größere Mengen Wasser enthält, das vorher nicht entfernt worden war. Wir halfen uns schließlich, indem wir die Lösungen einen Tag absetzen ließen, sie dann von dem Bodenkörper vorsichtig abgossen und sie nun mit nicht zu wenig Talkum schüttelten. Jetzt setzten sie flotter ab und ließen sich leidlich filtrieren. Die Filtrate wurden dephlegmiert. Ist so das Lösungsmittel sowie das unverbrauchte Phenol zuletzt im Vakuum entfernt (durchschnittlich lassen sich aus je 500 g Phenolnatrium rund 100 g freies Phenol zurückgewinnen), dann hinterbleibt ein fast schwarzer, pechähnlicher Körper, der bei schwachem Eintritt von Kohlensäure durch die Kapillare im hohen Vakuum fraktioniert wird. Es entstehen dabei eine Reihe fast farbloser bis grünlichgelber Fraktionen, und es hinterbleibt schließlich ein springhartes Pech. Die Vakuumdestillation wird so weit getrieben, bis sich durch Auftreten von Dämpfen im System die ersten Spuren der Zersetzung bemerkbar machen, dann wird sie abgebrochen. Durch Zertrümmern des Destillationskolbens gewinnt man das Pech, zerkleinert es, und extrahiert es mit Äther oder Benzol aufs neue, wobei die Hauptmenge unlöslich als braunes Pulver, verunreinigt durch nicht unerhebliche Mengen Alkali, zurückbleibt. Die Äther- oder Benzolextrakte werden eingeengt und nun ihrerseits zur Vakuumdestillation unter den gleichen Kautelen gebracht. Um chemisch reine Individuen zu isolieren, ist es nötig, die Balsame zu wiederholten Malen im hohen Vakuum zu destillieren. Freilich sind auch dann noch die einzelnen Fraktionen mehr oder minder stark durch Fremdkörper verunreinigt. Immerhin erzielt man durch das Fraktionieren den großen Vorteil, daß fast in allen Fraktionen sich starke Neigung zur Kristallisation einstellt. Das Ganze erfordert viel Geduld, zumal bei den höchstsiedenden Harzen muß man oft monatelang warten, bis die freiwillige Kristallisation so weit vorgeschritten ist, daß sie ein Aufarbeiten auf Reinkörper ermöglicht. Sobald dieser Zustand eingetreten war, wurde an die Isolierung chemischer Individuen herangetreten. Zunächst mußte das zurückgewonnene Phenol nochmals rektifiziert werden, wobei die Hauptmenge in reiner, schnell in der Vorlage kristallisierender Form zurückerhalten wurde, während ein Rest nicht unerheblich höheren Siedepunkt zeigte. Das machte die Beimengung anderer Verbindungen wahrscheinlich. Durch wiederholtes Ausfrieren des Phenols und Abnutschen in gekühlter Apparatur resultierte aus diesem Destillat schließlich eine nicht mehr kristallisierende ölige Mutterlauge, die zum Herauslösen der letzten Phenolreste wiederholt mit viel Wasser durchgeschüttelt wurde. Beim Stehen fiel endlich ein gelbes Öl aus, das — der Winterkälte ausgesetzt — erstarrte. So ließ es sich durch Aufstreichen auf Ton von einem anhaftenden Öle befreien und kristallinisch gewinnen. Die Kristalle lösten sich leicht in Äther und Benzol, schwieriger in siedendem Ligroin, aus dem sie beim Abkühlen in schöner Form herauskamen. Analyse, Molekulargewichtsbestimmung, Schmelzpunkt und sonstige Eigenschaften ließen erkennen, daß Orthooxydiphenyl OH—C_6H_4—C_6H_5 vorlag, eine Verbindung, die bisher z. B. bei der Zersetzung von Benzoldiazoniumsulfat mit Phenol erhalten worden ist[1]). Mit erheblicher Mühe ließ sich der gleiche Körper auch noch aus den Mutterlaugen der Fraktion isolieren, die bis 160° bei 1 mm Druck übergegangen war. Die Gesamtausbeute an Orthooxydiphenyl ist aber gering. In viel reichlicherer Menge entsteht aus den nächsten Fraktionen das 0—0—2—2′ Dioxydiphenyl vom Schmelzpunkt 109°, das schon von verschiedenen Autoren sowohl aus der Karbazolkalischmelze, aus der Rohfluorenkalischmelze, aus der Diphenyldisulfosäurekalischmelze und aus der Phenolkaliumschmelze gewonnen worden ist. In der Phenolnatriumschmelze ist es bisher noch nicht gefunden worden, was uns überraschte, da wir eine reichliche Ausbeute an dieser wohlcharakterisierten Substanz gewannen. Wir isolierten die Verbindung so, daß wir beispielsweise die Fraktion, welche bei 177—178° und 1 mm destillierte und in der Vorlage fast völlig erstarrte, mit dem gleichen Volum Benzol heiß lösten; beim Abkühlen gesteht die ganze Masse zu einem weißen Kristallbrei, der scharf abgesaugt wurde und dann durch „Decken" mit kaltem Benzol von allen Resten der Mutterlauge befreit wurde. Wir konnten die Angaben der früheren Autoren über den Körper bestätigen[2]). Er fand sich auch noch in den tieferen und höheren Fraktionen der Balsame, aus denen er durch wiederholte Benzolkristallisation gleichfalls mit scharfem Schmelzpunkt zu isolieren war. Wir gewannen von dieser Substanz mehrere hundert Gramm. In den von den Mutterlaugen des o-o-Dioxydiphenyls stammenden Ölen entdeckten wir eine Verbindung, die sich dadurch auszeichnete, daß sie mit Ammoniakwasser geschüttelt eine schöne rote Färbung annahm. Beim Schütteln mit verdünnter Lauge löste sie sich in derselben und färbte diese schmutzig braunrot. Der Luftsauerstoff förderte diese Verfärbungen sehr. Es ist uns bisher noch nicht gelungen, die Konstitution dieser neuen Verbindung, die auch durch ihre höchst eigenartige Eisenchloridreaktion auffällt — in wässeriger Lösung anfangs grün, dann unter starker Trübung olivfarbig — aufzuklären. Da wir aber ähnliche „Ammoniakröter" in den Urteerphenolen gefunden haben, so wird uns der Stoff weiter beschäftigen.

Der nächste bei diesen Arbeiten gewonnene Körper, der aus den Fraktionen von 190—230° und 1 mm erhalten wurde, war in der Literatur noch nicht beschrieben. Auch er wurde aus den betreffenden Destillaten durch wiederholte Kristallisation aus heißem Benzol isoliert und erwies sich durch Analyse und Molekulargewichtsbestimmung gleichfalls als ein Dioxydiphenyl. Während aber der o-Körper in sechsseitigen Tafeln kristallisierte (DIELS und BIEBERGEIL), scheidet sich die neue Substanz in verfilzten Nadeln aus Wasser ab, in dem sie in der Hitze viel löslicher ist als der Körper vom Schmelzpunkt 109°. Mit wässerigem Eisenchlorid färbt sie sich violettblaustichig, in Alkohol zeigt sie olivgrüne Eisenchloridfärbung. Es schmilzt bei 92—93° C. Noch läßt sich nicht fest entscheiden, ob es das o-m-2-3′-Dioxydiphenyl ist, doch spricht die Wahrscheinlichkeit dafür.

---

[1]) C. 1903, I, 705.

[2]) A. **156**, 96. — Chem. Soc. 1882, I, 168. — A. **261**, 332. — B. **34**, 1662; **35**, 302.

Schon beim Aufarbeiten der Fraktionen 190—230° bei 1 mm verbleibt ein kleiner, auch in heißem Benzol schwer löslicher Rückstand, der durch Umkristallisieren aus viel kochendem Benzol in rein weißen Kristallen vom Schmelzpunkt 123,5° abgeschieden wird. In den höheren Vakuumfraktionen findet er sich in reichlicher Menge. Er ist längst bekannt[1]) und stellt das m-m-Dioxydiphenyl dar, das von BARTH[2]) auch α-Körper genannt wurde, weil damals die Konstitution noch nicht feststand, die inzwischen sichergestellt wurde[3]). Dasselbe wurde bisher aus der Phenolkalischmelze und der 3-3-Diphenyldisulfosäure erhalten oder durch direkte Synthese. Bei unserer Phenolnatriumschmelze gewannen wir es gleichfalls reichlich. Endlich entsteht bei derselben auch noch ein isomeres Dioxydiphenyl vom Schmelzpunkt 190°, das BARTH[4]) als β-Körper bezeichnet, und das vermutlich die m-p-3-4′-Verbindung sein wird. Wir erhielten es aus den schwerlöslichen, schmutziggrünen Ausscheidungen, die sich von den Mutterlaugen der vorher erwähnten m-m-Verbindung beim Stehen in der Winterkälte allmählich an der Kolbenwandung abschieden. BARTH hatte es aus der Phenolkalischmelze erhalten. Durch Auskochen mit viel Benzol und wiederholtes Umkristallisieren wurde es so weit gereinigt, daß eine Probe bei 188°, zwei andere scharf bei 190° schmolzen. Auch sonst stimmten alle Eigenschaften des β-Körpers.

So wurden also von den sechs möglichen Isomerien der Dioxydiphenyle vier aus unseren Schmelzedestillaten isoliert.

Die höchstsiedende Fraktion Sdp. bis 300° bei 1 mm hat vollkommen den Charakter von Kolophonium und zeigte keine Neigung zum Kristallisieren. Sie ließ sich leicht zu einem weißgelblichen Mehle zerreiben. Sie löste sich glatt in verdünnter Natronlauge, hatte also gleichfalls Phenolcharakter. Da sie auch in Benzol löslich war, untersuchten wir ihre Molekulargröße und fanden M = 295 und 296. Die Analyse lieferte folgende Werte: C = 80,7%, H = 5,4%. Bei den üblen physikalischen Eigenschaften des Stoffes mußten wir uns zunächst mit diesen mangelhaften Angaben begnügen. Wir halten die Substanz für Dioxytriphenyl oder für ein Gemisch von Isomeren. Über die Lage der Hydroxylgruppen fehlt uns noch jedes Urteil. Sehr eingehend haben wir uns auch mit den braunen und schwarzen Stoffen beschäftigt, die in Äther und Benzol unlöslich, teils mit Azeton (die braunen), teils mit Pyridin (die schwarzen) kolloidale Lösungen bildeten. Über diesen Teil der Arbeit haben wir bereits an anderer Stelle[5]) berichtet.

---

[1]) A. **156**, 98. — B. **11**, 1332; **27**, 2108; **39**, 3343.

[2]) B. **11**, 1332.

[3]) B. **27**, 2108.

[4]) B. **11**, 1336.

[5]) Brennstoffchemie I, Nr. 1, S. 2 u. 3: „Beitrag zur Kenntnis kohleähnlicher Substanzen."

Über Blaubrüchigkeit des Eisens.

Von

Friedrich Körber-Düsseldorf.

Mit 2 Textabbildungen.

Als Blaubrüchigkeit des Eisens wird eine gefährliche Sprödigkeitssteigerung desselben bezeichnet, welche die Folge einer Behandlung bei einer Temperatur ist, bei der die Oberfläche bzw. die Bruchfläche des Materials blaue Anlauffarbe zeigen. Die Blaubrüchigkeit des Eisens kennzeichnet sich dadurch, daß nach einer thermischen oder mechanischen Behandlung des Materials bei 200—300° Festigkeits- und Härtezunahme, Erhöhung der Streckgrenze, dagegen Abnahme der Dehnung und Einschnürung, Biegefähigkeit und Kerbzähigkeit, sowie des Biegewinkels bei der Kerbschlagprobe festzustellen sind.

Es ist bekannt, daß das Eisen im Gebiete der Blauwärme einen Höchstwert der Festigkeit, dem entgegen aber einen Mindestwert der Einschnürung, also der Formänderungsfähigkeit, bei angenähert den gleichen Temperaturen aufweist. Auch die Dehnungen zeigen, allerdings bei etwas tiefer liegenden Temperaturen, eine Abnahme. Der auf Grund dieser Feststellungen mehrfach ausgesprochenen Auffassung, daß dem Eisen in der Blauwärme eine besondere Sprödigkeit zuzuschreiben sei, stehen die Ergebnisse der Untersuchung der Kerbzähigkeit bei höheren Temperaturen entgegen. Es ist nachgewiesen worden, daß die größte Sprödigkeit des Eisens nicht bei der Blauwärme, sondern zwischen 450—500° auftritt, und daß die Kerbzähigkeitswerte bei den Temperaturen der Blauwärme zum Teil sogar höher sind als bei Raumtemperatur. Eine besonders starke Sprödigkeit in der Blauwärmezone selbst liegt also nicht vor und kann demgemäß nicht als Ursache der Blaubrüchigkeit des Eisens angesprochen werden. Vielmehr zeigt das Eisen die gefährliche Spröigkeit, die zum Blaubruch führt, gerade bei Raumtemperatur, sofern nur eine bestimmte Behandlung des Materials im Gebiete der Blauwärme vorhergegangen ist.

Der Verfasser hat in Gemeinschaft mit Herrn A. Dreyer 1920 Versuche durchgeführt[1]), deren Ziel war, festzustellen, welche Behandlungsart des Eisens in der Blauwärme die stärkste Sprödigkeitssteigerung zur Folge hat. Diese Untersuchungsreihe brachte das Ergebnis, daß die Sprödigkeit am stärksten ist, wenn das Eisen einer vorhergehenden mechanischen Formänderung bei 200—300° ausgesetzt worden ist. Sie äußert sich unter anderem in einer sehr starken Verminderung der Dehnung und der Ein-

---

[1]) Ein ausführlicher Bericht über diese Untersuchung wird im 2. Bande der Mitteilungen des K. W.-I. f. Eisenforschung, Verlag Stahleisen m. b. H., Düsseldorf, veröffentlicht.

schnürung des bei diesen Temperaturen gereckten Materials gegenüber gleichstark bei Raumtemperatur oder höherer Temperatur gereckten Proben.

Untersucht worden sind die in Zahlentafel 1 angeführten 3 Flußeisensorten.

Zahlentafel 1.
Chemische Zusammensetzung des Versuchsmaterials.

Mat.	C	Si	Mn	P	S	Cu
B	0,21	0,21	0,57	0,038	0,044	0,02
S	0,20	0,21	0,46	0,045	0,033	0,01
K	0,08	0,02	0,07	0,010	0,002	0,04

B = basisch; S = sauer; K = weiches, reines Flußeisen.

Die Deformation der Proben geschah durch Recken in einer 50-t-Zerreißmaschine um 10% der Meßlänge. Zur Erwärmung der Probestäbe auf die Recktemperaturen (20, 100, 200, 250, 300 und 400°) diente ein Salzbadofen. Nach Abkühlung auf Raumtemperatur wurden die Stäbe zur Feststellung der Fließgrenze, Zugfestigkeit, Bruchdehnung und Einschnürung dem Zerreißversuch unterworfen. Die Ergebnisse, Mittelwerte aus wenigstens 2 Einzelbestimmungen, sind in Zahlentafel 2 zusammengestellt.

Zahlentafel 2.
Ergebnisse der Zerreißversuche der bei verschiedenen Temperaturen gereckten Proben.

Reck-temperatur	Material											
	B				S				K			
	Fließ-grenze kg/mm²	Zug-festig-keit kg/mm²	Bruch-deh-nung %	Ein-schnü-rung %	Fließ-grenze kg/mm²	Zug-festig-keit kg/mm²	Bruch-deh-nung %	Ein-schnü-rung %	Fließ-grenze kg/mm²	Zug-festig-keit kg/mm²	Bruch-deh-nung %	Ein-schnü-rung %
20°	48,7	52,5	11,8	51,6	49,0	52,2	19,0	51,3	32,7	35,2	25,3	76,8
100°	51,1	54,8	10,5	51,1	53,2	54,6	14,6	50,5	33,0	35,9	22,1	76,1
200°	59,7	64,6	4,1	46,2	62,0	63,1	4,6	45,1	36,7	38,4	9,9	75,6
250°	65,9	66,5	4,2	38,4	62,9	64,7	3,9	40,9	39,8	41,0	10,6	74,7
300°	59,6	60,0	11,3	41,3	63,5	64,2	4,7	42,7	39,4	40,5	12,5	72,6
400°	52,5	57,7	11,6	47,4	57,1	60,3	9,3	44,2	32,6	37,2	26,3	74,3

Die Höchstwerte der Fließ- und Bruchgrenze bei 250° Recktemperatur und die entsprechenden Mindestwerte der Dehnung und Einschnürung sind deutlich zu ersehen. Alle drei Materialien zeigen nach Reckung bei 200—300°, also bei Blauwärme, ausgesprochene Sprödigkeit.

Im folgenden soll nun der Weg angegeben werden, auf dem es möglich war, die in Zahlentafel 2 mitgeteilten Werte der Dehnungen und Einschnürungen für die bei den verschiedenen Temperaturen gereckten Materialien zu berechnen.

Dehnung und Einschnürung bei Raumtemperatur gereckten Metalls sind entsprechend der bei der Vorreckung eingetretenen Dehnung und Querschnittsverminderung verringert.

Ist ε die Gesamtdehnung, φ die Gesamteinschnürung des Materials bei Belastung bis zum Bruch, so berechnen sich die Restdehnungen ε_2 und die

Resteinschnürungen φ_2 von Proben, die bei der Vorreckung eine Dehnung um ε_1 und eine Querschnittsverminderung um φ_1 erlitten haben, nach den Formeln

$$\varepsilon_2 = \frac{\varepsilon - \varepsilon_1}{1 + \varepsilon_1} \; ; \qquad \varphi_2 = \frac{\varphi - \varphi_1}{1 - \varphi_1} \; .$$

Vorausgesetzt ist hierbei, daß eine vorübergehende Entlastung des Probestabes beim Zerreißversuch ohne merklichen Einfluß auf die Gesamtverlängerung und Gesamtquerschnittsabnahme ist.

Es erhebt sich nun die Frage, ob auf dem beschriebenen Wege auch eine Berechnung der bei Raumtemperatur gemessenen Werte der Restdehnungen

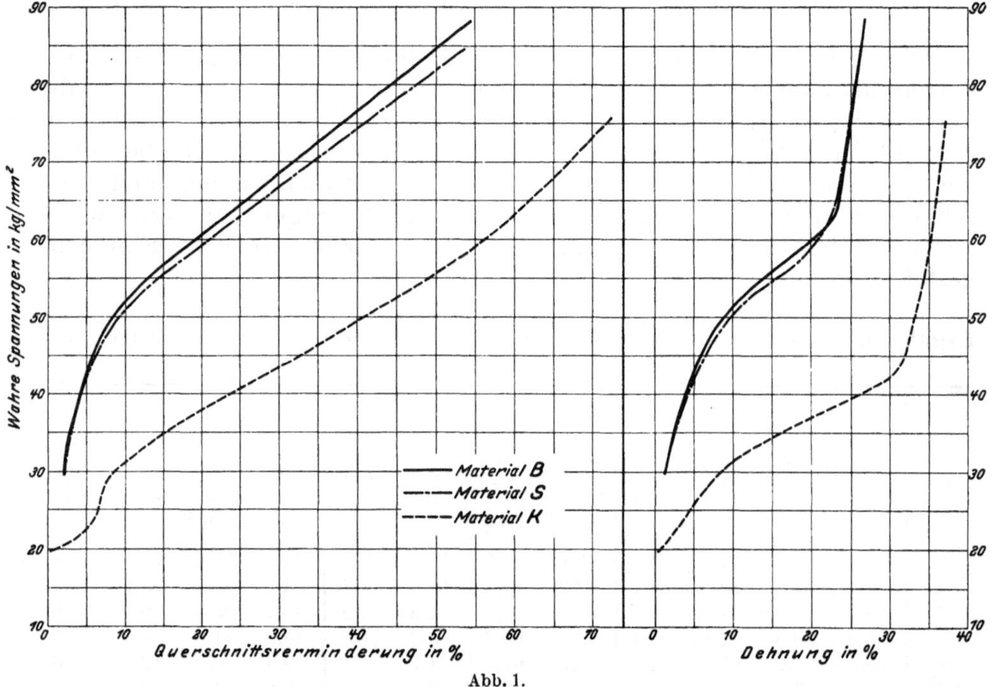

Abb. 1.

und -einschnürungen für solche Proben möglich ist, die bei höherer Temperatur gereckt worden sind.

Aus dem Verlauf der u. a. von BACH[1]) festgelegten Spannungsdehnungskurven von Flußeisen bei höheren Temperaturen ist zu folgern, daß zu einer Reckung um einen bestimmten Betrag im Blauwärmegebiet eine höhere Spannung erforderlich ist als zu gleichstarker Reckung bei höherer und niederer Temperatur. Reckung um einen bestimmten Betrag bedingt bei den verschiedenen Temperaturen verschieden hohe Reckspannungen.

Es wird nun die Behauptung aufgestellt, daß eine bei höherer Temperatur bis zu einer bestimmten wahren Spannung gereckte Probe die gleichen Werte der Dehnung und Einschnürung besitzt wie eine Probe, die bei Raumtemperatur bis zur gleichen wahren Spannung gereckt worden ist.

<hr>

[1]) v. BACH, Elastizität und Festigkeit, 7. Aufl., Berlin **1917**, S. 167—173.

Um dies zu belegen, müssen wir die wahren Reckspannungen kennen, die bei der Reckung der Proben bei den verschiedenen Temperaturen erreicht worden sind. Diese berechnen sich als Quotienten der Reckbelastung und der zugehörigen kleinsten Querschnitte der gereckten Proben. In Zahlentafel 3 sind dieselben für eine Reckung um 10% in Spalte 2 eingetragen.

Um die bei einer Kaltreckung bis zu einer beliebigen Reckspannung auftretenden Dehnungen (ε_1) und Einschnürungen (φ_1) angeben zu können,

Zahlentafel 3.

Vergleich der aus den Reckspannungen berechneten Dehnung und Einschnürung mit den gemessenen Werten.

1	2	3	4	5	6	7	8	9	10
Reck-temperatur	Reck-spannung	Dehnung ε_1	Querschnittsverminderung φ_1	Rest-dehnung ε_2	Rest-einschnürung φ_2	Dehnung	Ein-schnürung	Dehnung (beob.) — Dehnung (ber.)	Einschnürung (beob.) — Einschnürung (ber.)
		aus Abb. 1		berechnet		beobachtet			
	kg/mm²	%	%	%	%	%	%	%	%
Material B									
20°	50,8	10,0	9,0	15,5	55,7	11,8	51,6	−3,7	−4,1
100°	49,9	9,0	8,5	16,5	55,9	10,5	51,1	−6,0	−4,8
200°	59,0	19,1	18,0	6,6	50,8	4,1	46,2	−2,5	−4,6
250°	61,9	22,1	21,8	4,0	48,5	4,2	38,4	+0,2	−10,1
300°	59,6	19,8	18,8	6,0	50,3	11,3	41,3	+5,3	−9,0
400°	58,6	18,6	17,5	7,1	51,1	11,6	47,4	+4,5	−3,7
Material S									
20°	49,9	10,0	9,2	14,5	52,2	19,0	51,3	+4,5	−0,9
100°	49,7	9,7	9,0	14,9	52,3	14,6	50,5	−0,3	−1,8
200°	57,8	19,1	18,3	5,8	46,9	4,6	45,1	−1,2	−1,8
250°	61,7	22,0	23,4	3,3	43,3	3,9	40,9	+0,6	−2,4
300°	59,2	20,3	20,1	4,7	45,7	4,7	42,7	±0,0	−3,0
400°	48,8	9,0	8,4	15,6	52,6	9,3	44,2	−6,3	−8,4
Material K									
20°	31,7	10,6	10,7	24,2	75,7	25,3	76,8	+1,1	+1,1
100°	29,2	7,8	7,9	27,4	76,3	22,1	76,1	−5,3	−0,2
200°	34,5	15,4	14,7	19,1	74,6	9,9	75,6	−9,2	+1,0
250°	36,1	18,3	17,1	16,1	73,8	10,6	74,4	−5,5	+0,9
300°	35,9	17,9	16,8	16,5	73,9	12,5	72,6	−4,0	−1,3
400°	26,8	5,8	7,0	29,9	76,7	26,3	74,3	−3,6	−2,4

muß man zu einer von der gebräuchlichen abweichenden Darstellung des Zerreißdiagramms übergehen, wie dieselbe schon von Möllendorf und Czochralski[1]) angewandt haben. Die wahren Spannungen werden in Abhängigkeit von Dehnung und Querschnittsverminderung graphisch dargestellt. Um dieses Diagramm der wahren Spannungen zu erhalten, wurden Probestäbe der drei Materialien bei Raumtemperatur in der Zerreißmaschine belastet und die zu den jeweiligen Belastungen gehörenden Meßlängen und die Durchmesser an der dünnsten Stelle des Stabes gemessen. In Schaubild 1 sind für die drei untersuchten Materialien die wahren Spannungen einmal in Abhängigkeit von den Querschnittsabnahmen

---

[1]) Zeitschr. d. Ver. deutsch. Ing. 57, 1017 (1913).

an der dünnsten Stabstelle, das andere Mal von den zugehörigen Dehnungen
aufgetragen.

Aus diesen Kurven können die Dehnungen (ε_1) und Querschnitts-
verminderungen (φ_1) abgegriffen werden, die einer Kaltreckung des Materials
bis zu einer bestimmten Spannung entsprechen.

In Spalten 3 und 4 der Zahlentafel 3 sind die Werte der Dehnungen und
Einschnürungen eingetragen worden, die nach den Kurven in Schaubild 1
den in Spalte 2 angegebenen Spannungswerten entsprechen würden.
Spalten 5 und 6 enthalten die hieraus nach den mitgeteilten Formeln be-

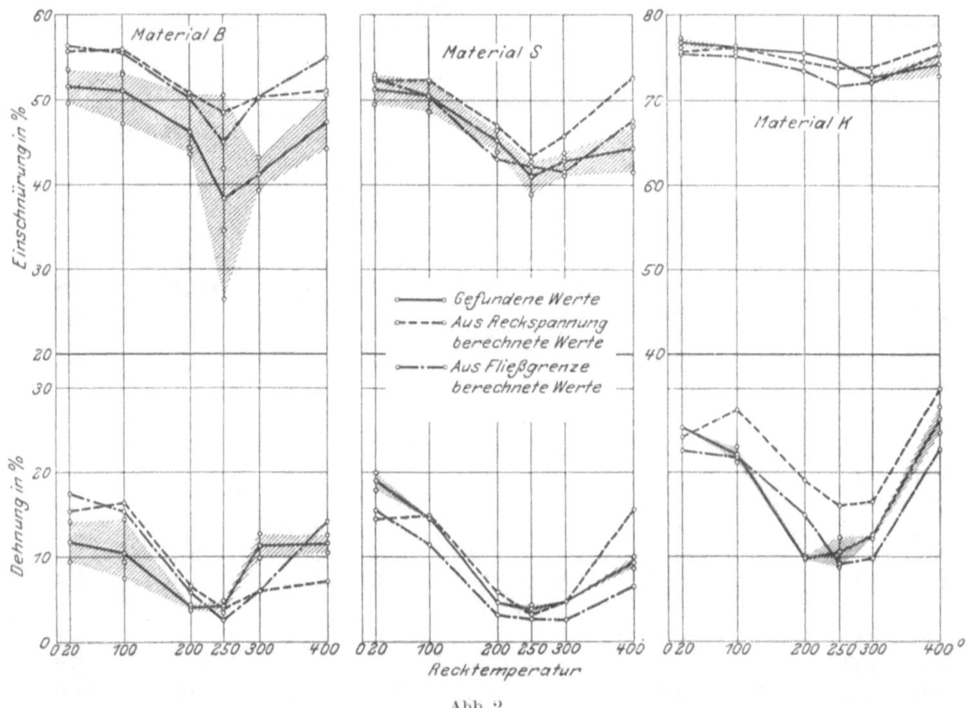

Abb. 2.

rechneten Restdehnungen (ε_2) und -einschnürungen (φ_2). In Spalte 7 und 8
sind die für die warm gereckten Proben beobachteten Dehnungs- und Einschnürungswerte aus Zahlentafel 2 den berechneten Werten gegenübergestellt. Spalten 9 und 10 enthalten die Unterschiede der beobachteten gegen
die berechneten Werte.

Schaubild 2 stellt diese Ergebnisse graphisch dar. In Abhängigkeit von
der Recktemperatur sind eingetragen die Einzelwerte der experimentell
bestimmten Dehnungs- und Einschnürungszahlen, gekennzeichnet durch
kleine Kreise und die daraus berechneten Mittelwerte (siehe Zahlentafel 2).
Letztere sind durch den ausgezogenen Linienzug untereinander verbunden.
Die schraffierte Fläche wird begrenzt von den beiden Linienzügen, die die
größten und kleinsten gemessenen Einzelwerte miteinander verbinden. In
dem Schaubild sind ferner die der Zahlentafel 3 entnommenen Dehnungs-

und Einschnürungswerte eingetragen, die aus den Reckspannungen unter Zuhilfenahme der Kurven der wahren Spannungen ermittelt sind. Dieselben sind untereinander durch die gestrichelten Linienzüge verbunden. Ein Vergleich des gegenseitigen Verlaufes der einander entsprechenden Kurven der berechneten und beobachteten Werte läßt erkennen, daß durchweg der allgemeine Verlauf der berechneten Kurven dem der experimentell bestimmten sehr ähnlich ist. Auch die berechneten Kurven zeigen einen starken Abfall der Formänderungsfähigkeit im Gebiete der Blauwärme mit nachfolgendem Wiederanstieg bei höheren Recktemperaturen. Bei Material S ist die Übereinstimmung des Verlaufes der Kurven durchaus befriedigend, desgleichen für die Einschnürungen bei Material K. Die anderen drei Kurvenpaare zeigen dagegen stark schwankend größere und kleinere Abweichungen der berechneten Kurve von der der beobachteten Werte. Berücksichtigt man aber die Unsicherheit der experimentell bestimmten Punkte, die sich durch die Schwankungen der Einzelbestimmungen kennzeichnet, ferner die Unsicherheit der berechneten Werte — Fehlerquellen liegen hier in der Ermittlung der Reckspannung und in der Festlegung der Kurve der wahren Spannungen, die an einem ganz anderen Stab erfolgen muß, — so erscheinen auch in diesen Fällen die Abweichungen nicht ausreichend, um in ihnen eine Widerlegung der der Berechnung zugrunde liegenden Annahme zu erblicken, daß Dehnung und Einschnürung eines bei höherer Temperatur bis zu einer bestimmten wahren Spannung gereckten Materials mit denen solcher Proben übereinstimmen, die bei Raumtemperatur bis zur gleichen wahren Spannung vorgereckt worden sind.

Bei Reckung bei Raumtemperatur wird die Fließgrenze des Metalls bis zu der bei der Vorreckung angewandten wahren Spannung gehoben. Dies folgt ohne weiteres aus der Tatsache, daß ein über die Fließgrenze beanspruchter Probestab bei Wiederbelastung nach vorübergehender Entlastung erst bei der bei der Vorreckung erreichten Belastung weiter fließt. Hiernach kann erwartet werden, daß auch für die warmgereckten Proben Übereinstimmung zwischen Reckspannung und Fließgrenze des vorgereckten Materials besteht. Die Fließgrenzen (Zahlentafel 2) liegen fast durchweg, besonders bei höheren Recktemperaturen, beträchtlich höher als die Reckspannungen (Zahlentafel 3), wobei es sich vielleicht um eine Anlaßwirkung handelt, da die warmgereckten Stäbe noch geraume Zeit auf höherer Temperatur verbleiben mußten, weil das Ausbauen des Ofens und Herausnehmen der Probestäbe mehrere Minuten erforderte[1]). Es sei bemerkt, daß die Reckspannungen an einer anderen Stabreihe festgelegt worden sind als die Fließgrenzen, worin die z. T. unverständlichen Abweichungen ihre Erklärung finden dürften.

Anstatt der Reckspannungen wurden nun die Werte der Fließgrenze der vorgereckten Proben der Berechnung der Restdehnungen und Resteinschnürungen der warmgereckten Proben zugrunde gelegt.

Zahlentafel 4 entspricht in der Anordnung völlig der Tafel 3, nur ist an Stelle der Reckspannung die beobachtete Fließgrenze des warmgereckten Materials getreten.

---

[1]) Nähere Mitteilungen, diese Anlaßwirkungen betreffend, enthält die ausführliche Arbeit.

Die Werte der Dehnungen und Einschnürungen aus Spalten 5 und 6 der Zahlentafel 4 sind ebenfalls in Schaubild 2 eingetragen und durch strichpunktierte Linienzüge untereinander verbunden worden. Der Anschluß an die beobachteten Kurven ist im allgemeinen etwas besser als bei der Zugrundelegung der Reckspannungswerte; in einzelnen Fällen sind jedoch die Abweichungen erheblich größer geworden.

Zahlentafel 4.

Vergleich der aus den Fließgrenzen berechneten Dehnung und Einschnürung mit den gemessenen Werten.

1	2	3	4	5	6	7	8	9	10
Reck-temperatur	Fließgrenze	Dehnung ε_1	Querschnittsverminderung φ_1	Restdehnung ε_2	Resteinschnürung φ_2	Dehnung	Einschnürung	Dehnung (beob.) — Dehnung (ber.)	Einschnürung (beob.) — Einschnürung (ber.)
		aus Abb. 1		berechnet		beobachtet			
	kg/mm²	%	%	%	%	%	%	%	%
Material B									
20°	48,7	8,1	7,6	17,5	56,4	11,8	51,6	−5,7	−4,8
100°	51,1	10,0	9,4	15,5	55,5	10,5	51,1	−5,0	−4,4
200°	59,7	20,0	19,0	5,8	50,2	4,1	46,2	−1,7	−4,0
250°	65,9	23,7	26,8	2,7	45,0	4,2	38,4	+1,5	−6,6
300°	59,6	19,8	18,8	6,0	50,3	11,3	41,3	+5,3	−9,0
400°	52,5	11,2	10,6	14,2	55,0	11,6	47,4	−2,6	−7,6
Material S									
20°	49,0	9,1	8,5	15,5	52,6	19,0	51,3	+3,5	−1,3
100°	53,2	13,1	12,3	11,4	50,5	14,6	50,5	+3,2	+0,0
200°	62,0	22,1	23,8	3,2	43,0	4,6	45,1	+1,4	+2,1
250°	62,9	22,6	25,0	2,8	42,1	3,9	40,9	+1,1	−1,2
300°	63,5	22,8	25,8	2,6	41,5	4,7	42,7	+2,1	+1,2
400°	57,1	18,4	17,3	6,4	47,5	9,3	44,2	+2,9	−3,3
Material K									
20°	32,7	12,1	12,1	22,6	75,4	25,3	76,8	+2,7	+1,4
100°	33,0	12,7	12,5	21,9	75,2	22,1	76,1	+0,2	+0,9
200°	36,7	19,5	18,0	15,0	73,5	9,9	75,6	−5,1	+2,1
250°	39,8	15,8	23,5	9,2	71,6	10,6	74,7	+1,4	+3,1
300°	39,4	15,1	22,6	9,8	72,0	12,5	72,6	+2,7	+0,6
400°	32,6	12,0	11,9	22,7	75,4	26,3	74,3	+3,6	−1,1

Es sei nochmals hervorgehoben, daß die Bestimmung der Reckspannungen, die Festlegung der Kurven der wahren Spannungen in Abhängigkeit von Dehnung und Querschnittsabnahme und schließlich die Messung der Fließgrenze, Dehnung und Einschnürung nicht an demselben Probestab durchgeführt werden kann. Berücksichtigt man die dadurch bedingten, nicht zu vermeidenden Abweichungen, so darf man aus dem Vorstehenden den Schluß ziehen, daß innerhalb der Fehlergrenzen die Berechnung der Dehnungen und Einschnürungen warmgereckter Probestäbe aus der Kenntnis der Reckspannung bzw. Fließgrenze des gereckten Stabes bei Raumtemperatur durchzuführen ist.

Die Ursache der Sprödigkeit der bei Blauwärme gereckten Proben ist also darin zu erblicken, daß bei 200—300° zur Erzielung einer bestimmten

Reckung eine höhere Spannung in dem Stabe hervorgerufen werden muß als bei gleicher Reckung bei Raumtemperatur. Diese Reckspannung ist bestimmend für die Materialeigenschaften des gereckten Flußeisens. Dem Höchstwert der Reckspannung in der Blauwärme entsprechend, sind Dehnung und Einschnürung nach Reckung zwischen 200 und 300° geringer als nach gleich starker Reckung bei höherer oder tieferer Temperatur. Der bei 200—300° gereckte Stab zeigt die gleichen Eigenschaften wie eine Probe, die bei 20° stärker vorgereckt worden ist. Es kann der Fall eintreten, daß in dem Probestab bei der Warmreckung eine Spannung hervorgerufen wird, die bei Raumtemperatur schon zur Einschnürung des Stabes führen würde; bei der höheren Recktemperatur bleibt dagegen der Stab zylindrisch. Wird ein derart vorgereckter Stab bei Raumtemperatur geprüft, so tritt unmittelbar nach Erreichung der Fließgrenze das örtliche Einschnüren auf, und der Stab geht mit sehr kleiner Dehnung und Einschnürung zu Bruch.

Zusammenfassung.

Unter Zugrundelegung der Annahme, daß eine bei höherer Temperatur bis zu einer bestimmten wahren Spannung gereckte Probe die gleichen Werte der Dehnung und Einschnürung besitzt wie eine Probe, die bei Raumtemperatur bis zur gleichen wahren Reckspannung belastet worden ist, wurde die Berechnung der Bruchdehnung und Einschnürung von warm gereckten Flußeisenproben durchgeführt. Ein Vergleich der berechneten und experimentell bestimmten Werte führte zur Übereinstimmung innerhalb der Fehlergrenzen.

Die große Sprödigkeit blauwarm, d. h. zwischen 200 und 300° gereckten Flußeisens erklärt sich durch die verminderte Formänderungsfähigkeit des Eisens in diesem Temperaturgebiet, die zur Folge hat, daß zu einer bestimmten Formänderung eine höhere Reckspannung erforderlich ist als bei höherer und tieferer Temperatur.

Über Gase im Eisen und Stahl.

Von

Eduard Maurer-Düsseldorf.

Die Frage der Gase in technischen Eisen- und Stahlsorten ist trotz wiederholter Bearbeitung nicht geklärt und es kann weder gesagt werden, welche Gase wirklich darin enthalten sind, noch in welchen Mengen. Als Untersuchungsmethoden wurden angewandt:

1. Die physikalische oder Extraktionsmethode, welche CO_2, CO, H_2 und N_2 ergab.

2. Die mechanische oder Bohrmethode, welche kein CO_2, wenig CO und H_2 neben N_2 lieferte.

3. Die chemische oder Lösungsmethode, welche nach dem bisher vorliegenden Material CO_2 und CO zu bestimmen erlaubte.

Bei Anwendung der Extraktionsmethode werden neben etwa von vornherein vorhandenen C-haltigen Gasen zugleich die Reaktionsprodukte des anwesenden Kohlenstoffs und der im Eisen oder Stahl enthaltenen Oxyde mitbestimmt. Von diesen Reaktionsprodukten ist die Bohrmethode, sowie die chemische Methode unabhängig. Letztere Methode ist gegenüber den beiden anderen neueren Datums. Als wirklich quantitative Versuche können hier erst die von GOUTAL[1]) angesehen werden, welcher die zu untersuchenden Stahlspäne in einer mit Salzsäure schwach angesäuerten Kupferammonkaliumchloridlösung im Stickstoffstrom zur Auflösung brachte und die entweichenden Gase CO und CO_2 nach geeigneter Absorption bestimmte. Diese Gase entsprechen nun weder ihrer Gesamtmenge noch ihrem gegenseitigen Mengenverhältnis nach den bei der Extraktionsmethode erhaltenen; denn während GOUTAL an CO_2 bis an das 6fache des Volums des CO fand, kann die Extraktionsmethode für CO bis an das 10fache des Volums des CO_2 ergeben.

Bis jetzt sind an dem gleichen Material die Extraktions- und Lösungsmethode noch nicht durchgeführt worden, so daß die Mitteilung derartiger Versuche, bei denen der Verfasser in dankenswerter Weise von den Herren HENGEN und HEGER unterstützt wurde, von Interesse sein dürfte. Weiter sollen die Ergebnisse mit verschiedenen in der Literatur vorhandenen Angaben verglichen werden.

1. Versuchsmethoden.

A. Die Extraktionsmethode.

Als Probematerial wurde ein 80 mm-[]-Güßchen von desoxydiertem Thomasflußeisen verwandt, dessen Rand allseitig um 1 cm abgehobelt wurde. Die Probespäne wurden über den übriggebliebenen Querschnitt genommen. Zur Gasextraktion wurde der im Eisenhüttenmännischen Institut Aachen vorhandene Goerenssche Gasextraktionsapparat[2]) benutzt. Das Charakteristikum der Goerensschen Methode besteht darin, daß die Probespäne nach dem Wüstschen Aufschlußverfahren mit Zinn und Antimon gemischt werden, wodurch beim Erhitzen in einem ausgeglühten Magnesiatiegel im luftleeren Raum ein frühzeitiges Schmelzen eintritt, so daß ein völliges Entgasen gegeben ist. Die zu der Apparatur gehörende Sprengelsche Pumpe erwies sich bei diesen Versuchen als wenig betriebssicher, abgesehen von den starken bei ihr auftretenden elektrischen Entladungen.

B. Die Lösungsmethode mittels angesäuerter Kupferammonchloridlösung.

Angewandt wurde eine 40 proz. Kupferammonchloridlösung, welche mit 2% konzentrierter HCl versetzt war. Die Lösung der Probespäne erfolgt, wie oben schon angegeben, im Stickstoffstrome. Der zu den Versuchen benötigte Stickstoff wird einer Bombe entnommen und gereinigt: a) durch rotglühendes Kupfer und Kupferoxydul, b) durch frisch bereitete Natriumthiosulfatlösung, c) durch Pyrogallussäure, d) durch Natronkalk, e) durch konzentrierte Kalilauge, f) durch gesättigtes Barytwasser. Der so gereinigte Stickstoff gelangt dann in den eigentlichen Reaktionsraum in Gestalt eines Erlenmeyer-Kolbens von 750 ccm Inhalt, in welchem sich die angesäuerte Kupfersalzlösung befindet. Als Aufsatz trägt der Erlenmeyer-Kolben einen Kühler; an ihn schließen sich an:

1. Ein mit Barytwasser gefülltes Absorptionskölbchen, in welchem CO_2 als $BaCO_3$ niedergeschlagen wird. Das $BaCO_3$ wird später abfiltriert und in HCl gelöst, als $BaSO_4$ gefällt und ausgewogen. 1 mg $BaSO_4$ entspricht hierbei 0,1889 mg oder 0,096 ccm CO_2. Diese von Goutal und auch im vorliegenden angewandte Art der Bestimmung ist ungenau, da an der Luft abfiltriert werden muß und immer Gefahr vorliegt, daß sich hierbei $BaCO_3$ bildet. Es ist die Titration mittels Oxalsäure[3]) unter Luftabschluß der angewandten Methode vorzuziehen.

2. Eine Waschflasche mit bromhaltiger konzentrierter H_2SO_4, um Wasserdampf und Kohlenwasserstoffe zurückzuhalten.

3. Zwei Waschflaschen mit festem KOH zur Absorption der Bromdämpfe.

4. Ein U-Rohr mit Bimsstein, welcher mit H_2SO_4 getränkt ist, um etwa mitgerissenes KOH zurückzuhalten.

5. Ein U-Rohr mit Glaswolle und Jodsäureanhydrid, welches sich in einem Paraffinbad befindet. Anfangs wurde die von Goutal angegebene Temperatur von 75° eingehalten, später wurde 120—130° benutzt[4]).

Die gegebenenfalls am U-Rohr vorhandenen Hähne dürfen nicht eingefettet werden. Das CO wird durch J_2O_5 in CO_2 umgewandelt. Jod wird frei nach der Gleichung:

$$J_2O_5 + 5\,CO = J_2 + 5\,CO_2 .$$

6. Ein Kölbchen mit Chloroform, welches das freiwerdende Jod aufnimmt. Das Jod wird mit Thiosulfatlösung titriert, welche durch Auflösung von 0,866 g in 1 l ausgekochten, destillierten Wassers erhalten wird. 1 ccm Thiosulfatlösung würde dann theoretisch 0,2 ccm CO oder 0,25 mg CO entsprechen. Der genaue Titer wird mittels Kaliumbichromat (0,1750 g auf 1 l) bei Anwendung von angesäuerter KJ-Lösung und Stärke als Indikator festgestellt. Ist die Lösung sehr verdünnt, wie bei Anwendung von 0,1750 g $K_2Cr_2O_7$ auf 1 l, so braucht die Reaktion längere Zeit, bis alles Jod ausgeschieden ist und mit Thiosulfatlösung titriert werden kann[5]).

Um einen Lösungsversuch auszuführen, läßt man zuvor den Stickstoff $^1/_2$ Stunde bei kochender Kupferammonchloridlösung durchstreichen, um alle etwa gelösten Gase auszutreiben. Barytkölbchen und Chloroformkölbchen werden danach angeschlossen, und es darf keinerlei Trübung bei ersterem und Färbung bei letzterem auftreten. Im Stickstoffstrom wird dann abgekühlt, bis die Kupferammonchloridlösung etwa eine Temperatur von 40° hat, worauf 10 g Substanz in Form von gehobelten Spänen zugesetzt werden. Die Temperatur von 40—60° wird 2 Stunden lang beibehalten, während welcher Zeit man öfters umschüttelt. Nach Ablauf von 2 Stunden wird die Lösung noch $^1/_2$ Stunde zum Kochen erhitzt.

C. Die Lösungsmethode mittels nicht angesäuerter Quecksilberchloridlösung.

Es lag nahe, neben Kupferammonchlorid auch Quecksilberchlorid zu benutzen. Da hierbei ohne HCl-Zusatz gearbeitet wurde, so konnte daran gedacht werden, den etwa im Eisen und Stahl vorhandenen Wasserstoff zu bestimmen. An festem $HgCl_2$ (Mol = 171) wurde 5 mal die Einwage der Eisen- und Stahlspäne genommen. Die Ausführung eines Versuches geschah wie bei der Goutalschen Methode, nur daß die CO_2- und CO-Bestimmungen getrennt ausgeführt wurden unter Weglassung der bromierten H_2SO_4, da Kontrollversuche keine Verschiedenheit ergeben hatten. Die Wasserstoffbestimmung wurde mittels CuO ausgeführt, wobei das Gas phosphorpentoxydtrocken über das glühende CuO strich und das Wasser in einem Phosphorpentoxydröhrchen aufgefangen wurde. Zur Einwage gelangten 25—100 g Späne. Gleichwie bei der CO_2- und CO-Bestimmung wurden öfters Leerversuche ausgeführt.

Es sei hier noch angeführt, daß auch Brom als Lösungsmittel versucht wurde. Die Ausführung ergab jedoch Schwierigkeiten, so daß die Lösungsversuche auf Kupferammonchlorid und Quecksilberchlorid beschränkt blieben.

2. Versuchsergebnisse.

A. Die Extraktionsmethode.

Die bei dem angewandten 80 mm -□-Güßchen aus desoxydiertem Thomasflußeisen mittels des Goerensschen Gasextraktionsapparates erhaltenen Zahlen sind in Zahlentafel 1 zusammengestellt.

Zahlentafel 1.

Ergebnisse der Extraktionsmethode bei Spänen von einem 80 mm -[ ]-Güßchen aus desoxydiertem Thomasflußeisen.

CO_2			CO			H_2			N_2		
Gew.-%	Vol. CO_2 auf 100 g Metall cm³	Vol. CO_2 auf 1cm³ Metall cm³	Gew.-%	Vol. CO auf 100 g Metall cm³	Vol. CO auf 1cm³ Metall cm³	Gew.-%	Vol. H_2 auf 100 g Metall cm³	Vol. H_2 auf 1cm³ Metall cm³	Gew.-%	Vol. N_2 auf 100 g Metall cm³	Vol. N_2 auf 1cm³ Metall cm³
0,024	12,37	0,97	0,048	38,79	3,04	0,0022	25,41	1,99	0,0279	22,40	1,76
0,023	12,12	0,95	0,073	58,92	4,61	0,0027	30,64	2,40	0,0218	17,50	1,37
0,038	19,73	1,55	0,056	45,48	3,57	0,0024	27,09	2,12	0,0129	10,36	0,81
0,035	18,32	1,44	0,051	40,98	3,19	0,0023	26,32	2,06	0,0257	20,65	1,60
0,027	14,00	1,10	0,051	40,98	3,19	0,0024	27,09	2,12	0,0087	7,00	0,55
0,031	16,33	1,28	0,049	39,66	3,12	0,0025	29,00	2,28	0,0153	12,33	0,94
0,039	20,06	1,57	0,047	35,48	2,79	0,0030	34,44	2,71	0,0095	7,68	0,60
0,028	14,33	1,12	0,055	44,66	3,50	0,0020	23,66	1,86	0,0161	13,00	1,02
0,026	13,22	1,07	0,053	43,00	3,37	0,0021	24,66	1,93	0,0120	9,66	0,75
0,030	**15,61**	**1,23**	**0,052**	**43,10**	**3,36**	**0,0024**	**27,60**	**2,16**	**0,0166**	**13,40**	**1,04**

Die Grenzen, innerhalb welcher die Zahlen für die einzelnen Gasbestandteile schwanken, liegen erheblich auseinander. Dies ist durch die geringe zur Analyse kommende Gesamtgasmenge von etwa 3 ccm bei Anwendung von etwa 3 g Spänen veranlaßt. Um eine sichere Analyse auszuführen, müßten etwa 10 ccm Gas vorhanden sein, auch wäre die Verbrennungsmethode der Explosionsmethode zur Bestimmung des CO und H_2 vorzuziehen. Weiter sollte es möglich sein, den nicht verbrannten Sauerstoff zu bestimmen, da hierdurch im vorliegenden Falle, wo CO und H_2 zusammen bestimmt werden, die ganze Analyse ihre Kontrolle erst erhalten würde.

Die vorliegenden Ergebnisse lassen sich mit denen von GOERENS und COLLART[6]) und mit den VON KEILschen, welche von OBERHOFFER und BEUTELL[7]) angegeben wurden, vergleichen. Zahlentafel 2 gibt diese Zusammenstellung wieder.

Zahlentafel 2.

Vergleichszusammenstellung von Ergebnissen der Extraktionsmethode bei Thomasmaterial.

Versuche	Nr.	Probe	CO_2 Gew.-%	CO Gew.-%	H_2 Gew.-%	N_2 Gew.-%
GOERENS u. COLLART	1	Rand von 300 mm-[ ]-Guß	0,0134	0,0550	0,0015	0,0061
	2	Kern von 300 mm-[ ]-Guß	0,0254	0,1310	0,0027	0,0074
v. KEIL	3	Nach dem ersten Guß	0,0166	0,0765	0,0010	0,0072
	4	Nach dem letzten Guß	0,0122	0,0616	0,0009	0,0090
	5	Nach dem ersten Guß	0,0149	0,0524	0,0002	0,0050
	6	Nach dem letzten Guß	0,0076	0,0296	0,0003	0,0046
Eigene	7	80 mm-[ ]-Güßchen	0,030	0,054	0,0024	0,0166

Der von uns im Mittel gefundene Gehalt an CO_2 von 0,030% stimmt mit dem Wert praktisch überein, der als Mittel aus den von GOERENS und COLLART für das Kernmaterial angegebenen Zahlen errechnet wurde; die Werte für CO_2 sind bei den von VON KEIL untersuchten Proben über die Hälfte niedriger und bewegen sich um den von GOERENS und COLLART für

das Randmaterial erhaltenen Mittelwert. Mit dem CO-Gehalt des Rand-
materials stimmen sowohl das von uns gefundene Mittel, wie die von VON
KEIL erhaltenen Werte, mit Ausnahme von Versuch 6, überein, während
für das Kernmaterial bei GOERENS und COLLART der CO-Gehalt erheblich
höher liegt. Auffallend gering ist der Wasserstoffgehalt der beiden VON
KEILschen Proben 5 und 6, die hierdurch an ausgewalztes oder ausge-
schmiedetes Material erinnern, jedoch bleiben auch die beiden andern
Proben 3 und 4 der von ihm untersuchten Charge in ihrem H_2-Gehalt
hinter den von GOERENS und COLLART und von uns gefundenen Mittel-
werten zurück. Die Ergebnisse von GOERENS und COLLART stimmen mit
den unsrigen in bezug auf CO_2, CO und H_2 praktisch überein; nur im N_2
zeigen sich Unterschiede. Das von uns für N_2 gefundene Mittel liegt über
der für Thomasmaterial allgemein angenommenen unteren Grenze von
0,010%; sowohl die Zahlen von GOERENS und COLLART wie die von VON
KEIL bleiben hinter diesem Gehalte zurück.

B. Die chemische Methode.

Die bei den Versuchen mittels angesäuerter Kupferammonchloridlösung und nicht angesäuerter Quecksilberchloridlösung für CO erhaltenen
Ergebnisse sind in Zahlentafel 3 wiedergegeben.

Zahlentafel 3.

CO-Gehalte nach der chemischen Methode bei Spänen von einem 80 mm-[ ]-Güßchen aus
desoxydiertem Thomasflußeisen.

Kupferammonchlorid			Quecksilberchlorid		
Gew.-%	Vol. CO auf 100 g Metall cm³	Vol. CO auf 1 cm³ Metall cm³	Gew.-%	Vol. CO auf 100 g Metall cm³	Vol. CO auf 1 cm³ Metall cm³
0,00107	0,85	0,066	0,00271	2,16	0,169
0,00125	1,00	0,078	0,00254	2,04	0,161
0,00112	0,89	0,069	0,00247	1,95	0,154
0,00105	0,84	0,067	0,00272	2,16	0,169
0,00095	0,76	0,059	0,00259	2,07	0,163
0,00107	0,85	0,066	—	—	—
0,00087	0,69	0,054	—	—	—
0,00100	0,80	0,062	—	—	—
0,00082	0,66	0,051	—	—	—
0,00077	0,61	0,049	—	—	—
0,00099	**0,79**	**0,062**	**0,00261**	**2,07**	**0,163**

Wenn auch die für CO mittels Kupferammonchlorid und Quecksilberchlorid gefundenen Gehalte verschieden sind — eine Möglichkeit der Erklärung dieses Unterschiedes liegt darin, daß die Kupferlösung einen Teil
des CO etwa gebunden zurückhält —, so werden doch die Ergebnisse von
GOUTAL dem Sinne nach bestätigt, daß der durch die chemische Methode
bestimmte CO-Gehalt gegenüber dem bei der Extraktionsmethode gefundenen erheblich kleiner ist. Im vorliegenden Falle beträgt dieses Verhältnis
unter Zugrundelegen des für CO bei Anwendung von Quecksilberchlorid
erhaltenen Mittels 1 : 20.

Dies Verhältnis wird noch ungünstiger, sobald ein geschmiedetes oder gewalztes Material herangezogen wird. So betrug bei Spänen von einer 20 mm-$\emptyset$-Stange mit 1,68% C, 0,12% Si, 0,14% Mn, 0,01% P und 0,010% S, das Verhältnis der CO-Gehalte nach beiden Methoden in Gewichts-%: 0,00105 : 0,052, also 1 : 50.

Die von uns für je 1 ccm Eisen gefundene CO-Menge von 0,163 ccm bzw. für Stahl von 0,065 ccm ist geringer als die von GOUTAL zu 0,3 bzw. zu 0,8 ccm angegebene. Noch stärker werden die Unterschiede der beiderseitigen Ergebnisse für CO_2.

Hierfür gab GOUTAL an:

cm^3 CO_2 je cm^3 Metall

1. bei einem weichen Stahl   1
2. bei einem halbharten Stahl   0,8
3. bei einem harten Stahl   2,5
4. bei einem sehr harten Stahl   3

Wir fanden:

	Gew.-% CO_2	cm^3 CO_2 je 1 cm^3 Metall
1. bei dem gegossenen Thomasflußeisen		
2. bei 20 mm-$\emptyset$-S. M.-Flußeisen mit 0,08% C, 0,02% Si, 0,07% Mn, 0,01 P, 0,002 S	nur Spuren	0
3. bei 20 mm-$\emptyset$-Stahl mit 0,75 C, 0,010 Si, 0,12% Mn, 0,01% P und 0,012% S	0,006 / 0,004	0,196
4. bei 20 mm-$\emptyset$-Stahl mit 1,68% C, 0,10 Si, 0,14% Mn, 0,01% P und 0,010% S	0,037 / 0,035	1,43

Die Abhängigkeit der CO_2-Menge vom C-Gehalt des Materials ist augenfällig. Hält man dazu die schon von GOUTAL gemachte und von uns bestätigte Feststellung, daß sich dies CO_2 erst beim Kochen der Lösung entwickelt, so kann im Eisen und Stahl kein CO_2 vorhanden sein.

Unklar bleibt wohl, wie bei der Lösung die CO_2-Bildung zustande kommt. Versuche ergaben, daß die beiden Metallsalzlösungen ohne Einwirkung auf durchgeleitetes CO sind.

Da nun die geringe, tatsächlich im Stahl vorhandene CO-Menge sich der üblichen gasanalytischen Bestimmung entzieht, so müßte der Kohlenstoff, welcher in den bei der Extraktionsmethode festgestellten C-haltigen Gasen enthalten ist, sich als Verlust in dem entgasten Rückstand ergeben. Bis jetzt sind nur von BOUDOUARD[8]) Versuche in dieser Richtung veröffentlicht worden. Aus 3 von diesen Versuchen ergibt sich in Übereinstimmung mit dem Gesagten, daß nennenswerte C-haltige Gase im Eisen nach dem Auswalzen nicht mehr vorhanden sind (Zahlentafel 4).

Zahlentafel 4.

Versuche von BOUDOUARD. Vergleich der C-Menge im Gas mit dem C-Verlust der Probe.

Probe	C %	Gew. der Probe g	Gesamt-kohle g	Endgehalt an Kohle g	Verlust an Kohle g	Kohle in den Gasen g	Diffe-renz %
0,5 mm Draht . . .	0,047	34,0	0,0160	0,006	0,0100	0,0101	+ 1
1 mm Draht . . .	0,074	40,0	0,0296	0,132	0,0164	0,0146	− 11
1 mm Blech . . .	0,130	82,5	0,1075	0,0767	0,0308	0,0314	÷ 2
Feilspäne von 1 cm [ ]-Stab	0,099	46,0	0,0456	0,0230	0,0226	0,0384	+ 70

Hiermit steht auch das Ergebnis der kürzlich von Rapatz[1]) veröffent-lichten Bohrversuche in Einklang, welche im bearbeiteten Stahl nur Wasserstoff und Stickstoff ergaben. An Wasserstoff fand Rapatz bei gegossenen Blöckchen:

$$\text{im Mittel} \begin{cases} \text{durch Verbrennen} \ldots & 2{,}7 \text{ ccm } H_2 \text{ je 1 ccm Metall,} \\ \text{durch Bohren} \ldots\ldots & 0{,}20 \text{ ccm } H_2 \text{ je 1 ccm Metall,} \end{cases}$$
$$\text{und bei geschmiedeten Proben} \ldots \quad 0{,}14 \text{ ccm } H_2 \text{ je 1 ccm Metall.}$$

Der oben bei der Extraktionsmethode für das gegossene Thomasfluß-eisen im Mittel angegebene H_2-Gehalt von 0,0024 Gew.-% oder von 2,16 ccm je 1 ccm Metall liegt in der Höhe des von Rapatz durch Ver-brennen für seine Blöckchen aus Tiegel- und Elektrostahl festgestellten. Mittels der Quecksilberchloridmethode fanden wir:

	Gew.-%	cm³ H_2 je 1 cm³ Metall
Bei dem gegossenen Thomasflußeisen	0,00098	0,84
Bei dem 20-mm-∅-Stahl mit 1,68% C	0,00032	0,25

Der bei der Quecksilberchloridmethode für das Thomasmaterial ge-fundene H_2-Gehalt liegt mithin erheblich unter dem bei der Extraktions-methode erhaltenen. Für beide Materialien ergibt die chemische Methode einen etwas höheren H_2-Gehalt als dem von Rapatz bei seiner Unter-suchung von Tiegel- und Elektrostahl gefundenen Mittel entsprechen würde, was aber in der Natur der beiden Methoden begründet ist. Die Bohrmethode und die chemische Methode sind qualitativ gleichwertig und beide kommen zu dem Ergebnis, daß im Eisen und Stahl kein CO_2 und nur Spuren von CO vorhanden sind.

Zusammenfassung.

Eine gegossene Probe von Thomasmaterial wurde der Extraktions-methode und der chemischen Methode unterworfen, wobei letztere einmal mittels angesäuerter Kupferammonchloridlösung, das andere Mal mittels nicht angesäuerter Quecksilberchloridlösung ausgeführt wurde. Im ganzen wird bestätigt, daß die Extraktionsmethode mehr CO als CO_2 ergibt, die chemische Methode mehr CO_2 als CO. Bei Anwendung von Quecksilber-chlorid war der CO-Gehalt größer als bei Anwendung von Kupferammon-chlorid. Der in der Arbeit erfolgte Hinweis, daß möglicherweise ein Teil des CO von dem Kupfersalz gebunden wird, müßte noch experimentell nachgeprüft werden.

Was das bei der chemischen Methode durch Kochen der Lösung erst zur Entwicklung kommende CO_2 betrifft, so bleibt vorläufig die Frage nach seiner Bildung offen. Es konnte aber an Hand einer Reihe von C-Stahlen der Nachweis erbracht werden, daß seine Menge mit dem C-Gehalt der Stahle wächst und CO_2 im C-armen Flußeisen nicht vorhanden ist. Es erscheint mithin ausgeschlossen, daß bearbeitetes oder blasenfreies gegossenes Material CO_2-Gas mit sich führt. Da weiter die von der che-mischen Methode gegebene CO-Menge nur gering ist, so können die bei der Extraktionsmethode erhaltenen C-haltigen Gase als praktisch ganz von der Einwirkung des Kohlenstoffs oder des Carbids auf die Oxyde im Stahl herrührend angesehen werden. Der Ende 1910 von GOERENS gemachte und teilweise von ihm schon ausgearbeitete Vorschlag, die Extraktionsmethode zu einer volumetrischen Sauerstoffbestimmungsmethode zu benutzen, wird dadurch auf positiven Boden gestellt, da in den im Stahl von vornherein etwa vorhandenen C-haltigen Gasen eine nennenswerte Fehlerquelle nicht mehr gesehen werden kann.

Literaturnachweis.

[1]) GOUTAL, Rev. de Métall. (Mém.) **7**, 6 (1910).
[2]) Vgl. GOERENS und PAQUET, Ferrum **12**, 57 (1914/15).
[3]) Vgl. WARBURG, Zeitschr. f. physiol. Chemie **61**, 261/64 (1909).
[4]) Vgl. TERRES, Habilitationsschrift T. H. Karlsruhe **1914**, S. 23/25.
[5]) Vgl. ZULKOWSKY, Journ. f. prakt. Chemie **103**, 351 (1868).
[6]) GOERENS und COLLART, Ferrum **13**, 145 (1915/16).
[7]) OBERHOFFER und BEUTELL, Stahl-Eisen **38**, II, 1584 (1919).
[8]) BOUDOUARD, Rev. de Métall (Mém.) **5**, 69/74 (1908).
[9]) RAPATZ, Stahl-Eisen **40**, II, 1240/41 (1920).

Radioaktivität und Atomkonstitution.

Von

Lise Meitner-Berlin-Dahlem.

In den ersten Jahren nach der Entdeckung der radioaktiven Substanzen
zog zwar die Neuartigkeit der Erscheinungen das allgemeine Interesse auf
sich, aber die Radioaktivität blieb zunächst ein Spezialgebiet, dessen Ergebnisse auf die allgemeine Entwicklung der Physik und Chemie keinen
maßgebenden Einfluß nahmen. Das hat sich indes wesentlich geändert,
seitdem einerseits durch die Aufstellung der sog. Verschiebungssätze sämtliche bekannten radioaktiven Substanzen in das periodische System der
Elemente eingereiht und die Existenz isotoper Elemente nachgewiesen
werden konnte, andererseits durch das Rutherford-Bohrsche Atommodell
die Erforschung des Atominneren in einer Weise gefördert worden ist,
wie man es noch vor wenigen Jahren nicht zu hoffen gewagt hätte.

Im folgenden sollen diese allgemeineren Erkenntnisse, zu denen man
durch rein radioaktive Vorgänge geführt wurde, etwas eingehender behandelt werden. Zu deren Verständnis muß zunächst das Wesen der
radioaktiven Prozesse kurz erläutert werden.

Wir nennen ein Element radioaktiv, wenn es die Eigenschaft besitzt,
sich unter Strahlenaussendung spontan in ein anderes, d. h. chemisch
von ihm verschiedenes Element zu verwandeln. Die den radioaktiven
Zerfall begleitende Strahlung besteht entweder aus den doppelt positiv
geladenen α-Teilchen, die mit den Heliumkernen identisch sind, oder aus
β-Teilchen, die schnell bewegte negative Elektronen darstellen. Im ersteren
Fall spricht man von einer a-Strahlung, im letzteren Fall von einer β-Strah-
lung. Der Ausdruck Strahlung ist eigentlich unrichtig, denn in Wirklichkeit sind die α- und β-Strahlen korpuskulare Teilchen und die radioaktive
Umwandlung besteht in dem Zerfall des betreffenden Atoms in ein α-
bzw. β-Teilchen und in das um dieses Teilchen verminderte Restatom,
das neuentstandene Atom. Dieses kann selbst wieder radioaktiv sein,
also unter Abspaltung eines α- oder β-Teilchens in ein drittes Atom zerfallen und so fort. Der Prozeß wird erst ein Ende nehmen, wenn das
gebildete Atom nicht radioaktiv ist. Man erhält auf diese Weise eine
Reihe sich ineinander umwandelnder Atome, das letzte stabile Atom
stellt das Endprodukt der Reihe dar. Wir kennen im ganzen zwei solcher
Reihen, in die sich sämtliche radioaktiven Substanzen in genetischer Abhängigkeit voneinander einreihen lassen, nämlich die Uranreihe und die
Thoriumreihe. Die dritte radioaktive Reihe, die Aktiniumreihe, ist ein
Seitenzweig der Uranreihe. Die Uranreihe nimmt ihren Ausgang vom
Uranatom, das über einige Zwischenstufen das Radiumatom bildet und

aus diesem entsteht über mehrere Umwandlungsstufen hinweg als stabiles Endprodukt das Bleiatom. Die Thoriumreihe beginnt mit dem Thorium und führt schließlich auch zum Endprodukt Blei. Zur Veranschaulichung seien hier die Anfangsglieder der Uran-Radiumreihe angeschrieben. Die beigesetzten Zeichen α und β zeigen an, welche Strahlenart den Zerfall begleitet.

$$U\,I^\alpha\ U\,X_1{}^\beta\ U\,X_2{}^\beta\ U\,II^\alpha\ Jo^\alpha\ Ra^\alpha\ Em^\alpha\ \text{usw.}$$

Die Erkenntnis, daß ein Element oder richtiger ein Atom sich spontan in ein anderes Atom umwandeln könne, war begreiflicherweise von sehr großer Tragweite. Das Atom sollte ja ursprünglich ein einheitliches, nicht weiter teilbares Gebilde darstellen. Zwar hatte man schon früher darauf hingewiesen, daß es sehr schwer verständlich sei, daß ein einheitliches Gebilde, wie etwa das Eisenatom, ein optisches Spektrum von mehr als 4000 Linien besitzen könne; aber der entscheidende Stoß gegen den Begriff des einheitlichen, unteilbaren Atoms wurde doch erst durch die Tatsachen des radioaktiven Zerfalls geführt. Ein genaueres Studium der den radioaktiven Zerfall beherrschenden Gesetzmäßigkeiten führte dann zu weiteren Erkenntnissen. Es ist oben schon erwähnt worden, daß ein α-Strahl nichts anderes darstellt als ein zweifach positiv geladenes Heliumteilchen, ein β-Strahl ein einfach negativ geladenes Elektron, wobei als Einheit der Ladung die Ladung des Wasserstoffions zugrunde gelegt ist. Da das Helium das Atomgewicht 4 hat, muß ein Atom, dessen Umwandlung von einer α-Strahlung begleitet ist, zu einem um 4 Einheiten leichteren Atom führen, während eine unter β-Strahlung vor sich gehende Umwandlung keine merkbare Massenänderung bedingt, da die Masse eines Elektrons rund $^1/_{2000}$ von der Masse des Wasserstoffatoms beträgt. Trotzdem fand man, daß solche massengleiche Elemente, von denen das eine durch β-Strahlenumwandlung aus dem anderen entstand, sich chemisch ganz verschieden verhielten. Andererseits zeigte es sich, daß radioaktive Elemente, die nach ihrer Entstehungsart unbedingt verschiedene Atomgewichte besitzen müssen, sich chemisch absolut identisch erwiesen, so daß sie, einmal vermengt, in keiner Weise voneinander getrennt werden konnten. Das Prinzip, das die Erklärung für diese Erscheinungen brachte und das gleichzeitig erkennen ließ, daß die Reihenfolge der Elemente in den Umwandlungsreihen keine zufällige ist, sondern eng mit ihrer Stellung im periodischen System verknüpft ist, findet seinen Ausdruck in den sog. Verschiebungssätzen.

Diese besagen: Bei einer α-Umwandlung entsteht ein Element, das im periodischen System seinen Platz in derselben Horizontalreihe hat wie sein Mutterelement, aber gegenüber diesem um zwei Gruppen weiter nach links verschoben ist. Eine β-Umwandlung dagegen bedingt eine Verschiebung um eine Gruppe nach rechts.

Die Richtigkeit dieser beiden Sätze konnte ausnahmslos bestätigt werden. Sie ließen auch erkennen, daß das Atomgewicht einer Substanz nicht unbedingt maßgebend für ihren chemischen Charakter sein könne. Denn es ist ja klar, daß eine α-Umwandlung, an die sich zwei hintereinander erfolgende β-Umwandlungen anschließen, zu einem mit dem Ausgangselement chemisch identischen Element führen müssen, obwohl dieses wegen des ausgesendeten α-, also Heliumteilchens, ein um 4 Einheiten kleineres Atomgewicht besitzen muß. Man gelangte so zum Begriff der isotopen Elemente, d. h. solcher Elemente, die bei verschiedenem Atomgewicht doch an denselben Platz des periodischen Systems gehören, also chemisch identisch sind. Damit war mit einem Schlage verständlich, daß gewisse radioaktive Substanzen verschiedenen Atomgewichts, wie Radium und Mesothor oder Radioblei und gewöhnliches Blei, allen Trennungsversuchen widerstanden hatten. Sie sind eben Isotope. Ebenso wird es selbstverständlich, daß zwei Elemente, von denen das eine durch β-Umwandlung aus dem andern hervorgeht, trotz ihres gleichen Atomgewichts sich chemisch ganz verschieden verhalten, denn sie gehören verschiedenen Gruppen des periodischen Systems an.

Die Aufstellung der Verschiebungssätze ermöglichte sofort die Einreihung sämtlicher radioaktiver Elemente in das periodische System. Der chemische Charakter des Urans und Thoriums war ja seit langem bekannt und da man auch die Art der ausgesendeten Strahlung kannte, brauchte man nur die Verschiebungssätze anzuwenden, um die aufeinanderfolgenden Zerfallsprodukte chemisch zu identifizieren. Beispielsweise steht das Uran im periodischen System in der 6. Gruppe der VI. Periode. Es sendet α-Strahlen aus, folglich muß das gebildete UX_1 in die vierte Gruppe derselben Horizontalreihe gehören. An dieser Stelle steht das Thorium; das UX_1 ist also ein Isotop des Thoriums. Es zeigte sich ferner, daß manche radioaktiven Stoffe neue Elemente darstellen, deren Platz im periodischen System noch nicht von einem schon bekannten Element besetzt war. Mit anderen Worten, es wurden gewisse Lücken des periodischen Systems ausgefüllt. So bestätigte sich, daß das Radium das bis dahin fehlende zweiwertige Element der VI. Periode, das höhere Homologe des Bariums sei, die Emanation das entsprechende Edelgas usw.

Aber die Fruchtbarkeit der Verschiebungssätze reichte noch weiter. Sie ließen erkennen, daß die seinerzeit bekannten radioaktiven Substanzen sich nicht lückenlos aneinander schließen konnten, sondern daß noch gewisse Zwischenglieder fehlten, nach denen nunmehr systematisch gesucht werden konnte. Als Beispiel für diese Fälle sei die Muttersubstanz des Aktiniums gewählt.

Die Aktiniumreihe zeigt im wesentlichen ganz dieselbe Aufeinanderfolge von Umwandlungsprodukten wie die Uran- und Thoriumreihe. Ein grundlegender Unterschied besteht aber insofern, als das Aktinium von rund 20 Jahren Halbwertszeit nicht Anfangsglied der Reihe sein kann. Vielmehr muß es, da es trotz seiner kurzen Lebensdauer noch vorhanden ist, ständig aus einem anderen Element, seiner Muttersubstanz, nachgebildet werden, und diese Muttersubstanz muß selbst entweder eine so lange Lebensdauer besitzen, wie etwa das Uran oder Thorium, oder aus einem so langlebigen Element entstehen.

Da alle Uranmineralien und nur Uranmineralien Aktinium in einem zum Uran konstanten aber geringen Verhältnis enthalten, hatte man den Schluß gezogen, daß die Aktiniumreihe eine Seitenreihe der Uranreihe sei, und zwar konnte die Verzweigung in die zwei Reihen nur beim Uran I oder beim Uran II eintreten. Wir wollen nur die letztere Annahme betrachten. Da U II ein α-strahlendes Element der 6. Gruppe ist, kann nach den Verschiebungssätzen nur ein vierwertiges mit dem Thorium isotopes Element aus ihm entstehen; als solches ist einerseits das Ionium, die Muttersubstanz des Radiums bekannt. Außerdem wurde aber noch ein zweites β-strahlendes Thorisotop von viel geringerer Intensität beobachtet, das UY. Das U II zerfällt also zum größten Teil (97%) in Ionium, zu einem geringeren Teil (3%) in UY nach dem Schema

$$\text{UII}^\alpha \ \text{Jo}^\alpha \ \text{Ra} -$$
$$\searrow$$
$$^\alpha \text{UY}$$

Es lag nahe, diese Abzweigungsstelle als die Entstehungsstelle der Aktiniumreihe anzusehen, besonders da die Intensitätsverhältnisse $\dfrac{\text{UY}}{\text{U}}$ und $\dfrac{\text{Ac}}{\text{U}}$ gut übereinstimmen. Gleichwohl blieb die Frage lange offen, wo das Aktinium einzureihen sei, d. h. welches Element seine direkte Muttersubstanz darstelle. Auch hier wiesen wieder die Verschiebungssätze auf den richtigen Weg, der schließlich zur Auffindung der gesuchten Substanz führte.

Das Aktinium ist ein höheres Homologes des Lanthans, gehört also in die dritte Gruppe des periodischen Systems. Nach den Verschiebungssätzen kann es daher nur entweder aus einem zweiwertigen Element durch β-Umwandlung oder aus einem fünfwertigen Element durch α-Umwandlung entstehen. Da es sich zeigte, daß das einzige in Betracht kommende zweiwertige Element, das Radium, nicht die Muttersubstanz des Aktiniums sein könne, blieb nur die Möglichkeit eines fünfwertigen Mutterelementes, das ein höheres Homologes des Tantals sein mußte. Tatsächlich gelang es auch, diese Substanz aufzufinden, die als Protaktinium bezeichnet wurde. Es ist dies ein α-strahlendes Element von etwa 12 000 Jahren Halbwertszeit. Die Auffindung des Protaktiniums ermöglichte einen lückenlosen Aufschluß der Aktiniumreihe an die Uranreihe. Aus dem β-strahlenden UY entsteht das fünfwertige Element Protaktinium. Das oben gegebene Schema lautet also vervollständigt:

$$\text{UI}^\alpha \ \text{UX}_1{}^\beta \ \text{UX}_2{}^\beta \ \text{UII}^\alpha \ \text{Jo}^\alpha \ \text{Ra}^\alpha \ldots$$
$$\searrow$$
$$^\alpha \text{UY}^\beta \ \text{Pa}^\alpha \ \text{Ac}^\beta \ldots$$

Auf die Tatsache, daß ein Element nach zwei verschiedenen Seiten zerfallen kann, soll noch weiter unten zurückgekommen werden.

Wir haben gesehen, daß die Aussendung eines doppelt positiv geladenen Teilchens (α-Strahl) im periodischen System eine Verschiebung um zwei Gruppen nach links, die eines einfach negativ geladenen Teilchens (β-Strahl) eine Verschiebung um eine Gruppe nach rechts bedingt. Das zeigt, daß die dem Atom beim Zerfall entzogene elektrische Ladung eine maßgebende Rolle für die durch die Umwandlung hervorgerufene Änderung der chemischen Natur des Atoms spielt. Nach der heutigen Auffassung von der Konstitution des Atoms ist dies auch ganz selbstverständlich. Das Atom besteht aus dem positiv geladenen Kern, der in räumlich sehr kleinen Dimensionen (10^{-12} cm) die Gesamtmasse des Atoms enthält und um diesen bewegen sich in geschlossenen Bahnen, deren äußerste der Größenordnung nach einen Durchmesser von 10^{-8} cm besitzt, ebenso viele negative Elektronen als der Kern positive Ladungen trägt. Dadurch erscheint das Atom nach außen hin als elektrisch neutrales Gebilde. Die positive Ladung des Kerns bestimmt die Stellenzahl des betreffenden Atoms im periodischen System. Der H-Kern trägt also die positive Ladung 1, He die Ladung 2, usw., Uran die Ladung 92. Jede Änderung der chemischen Natur eines Atoms muß durch eine Veränderung seines Kerns bedingt sein. Es ist nach dieser Vorstellung ohne weiteres klar, daß die α- und β-Strahlen aus dem Kern der Atome stammen müssen und daß beispielsweise ein Element von der Kernladungszahl 92 (Uran) durch α-Strahlung in ein Element der Kernladungszahl 90 (Thorium) übergehen muß usw.

Man kann aber aus den radioaktiven Zerfallsreihen noch etwas weitergehende Schlüsse über die Konstitution der Atomkerne ziehen.

Die Annahme, daß die Elemente höheren Atomgewichts sich aus Wasserstoffatomen aufbauen, ist schon in der bekannten Proutschen Hypothese ausgesprochen worden. Die Stütze, die diese Annahme durch die Abspaltung von H aus N und den Nachweis, daß Abweichungen von der Ganzzahligkeit des Atomgewichtes durch Gemische von Isotopen bedingt sind, erhalten hat, sei hier nur erwähnt. Die radioaktiven Prozesse haben notwendigerweise zu der Folgerung geführt, daß die Kerne der komplizierteren Atome jedenfalls auch Heliumkerne (α-Strahlen) und Elektronen (β-Strahlen) enthalten müssen. Zu der letzteren Annahme wird man auch noch durch die Tatsache geführt, daß mit steigender Ordnungszahl die Abweichung des Atomgewichtes von dem doppelten Betrage der Ordnungszahl immer größer wird. Man muß also annehmen, daß die Kerne der höheratomigen Elemente erstens aus einer Anzahl einfacherer Kerne bestehen, deren Anzahl durch die Kernladungszahl der betreffenden Elemente bestimmt wird; zweitens aus einer Anzahl durch Elektronen neutralisierter Kerne, die daher keinen Einfluß auf die Kernladungszahl haben und nur das raschere Ansteigen des Atomgewichtes mit sich bringen.

Unter gewissen Voraussetzungen kann man die Zahl der einen Elementenkern aufbauenden einfacheren Bestandteile berechnen und derartige Überlegungen sind von verschiedenen Seiten angestellt worden.

Die im folgenden durchgeführte Betrachtung geht von der Voraussetzung aus, daß die Heliumkerne den einzigen massentragenden Bestandteil derjenigen Elementenkerne bilden, deren Atomgewicht der Formel 4 n entspricht. Ist das Atomgewicht durch die Formel $4n+1$, $+2$ oder $+3$ bestimmt, so sind außer den Heliumkernen noch 1, 2 oder 3 H-Kerne vorhanden. Das Atomgewicht A irgendeines Elementes ist dann durch die Formel dargestellt: $A = 4n + p\,(p = 0,\ 1,\ 2,\ 3)$, wenn n die Gesamtzahl der vorhandenen Heliumkerne und p die der Wasserstoffkerne bedeutet.

Besitzt dieses Element ferner die Ordnungszahl z und ist z eine gerade Zahl, so muß der Kern dieses Elementes sich zusammensetzen aus $\frac{z}{2}$ Heliumkernen mit freier Ladung, aus $\left(n - \frac{z}{2}\right)$ Heliumkernen, deren Ladung durch $2\left(n - \frac{z}{2}\right)$ Elektronen neutralisiert ist und aus p H-Kernen, deren Ladung durch p Elektronen kompensiert ist. Ist z ungerade, so kann entweder ein nicht neutralisierter H-Kern oder ein überschüssiges Elektron vorhanden sein. Die Tatsache, daß man in der Radioaktivität zwar eine Elektronenstrahlung (β-Strahlen), aber bisher niemals eine H-Strahlung beobachtet hat, spricht mehr für die letztere Wahrscheinlichkeit.

Da die vorstehenden Überlegungen in Zusammenhang mit den radioaktiven Zerfallsreihen gebracht werden sollen, seien zur Vereinfachung folgende Bezeichnungen eingeführt. Die Heliumkerne mit freier Ladung seien mit dem Buchstaben α bezeichnet, die durch zwei Elektronen neutralisierten mit dem Buchstaben α', die betreffenden Elektronen mit dem Buchstaben β. Also beispielsweise würde für den Kern des Urans, das das Atomgewicht $238 = 4 \times 59 + 2$ und die Ordnungszahl $z = 92$ besitzt, folgen, daß die Zahl N der ihn aufbauenden Bestandteile durch die Formel gegeben ist:

$$N = 46\,\alpha + 13(\alpha' + 2\,\beta) + 2\,\dot{H} + 2\,e\,,$$

wobei $\dot{H}$ den Wasserstoffkern und e das denselben neutralisierende Elektron bedeuten. Wird nun ein nach der vorstehenden Formel aufgebauter Kern instabil, so kann der Zerfall entweder unter Aussendung von α-Strahlen oder von β-Strahlen vor sich gehen. Die α-Strahlung kann dabei wieder entweder aus dem elektrisch geladenen oder aus dem elektrisch neutralen Kernteil stammen, d. h. nach der obigen Bezeichnung ein α- oder α'-Teilchen sein.

Beginnt beispielsweise der Zerfall unter Aussendung eines α-Teilchens, so wird voraussichtlich eine Reihe von α-Umwandlungen aufeinanderfolgen können, bevor der elektrisch neutrale Teil des Kernes instabil wird, denn die Zahl der $(\alpha' + 2\,\beta)$ Teilchen ist viel kleiner als die Zahl der α-Teilchen, d. h. es wird ein ganzer Komplex von α-Teilchen durch ein neutralisiertes α'-Teilchen im Gleichgewicht gehalten.

Wird aber der neutrale Kernanteil, also ein $\alpha' + 2\,\beta$-Teilchen instabil, so sind zwei Fälle zu unterscheiden:

1. Es wird zuerst das α'-Teilchen emittiert. Dann werden die $2\,\beta$-Teilchen überschüssig und der einen α-Umwandlung werden mit großer Wahrscheinlichkeit $2\,\beta$-Umwandlungen folgen.

2. Es wird zuerst eines der beiden β-Teilchen emittiert. Dann wird dadurch sowohl das zugehörige α'-Teilchen, als das zweite β-Teilchen instabil; es besteht also die Wahrscheinlichkeit für eine α-Umwandlung ebensowohl wie für eine β-Umwandlung. Ein Teil der Atome wird demnach unter Aussendung des α'-Teilchens in neue Atome übergehen, die ihrerseits unter Aussendung des zweiten β-Teilchens zerfallen, der übrige Teil der Atome wird erst eine β-Umwandlung und dann eine α-Umwand-

lung erleiden. Es wird also eine Verzweigung der Reihe in zwei Zweige eintreten, die sich nach zwei Umwandlungsstufen wieder vereinigen. Natürlich können je nach der speziellen Konstitution des betreffenden Atomkernes die Wahrscheinlichkeiten für das Auftreten der beiden Zweige verschieden groß sein, so daß ein größerer Teil der Atome sich über den einen Zweig umwandelt als über den anderen, oder überhaupt nur der eine Zweig zur Ausbildung kommt.

Schließlich kann noch gleichzeitig der elektrisch geladene und der elektrisch neutrale Kernanteil instabil werden, so daß sowohl eine gewisse Wahrscheinlichkeit für die Emission eines α-Teilchens als auch für die Emission eines α'-Teilchens oder β-Teilchens besteht. Auch in diesem Fall wird eine Verzweigung der Reihe eintreten, die beiden Zweige werden sich aber nicht notwendig nach zwei Umwandlungsstufen wieder schließen, sondern es können zwei selbständige Reihen zur Ausbildung gelangen.

Fassen wir die nach dem Vorstehenden zu erwartenden Umwandlungsschemata zusammen, so ergeben sich folgende möglichen Fälle:

1. Eine Reihe aufeinanderfolgender α-Umwandlungen: α—α—α— …

2. Eine α-Umwandlung, der 2 β-Umwandlungen folgen: α'—β—β.

3. Eine β-Umwandlung, die zu einer Verzweigung führt, wobei nach 2 Umwandlungsstufen die Zweige sich wieder schließen:

$$\beta - \begin{array}{c} \nearrow \alpha' \quad \searrow \beta \\[-2pt] \diamond \\[-2pt] \searrow \beta \quad \nearrow \alpha' \end{array} \, .$$

4. Eine Verzweigung der Form $\displaystyle\mathop{<}^{\alpha}_{\alpha'}$ oder $\displaystyle\mathop{<}^{\alpha}_{\beta}$, die zur Spaltung in zwei selbständige Reihen führt.

Im folgenden sind die drei radioaktiven Reihen angeschrieben, wobei die α-Strahlung, die aus dem elektrisch neutralen Teil stammen soll, mit α' bezeichnet ist.

$$UI^{\alpha'}\ UX_1^{\beta}\ UX_2^{\beta}\ UII^{\alpha}\ Jo^{\alpha}\ Ra^{\alpha}\ Em^{\alpha}\ RaA^{\alpha}\ RaB^{\beta}\ RaC \begin{smallmatrix} \beta \nearrow\ RaC'\ \searrow \alpha' \\ \\ \alpha' \searrow\ RaC'''\ \nearrow \beta \end{smallmatrix} RaD^{\beta}\ RaE^{\beta}\ RaF^{\alpha'}\ Pb$$

$$UY^{\beta}\ Pa^{\alpha}\ Ac^{\beta}\ RaAc^{\alpha}\ AcX^{\alpha}\ Em^{\alpha}\ AcA^{\alpha}\ AcB^{\beta}\ AcC \begin{smallmatrix} \beta \nearrow\ AcC'\ \searrow \alpha' \\ \\ \alpha' \searrow\ AcC''\ \nearrow \beta \end{smallmatrix} Pb$$

$$Tn^{\alpha'}\ M\ Th_1^{\beta}\ MsTh_2^{\beta}\ RaTh^{\alpha}\ ThX^{\alpha}\ Em^{\alpha}\ ThA^{\alpha}\ ThB^{\beta}\ ThC \begin{smallmatrix} \beta \nearrow\ ThC'\ \searrow \alpha' \\ \\ \alpha' \searrow\ TnC''\ \nearrow \beta \end{smallmatrix} Pb\, .$$

(Von UII führt ein α'-Zweig zur Actiniumreihe UY …)

Man sieht, daß die Umwandlungen der Uran- und der Thoriumreihe genau den angegebenen Zerfallsformen entsprechen. Der Zerfall wird eingeleitet durch ein Instabilwerden des neutralen Teiles entsprechend dem Schema α'—β—β; dadurch wird der elektrisch freie Kernanteil instabil, es treten eine Reihe aufeinanderfolgender α-Umwandlungen ein, die wieder die Stabilität des neutralen Teiles stören. Der Zerfall beginnt in diesem aber nun mit einer β-Strahlung und leitet daher eine Verzweigung ein nach dem Schema

$$\beta - \begin{array}{c} \nearrow \alpha' \quad \searrow \beta \\[-2pt] \diamond \\[-2pt] \searrow \beta \quad \nearrow \alpha' \end{array} \, .$$

Dabei sind die beiden Zweige in den beiden Reihen verschieden stark ausgebildet. In der Uran-Radiumreihe unterliegen 99,97% der Atome dem Zerfall β—β—α', während nur 0,03% sich über den andern Zweig umwandeln. In der Thoriumreihe sind die Umwandlungen über die beiden Zweige von der gleichen Größenordnung, nämlich 65% und 35%.

Die Aktiniumreihe folgt vom Aktinium abwärts den gleichen Umwandlungsgesetzen, die Verzweigung tritt an der entsprechenden Stelle ein, nur ist hier hauptsächlich der Zweig β—α'—β ausgebildet.

Die Aktiniumreihe entsteht, wie schon erwähnt, durch Abzweigung aus der Uranreihe, und zwar ist als Abzweigungsstelle U II angenommen. Wie man sieht, tritt die Verzweigung nach dem Schema $\genfrac{}{}{0pt}{}{\alpha}{\alpha'}{\Big\langle}$ ein und führt tatsächlich zur Ausbildung zweier selbständiger Reihen. Aber die dem UY folgenden Produkte entsprechen nicht ganz den dargelegten Zerfallsmöglichkeiten, denn dem β-strahlenden UY folgt zunächst das α-strahlende Protaktinium, und erst dieses führt wieder zu dem β-Strahler Aktinium. Würde dagegen die Abzweigung beim U I eintreten, so würde die Entstehung des UY nicht durch eine α'-Umwandlung, sondern durch eine α-Umwandlung bedingt sein und der weitere Verlauf dem Schema β—α'—β entsprechen, was mit dem oben dargelegten wieder in Übereinstimmung wäre, indem eben von den beiden Zweigen β—α'—β und β—β—α' nur der erstere zur Ausbildung käme. Eine Entscheidung zwischen beiden Möglichkeiten wird sich treffen lassen, sobald eine Atomgewichtsbestimmung des Protaktiniums durchgeführt werden kann.

Es würde zu weit führen, alle sich aus den dargelegten Kernformeln ergebenden Folgerungen zu ziehen. Nur wenige seien kurz erwähnt. Beispielsweise wird es ohne weiteres verständlich, daß von zwei Isotopen, wie etwa UX_1 und Ionium oder Mesothor 1 und Radium das eine β-Strahlen und das andere α-Strahlen emittiert; denn UX_1 und Mesothor 1 enthalten je zwei überschüssige Elektronen, während dies bei Ionium und Radium nicht der Fall ist. Man wird auch von vornherein erwarten, daß diese Elektronen verhältnismäßig leicht abgegeben werden können und daß daher den β-Strahlen keine sehr lange Lebensdauer zukommt. Tatsächlich ist Aktinium mit seiner Halbwertszeit von rund 20 Jahren das β-strahlende Element längster Lebensdauer. Vielleicht hängt hiermit auch die größere Seltenheit der Elemente ungerader Ordnungszahl zusammen.

Die radioaktiven Erscheinungen haben, obwohl sie nur einer ganz kleinen Gruppe von Körpern eigen sind und ursprünglich nur mit verfeinerten Meßmethoden nachweisbar waren, zu wichtigen Erkenntnissen allgemeiner Bedeutung geführt. Man kann auch für die Zukunft von ihnen noch mancherlei Aufklärung über die Kernstruktur der Atome erwarten.

Über den Zusammenhang der Gärungserscheinungen in der Natur.

Von

Carl Neuberg-Berlin-Dahlem.

Im allgemeinen Sprachgebrauche bedeuten die Worte „Gärung" und „Ferment" Erscheinungen und Triebkräfte, die im Dasein der Völker tiefgreifende Veränderungen vorbereiten. Diese Bezeichnungen gehen auf uralte Beobachtungen bestimmter Naturvorgänge zurück, bei denen unter heftigem Aufwallen (fervere) bedeutende Stoffumwälzungen eingeleitet werden. Die Vorbilder der „fermentatio" sind die verschiedenen Gärungen, denen die Zuckerarten unterliegen.

Die einfache Wahrnehmung hat gelehrt, daß der Pflanze die durch Assimilation bereiteten Kohlenhydrate als wesentliches Material zugleich für den Aufbau der wichtigsten Leibessubstanzen wie als Quelle energetischer Leistungen dienen. Für das Reich der Mikroorganismen zeigen die Rezepte zur Zusammensetzung der Nährböden, daß die Mehrzahl der Kleinlebewesen in irgendeiner Form Kohlenhydrate benötigt, und seit mehr als einem halben Jahrhundert weiß man, daß auch im Organismus des Menschen und der Tiere der Zucker überwiegenden Anteil an der Entfaltung der Muskelkraft nimmt. So erkennen wir die Wandlung der Kohlenhydrate als einen der bedeutungsvollsten Vorgänge im Haushalte der Natur und die Frage nach dem Modus ihrer Umsetzung und Verwendung als ein Zentralproblem der Biochemie.

Die Stoffwechselforschungen, insbesondere die respiratorischen Messungen, weisen aus, daß schließlich der Zucker vollkommen zu seinen Oxydationsendprodukten, zu Kohlensäure und Wasser, verbrennt. Zahlreiche Erfahrungen bei bestimmten Organismen, nicht zuletzt auch beim Menschen, tun dar, daß dieser Verbrauch so wenig wie die rein chemische Oxydation unmittelbar vom Ausgangsstoff zum Endgliede führt, sondern daß Zwischenstufen durchlaufen werden. Z. B. finden wir, um zwei Extreme zu nennen, daß ein zuckerkrankes Individuum die Fähigkeit zu gänzlicher Verwertung der Glukose verloren haben kann, aber noch imstande ist, Abkömmlinge dieses Zuckers, Glukuronsäure sowie Milchsäure, zu erzeugen; wir stellen andererseits fest, daß die Hefe selbst bei lebhafter Luftzufuhr nur rund aus der Hälfte des ihr dargebotenen Kohlenhydrats Kohlensäure hervorbringt, die andere aber in Gestalt des Alkohols übrigläßt. Bei dieser Sachlage ist begreiflicherweise der Wunsch der Chemiker und Physiologen seit langer Zeit darauf gerichtet, Einblicke in jenen scheinbar so vielgestaltigen Mechanismus des Zuckerabbaus zu tun.

Einige Hauptergebnisse, die meine Mitarbeiter und ich in zehnjähriger Beschäftigung mit diesen Fragen erzielen konnten, seien im folgenden kurz auseinandergesetzt.

Es ist selbstverständlich, daß man zunächst zum Studium dieser

Vorgänge zweckmäßig einen Prozeß wählt, der schon von Natur aus nicht zu Ende geht, sondern gewissermaßen auf halbem Wege stehenbleibt. Ein solcher liegt bei der alkoholischen Gärung vor, deren quantitative Verhältnisse seit den Untersuchungen Gay-Lussacs aufgedeckt sind. Der Genannte entwickelte, im wesentlichen richtig, vor 100 Jahren die noch heute gültige Gärungsgleichung:

$$\overset{\text{OH} \quad \text{H} \quad \text{OH} \quad \text{OH}}{\underset{\text{H} \quad \text{OH} \quad \text{H} \quad \text{H}}{COH - C - C - C - C - CH_2OH}} = 2\,CO_2 + 2\,CH_2OH \cdot CH_3 .$$

Aber sie sagt nichts über die dabei ablaufenden Vorgänge aus; völlig ratlos steht man den Endausdrücken gegenüber. Denn in der uns wohlvertrauten Konstitutionsformel des Traubenzuckers ist weder der Rest des Weingeistes noch der Kohlensäure präformiert, und wir ahnen, daß gewaltige intermolekulare Umgestaltungen sich abspielen müssen, bis eine derartige Auflösung der zur Hexose vereinigten Kohlenstoffkette vollzogen ist. Zahlreiche einander verdrängende Theorien haben Erklärungen zu bieten versucht. An Grundsätzlichem aber war kaum mehr ermittelt, als die Gay-Lussacsche Gärungsgleichung vom Jahre 1815 wiedergibt. Nicht durch Überlegungen, sondern von der Auffindung neuer Tatsachen war ein Fortschritt zu erwarten. Alle Produkte nämlich, die als etwaige Zwischenglieder des Zuckerabbaus in Betracht gezogen waren, haben der aufs Experiment gestützten Kritik nicht standgehalten, indem keines von Hefe angegriffen oder regelrecht zu Alkohol und Kohlensäure umgewandelt wird.

Eine neuartige und weiterführende Beobachtung haben im Jahre 1910 C. Neuberg und H. Wastenson gemacht, indem sie fanden, daß die Brenztraubensäure außerordentlich leicht und glatt von Hefe vergoren wird. Ein eingehendes Studium dieser Erscheinung brachte die vollständige chemische und biologische Aufklärung des Vorgangs. Die Brenztraubensäure, die gegen gewöhnliche Einflüsse so unempfindlich ist, daß sie Wärmegraden bis über 165° widersteht und erst durch Behandlung mit Schwefelsäure bei 150° zersetzt wird, erfährt schon bei Zimmertemperatur eine schnelle Zerlegung durch Hefe, bei der Azetaldehyd und Kohlendioxyd entstehen: $CH_3 \cdot CO \cdot COOH = CH_3 \cdot COH + CO_2$.

Es zeigte sich weiter, daß der Prozeß ein rein enzymatischer ist, indem sich das Brenztraubensäure spaltende Agens von der Hefenzelle abtrennen und als Katalysator kennzeichnen ließ. Diesem Enzym gaben wir wegen seiner augenfälligsten Wirkung, der Loslösung von Kohlensäure, den Namen Carboxylase (Neuberg und Karczag, 1911). Am bedeutungsvollsten aber war der Umstand, daß diese Carboxylase stets die als Ferment der alkoholischen Gärung geltende Zymase begleitet, nicht nur in den Hefen, sondern auch in anderen Lebewesen mit zymatischen Eigenschaften. Demgemäß zerlegen viele Organismen sowie Zellzubereitungen, die Zuckerarten angreifen, auch Brenztraubensäure, und es besteht der Satz zu Recht: Keine Zymase ohne Carboxylase. Wohl aber ist das umgekehrte Verhalten nachweisbar und verständlich. Man kann durch Vergiftung oder Erhitzung die „Gesamtzymase" so schädigen, daß sie auf Zucker nicht mehr einwirkt, aber noch Brenztraubensäure erfaßt. Der einfacher gebauten Carbonsäure entspricht gewissermaßen ein unempfindlicheres und weniger kompliziertes Ferment. Durch Dialyse oder Ultrafiltration verliert die Zymase einen Koferment genannten Bestandteil und damit die Fähigkeit zur Zuckerzersetzung. Die Carboxylase ist weniger komplex, sie bedarf keines Koenzyms. Ja es haben sich sogar interessante Beziehungen zwischen der Brenztraubensäure und dem sich abnutzenden Koferment ergeben, indem letzteres zum Teil mit der Brenztraubensäure und ihren Homologen bzw. deren Zerfallsprodukten identisch sein oder ähnlichen reduzierbaren[1]) Stoffen nahe stehen dürfte (NEUBERG und SCHWENK 1915, HARDEN 1917).

Zum Verständnis dieses Zusammenhanges muß man sich folgendes vergegenwärtigen: Genau so wie Zymase nicht streng spezifisch auf Traubenzucker eingestellt ist, sondern Mannose, Fruktose, Galaktose und Mannononose ebenfalls umsetzt, so wirkt auch die Carboxylase auf die Verwandten der Brenztraubensäure, und in einschlägigen Arbeiten haben NEUBERG und Mitarbeiter dargetan, daß die α-Ketosäuren der aliphatischen und aromatischen Reihe, die ja als substituierte Brenztraubensäuren aufzufassen sind, auf ganz gleiche Weise durch die Carboxylase zerlegt werden, d. h. unter Kohlensäureabspaltung den nächst niedrigeren Aldehyd ergeben. Nun sind aber alle diese α-Ketosäuren nach NEUBAUERS Darlegung nichts anderes als die ersten Abbauprodukte der α-Aminosäuren, der Eiweißgrundsteine. Genau wie die Dissimilation des Zuckers über die Brenztraubensäure führt, läuft die der Proteine über jene α-Ketosäuren. In ihnen treffen sich die beiden großen, am Stoffwechsel der Organismen in überwiegendem Maße beteiligten Körperklassen. Während des Gäraktes findet in der Hefe selbstverständlich auch ein Eiweißumsatz statt, und dem Studium des Einflusses, den die carboxylatische Zerlegung der Brenztraubensäure und ihrer Homologen auf die Kohlenhydratvergärung ausübt, verdanken wir die Entdeckung, daß alle die genannten Ketosäuren mächtige Stimulatoren der alkoholischen Zuckerspaltung sind. Da ersichtlicherweise die α-Ketosäuren gegen gärende Hefe nicht beständig sein können, sondern in CO_2 und Aldehyde zerfallen, so mußte es möglich sein, dieselben aktivierenden Effekte auch durch die den verschiedenen Ketosäuren entsprechenden Aldehyde zu erzielen. Das ist nach den Untersuchungen von C. NEUBERG und M. EHRLICH-SANDBERG wirklich allgemein der Fall. In diesem Verhalten kann man eine Erklärung für die bis dahin verwunderliche Tatsache finden, daß sich das Koferment in Hefepreßsäften erschöpft[1]), nicht dagegen in frischen Hefen. Die α-Ketosäuren entstehen nämlich durch einen oxydativen Eiweißabbau, der nur in lebenden Hefezellen, nicht aber in Hefesäften stattfindet. In letzteren spielen sich zwar proteolytische Vorgänge ab, jedoch keine solchen Aminosäurenveränderungen, die α-Ketosäuren und weiterhin deren Umwandlungsprodukte liefern. Diese scheinen nun zusammen mit anorganischem Material, wie Kaliumphosphat, zum Koferment in Beziehung zu stehen.

Die Temperaturgrenzen sowie die relativen Mengenverhältnisse, in denen Zymase und Carboxylase tätig sind, decken sich ziemlich. Kaum kann man sich vorstellen, daß die Natur überall dort, wo sie Zymase erzeugt, etwa zufälligerweise auch Carboxylase hervorbringen sollte. Da ferner Brenztraubensäure bei mannigfachen biologischen Leistungen den Zucker vollwertig zu ersetzen vermag, so gelangt man zu der Anschauung, daß wie die Carboxylase ein Partialferment der Zymase ist, so die Brenztraubensäurespaltung einen Teilvorgang des gesamten alkoholischen Gärungsprozesses darstellt. In der Tat ist der Zerfall

---

[1]) Der Verbrauch dürfte bei karbonylhaltigen Körpern durch Hydrierung erfolgen. Dem Anscheine nach beruht die Wirksamkeit auf der Rolle als H-Acceptoren, indem der beim Übergang auf die Brenztraubensäurestufe verfügbar werdende Wasserstoff aufgenommen und damit die alternierende Oxydation und Reduktion am Zuckermolekül (s. S. 167) erleichtert wird. Unsere Untersuchungen über die phytochemischen Reduktionen lehren, daß die als Stimulatoren sich bewährenden Substanzen — außer Aldehyden sind es Ketone, Diketone, Chinone, Thioaldehyde, Disulfide, Stickstoff-Sauerstoffverbindungen und reduzierbare Mineralstoffe — von arbeitender Hefe hydriert werden.

bei der Brenztraubensäuregärung, der zu Azetaldehyd und Kohlendioxyd führt, den Umsetzungen bei der gewöhnlichen alkoholischen Gärung ungemein nahe verwandt. Der Azetaldehyd ist mit dem Weingeist durch zahlreiche Reaktionen verbunden, und die ebenso leichte wie rasche Entstehung der Kohlensäure beim gewöhnlichen Gärakt läßt eigentlich keinen Zweifel daran, daß ihre unmittelbare Vorstufe eine Carbonsäure sein muß.

Diese Gesichtspunkte sowie bestimmte rein chemische Erfahrungen nebst Beobachtungen über die biologische Bedeutung eines Brenztraubensäureabkömmlings, ihres zugehörigen Aldehyds (des Methylglyoxals), führten 1913 zur Aufstellung einer neuen Gärungstheorie, deren Hauptzüge[1]) im folgenden Paradigma wiedergegegeben sind:

$$\alpha) \quad C_6H_{12}O_6 - 2\,H_2O \qquad\qquad = 2\,CH_3 \cdot CO \cdot COH \;(\text{Methylglyoxal}),$$

$$\beta) \quad \begin{array}{l} CH_2:C(OH)\cdot COH + H_2O \\[4pt] CH_2:C(OH)\cdot COH \end{array} \;\;{\overset{H_2}{\underset{O}{+\;|}}}\;= \begin{array}{l} CH_2OH\cdot CHOH\cdot CH_2OH \;(\text{Glyzerin}) \\[4pt] \overset{+}{} \\[-4pt] CH_2:C(\overset{+}{O}H)\cdot COOH \;(\text{Brenztraubensäure}).\end{array}$$

$$\gamma) \quad CH_3 \cdot CO \cdot COOH \qquad\qquad = CO_2 + CH_3 \cdot COH \;(\text{Acetaldehyd}),$$

$$\delta) \quad \begin{array}{l} CH_3 \cdot CO \cdot COH \quad O \\[4pt] CH_3 \cdot COH \;{\overset{H_2}{+\;|}} \end{array} = \begin{array}{l} CH_3 \cdot CO \cdot COOH \;(\text{Brenztraubensäure}) \\[4pt] \overset{+}{} \\[-4pt] CH_3 \cdot CH_2OH \;(\text{Alkohol}).\end{array}$$

Die Grundlage besteht in der Annahme, daß nach Abspaltung zweier Moleküle Wasser als reaktionsfähige Verbindung mit 3 Kohlenstoffatomen aus dem Hexosemolekül Methylglyoxal hervorgeht. Alle weiteren Veränderungen kommen dann auf eine mehrfache Dismutation (Cannizzarosche Umlagerung) heraus. Bei der ersten werden Brenztraubensäure und durch irgendeine Addition von Wasser Glyzerin geschaffen. Nachdem dann die Brenztraubensäure durch Carboxylase in Kohlendioxyd und Azetaldehyd zerlegt ist, findet nunmehr die Dismutation zwischen zwei verschiedenen Aldehyden, dem Azetaldehyd und dem Methylglyoxal, statt. Dabei werden Äthylalkohol und Brenztraubensäure erzeugt. Letztere wird durch die Carboxylase stets von neuem in Kohlendioxyd und Azetaldehyd zersetzt. Immer entsteht und ständig zerfällt die Brenztraubensäure. Nachdem auch ein Ferment (NEUBERG, DAKIN, 1913) aufgefunden ist, das Methylglyoxal in Milchsäure umwandelt, also eine „innere Dismutation" des Brenztraubenaldehyds bedingt, so läßt sich das Auftreten der Hauptprodukte und Nebenerzeugnisse der alkoholischen Gärung mit diesem Umriß erklären. Wichtige Teile desselben sind experimentell verifiziert, Hypothese ist die Bildung und Vergärung des Methylglyoxals. Die Annahme der gemischten Dismutation zweier Aldehyde (Gleichung δ) ist durch eine Ausführung dieser Umsetzung in der aliphatischen Reihe (NORD) gestützt worden.

Eine gewisse Berechtigung, eine Form des Methylglyoxals als Zwischenglied zu betrachten, verleihen chemische Erfahrungen. So wußte man, daß Zucker bei energischer Behandlung mit heißer Lauge Methylglyoxal liefern kann. Später zeigte NEUBERG mit ÖRTEL und REWALD (1913 und 1914), daß auch viele milde basische Salze den gleichen Übergang be-

---

[1]) Die etwaige, ihrem Wesen nach jedenfalls ungeklärte Anteilnahme von Phosphorsäure ist außer Betracht geblieben, ebenso wie die Möglichkeit anderer Formulierungen der abwechselnden Oxydations- und Reduktionsleistungen.

wirken. Diese Beobachtungen sind der Ausgangspunkt für das wichtig gewordene Studium der Zuckervergärung in alkalischer Umgebung gewesen. Zwar hat sich die Hoffnung, das Methylglyoxal als die erste Stufe auf der Kaskade der Zuckerzerfallsprodukte bei der alkalischen Gärung zu fassen, bisher nicht erfüllt. Dafür stellen sich andere außerordentlich bedeutsame Veränderungen des Gärverlaufs ein. NEUBERG und FÄRBER haben zuerst im Jahre 1916 darüber berichtet und erkannt, daß man zwei Gruppen von Alkalisatoren auseinanderhalten muß, solche wie Soda, Bikarbonat oder Phosphat, also einfache alkalische Verbindungen einerseits, und die gleichfalls basisch reagierenden schwefligsauren Salze andererseits. In bezug auf die bei der Gärung in Betracht kommenden Substrate unterscheiden sich jene beiden Körperklassen grundsätzlich dadurch, daß allein die zweite, die der Sulfite, eine spezifische Affinität zu Karbonylgruppen aufweist. Überraschend war, daß im Gegensatz zur freien schwefligen Säure und ihren sauren Salzen, deren starke Giftigkeit für Hefen seit langem feststeht, die sekundären Sulfite die Gärung nur unwesentlich beeinträchtigen. Sie verläuft zumeist etwas verzögert, aber der Zucker wird vollkommen umgesetzt. Die genaue Analyse des Gärgutes ergab nun eine erhebliche Verringerung an Alkohol und Kohlensäure, die in der Norm zu rund je 50% vom Gewichte des Zuckers gebildet werden. Dafür findet man beträchtliche Quantitäten Azetaldehyd und Glyzerin (NEUBERG und FÄRBER sowie REINFURTH 1916, 1918). Der Azetaldehyd ist im Gärgut nicht in freier Form zugegen; das schwefligsaure Salz vereinigt sich mit ihm, sobald er entsteht, zur Sulfit-Verbindung und häuft ihn in dieser Gestalt an. Es war eine nicht allzu schwierige präparative Aufgabe, aus den Maischen den Azetaldehyd-Sulfit-Komplex in festem Zustande abzuscheiden sowie analytisch zu ermitteln, daß Azetaldehyd in der bedeutenden Ausbeute von mehr als 70% der möglichen Menge erhalten wird.

Ein Blick auf das vorerwähnte Gärungsschema lehrt, daß durch diesen Nachweis größter Mengen Azetaldehyds die aufgestellte und für sich durch die Vergärung von Brenztraubensäure längst realisierte Gleichung γ, welche das intermediäre Auftreten des Azetaldehyds fordert, jetzt auch mit Zucker als Ausgangsmaterial verwirklicht worden ist. Ersichtlicherweise ist nun der Azetaldehyd im Vergleich mit dem normalen Gärungserzeugnis Äthylalkohol ein Oxydationsprodukt, und wenn man den Azetaldehyd fesselt, so muß entweder der Wasserstoff, der für gewöhnlich gemäß obigem Schema (δ) schließlich der Hydrierung des Aldehyds zum Weingeist dient, als solcher auftreten, d. h. mit dem Gärungsgase entweichen, oder eine andere äquivalente Reduktion bewirken. Die letzte Möglichkeit trifft zu: es wird ein Zuckeranteil, und zwar ein Halbmolekül, zum Glyzerin hydriert.

Man hat sich klar zu machen, was beim Gärverlauf in Gegenwart von schwefligsaurem Salz geschieht. Dieses besitzt als Karbonylreagenz auch zu dem angewandten Zucker Verwandtschaft; aber die Verbindung ist außerordentlich locker und in Gegenwart von viel Wasser praktisch vollkommen hydrolytisch in ihre Bestandteile zerfallen. Diesem glücklichen Umstande verdankt man, daß überhaupt dieses „Abfangverfahren" möglich ist, und ein Grund hierfür ist vermutlich auch darin zu suchen, daß der Zucker nur zum Teil in der Karbonylform und in überwiegendem Umfange nach einer Äthylenoxydstruktur reagiert. Die jeweils freie Zuckermenge unterliegt der Gärung. Da aber das mit starker Affinität zu einem Zwischenprodukt ausgestattete Fixationsmittel Sulfit zugegen ist, so kann die Umsetzung nicht den üblichen Verlauf nehmen, und es sammelt sich immer mehr von jener, mit schwefligsaurem Salz eine feste Vereinigung eingehenden Substanz an. Diese ist der Azetaldehyd.

War unsere Deutung richtig, so mußte mit absoluter Präzision die diesem Oxydationsprodukt entsprechende Menge eines Reduktionsgebildes sich gleichzeitig anreichern. Das ist durchaus der Fall. Verfolgt man die Gärung, indem man in beliebigen Intervallen Glyzerin und Aldehyd bestimmt, so findet man eine vollständige Korrelation. In jedem Momente der Gärungführung, vom Beginn bis zum Schluß, sind Azetaldehyd und Glyzerin im molekularen Verhältnis anwesend. Abstrahiert man davon, daß der Aldehyd zunächst als Aldehyd-sulfit zugegen ist, so nimmt der Ausdruck für diesen Zuckerzerfall folgende Formel an:

$$C_6H_{12}O_6 = CH_3 \cdot CHO + CO_2 + C_3H_8O_3 .$$

Wir haben ihn im Gegensatz zur alten Gay-Lussacschen **Normalgleichung** (1815) als die **zweite Vergärungsform** bezeichnet (NEUBERG und REINFURTH, 1918). Da nun der Azetaldehydsulfitkomplex nicht ganz beständig ist, sondern einer teilweisen Dissoziation unterliegt, so kommt es, daß die zweite Vergärungsform sich nicht zu 100% herbeiführen läßt, sondern nur in einem Ausmaße, das von der dosis tolerata des abfangbereiten Sulfits und den Gleichgewichtsverhältnissen abhängt.

Es erhebt sich weiter die Frage, ob diese Bildung von Aldehyd mit der Forderung im Einklange steht, daß seine Vorstufe die Brenztraubensäure ist. Man kann das Problem auch so formulieren: Warum wird nicht Brenztraubensäure abgefangen? Wir haben experimentell bewiesen, daß die Schwefligsäureverbindungen der Brenztraubensäure erstaunlicherweise mit größter Leichtigkeit zu CO_2 und Aldehyd-sulfit vergoren werden. Somit ist gezeigt, daß Brenztraubensäure und Azetaldehyd als Zwischenprodukte der Gärung gelten können, und Theorie wie Erfahrung besagen, daß pro fixiertem Molekül Azetaldehyd, der ja nichts anderes als decarboxylierte Brenztraubensäure ist, 1 Mol. Glyzerin und 1 Mol. Kohlendioxyd auftreten.

Anders nun ist im Effekt und auch im Prinzip die Wirkungsweise der übrigen schwach alkalisch reagierenden Salze. Vergärt man beispielsweise in Gegenwart von Natriumbikarbonat oder Kaliumphosphat, so findet man, wenn aller Zucker verschwunden ist, wiederum ein Defizit an Alkohol und CO_2. Die Fahndung auf fremde Produkte hat dabei zu einem weiteren neuen Ergebnis geführt. Zwar offenbart sich auch hier Azetaldehyd, wenigstens zu Beginn der Gärung, in verstärkten Mengen, zum Schluß aber sind nur noch Spuren davon nachweisbar. Wir hatten aufzuklären, was aus dem Aldehyd wird, um so mehr, als auch in diesen Fällen das Glyzerin-quantum beträchtlich ist. Im Jahre 1914 hatten NEUBERG und KERB und bald darnach KOSTYTSCHEW darauf hingewiesen, daß die Hefe eine Disproportionierung des Azetaldehyds veranlassen kann, wobei er in äquimolekulare

Mengen Essigsäure und Äthylalkohol übergeht. Das Ferment, das diese Cannizzarierung bewirkt, die Aldehydmutase, hat nun das Optimum der Wirkung gerade bei schwach basischer Reaktion, und so kommt es, daß bei der Vergärung in Gegenwart mäßig alkalischer Substanzen statt des Azetaldehyds seine Dismutationsprodukte Weingeist und Essig erscheinen. Wieder ist es der Eingriff an der Aldehydgruppe, mit dem der abgeänderte Gärungsverlauf einhergeht. Dieser entspricht der zweiten Vergärungsform, nur daß der Aldehyd durch kein Bindemittel erhalten bleibt, sondern dismutiert wird. Demgemäß findet bei der einfachen alkalischen Vergärung folgende Reaktion statt:

$$2\,C_6H_{12}O_6 + H_2O = CH_3 \cdot COOH + C_2H_5 \cdot OH + 2\,C_3H_8O_3 + 2\,CO_2\,.$$

Traf die Theorie zu, so mußten in diesem Falle Essigsäure und Glyzerin in einer bestimmten Proportion stehen, und zwar im Verhältnis von 1 Mol. Essigsäure zu 2 Mol. Glyzerin. In der Tat waltet diese Beziehung, wie vollständige Bilanzversuche dargetan haben, mit Genauigkeit während der gesamten Gärung ob. Diese Spaltung des Zuckers durch Hefe nennen wir die **dritte Vergärungsform** (NEUBERG und HIRSCH, 1919).

Nachdem NEUBERG und URSUM gezeigt haben, daß durch sehr viele Chemikalien die verschiedenen Vergärungsformen ausgelöst werden, bleibt zu erwägen, ob sie nicht auch in der Natur nebeneinander ablaufen. Auf einem Ausspruche des Aristoteles fußend: $\dot{\eta}$ $\tau\acute{\epsilon}\chi\nu\eta$ $\tau\dot{\eta}\nu$ $\varphi\acute{\upsilon}\sigma\iota\nu$ $\mu\iota\mu\epsilon\tilde{\iota}\tau\alpha\iota$, hat WERNER VON SIEMENS einmal ausgeführt, daß es schwer ist, einen Vorgang zu ersinnen, der nicht in gewissem Sinne in der Natur vorgebildet ist. Ein Gehalt der Brunnenwässer an alkalisch reagierenden Salzen kann Veranlassung zur dritten Vergärungsform geben. Tatsächlich entsteht bei der alkoholischen Zuckerspaltung immer eine kleine Menge Essigsäure, und man darf in ihrer Bildung das Bestreben der Hefe erblicken, die für möglichste Unveränderlichkeit ihres Stoffwechsels nun einmal erforderliche Azidität zu schaffen. Ist das Milieu zu alkalisch, so erzeugt die Hefe auf Kosten des Zuckers Säure, und zwar Essigsäure, bis sie eine ihr zusagende Umgebung sich bereitet hat. Erst wenn die Alkalimengen so groß werden, daß das Säureproduktionsvermögen der Hefe sie nicht überwinden kann, kommt es zu einer ausgesprochenen Verwirklichung der dritten Vergärungsform. Aber auch die zweite Vergärungsart spielt sich in der Natur ab. Es ist bekannt, daß bei jeder gewöhnlichen Gärung kleine Mengen (rund 2,5%) Glyzerin auftreten, Azetaldehyd oder Essigsäure aber nicht in entsprechender Menge auffindbar sind. Dies beruht nun darauf, daß der Azetaldehyd bzw. seine Vorstufe Brenztraubensäure während der Gärung einem vielseitigen Schicksal unterliegen; sowohl zu Synthesen als zum Erhaltungsumsatz dienen beide Körper. Es ist ja auch anzunehmen, daß bei der Nutzung der Kohlenhydrate als Baumaterial dieselben Bruchstücke herangezogen werden, die beim physiologischen Zuckerzerfall entstehen. Wenn die zymatische Spaltung abläuft, so wird bei der vollkommenen Korrelation der Oxydations- und Reduktionsvorgänge die Brenztraubensäure stets zerlegt und der Azetaldehyd zu Weingeist reduziert, solange nicht irgend ein Verbrauch an den beiden reaktionsfähigen Carbonylverbindungen erfolgt. Ihr internes Verschwinden stellt eine „physiologische Abfangung" dar. Bei ihr wird genau wie bei der künstlichen Festlegung des Aldehyds Wasserstoff verfügbar und zur Glyzerinbildung verwendet, die somit ein sichtbarer Ausdruck für den intermediären Verzehr von Azetaldehyd und Brenztraubensäure darstellt.

Nachdem der Gedanke der Abfangverfahren einmal Wurzel geschlagen hatte, wurde auch eine Reihe anderer, auf dem gleichen Prinzip aufgebauter Methoden ersonnen. Zunächst gelang es NEUBERG und REINFURTH mit Hilfe des Dimedons (Dimethylhydroresorzins) den Azetaldehyd durch Kondensation mit dem zugefügten Reagens zu fixieren:

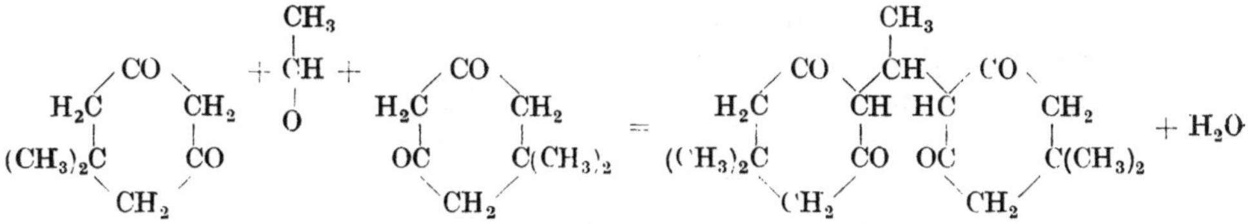

$$
\begin{array}{c}
CH_3 \\
| \\
H_2C\!\!\diagup\!\!{}^{CO}\!\!\diagdown\!\!CH_2 \quad + \;\; CH \;\; + \quad H_2C\!\!\diagup\!\!{}^{CO}\!\!\diagdown\!\!CH_2 \\
| \qquad\qquad | \qquad\quad\; | \qquad\qquad | \qquad\quad | \\
(CH_3)_2C \;\;\;\; CO \qquad O \qquad OC \;\;\;\; C(CH_3)_2 \\
\diagdown\!\!CH_2\!\!\diagup \qquad\qquad\qquad\quad \diagdown\!\!CH_2\!\!\diagup
\end{array}
$$

$$
= \;\; H_2C\!\!\diagup\!\!{}^{CO}\!\!\diagdown\!\!CH \cdot HC\!\!\diagup\!\!{}^{CO}\!\!\diagdown\!\!CH_2 \;\; + \; H_2O
$$

So wurde auf eine völlig abweichende Art das gleiche Ergebnis erzielt und damit die Brauchbarkeit und Vertrauenswürdigkeit der zugrunde liegenden Anschauungen abermals dargetan. Jüngst hat M. v. GRAB auch die Brenztraubensäure selbst durch eine biochemische Verwirklichung der Döbnerschen Synthese fassen können. Es entsteht bei geeigneter Versuchsanordnung α-Methyl-β-naphtho-cinchoninsäure:

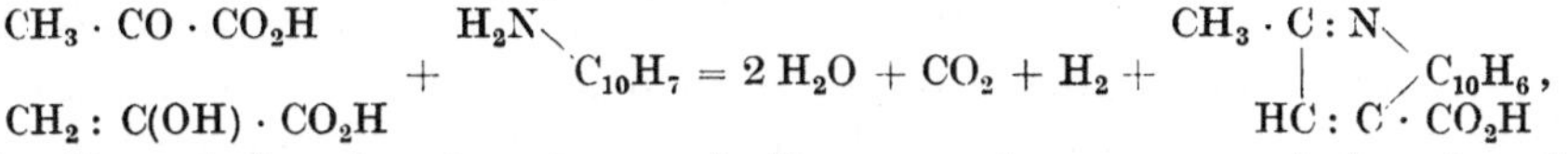

$$
\begin{array}{l}
CH_3 \cdot CO \cdot CO_2H \\
 \\
CH_2 : C(OH) \cdot CO_2H
\end{array}
\;\; + \;\;
\begin{array}{l}
H_2N\diagdown \\
C_{10}H_7 \\

\end{array}
= 2\,H_2O + CO_2 + H_2 +
\begin{array}{l}
CH_3 \cdot C : N\diagdown \\
| \qquad\quad C_{10}H_6 , \\
HC : C \cdot CO_2H
\end{array}
$$

in der die zwischendurch auftretende Brenztraubensäure enthalten ist; durch ihren Nachweis ist zusammen mit der zuvor geschilderten Glyzerinbildung die Gleichung β (vgl. S. 165) erfüllt.

Die zentrale Stellung, die der Azetaldehyd und die Brenztraubensäure einnehmen, hat sich nun auch durch Anwendung des Abfangverfahrens auf die Vergärungen durch verschiedene Bakterien und Sproßpilze enthüllt. NEUBERG und NORD sowie WOLFF nebst COHEN zeigten, daß bei der Vergärung des Zuckers und ihm nahestehender Substanzen, wie Mannit und Glyzerin, durch gewöhnliche und pathogene Mikroorganismen (z. B. durch das ubiquitäre Bakterium coli, durch die Erzeuger der Ruhr, durch den stets im Magen-Darmkanal vorhandenen Bacillus lactis aerogenes sowie durch die Erreger des im vergangenen Kriege so gefürchteten Gasbrandes, ferner bei den Zuckerspaltungen durch Aspergillus, Kahm, Monilia, Mucoraceen und Oidium) Aldehyd mit Hilfe des Abfangverfahrens zutage gefördert wird. Normalerweise gehen bei den Bakteriengärungen nach Art der dritten Vergärungsform aus dem Azetaldehyd durch Dismutation Weingeist und Essigsäure hervor, während der Wasserstoff, der in diesem Falle keinen Acceptor findet, elementar entweicht: Wasserstoffgärung. Ihr wichtigster Fall liegt in der Buttersäuregärung vor, und neuerdings haben NEUBERG und ARINSTEIN gefunden, daß auch dabei Brenztraubensäure sowie Azetaldehyd in ähnlicher Weise Durchgangsglieder darstellen. An ersterer spielt sich eine Aldolkondensation ab, und das entstandene

Produkt geht unter Decarboxylierung durch eine Saccharinumlagerung in Buttersäure über. Die zusammengezogene Idealgleichung ist

$$C_6H_{12}O_6 = 2\,CO_2 + 2\,H_2 + C_4H_8O_2 ;$$

sie drückt eine **vierte Art der Vergärung** aus. Der Wasserstoff trifft dabei auf keine ihn aufnehmende organische Verbindung. Beachtet man nun, daß die Erreger der Butylgärung im Erdboden sowie auch unter geeigneten Kulturbedingungen die Fähigkeit besitzen, den atmosphärischen Stickstoff zu binden, so darf man vielleicht die Vorstellung hegen, daß gerade der Weg über die Oxydationsstufe (Brenztraubensäure-Acetaldehyd) den Organismen den Wasserstoff liefert, der im atomaren Entstehungszustande, d. h. unter besonderen Bedingungen von Konzentration, Temperatur und Druck, eine „Haber-Synthese" vollbringt.

Des weiteren ist bemerkenswert, daß selbst bei ausgesprochen aeroben Prozessen, wie der Essiggärung usw., Azetaldehyd mittels des Abfangverfahrens in Massen und ebenso leicht wie bei der von Sauerstoffzufuhr unabhängigen alkoholischen Zuckerspaltung festgelegt werden kann.

Aus alledem ergibt sich, daß bei den Erscheinungen des Ab- und Umbaus der Acetaldehyd für zahlreiche Organismen eine ähnliche Bedeutung hat, wie der Formaldehyd bei der Assimilationsleistung der grünen Gewächse.

Charakteristisch für die Verwendung des eigentlichen Zuckermoleküls ist überall der Hub auf die Oxydationsstufe der Brenztraubensäure; er scheint der Erfüllung der Aufgabe zu dienen, durch Bereitstellung einer zerfallsfähigen Carbonsäure die physiologische Kohlendioxydentwicklung und damit die weitere Zerlegung auszulösen. —

In machtvoller Weise enthüllt sich so die Einheitlichkeit, mit der in den Grundzügen der Kohlenhydratumsatz in der Natur vollzogen wird. Der aus der Brenztraubensäure hervorgegangene Azetaldehyd wird reduziert zu Äthylalkohol bei der alkoholischen Gärung, er wird fixiert bei der zweiten und dismutiert bei der dritten Vergärungsart, während in diesen beiden Fällen der reduktive Ausgleich durch die genau äquivalente Bildung von Glyzerin erfolgt. Bei den Spaltungsvorgängen, die von den Bakterien der Coli- und Dysenteriegruppe usw. besorgt werden, erfährt der Azetaldehyd ebenfalls Dislokation, während er bzw. seine Vorstufe Brenztraubensäure bei der Buttersäuregärung, der vierten Vergärungsform, zunächst aldolisiert und dann durch eine Saccharinumlagerung in Buttersäure übergeführt wird. Auch bei oxydativen Reaktionen, wie der Essiggärung, tritt intermediär Azetaldehyd auf.

Im großen und ganzen geht die Natur den gleichen Weg; nur den Abschluß gestaltet sie nach den Bedürfnissen und Aufgaben der verschiedenen Organismen ungleich.

Literatur.

C. NEUBERG und Mitarbeiter. Bioch. Zeitschr. **31** bis **115** (1911—1921); Verhandl. der Berl. physiolog. Ges. **1911, 1912**; Zeitschr. f. Gärungsphysiolog. **1912**; Ber. der deutschen chemischen Ges. **1911, 1913, 1914, 1919, 1920.**

Über Adsorption von Gasen an festen Körpern.

Von

M. Polanyi-Berlin-Dahlem.

Mit 3 Textabbildungen.

1. Einleitung.

Das Studium der Adsorption hat sich bisher hauptsächlich auf die Untersuchung der Isothermen beschränkt, was insofern berechtigt war. als die gekrümmte Form dieser Kurven für die Adsorption besonders kennzeichnend ist.

Man kann diese charakteristische Krümmung gut z. B. an den Isothermen der Kohlensäure sehen. Die in Abb. 2 dargestellten Kurven zeigen alle typischerweise, daß der adsorbierte Bruchteil des Gases bei zunehmender Gasdichte stetig abnimmt. Diese Abnahme ist bei tiefen Temperaturen sehr ausgesprochen, wird aber, wie man sieht, mit dem Steigen der Temperatur allmählich kleiner, bis die Krümmung schließlich fast verschwindet und die Isothermen nahezu gerade werden.

Zur Darstellung der charakteristischen Form der Isothermen sind mehrere Formeln vorgeschlagen worden. Am weitaus brauchbarsten hat sich die Freundlichsche $a = K_1 \cdot \delta_a{}^{\frac{1}{K_2}}$, $(K_2 > 1)$ erwiesen. Sie gibt den Zusammenhang zwischen der adsorbierten Menge (a) und der Gasdichte (δ_a) an, indem für jede Isotherme je zwei empirische Konstanten $(K_1$ und $K_2)$ eingeführt werden. Diese Gleichung gilt zwar sicher nicht exakt, aber genau genug, um als Erkennungszeichen der Adsorption zu dienen; als solches spielt sie eine wichtige Rolle.

Trotz dieser Erfolge hat uns das Studium der Isothermenform der Kenntnis des Wesens der Adsorption nicht näher gebracht. Eine theoretische Deutung dieser Form ist bisher nicht gelungen und es scheint sogar aus manchen Gründen — die z. T. aus den im Nachfolgenden mitgeteilten Überlegungen ohne weiteres hervorgehen — gar nicht möglich, daß ein einfacher theoretischer Zusammenhang zwischen Gasdichte und adsorbierter Menge besteht.

Im Nachstehenden wird das Problem der Adsorption von anderer Seite in Angriff genommen, die einfachere Zusammenhänge erhoffen läßt. Es wird gezeigt werden, daß es gelingt, aus einer einzigen Adsorptionsisotherme eines Gases, die zu einer bestimmten Temperatur gehört, jede andere Isotherme zu berechnen. Da sich dieser Zusammenhang auf Grund gewisser einfacher Vorstellungen über die physikalischen Grundlagen der Adsorption ableiten läßt, so gewinnt man auf diesem Wege auch einen gewissen Einblick in das Wesen der Adsorptionserscheinung.

2. Physikalische Grundlagen der Adsorption.

Es erscheint am einfachsten, von Voraussetzungen ähnlicher Art auszugehen, wie sie A. EUCKEN[1]) bei seinen Untersuchungen über die Adsorption verwendet hat.

Das in Abb. 1 gegebene Schema soll zur Demonstration der Grundvorstellung dienen. Es zeigt einen Durchschnitt durch den oberflächlichen Teil eines festen Körpers. Als „Adsorptionsraum" ist der Wirkungsbereich der von diesem ausgehenden Attraktionskräfte bezeichnet, das ausgezogene Kurvenstück deutet also die Grenzfläche zwischen Absorptionsraum und dem kräftefreien Gasraume an. Wir definieren als „Potential der Adsorptionskräfte (Adsorptionspotential) in einem bestimmten Punkte des

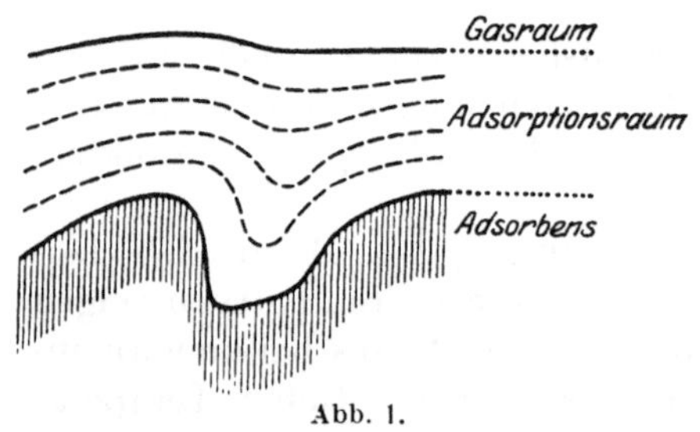

Abb. 1.

Adsorptionsraumes" die Arbeit, die gegen die Adsorptionskräfte geleistet werden muß, um ein Mol des adsorbierten Stoffes aus dem betreffenden Punkte in den Gasraum zu bringen. Diese Adsorptionskräfte sollen nun folgenden drei Voraussetzungen genügen:

1. Die Adsorptionskräfte sind unabhängig von der Temperatur.

2. Die Adsorptionskraft, die auf ein adsorbiertes Molekül in einem bestimmten Punkte wirkt, ist unabhängig davon, ob der Nachbarbereich durch irgendwelche adsorbierte Moleküle erfüllt ist oder nicht.

3. Die Adsorptionskräfte lassen die inneren Kräfte, die zwischen den adsorbierten Molekülen wirken, unbeeinflußt; daher bleibt dieselbe Zustandsgleichung, die der adsorbierte Stoff in gewöhnlichem Zustande befolgt, auch auf die adsorbierte Schicht anwendbar.

Diese Voraussetzungen lassen sich dahin zusammenfassen, daß die Eigenschaften der Adsorptionskräfte (die auf ein chemisch homogenes Gas wirken) genau so einfach angenommen werden sollen, wie etwa jene der Schwerkraft.

3. Prinzipieller Gang der Überlegung.

Wir gehen von einer fundamentalen Aussage der Hydrostatik aus, die sich so fassen läßt: Ist ein chemisch homogenes Fluidum (als Gas, Dampf, Flüssigkeit oder Gemenge der beiden letzteren Aggregatzustände) im Raume verteilt und herrscht Gleichgewicht, so ist aus der bekannten Dichte (δ_1) in einem beliebigen Punkte 1 die unbekannte Dichte (δ_2) in einem anderen Punkte 2 berechenbar, wenn die Werte (ε_1 und ε_2) des Potentials der äußeren Kräfte in den beiden Punkten gegeben sind. Zur Berechnung muß die herrschende Temperatur (T) gegeben und die Zustandsgleichung bekannt sein. Mathematisch ausgedrückt:

$$\delta_2 = f_1(\delta_1, \varepsilon_1, \varepsilon_2, T, ZGl).\tag{1}$$

Die Buchstaben ZGl sollen bedeuten, daß die Konstanten der Zustandsgleichung in die Funktion f_1 mit eingehen.

Man sieht sofort die Bedeutung dieser Beziehung für unser Problem, wenn man sich die Verhältnisse bei der Adsorption klarlegt. Die im Gasraume herrschende Dichte (δ_a) kann gemessen werden, ebenso die Temperatur (T); das Adsorptionspotential (ε) ist im Gasraume definitionsgemäß Null. Die Beziehung (1) sagt also, daß bei gegebenen δ_a und T die Dichte (δ) in einem beliebigen Punkte des Adsorptionsraumes berechenbar ist, sobald der Wert des Adsorptionspotentials im betreffenden Punkte bekannt ist — vorausgesetzt, daß die Zustandsgleichung des adsorbierten Stoffes bekannt ist. Man kann dies ausdrücken, indem man die Beziehung (2) in der Form schreibt:

$$\delta = f_1(\delta_a, \ \varepsilon, \ T, \ ZGl) \ . \tag{2}$$

Es wäre somit möglich, die Dichteverteilung des adsorbierten Stoffes im Adsorptionsraume Punkt für Punkt zu berechnen (und zwar für beliebig gegebene Gasdichten (δ_a) und jede Temperatur), wenn die räumliche Verteilung des Adsorptionspotentials Punkt für Punkt bekannt wäre. Nun wird man weiter aus der so berechneten Dichteverteilung stets leicht den Gehalt des Adsorptionsraumes an adsorbierten Stoffen ausrechnen können, was auf eine einfache Integration hinausläuft. Es bietet sich also ein Weg, um die gestellte Aufgabe zu lösen. Wenn es irgendwie gelingt, aus einer gemessenen Adsorptionsisotherme die Verteilung des Adsorptionspotentials im Adsorptionsraume auszurechnen, so kann man — bei Kenntnis der Zustandsgleichung des adsorbierten Stoffes — jedes beliebige Adsorptionsgleichgewicht und mithin jede adsorbierte Isotherme vorausberechnen.

Wir hätten somit folgende drei Schritte zu machen: I. von einer Adsorptionsisotherme zur Potentialverteilung; II. von der Potentialverteilung (zu der zu δ_a und T gehörigen) Dichteverteilung; III. von dieser Dichteverteilung zu der (zu δ_a und T gehörigen) adsorbierten Menge.

Die charakteristische Kurve.

(Der II. und III. Schritt.)

Die Hauptschwierigkeit liegt offenbar am ersten Schritt. Angesichts der ungeheuer komplizierten geometrischen Gestaltung der porösen Körper, der Adsorbentien, ist es offenbar unmöglich, die Verteilung des Adsorptionspotentials Punkt für Punkt aus einer einzigen Adsorptionsisotherme auszurechnen. Man kommt jedoch über diese Schwierigkeit hinweg, indem man sich überzeugt, daß eine genaue Kenntnis der Potentialverteilung gar nicht nötig ist, vielmehr auch eine allgemeine Charakterisierung derselben genügt.

Die Potentialverteilung ist nämlich für unsere Zwecke offenbar ausreichend gekennzeichnet, wenn man aus ihr (im Wege des Schrittes II) zu einer Kennzeichnung der Dichteverteilung gelangt, die zur Berechnung der adsorbierten Menge ausreicht, also den Schritt III ermöglicht.

Zunächst soll jene Funktion angegeben werden, die zur Kennzeichnung der Potentialverteilung dient; weiter soll gezeigt werden, daß sie ausreicht, um im Wege des Schrittes II den Schritt III zu ermöglichen.

Hierauf soll bewiesen werden, daß diese Funktion in der Tat aus einer einzigen Adsorptionsisotherme berechenbar ist, daß also Schritt I auch gangbar ist.

Die Funktion, die wir verwenden, ist die Abhängigkeit des Adsorptionspotentials von dem zugehörigen Niveauvolum. Wir erläutern zunächst diesen Begriff.

Wie auch sonst üblich, kann man auch im Adsorptionsraume die Flächen gleichen Potentials als „Niveauflächen" des Potentials hervorheben. Um dies anzudeuten, sind in Abb. 1 die Spuren einiger herausgegriffener Niveauflächen mit punktierten Linien eingezeichnet. Diese Flächen gewinnen anschauliche Bedeutung, wenn man bedenkt, daß zufolge der Beziehung (2) entlang derselben die gleiche Dichte herrscht. Jede Niveaufläche umschließt nun einen bestimmten Teil des Adsorptionsvolums. Dieser Raum heißt das Niveauvolum der Niveaufläche.

Auf diese Weise gehört zu jedem Werte des Adsorptionspotentials eine bestimmte Niveaufläche, die durch die Größe des zu ihr gehörigen Niveauvolums (φ) gekennzeichnet ist. Es soll nun gezeigt werden, daß die Funktion

$$\varepsilon = f(\varphi) \, , \tag{3}$$

die wir die charakteristische Kurve des Stoffpaares Adsorbens + adsorbierter Stoff nennen, die Potentialverteilung auch wirklich ausreichend kennzeichnet.

Zu diesem Zwecke multipliziert man zunächst (3) mit $d\varphi$

$$\delta d\varphi = f_1(\delta_a \, , \ \varepsilon \, , \ T \, , \ ZGl) \cdot d\varphi \, . \tag{4}$$

Man sieht leicht ein, daß $\delta d\varphi$ die Menge des adsorbierten Stoffes angibt, die von jenen beiden benachbarten Niveauflächen eingeschlossen wird, zwischen denen die mittlere Dichte δ herrscht. Daher ergibt sich der gesamte Gehalt des Adsorptionsraumes an adsorbiertem Stoffe, also die adsorbierte Menge (a) des Stoffes*), durch Integration über das gesamte Adsorptionsvolum (φ_0):

$$a = \int_0^{\varphi_0} \delta d\varphi = \int_0^{\varphi_0} f_1(\delta_a \, , \ \varepsilon \, , \ T \, , \ ZGl) \cdot \delta\varphi \, . \tag{5}$$

Das Integral rechts enthält außer ε keine von φ abhängige Größe, es ist also stets mit Hilfe von (3) auswertbar. Die charakteristische Kurve kennzeichnet somit die Potentialverteilung in ausreichender Weise.

Gilt beispielsweise als Zustandsgleichung (auch im Adsorptionsraume) die ideale Gasgleichung, was bei hohen Temperaturen und geringer Dichte (δ_a) im Gasraume stets zutrifft, so nimmt das Integral folgende Form an.

Für ideale Gase geht die hydrostatische Beziehung (1) in die Pascalsche Höhenformel über:

$$\varepsilon = R T \ln \frac{\delta_2}{\delta_1} \, , \tag{6}$$

so, daß man für eine Niveaufläche, an der das Adsorptionspotential ε

---

*) Diese Gleichsetzung ist erst nach leichter Korrektur exakt. (S. H. FREUNDLICH [2]), S. 93.)

herrscht, die zugehörige Dichte findet zu:

$$\delta = \delta_a\, e^{\frac{\varepsilon}{R\,T}} . \tag{7}$$

Man erhält hieraus die adsorbierte Menge nach (4) zu

$$a = \int_0^{\varphi_0} \delta\, d\varphi = \int_0^{\varphi_0} e^{\frac{\varepsilon}{R\,T}} \cdot d\varphi \tag{8}$$

einen Ausdruck, den man bei Kenntnis der charakteristischen Kurve (3) stets auswerten kann, am besten auf graphischem Wege.

Berechnung der charakteristischen Kurve.

(Schritt I.)

Zur Lösung der gestellten Aufgabe fehlt noch der Nachweis, daß man die charakteristische Kurve aus einer einzigen Adsorptionsisotherme berechnen kann. Der Beweis möge nur für Isothermen durchgeführt werden, die bei sehr tiefen Temperaturen gemessen sind. Auch werden einige unbedeutende Korrekturen, die zum völlig exakten Verfahren nötig sind, zur Vereinfachung weggelassen.

Die Temperatur der gemessenen Adsorptionsisotherme sei so tief gewählt, daß der gesättigte Dampf des adsorbierten Stoffes sich wie ein ideales Gas verhalte.

Um für diesen Fall ein Bild über die Verhältnisse im Adsorptionsraume zu gewinnen, vergegenwärtigen wir uns an der Hand der Abb. 1 folgendes. Im Gasraume herrscht eine Gasdichte (δ_a'), die jedenfalls kleiner ist als die Dampfdichte (δ_T) des adsorbierten Stoffes bei der Versuchstemperatur (T). Dagegen ist im Adsorptionsraume die Dichte (δ) überall größer als δ_a'; entlang der Niveauflächen ist die Dichte konstant. Zwei verschiedenen Niveauflächen kommen verschiedene Dichten zu. Jede Niveaufläche ist also außer durch ihr Niveauvolum (φ) auch noch durch einen bestimmten Wert von δ charakterisiert. Da nun die Funktion $\varepsilon = f(\varphi)$ erfahrungsgemäß stetig abfällt, so fällt auch δ mit wachsendem φ ab.

Wenn wir also jene bestimmte Niveaufläche (φ') aufsuchen, an der δ gerade den Wert δ_T besitzt[*]), und es gehört zu dieser Niveaufläche das Niveauvolum φ', so muß für jede Niveaufläche, die ein $\varphi > \varphi'$ hat, $\delta < \delta_T$ sein; dagegen ist für jede Niveaufläche, für die $\varphi < \varphi'$ ist, $\delta > \delta_T$. Letzteres ist aber nur im flüssigen Zustande möglich. Es folgt also, daß der von der Niveaufläche φ' eingeschlossene Teil des Adsorptionsraumes vom adsorbierten Stoffe im flüssigen Zustande erfüllt ist, im übrigen Teil dieses Raumes herrscht ungesättigte Dampfdichte.

Stets wird nun bei den in Betracht kommenden Temperaturen die Flüssigkeitsdichte ($\varDelta_T$) des absorbierten Stoffes sehr viel größer sein als die gesättigte Dampfdichte. Der im Niveauvolum φ' eingeschlossene flüssige Anteil des adsorbierten Stoffes ist somit stets der weitaus über-

---

[*]) Eine solche wird bei allen praktisch in Betracht kommenden Adsorptionsgleichgewichten der vorausgesetzten Art stets vorhanden sein.

wiegende und kann der gesamten adsorbierten Stoffmenge (a') gleichgesetzt werden.

Das gesuchte Schlußergebnis wird erhalten, indem wir auf Grund dieses Sachverhaltes den Wert des Adsorptionspotentials (ε') und des Niveauvolums (η') für die Niveaufläche ψ aus den vorgegebenen Größen δ_a' und a' ausrechnen.

Da für den Dampf die Gasgesetze gelten, können wir (6) bzw. (7) verwenden und erhalten:

$$\varepsilon' = RT \ln \frac{\delta_T}{\delta_a'} . \tag{9}$$

Ferner ist der von der absorbierten Stoffmenge a' im flüssigen Zustande eingenommene Raum:

$$\eta' = \frac{a'}{\varDelta_T} . \tag{10}$$

Die Formeln (9) und (10) bieten die Möglichkeit, aus einer ununterbrochenen Reihe zusammengehöriger δ_a- und a-Werte (also aus einer Adsorptionsisotherme) eine ununterbrochene Reihe zusammengehöriger ε- und η-Werte (also die charakteristische Kurve) zu berechnen.

Nachdem im vorigen Abschnitt gezeigt worden ist, daß man aus dieser Kurve alle möglichen Adsorptionsgleichgewichte des Stoffpaares Adsorbens + Gas vorausberechnen kann, so ist hiermit die gestellte Aufgabe gelöst, aus einer Adsorptionsisotherme alle übrigen zu berechnen.

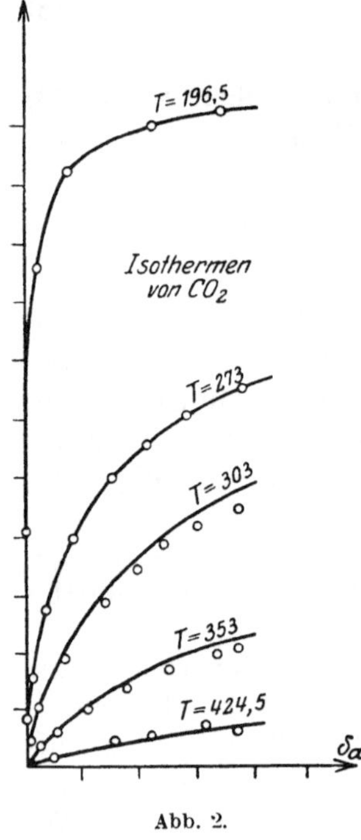

Abb. 2.

Prüfung.

Die Erfahrung bestätigt die im obigen Wege gezogenen Folgerungen im allgemeinen recht gut. Das Ergebnis einer ausführlichen Untersuchung, die L. Berényi[3]) hierüber angestellt hat, läßt sich dahin zusammenfassen, daß über ein breites Gebiet, wo genaue Adsorptionsmessungen und verläßliche Zustandsdaten vorliegen, eine gute Übereinstimmung gefunden wurde. Als Beispiel seien in Abb. 2 die Isothermen von CO_2 angeführt. Die ausgezogenen Kurven sind aus der in Abb. 3 enthaltenen charakteristischen Kurve des Stoffpaares CO_2 + Holzkohle berechnet — die Kreise sind die von A. Titoff[4]) beobachteten Werte.

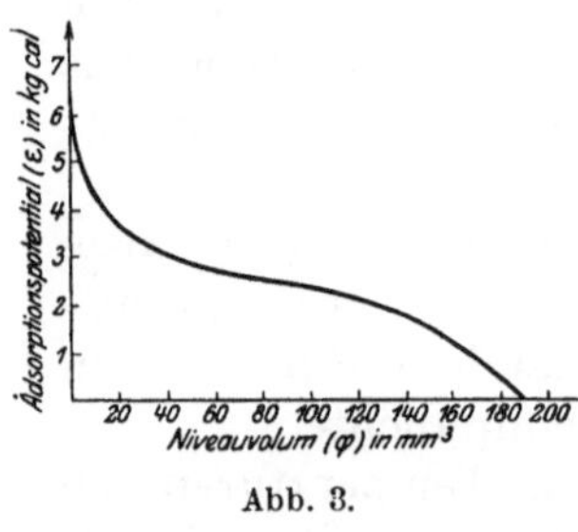

Abb. 3.

Schlußbemerkung.

Die Bestätigung der Theorie durch die Erfahrung berechtigt uns, die physikalischen Grundlagen der Adsorption, von denen wir oben in Abschnitt 2 ausgegangen sind, als richtig anzunehmen. Liegt also ein Gleichgewicht zwischen einem Gase und einem festen Körper vor, so wird man es zweckmäßig stets nur dann als Adsorptionsgleichgewicht betrachten, wenn man aus der gegenseitigen Berechenbarkeit der Adsorptionsisothermen den Schluß ziehen kann, daß die in Abschnitt 2 gemachten Grundvoraussetzungen erfüllt sind, also insbesondere der am festen Körper gebundene Stoff seiner normalen Zustandsgleichung folgt. Widrigenfalls wird man chemische Verbindung und feste Lösung annehmen, je nachdem die Gleichgewichtskurve kontinuierlich oder diskontinuierlich verläuft.

Literatur.

[1] A. EUCKEN, Verhandl. d. Deutsch. phys. Ges. **16**, 345 (1914).
[2] H. FREUNDLICH, Kapillarchemie. Akad. Verlag, Leipzig 1909.
[3] L. BERENYI, Zeitschr. f. physikal. Chemie **94**, 628 (1920).
[4] A. TITOFF, Zeitschr. f. physikal. Chemie **74**, 641 (1910).
[5] M. POLANYI, Verhandl. d. Deutsch. phys Ges. **16**, 1012 (1914); **18**, 55 (1916). — Zeitschr. f. Elektrochemie **26**, 370 (1920). — Zeitschr. f. Phys. **2**, 111 (1920).

Neuere Einsichten in die Gesetze des Luftwiderstandes.

Von

L. Prandtl-Göttingen.

Mit 3 Textabbildungen.

Die Erforschung der Luftwiderstandsgesetze war lange Zeit ein von der Physik sehr stiefmütterlich behandeltes Gebiet, und die Forschungsergebnisse, unter denen viele von experimentierenden Laien gefunden wurden, zeigten noch kurz vor Ende des 19. Jahrhunderts Abweichungen in den Zahlwerten von 50 und mehr Prozenten. Erst als durch die Entwicklung der Luftfahrttechnik größere Mittel für die Luftwiderstandsforschung verfügbar wurden, entstanden in den Hauptstaaten Laboratorien für Luftwiderstandmessungen, die zum Teil mit recht beträchtlichen Mitteln ausgestattet wurden. Der Erfolg der Forschungen zeigte, daß es für einen richtigen Einblick in die Gesetze des Luftwiderstandes notwendig war, diese großen Mittel aufzuwenden, da bei zu kleinen Abmessungen die Ergebnisse nicht genügen, um daraus richtige Schlüsse auf die bei den Luftfahrzeugen obwaltenden Verhältnisse zu ziehen. Diese Versuchsanstalten arbeiten durchgängig mit künstlichem Wind, der meist durch Luftschrauben erzeugt wird. Die der Kaiser Wilhelm-Gesellschaft angegliederte Göttinger Anlage weist einen Luftstrom von 4 qm Querschnitt auf, dessen Geschwindigkeit von Null bis zu etwa 55 m/sec auf jede beliebige Windstärke eingestellt werden kann.

Nach einer von NEWTON entwickelten Anschauung, die auch jetzt noch, besonders bei den Ingenieuren, stark verbreitet ist, sollte der Luftwiderstand dadurch zustande kommen, daß der bewegte Körper mit den einzelnen Luftteilchen nach den Gesetzen des elastischen oder unelastischen Stoßes zusammenprallt. Das Ergebnis solcher Betrachtungen ist in gewissen Grundzügen angenähert richtig; es ergibt sich aus ihnen ein Widerstand, der der dargebotenen Fläche, dem Quadrat der Geschwindigkeit und der Dichte des widerstehenden Mediums proportional ist; für die Abhängigkeit des Widerstandes von der Form der Körper liefern diese Betrachtungen aber Beziehungen, die von der Erfahrung nicht bestätigt werden. Der grundsätzliche Fehler der Newtonschen Betrachtungsweise ist, daß man sich über das weitere Schicksal der angestoßenen Luftteilchen keinerlei Rechenschaft gegeben hat. Eine genauere Untersuchung zeigt, daß man, solange die Abmessungen der bewegten Körper groß sind gegenüber der freien Weglänge der Luftteilchen, gut tut, die Luft als eine gewöhnliche Flüssigkeit anzusehen, und zwar für die meist in Betracht kommenden Geschwindigkeiten sogar als eine unzusammendrückbare Flüssigkeit! Um ein Volumteil Luft merklich zusammenzudrücken, sind gewisse, nicht geringe Kräfte erforderlich; wenn diese wegen des Ausweichens der Luft vor dem Körper nicht auftreten, erfolgt auch keine merkliche Volumenänderung. Die Volumenänderungen werden erst merklich, wenn die Relativgeschwindigkeit des Körpers gegen die Luft mit der Schallgeschwindigkeit vergleichbar wird. Versuche an Geschossen haben in Übereinstimmung mit theoretischen Betrachtungen gezeigt, daß die Strömungsgesetze und damit auch die Gesetze für den Luftwiderstand sich in sehr starkem Maße ändern, wenn die Geschoßgeschwindigkeit die Schallgeschwindigkeit überschreitet. Dieser Fall soll von den folgenden Betrachtungen ausgeschlossen bleiben; diese werden also nur das Luftwiderstandsgesetz bei mäßigen Geschwindigkeiten, wo die Luft sich nahezu volumenbeständig verhält, zum Gegenstand haben.

Die volumenbeständigen Flüssigkeiten weisen zwei kennzeichnende Eigenschaften auf, die „Dichte" als Maß für die Massenträgheit und die „Zähigkeit" als Maß für die bei einer Formänderung der Flüssigkeit auftretenden Spannungen. Als Maß für die Dichte dient die Masse der Volumeneinheit, als Maß für die Zähigkeit die Kraft, die auf der Flächeneinheit eines gedachten Schnittes auftritt, wenn sich eine Formänderung der Art vollzieht, daß zwei im Abstand 1 voneinander befindliche parallele Ebenen sich mit der Geschwindigkeit 1 relativ zueinander verschieben. Für die Bewegungsformen, die sich bei irgendeiner Flüssigkeitsströmung einstellen, kommt es dabei lediglich auf das Verhältnis der Zähigkeit zur Dichte an. Man hat deshalb dieses Verhältnis mit dem Namen „kinematische Zähigkeit" belegt. Diese Größe, die im folgenden mit ν bezeichnet werden soll, hat, wie sich unschwer nachweisen läßt, die Dimension (Länge)^2 : Zeit. Diese Dimension stimmt überein mit der des Produktes Länge $\times$ Geschwindigkeit. Man erhält also eine dimensionslose Größe, d. h. eine reine Zahl, wenn man das Produkt einer Länge und einer Geschwindigkeit durch die kinematische Zähigkeit dividiert. Nach dem bekannten Zusammenhang, der zwischen den Dimensionen und der mechanischen Ähnlichkeit von vergleichbaren Vorgängen besteht, ergibt sich für den Fall, daß andere als die genannten physikalischen Konstanten nicht ins Spiel kommen, aus dem Vorstehenden, daß bei zwei geometrisch ähnlichen Körpern, die in geometrisch ähnlicher Form in Flüssigkeiten bewegt werden, sich auch die Strömungsformen geometrisch ähnlich ausbilden werden, wenn die eben erwähnte Zahl in beiden Fällen denselben Wert ergibt. Nach dem Entdecker dieses Ähnlichkeitsgesetzes wird die Zahl „Reynoldssche Zahl" genannt. Es sei bemerkt, daß das Reynoldssche Gesetz nur für Bewegungen in allseitig umgebender Flüssigkeit gilt. Handelt es sich z. B. wie bei der Bewegung eines Schiffes um die Bewegung an der Oberfläche einer Flüssigkeit, so kommt als dritte bestimmende physikalische Größe die Schwerkraft hinzu, durch die die geometrische Ähnlichkeit gestört wird. Hier gelten andere, von Froude erforschte Gesetze, auf die hier nicht näher eingegangen werden kann. Bei einer Bewegung in Luft oder aber auch bei einer Bewegung, die sich in Wasser ganz unter der Oberfläche abspielt, ist die Schwerkraft durch den Auftrieb, den jedes Flüssigkeitsteilchen von seinen Nachbarn erfährt, völlig ausgeglichen und daher ohne Bedeutung für die Bewegung.

Wenn wir uns nun zur Frage des Luftwiderstandes wenden, so zeigt sich, daß wir für solche Bewegungen, die alle untereinander geometrisch ähnlich sind, genau das Newtonsche Gesetz wieder erhalten, obschon der Mechanismus ein ganz anderer ist. Dies ist auch dadurch unschwer einzusehen, daß bei ähnlichen Bewegungen das Zahlenverhältnis der aus der Massenträgheit und der aus der Zähigkeit entstammenden Kräfte an jedem Punkt der Flüssigkeit dasselbe ist, so daß man eine Formel bekommen muß, die sich nur durch einen Zahlenfaktor von der unterscheidet, die für Massenträgheit allein erhalten wird.

Gehen wir nun aber zu Fällen über, in denen bei im übrigen gleichbleibenden geometrischen Bedingungen die Reynoldssche Zahl verschiedene Werte annimmt, so werden wir uns nicht wundern dürfen, daß der Zahlenfaktor des Widerstandsgesetzes, der bei NEWTON eine Konstante ist, immer wieder einen anderen Wert annimmt. Wenn wir das Luftwiderstandsgesetz

schreiben: $W = c \cdot F \cdot \varrho \, \dfrac{v^2}{2}$ (F = Fläche, ϱ = Dichte, v = Geschwindigkeit),

so ist also die „Widerstandszahl" c keine Konstante wie bei NEWTON, sondern eine Funktion der Reynoldsschen Zahl, wobei übrigens der Fall, daß c in einem größeren Bereiche konstant ist, auch sehr wohl vorkommt, besonders z. B. bei kantigen Körpern.

Um die wirklich bestehenden Verhältnisse zu erläutern, sei eine kürzlich in Göttingen abgeschlossene Versuchsreihe mitgeteilt, die sich auf den Widerstand von senkrecht zu ihrer Achse angeblasenen Kreiszylindern bezieht. Die Versuchsreihe erstreckt sich, angefangen von Drähten von der Dicke eines Frauenhaares bis zu Zylindern von der Dicke eines Baumstammes, die Geschwindigkeiten von einem Hauch von 1,2 m/sec bis zu einem Sturm von 37 m/sec. Da die kinematische Zähigkeit der Luft etwa 0,14 cm²/sec beträgt, ergeben sich Reynoldssche Zahlen $v\,d/\nu$ von 4,2 bis 800 000 (d = Durchmesser). Die sich hierfür ergebenden Widerstandszahlen sind in der Kurvendarstellung von Abb. 1 wiedergegeben. Die Reynoldssche Zahl $v\,d/\nu$ ist ebenso wie die Widerstandszahl c in logarithmischem Maßstabe aufgetragen, da es nur so gelingt, Größen von so verschiedener Größenordnung gleichzeitig auf das Papier zu bringen. Das Ähnlichkeitsgesetz kommt dadurch zum Ausdruck, daß bei der gewählten Auftragung nach Reynoldsschen Zahlen sich die Ergebnisse sämtlicher Versuchsreihen zwanglos zu einer einzigen Kurve zusammenschließen. Die Güte des Zusammenschlusses ist auch ein Maß für die Güte der Messungen, die übrigens durch englische Messungen von RELF[1]) u. a. wohl bestätigt sind (Abb. 1).

Der Verlauf der Kurve ist überraschend verwickelt, er erleidet mehrfach auffallende Änderungen. Die Reynoldssche Zahl gibt im wesentlichen das Verhältnis der aus der Zähigkeit stammenden Kräfte zu denen, die aus der Trägheit stammen, an; man könnte deshalb in Analogie mit den Erfahrungen bei anderen physikalischen Erscheinungen zunächst annehmen, daß bei hinreichend großen Reynoldsschen Zahlen, sagen wir 100 oder 1000, der Einfluß der Zähigkeit sich gänzlich verliert. Wäre dies der Fall, so müßte die Kurve von da ab wagerecht verlaufen. In Wirklichkeit ist man offen-

---

[1]) RELF, Report 1913/14 des englischen Adv. Comm. for Aeron., London 1915, S. 47.

bar auch bei $vd/\nu = 1\,000\,000$, wo die Mittel auch der Göttinger Anstalt ungefähr erschöpft sind, noch nicht ganz am Ende des Zähigkeits-

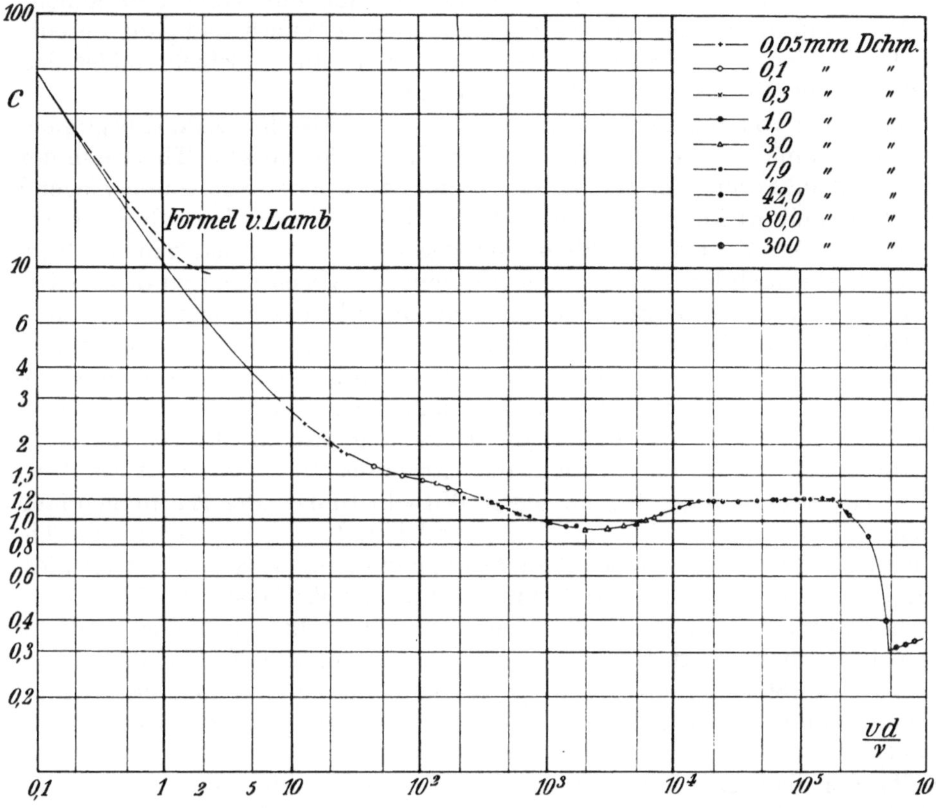

Abb. 1.

einflusses. Die Gesamtheit der Beobachtungen, auch an anderen Körpern,
läßt übrigens den Schluß zu, daß bei vollkommen glatter Oberfläche der
Körper außer den beobachteten Wechseln im Gesetz weitere nicht mehr zu erwarten sind. Bei Körpern mit rauher Oberfläche, die deshalb als durchaus geometrisch unähnlich denen mit glatter Oberfläche angesehen werden müssen, kommt noch ein weiteres Stadium, ein nochmaliger erheblicher Anstieg des Widerstandes hinzu, wie

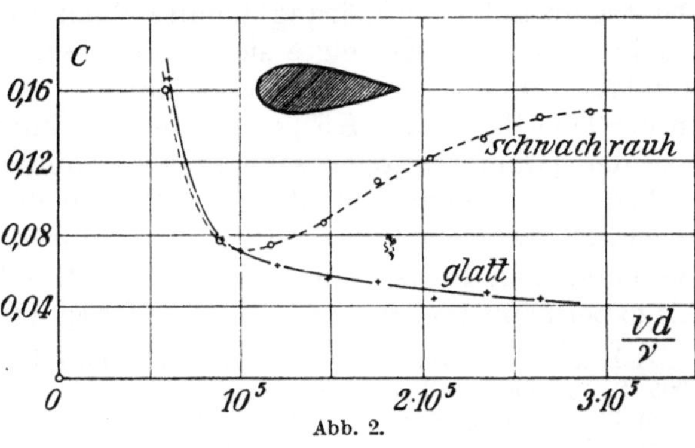

Abb. 2.

dies der Versuch an einer schwach rauhen hölzernen Flugzeugstrebe ergibt,
die hinterher glatt geschliffen und nochmals gemessen wurde (vgl. Abb. 2).

Der starke Einfluß der Zähigkeit rührt davon her, daß selbst, wenn diese sehr gering ist, sie in einer dünnen, die Körperoberfläche umgebenden Schicht immer noch voll zur Wirkung kommt und daß von dieser Schicht aus Wirbel in die Flüssigkeit herausgehen, die den Widerstand ganz wesentlich bestimmen[1]). Das Studium der Vorgänge in dieser Schicht bildet den Schlüssel zur Erklärung der Erscheinungen.

Wenn wir von den kleinsten Werten der Reynoldsschen Zahlen beginnen, so gibt es zunächst einen Bereich, in dem die mathematische Theorie in der Lage ist, Annäherungsformeln für den Widerstand, der hier ganz überwiegend aus Zähigkeitswirkungen besteht, herzuleiten. Dieser Bereich liegt bei Reynoldsschen Zahlen, die klein sind gegen 1. Das Ansteigen der Versuchspunkte nach links gibt eine ungezwungene Verbindung zu diesem Bereiche hin. Nach rechts nimmt die Kurve allmählich einen fast wagerechten Verlauf an, um allerdings bald (etwa bei $vd/\nu = 130$) wieder nach unten auszubiegen. Dies hängt damit zusammen, daß hier die Bewegungsform der Strömung wechselt; während unterhalb dieses Wertes das Strömungsbild zeitlich unverändert bleibt, die Bewegung also „stationär" ist, tritt oberhalb der Grenze ein Pendeln der Strömung ein, das zur Ausbildung von mehr oder weniger regelmäßigen Wirbeln führt. Der Zusammenhang solcher Wirbelreihen mit dem Widerstand hat durch eine Arbeit von Th. v. KARMAN[2]) eine sehr schöne Aufklärung gefunden. v. KARMAN zeigt hierbei, daß nur eine stabile Konfiguration für eine Wirbelstraße, die aus abwechselnd rechts und links drehenden Wirbeln besteht, möglich ist, und daß man diese auch gerade so beobachtet. — Der weitere Verlauf der Kurve bis $vd/\nu = 180\,000$ muß durch die allmähliche Veränderung der Wirbelgebilde erklärt werden. Die Einzelheiten sind noch nicht genügend untersucht.

An der eben erwähnten Stelle bereitet sich nun ein Übergang vor, der in seinem weiteren Verlauf an Schroffheit zunimmt und schließlich zu einer Widerstandszahl führt, die nur noch ein Drittel der vorigen ist. Diese Erscheinung ist zunächst an Kugeln festgestellt worden, und zwar fast gleichzeitig von G. EIFFEL[3]) in Luft und von G. COSTANZI[4]) in Wasser. Die theoretische Aufklärung konnte dann durch Göttinger Arbeiten erbracht werden[5]). Es zeigte sich, daß dieser plötzliche Abfall der Widerstandszahl damit zusammenhängt, daß die „Grenzschicht" der Flüssigkeit an der Oberfläche des Körpers, in der die Zähigkeit zur Wirkung kommt, von der laminaren oder schlichten Strömungsart zur turbulenten oder wirbeligen Strömungsart übergeht. Durch diese Auffassung wird die Beobachtungstatsache verständlich, daß durch verstärkte Wirbligkeit des ankommenden Luftstromes die kritische Geschwindigkeit erniedrigt wird. Als experimentum crucis für diese Auffassung kann jedoch angeführt wer-

---

[1]) L. PRANDTL, Verhandl. d. III. internat. Math.-Kongr. zu Heidelberg 1904. Leipzig 1905, S. 484 oder Artikel „Flüssigkeitsbewegung" im Handwörterbuch der Naturw. (1913).

[2]) Physikalische Zeitschr. 1912, S. 49.

[3]) Comptes rendus 155, S. 1597 (1912).

[4]) Rendiconti delle esper. aeronaut. del genio II. Jahrgang, Nr. 4, S. 169, Rom (1912).

[5]) Vgl. L. PRANDTL, Nachrichten der Gesellsch. d. Wiss., Göttingen, Math. Phys. Klasse 1914, S. 177; ferner C. WIESELSBERGER, Zeitschr. f. Flugt. u. Motorl. 1914, S. 140.

den, daß durch Auflegen eines 1 mm starken Drahtes auf eine Kugel von 28 cm Durchmesser, etwas vor der Stelle, wo sich im laminaren Zustand die Strömung von der Oberfläche ablöst (wodurch also lokale Wirbelchen erzeugt werden), auch bei wesentlich geringeren Geschwindigkeiten schon der kleine Widerstand erhalten werden konnte.

Die Verkleinerung des Widerstandes hängt mit einer Umgestaltung des Strömungsbildes zusammen in der Art, daß die Ablösungsstelle, die vorher etwa bei 85° vom vordersten Punkt lag, um 30° oder mehr nach hinten gerückt wird, wodurch das ganze Wirbelgebilde wesentlich verkleinert wird. Die Strömung (und daher auch die Druckverteilung) nähert sich dadurch bereits beträchtlich derjenigen, die in der Theorie der reibungslosen Flüssigkeit berechnet wird, und deren Charakteristikum es ist, daß sie sich hinter dem Körper ebenso schließt, wie sie sich vor ihm geöffnet hat, und daß daher ein Widerstand überhaupt nicht auftritt. Die Druckverteilung um einen Zylinder im überkritischen (turbulenten) Zustand ist von G. J. TAYLOR [1]) gemessen worden; er erhält einen maximalen Unterdruck im Betrage von 245% des Überdruckes am vordersten Punkt bei $\pm$ 82°, während die Theorie der idealen Flüssigkeit 300% Unterdruck bei $\pm$ 90° ergibt.

Das überkritische Stadium ist durch seine kleinen Widerstände technisch von höchster Bedeutung. Da es bei den Luftschiffen und Flugzeugen möglichst an Widerstand zu sparen gilt, muß man danach trachten, alle Körperformen so zu wählen, daß überall beim Flug der überkritische Zustand vorhanden ist. Dies wird dadurch erleichtert, daß bei langgestreckten Profilen die kritische Reynoldssche Zahl beträchtlich tiefer liegt als beim Kreiszylinder. Durch geeignete Formgebung gelingt es, den Widerstand solcher Körper so klein zu machen, daß er nicht mehr größer ist als der Reibungswiderstand einer dünnen ebenen Platte gleicher Oberfläche. Damit hängt aber auch zusammen, daß für diese Art von Körpern die Übereinstimmung des Strömungsbildes und der Druckverteilung mit der theoretischen fast vollkommen wird. Auf diesem Gedanken fußend hat die bis dahin bei den Praktikern in sehr geringem Ansehen stehende Theorie der idealen Flüssigkeit im letzten Jahrzehnt ganz große Erfolge erzielen können. Die Abb. 3 gibt ein Beispiel hiervon. [2]) Die ausgezogenen Linien geben die theoretisch berechnete Druckverteilung für drei Luftschiffmodelle, die daneben eingetragenen Ringelchen sind das Ergebnis von Druckmessungen im Windstrom. Die Übereinstimmung ist überraschend gut — bis auf das Hinterende, wo infolge der durch die Reibung gebremsten Strömung eine systematische Abweichung vorhanden ist.

Der knappe Raum verbietet leider auf die Erfolge hier näher einzugehen, welche die Theorie der idealen Flüssigkeit auf dem Gebiet der Flugzeugtragflächen erringen konnte [3]). Der Auftrieb der Tragflächen erwies sich als

[1]) Report 1915/16 des englischen Advisory Comm. for Aeronautics, London 1920, S. 30.

[2]) G. FUHRMANN †, Jahrb. d. Motorluftschiff-Studienges. 1911/12. Berlin 1912, S. 63 u. f.

[3]) Vgl. L. PRANDTL, Nachr. d. Ges. d. Wiss. z. Göttingen, Math.-Phys. Kl. 1918, S. 451 u. 1919, S. 107; ferner Jahrb. d. Wiss. Ges. f. Luftfahrt V (1920), S. 37; A. BETZ, Naturwissenschaften 1918, S. 557; Beiheft 2 zur Zeitschr. f. Flugtechn. u. Motorluftsch. S. 1 (1920).

in unmittelbarem Zusammenhang mit dem sich ausbildenden Wirbel-
system stehend; der Teil des Widerstandes, der mit der Tragwirkung unmittelbar verknüpft ist und dessen Äquivalent in der in der Luft zurückgelasse-
nen kinetischen Energie besteht, konnte rein theoretisch ermittelt werden. Der
Restwiderstand besteht unter günstigen Bedingungen nur aus der Reibung, für
die empirische Gesetze vorhanden sind. Man ist dadurch heute im Prinzip in
der Lage, für eine Tragfläche von vorgegebenem Profil und Umriß ganz aus theoretischen Mitteln Auftrieb und Widerstand sowie auch die Druckverteilung mit guter

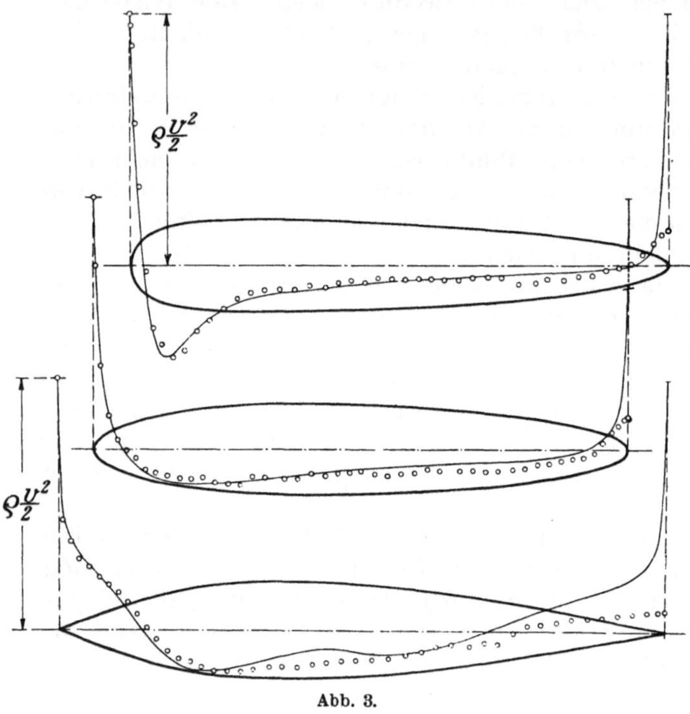

Abb. 3.

praktischer Annäherung zu berechnen. Nur das Problem, ob das Profil
wirklich gut ist oder ob schädliche Wirbel an ihm auftreten, ist bisher
theoretisch nicht angreifbar, da es mit dem Verhalten der durch die
Zähigkeit gebremsten Schicht unmittelbar zusammenhängt.

Arbeit und Wärme.

Von

M. Rubner-Berlin.

I.

Die Gesunderhaltung unseres Körpers hängt wesentlich davon ab, daß alle Organe in ausreichendem Maße beschäftigt werden, nicht ihre Schonung und Ruhe macht sie im Kampfe gegen Krankheiten widerstandsfähig. Die Organe der Arbeit, die fast die Hälfte unseres Körpers ausmachen, wollen also an der Leistung ihren Anteil nehmen. Arbeit ist nicht Plage, sondern eine Notwendigkeit, ob ein Beruf ausgeübt wird oder nicht, die Muskeln müssen zum Wohlbefinden ihre Rolle erfüllen, Gesundheitsarbeit oder Berufsarbeit ergänzen sich gegenseitig. Nicht überall auf der Welt wird uns die Arbeit leicht gemacht, der Mensch der gemäßigten Zone weiß kaum, wie schwer es in den Tropen sein kann, den einfachsten Gesetzen gesunder Lebenserhaltung gerecht zu werden und darum sehen wir auch durch klimatische Verhältnisse so mannigfache Abstufungen der Arbeitsmöglichkeit. Nur durch Schaffen erringt eine Nation einen Hochstand in der Geschichte, verlorene Arbeit ist verlorene Macht.

Kein Problem könnte allgemeiner sein als die Beziehung der Wärme zur Arbeit, wir wollen den ersteren Ausdruck zuerst im volkstümlichen Sinne gebrauchen. Man braucht nur an die Arbeit im Sommer und im Winter zu denken, um sich zu erinnern, daß Wärme etwas Arbeitsfeindliches werden kann. In diesen groben Zügen sind die Verhältnisse zu allen Zeiten bekannt gewesen, aber sobald man an die wissenschaftliche Zergliederung der Zusammenhänge geht, ergeben sich gleich die Schwierigkeiten, aber nach ihrer Lösung auch die weitere Aussicht auf die große Bedeutung des ganzen Problems.

Man muß sich darüber verständigen, daß das volkstümliche Wort „Wärme" ganz verschiedenartige physikalische und biologische Dinge einschließt. Wir fühlen warm, wenn uns Strahlung zugeleitet wird, wie etwa die Sonne oder ein Ofen sie liefert. Wir gehen an einer Eiswand vorüber und fühlen sofort Kühle durch Ausstrahlung unserer Wärme. Wir berühren einen Gegenstand, er kann warm oder kalt sein, die Luft berührt uns und fühlt sich kalt oder warm an, besonders je nach der Menge, in der sie an uns vorüberfließt (Wind). Wir fühlen aber kalt und warm, was sich gar nicht thermometrisch ausdrücken läßt, nämlich Feuchtigkeit in der Kälte als kalt, in der Wärme als warm. Wir fühlen, weil die genannten Einflüsse die Temperatur unserer Haut verändern, und zwar sehr geringe Veränderungen $^1/_{12}$—$^1/_{20}$ Grad genügt, um wahrgenommen zu werden. Das Fühlende sind besondere Nervenendigungen in der Haut einzelner Stellen,

die einen fühlen nur warm — Wärmepunkte, — andere Stellen nur kalt —
Kältepunkte. Von hier gehen die Leitungen nach dem Gehirn. Für das,
was schmerzt, sind wieder andere Nerven vorhanden. Es gibt mehr Kälte-
als Wärmepunkte, die sehr verschieden verteilt sind. Wir können uns an
die Temperaturen gewöhnen, wenn sie längere Zeit einwirken, manche
Stellen, wie die Hände, das Gesicht, finden Temperaturen behaglich, die
etwa bei 29° liegen, während bekleidete Stellen 32° warm sind und frieren,
wenn sie auf 29° sich abkühlen. Die Kälte- und Wärmepunkte sind für
uns wichtige Lokalzeichen, damit wir gleich wissen, wo uns etwas Kaltes
oder Warmes berührt. Daneben aber haben wir allgemeine Empfindungen,
der Behaglichkeit oder der Kälte (wenn wir die Extreme, Hitze, eisige
Kälte beiseite lassen), den Dauerempfindungen entsprechen bestimmte
Temperaturänderungen großer Hautbezirke.

Unsere Empfindungen geben nun in ganz rohen Zügen die mächtigen
Einflüsse der „Wärme" auf den ganzen Körper. Dabei will ich alle jene
Fälle außer Betracht lassen, wo die Kälte so stark ist, daß die Temperatur
unseres Blutes sinkt, oder die Hitze so ansteigt, daß auch das Blut sich
erwärmt. Folgende Tatsachen lassen sich feststellen. Bei niederen Temperaturen der Umgebung nimmt die Wärmebildung im Körper zu und deckt
den erhöhten Wärmeverlust durch Verbrennung von mehr Nahrung.
Bei mittlerer und höherer Temperatur ist diese Verbrennung geringer
und ändert sich überhaupt nicht weiter mit zunehmender Wärme der
Umgebung. Der Körper müßte also wärmer werden, wenn nicht folgendes
einträte: die Hauttemperatur steigt dadurch, daß die Venen der Haut
mehr Blut erhalten, die Folge ist ein größerer Verlust durch Ausstrahlung
und durch Erwärmung der Luft, die uns umgibt. Anschließend an diese
Durchblutung und vielfach schon zum Teil in diesen Prozeß hineinreichend,
beginnt eine Zunahme der Verdunstung von Wasser, die so stark werden
kann, daß der Mensch in Klimaten sich hält, wo die Luftwärme oft und lange
über der Bluttemperatur liegt und nicht nur die Wärme abgegeben werden
muß, die der Mensch durch Verbrennung seiner Nahrung erzeugt, sondern
auch Wärme, die er von außen aufnimmt. All diese Wärme kann durch
die Verdunstung von Wasser gedeckt werden. Wenn das Wasser nicht
völlig verdunstet, nennt man es Schwitzen. Das Wasser, das wir verdunsten
lassen können, rührt fast ausschließlich aus den 2 Millionen winzigen
Schweißdrüsen her, die aber kaum 38 qcm Öffnungsquerschnitt im ganzen
haben, also nur etwas leisten können, wenn sie Flüssigkeit nach außen
ergießen, das geschieht unter Nerveneinfluß. Man sollte nicht glauben, daß
diese kleinen Drüsen leicht bis 3 und 4 l Flüssigkeit im Tag liefern können,
nicht reines Wasser, sondern ein vor allem an Kochsalz reiches Sekret, wie
das ja von den Tränen auch bekannt ist. Dieses Verdunsten von Wasser
merken wir selbst nicht, es sei denn an dem nachfolgenden Durst. Der
Laie spricht nur von dem unvollkommenen Verdunsten, dem Schwitzen.
Der Schweiß hat aber seinen Zweck verfehlt, er soll ja verdunsten, nur
dann bindet er die großen Mengen von Wärme. 4 l verdunsteter Schweiß
reichen aus, um die bei behaglicher Ruhe produzierte Wärmemenge eines
Menschen zu binden und fortzuführen. Schweiß wird übrigens jederzeit

abgeschieden, aber vielfach in so kleinen Mengen, daß nur feine physiologische Untersuchung ihn nachzuweisen erlaubt. Keineswegs alle Menschen haben normale Schweißdrüsen, wem sie fehlen, der ist übel dran.

Auch vom Blut haben wir gesagt, daß es erheblich dazu beitragen kann, die Wärme nach außen zu führen. Freilich nur, wenn die Gefäße nicht zu viel von Fett umwachsen sind und auch nur, wenn der Mensch normale Blutmenge besitzt. Der Blutarme schwitzt bei niederer Temperatur als der Gesunde. Blutzufuhr zur Haut und Schweißsekretion helfen sich gegenseitig. Bei der Bestrahlung ist zu bemerken, daß Licht, dem man die sog. dunkeln Wärmestrahlen entzogen hat, selbst in sehr großen Mengen keine Wärmeempfindung macht, weil es offenbar von den „Wärmepunkten" nur schlecht abgefangen wird. „Ofenwärme" wird also leichter belästigend.

In manchen Fällen macht sich beim Menschen ein eigenartiges Gefühl bemerkbar, das vielleicht nicht bei allen in gleicher Stärke zur Entwicklung kommt, das ist ein Gefühl eines gewissen Unbehagens, einer unbestimmten Bangigkeit und Unruhe. Dies hängt mit dem hohen Feuchtigkeitsgrade der Luft zusammen. Dabei kann die Verdunstung aus den Schweißdrüsen ganz aufgehoben sein. Es ist kein thermisches Gefühl im engeren Sinne.

Eine ganz irrige Auffassung hat man gemeinhin von dem Einfluß des Windes auf die Verdunstung des Körpers. Die Verdunstung ist bei niederer Temperatur nicht unerheblich, dabei kommt der Wasserdampf hauptsächlich aus der Lunge durch die Atmung, um 15° herum pflegt die Verdunstung dann am geringsten zu sein, dann steigt sie sehr rasch bis zu den höchsten Graden an.

Der Wind macht folgende Wirkung: Bei sehr niedriger Temperatur ändert er die Verdunstung überhaupt nicht, bei höheren Temperaturen vermindert er die Verdunstung, weil er uns abkühlt, bei 34° hat er seinen Indifferenzpunkt, und darüber hinaus steigert er die Verdunstung ganz enorm. Wasser kann natürlich nur verdunsten, wenn die Luft nicht schon von Haus aus dort, wo sie mit dem Körper in Berührung kommt, mit Dampf gesättigt ist. Je trockner die Luft, desto besser verlaufen die eben beschriebenen Arten der Verdunstung.

Wenn man also den Menschen von der Kälte zur Wärme in seinem Verhalten studiert, so haben wir eine ganze Stufenleiter verschiedener Empfindungen und außerdem verschiedene physiologische Operationen in seinem Innern, die rein automatisch ablaufen.

II.

Wenn man sich das ins Gedächtnis ruft, was stufenweise im Organismus bei Zunahme der Wärme der Umgebung eintritt, so läßt sich auch das, was bei der Arbeit geschieht, leicht verstehen.

Bei jeder unserer Bewegungen, d. h. bei jeder Arbeit der Muskeln, entsteht Wärme. Das Maß der letzteren hängt von der Größe der Arbeit ab, aber auch davon, ob man sog. äußere Arbeit geleistet hat oder nicht. Hebt man mit dem Arm eine Last und läßt Arm und Last in die Anfangsstellung zurückkehren, so ist keine äußere Arbeit geschehen und die im

Körper entstandene Wärme ist gleich der gesamten Wärme, die durch die Verbrennung von Nährstoffen entstanden ist. Hebt man den Arm mit der Last und setzt diese irgendwo ab, so erscheint im Körper weniger Wärme, weil ja die abgesetzte Last Arbeit in sich aufgenommen hat. So gewiß nun bei jeder Arbeit im Körper Wärme entsteht, so darf man doch behaupten, daß diese Wärme nicht immer äußerlich voll in die Erscheinung tritt, sondern manchmal weniger. Dies ist dann der Fall, wenn der Körper unter der Einwirkung von Kälte im Ruhezustand mehr Wärme erzeugen muß, um sich auf seiner normalen Bluttemperatur zu halten. Wird Arbeit geleistet, so dient die durch diese gelieferte Wärme dazu, die anderweitige Wärmeerzeugung einzuschränken. Solche Fälle werden nicht häufig vorkommen, und daher wird man damit rechnen dürfen, daß die Arbeitswärme zu der sonst in dem Ruhezustand erzeugten sich summiert.

Die Wirkungen sind dann folgende: Die Erscheinungen der Art der Wärmeabgabe werden genau so verändert, als wenn die äußeren Bedingungen für die Entwärmung bei Ruhe nur so viel geändert worden wären, daß eine Behinderung des Wärmeverlustes eingetreten wäre, die genau der Arbeitswärme entspricht. Der Zusammenhang ist also außerordentlich einfach, auf der ganzen Stufenleiter physiologischer Empfindungen und Leistungen des Körpers schiebt die Arbeit den Menschen auf eine höhere Wärmestufe.

Der für den arbeitenden Menschen adäquateste äußere Zustand der Umgebung wäre der, daß die „Wärme" der Umgebung bei Arbeit so weit gesenkt und so viel mehr Wärme dabei nach außen geleitet würde, als der Arbeitswärmevermehrung entspricht. Praktisch aber befindet sich der Arbeitende immer leicht in der Situation, Mittel anwenden zu müssen, um seine Entwärmung zu erleichtern, also er bedarf der Mehrung der Blutfüllung der Haut und der Hebung der Verdunstung. Für beide Organleistungen müssen bei leistungsfähiger Arbeit auch körperliche Voraussetzungen gegeben sein. Aus der Verdunstung des Wassers kann man im allgemeinen gut erkennen, wie sehr die Hilfsmittel und Organe normaler Entwärmung bereits angespannt sind. Es gibt genug Fälle, in denen die ganze Mehrproduktion an Wärme durch Arbeit glattweg durch Verdunstung allein beseitigt wird. Bei sehr hohen Trockenheitsgraden der Luft, wie sie allerdings in unserem Klima nicht vorkommen, wohl aber in regenarmen Gegenden, stehen der menschlichen Arbeitsbetätigung selbst bei Luftwärme, die weit über Bluttemperatur liegt, keinerlei Hindernisse entgegen. Anders meist bei unserem Klima. Ein höherer Feuchtigkeitsgrad der Luft ist schon im Ruhezustand mehr oder minder belästigend, er wird aber bei Ausführung einer Arbeit schon in der ersten Zeit unangenehm fühlbar durch die rapide Erwärmung des Körpers und die im Laufe einer Viertelstunde oder selbst früher auftretende Schweißbildung. Die Arbeit wird entweder dann verweigert oder tunlichst eingeschränkt. Dies geschieht mehr instinktiv, bei genauer Untersuchung findet man, daß diese Arbeitsverweigerung fast immer solche Fälle betrifft, bei denen die Wärmeabgabe unvollkommen ist und eine Steigerung der Bluttemperatur eintritt.

Durch Zwang, wie bei einem militärischen Marsch oder bei drohender Lebensgefahr wird durch unseren Willen die Abneigung gegen solche die Blutwärme steigernde Arbeit überwunden, allerdings kann die Zunahme der Blutwärme dann selbst zur Lebensgefahr werden. Es ist jedoch ein großer Unterschied nach folgender Richtung vorhanden. Die Blutwärme kann auch steigen bei trockner Hitze, wie bei Tunnelarbeitern, bei Kohlentrimmern usw. Das wird gut ertragen, und bei kürzerer Arbeitsschicht brauchen durchaus keine gesundheitlichen Nachteile zu erfolgen. Anders bei feuchter Luft, wo der stromweise fließende Schweiß sehr schnell ein Schlappwerden herbeiführt auch zu einer rasch ansteigenden Eindickung des Blutes mit allen ihren Nachteilen führt.

Ich gebe nachstehend einige Beispiele über den Einfluß feuchter und trockener Luft auf einen Mann bei Ruhe, bei mittlerer und bei schwerer Arbeit. Die Angaben über die Wasserdampfausscheidung (der flüssige Schweiß ist nicht angeführt) zeigen die zunehmenden Schwierigkeiten der Entwärmung, die Differenzen zwischen trocken und feucht ergeben die Belästigungen des Menschen durch Unterdrückung der Verdunstung.

Leistungsfähigkeit bei ungleicher Wärme und Feuchtigkeitsgrad:

Bei trockener Luft (20%):

Temperatur	Ruhe	Arbeit 5000 kgm	Arbeit 15000 kgm
15	50	55	55
20	60	60	70
25	65	105	150
30	100	145	220
35	160	170	—

bei feuchter Luft (80%):

15	20	25	25
20	25	50	—
25	35	85	—
30	65	110	—
35	—	—	—

Die Beispiele genügen, um zu zeigen, welch enormer Einfluß durch die Feuchtigkeit auf die Möglichkeit der Arbeit ausgeübt wird und wie sie die Ertragsfähigkeit an Arbeit herabzusetzen vermag, selbst bei relativ niedriger Temperatur. Die Arbeit wird also nach kurzer Zeit abgelehnt, wenn die Feuchtigkeitsverhältnisse zu rascher Stauung der Wärme im Körper führte, bei 35° und trockener Luft war noch ein Drittel der Arbeitskraft vorhanden, bei 20° und feuchter Luft auch nur ein Drittel, und höher kam die Person überhaupt nicht. Über 30° wurde er in feuchter Luft zu warm für den ruhigen Aufenthalt, wie für den bei gelinder Arbeit. Vielleicht hängt dies damit zusammen, daß man in feuchter Luft eine drückende Schwüle und Hitze empfindet und Erleichterung findet, wenn man durch einige Bewegung den Ausbruch des Schweißes anregt. Also die Feuchtigkeit hat eine besonders entscheidende Bedeutung. Es kann, um noch ein Beispiel zu geben, sich leichter arbeiten bei 25° und 50% Feuchtigkeit, als bei 17° und 87% Feuchtigkeit.

Bei einer fetten Person liegen die Verhältnisse für die Arbeit ganz ungünstig. Geht man nur wenig über die Mitteltemperatur hinaus, so versagt der Fette gleich für jedwede Arbeit auch bei trockener Luft; bei feuchter Luft sind Temperaturgrade von 35—36° Luftwärme so an der Grenze des Ertragbaren selbst für den Ruhenden, daß man den Hitzschlag befürchtete, der Schweiß fließt in Strömen ab.

Für eine fette Person möchte ich folgende Beispiele für ihre besondere Art der Wasserdampfausscheidung in der Ruhe geben (Grammen per Stunde).

	Luftwärme 20—22°	20—30°	30—37°
bei trockener Luft	56	134	204[2])
bei feuchter Luft	27	170[1])	186[3])

Jeder Versuch, Arbeit zu leisten, versagt beim Fetten schnell, weil er so viel Wasser gar nicht abdunsten kann, als zur Bindung der bei der Arbeit entstehenden Wärme nötig wäre. Mittlere Arbeiter und Schwerarbeiter sind daher nie fett, die Magerkeit ist eine Voraussetzung ausgiebiger Arbeitsfähigkeit überhaupt.

Beim Fetten kommt vielleicht nicht nur das Fettpolster in Betracht, das den Abfluß der Wärme aus dem Blute hindert, sondern wahrscheinlich auch eine stärkere Sekretion von Fettstoffen aus den Talgdrüsen. Fettet man die Haut künstlich ein, so macht das bei gewöhnlicher Temperatur und Feuchtigkeit das Gefühl von Wärme, die fette Haut verdunstet stets etwas weniger Wasser als die gut gewaschene reine. Beobachtet man aber bei jener Temperatur und Feuchtigkeitgrade, wo das Schwitzen normalerweise beginnt, so ist sowohl die Verdunstung bei der gefetteten Haut erhöht, wie auch die Bildung von flüssigem Schweiß.

Ähnliche Verhältnisse werden auch bei der natürlichen Verschmutzung der Haut bei schlechter Hautpflege Platz greifen. Reine Haut hat danach auch einen Vorteil für die Entwärmung.

Nach der Arbeit zeigt sich die Haut nach einer schweißtreibenden Arbeit sehr aufgequollen und weich, und die Gefäße bleiben noch lange Zeit weit unter starker Durchblutung; diese erste Ruhezeit bringt die Gefahr einer abnormen Abkühlung und die Gefahr der Erkältung.

Sehr erleichtert werden kann die Arbeitsmöglichkeit durch den Wind bei hochwarmer Temperatur, um 30° herum steigert der Wind namentlich auch die Atemgröße und mindert die Verdunstung. Selbst extrem hohe Temperaturen werden bei starkem, trockenem Wind leicht auch bei Arbeit ertragen, wobei allerdings die Verdunstungsgröße außerordentlich steigen und enorme Werte erreichen kann, ohne Gefühl der Belästigung.

Die gegebenen Beispiele zeigen den großen Wechsel unserer Leistungsfähigkeit und unseres Leistungswillens mit Bezug auf die Arbeit, ja man begreift, daß Beobachtungen, welche nicht unter genauer Feststellung der Arbeitsbedingungen gemacht werden, wenig oder gar keinen Wert haben. Vieles, was man als individuelle Verschiedenheiten der Muskulatur auffaßt, ist häufig nichts anderes als eine durch die Feuchtigkeit oder den Fettgehalt der Personen bedingte Verschiedenheit.

---

[1]) Und 31 g Schweißwasser.

[2]) Und 14 g Schweißwasser.

[3]) Und 255 g Schweißwasser.

III.

Ich habe bis jetzt von einem Faktor noch gar nicht gesprochen, der ebenso wichtig ist wie die klimatischen und täglichen Veränderungen von Luftwärme, Feuchtigkeit und Wind; von der Bekleidung. Sie dient, wie jeder sie zu gebrauchen scheint, zum Schutz gegen die Unbilden der Witterung, wenigstens ist dies ihre wesentliche Aufgabe. Wie die Ernährung von Hunger und Durst instinktiv geleitet wird, so die Art der Bekleidung bei freier Wahl von dem Gefühl der Behaglichkeit. Bei den meisten Menschen ist diese Grenze da erreicht, wo die Haut unter der Kleidung sich um etwa 32° bewegt. Aber doch keine scharfe Grenze, weil durch Gewohnheit die Hauttemperatur etwas höher sein kann, oder durch Gewöhnung auch niedriger, somit ein ziemlicher Spielraum bleibt, und außerdem die Verhältnisse der nackt bleibenden Flächen (Hand, Gesicht usw.) zu den bekleideten ein nach Sitte schwankender ist. Gewiß die Kleidung hält die Wärme zusammen, aber man könnte versucht sein, die Kleidung in ihrer Wirkung einfach wie den Fettgehalt als die Summierung eines Einflusses zu betrachten, der unsere Gesamtleistungen des Körpers um so viel auf der Stufenleiter der Temperatur hebt, als Wärmeverlust durch die Kleidung verhindert wird. Diese Anschauung trifft aber nicht ganz zu, weil die Kleidung nicht dieselben Eigenschaften besitzt, wie die menschliche Haut.

Die Art der Bekleidung bestimmt beim Menschen ungemein viele Lebensgewohnheiten, die man als individuelle Eigenheiten zu betrachten pflegt, sie bestimmt aber auch die Leistungsgrenzen der Arbeit und den Willen zur Arbeit. Die Wirkung der Kleidung auf die Arbeitsfähigkeit ist uns längst nach allen Richtungen hin bekannt, aber es gibt vielleicht kein anderes Gebiet als etwa die Ernährung, auf dem der Mensch so wenig Belehrung verträgt, wie auf diesem. Solange man vielleicht der Kleidung eine gesundheitliche Bedeutung besonderer Art zuschreibt, sobald eine ausreichende Portion Mystizismus diesen Vorschlägen sich beimengt, sobald man von Wollsystem, Lahmann, von Kneippstoffen spricht, horcht die Masse auf, wenn aber diese Dinge physikalisch und biologisch durchgearbeitet vor uns stehen, verschwindet das populäre Interesse vollkommen.

Ins einzelne zu gehen, wäre hier nicht am Platze, aber man muß wissen, daß wir wohl viel von Wetter und Klima reden, aber meist nicht wissen, daß unser Klima, in dem wir leben, unsere Kleidung ist.

Viele hundertmal vergrößert stellt der Kleidungsstoff im Mikroskop ein Gewirr von Fasern dar, die von der Webweise, aber auch von der Natur des Materials (Wolle, Seide, vegetabilische Faser) abhängig ist. In diesem Wald von Fasern herrscht eine tropische Temperatur von 32° an der Haut. Die Behaglichkeitsgrenze — die Temperatur außerhalb der Kleidung mag bis auf Null und unter Null herabgehen, der Drang nach Behaglichkeit lehrt uns, so viel Kleidungsstücke anzuziehen, daß allemal wieder die 32° erreicht werden. Aber freilich, es kann auch die Kälte eindringen oder die eigene Wärme nicht recht nach außen gelangen, dann frieren wir oder klagen über Wärme.

Die Wärmehaltung erreichen wir dadurch, daß wir mehr oder minder dicke Lagen von Stoffen tragen. Die Wärmehaltung rührt aber überwiegend von der eingeschlossenen Luft, erst in zweiter Linie vom Stoff her. Insoweit ist die Wirkung der Kleidung also leicht verständlich, sie ist ein schlechter Wärmeleiter und dadurch hält sie warm. Unser Kleiderklima ist aber, solange wir in Ruhe sind und nicht ganz hohe Temperaturen vorliegen, hochtrocken, viel trockner als die Luft im Zimmer oder im Freien, und durch das ganze Gewebe hindurch herrscht Windstille, wie in einem dichten Wald. Wohl bewegt sich die Kleiderluft, aber nur langsam, sie bringt die Kohlensäure nach außen, die von den Schweißdrüsen ausgeatmet wird und auch den Wasserdampf.

Der Vergleich der Kleidung mit einem Wald trifft insofern auch zu, als die Hohlräume ungeheuer groß sind, in guter Kleidung bis 80 und 85%, ja noch mehr; die menschliche Kunst steht freilich noch hinter dem Tierpelz zurück, der bis zu 97% Luft und nur 3% Haare einschließt. Aber die Kunst, eine menschliche Kleidung herzustellen, ist wirklich sehr groß, denn die meisten Tiere schwitzen nicht aus der Haut, wohl aber der Mensch, und der Schweiß wird nicht nur in dem Maße ausgeschieden, daß er leicht verdunsten kann, sondern oft zu viel, er näßt die Kleidung, und damit verliert sie wichtige Eigenschaften. Sie kann völlig luftleer werden, wir haben dann das Gefühl des Naßwerdens, wozu übrigens 50–60 ccm Schweiß genügen. Doch gibt es Stoffe, die trotz der Schweißablagerung noch offene Poren haben, diese sind die gesundheitlich günstigsten, weil die Luft auch durch den nassen Stoff bis zur Haut herankann und das Wasser zur Verdunstung treibt.

Die Veränderung, welche am allereinflußreichsten ist, beruht bei der Kleidung in dem Feuchtwerden des Kleiderklimas mit allen in dem Abschnitt II geschilderten Folgen der Arbeitslust und dem Sinken des Arbeitserträgnisses. Vieles kommt bei der Beschaffenheit der Kleidung auf den Grundstoff an. So zeigt sich die Wolle in ihren biologischen Eigenschaften bei sonstiger richtiger Webeart fast allen anderen Stoffen überlegen, und Trikotgewebe sind weit besser als die üblichen Hemdenstoffe, wie sie aus Leinen und Baumwolle zumeist hergestellt werden.

Auf dem Gebiet der Kleidung werden Gewohnheiten ungemein zäh festgehalten, viele Leute kommen zeitlebens aus einer falsch gebauten Kleidung überhaupt nie heraus. So arbeiten die Menschen nebeneinander unter den verschiedensten Arbeitsbedingungen, dem einen wird die Arbeit leicht, dem andern sauer, der eine ist lebensfrisch und unternehmungslustig, der andere träg und bewegungsscheu, und doch beruhen die Unterschiede weniger in den Menschen selbst wie in ihrem Kleiderwahn.

Die Bewegungen bei der Arbeit befördern allerdings bis zu einem gewissen Grade die Luftbewegung in der Kleidung, aber es gibt eigentlich nur ein System guter Lüftung, das ist der Wind im Freien. Man braucht dabei nicht gleich an einen Wind zu denken, der Blätter und Zweige bewegt. Erreicht die Luftgeschwindigkeit auch nur 0,2—0,3 m pro Sekunde, man heißt das noch Windstille, so genügt dies bei guter Kleidung, um diese zu durchblasen, die Verdunstung zu steigern und das Durchschwitzen der Kleidung zu hindern oder aufzuheben.

Diese bewegte Luft führt auch alle Riechstoffe weg, die sich nur zu leicht in der Kleidung ansammeln. Wer im Freien gewesen ist, bringt gewissermaßen den Geruch frischer Luft in seinen Kleidern nach Hause.

In Stuben und Werkstätten entbehrt man der Luftbewegung. Die Arbeit ist deshalb unter vergleichbaren Umständen hier immer weniger ergiebig wie im Freien.

Man begreift, daß die vollkommene Verdunstung des Schweißes, wie sie im Freien vorkommen kann, für die Ruhe nach der Arbeit besonders wichtig ist, weil sie eine rasche Abkühlung, wie sie in feuchter Kleidung erfolgt, ausschließt.

Die unrichtige Kleidung kann also zur Quelle der vorzeitigen Ermüdung werden und individuell die Leistungsfähigkeit mit bestimmen. Von allen Kleidungsstücken haben den größten Einfluß in gutem wie in schlechtem Sinne diejenigen, welche direkt auf der Haut aufliegen, also das Hemd, und gerade dieses weist die gröbsten „Konstruktionsfehler" auf. Von dem Verhalten der Bekleidung gegenüber dem Regen, d. h. der Benässung von außen, will ich hier nicht weiter reden. Man wird die nachfolgende Tabelle über die Ausscheidung des Wasserdampfes bei ein und demselben Manne unter verschiedenen Umständen gut verstehen.

Gramm Wasserausscheidung pro Stunde bei mittlerer Feuchtigkeit der Luft und leichter Bekleidung bei 33° Luftwärme:

Ruhe, nackt, Wind (8 m per 1 Sek.)	73 g
Ruhe, Kleidung, Wind (8 m per 1 Sek.)	91 g
Ruhe, nackt, windstill	112 g
Ruhe, Kleidung, windstill	127 g
Arbeit[1]), nackt, Wind (8 m per 1 Sek.)	175 g
Arbeit, nackt, windstill	204 g
Arbeit, Kleidung, windstill	215 g

Wie die Wärmeverhältnisse überhaupt die größte Bedeutung für die Arbeitsfreudigkeit und Arbeitsgrenzen haben, so finden wir in der Bekleidung diesen Einfluß noch ganz besonders potenziert wieder.

Von einer Arbeitskleidung als einem Objekt von besonders zweckdienlichen Eigenschaften kann man heute kaum reden. Abgelegte Kleidung wird häufig als Arbeitskleidung benutzt mit allen ihren schlechten, unzweckmäßigen und zweckwidrigen Eigenschaften. Hier steht für die Technik ein großes Arbeitsfeld zwar offen, aber man kann zweifelhaft sein, ob die große Masse gewillt ist, aus der alten Schablone herauszutreten. Ungezählte Arbeitsstunden gehen einer Nation durch die Mängel der Kleidung verloren, und daneben schafft schlechte Kleidung auch schlechte Stimmung und schließlich Gesundheitsgefahren. Die Kleidung ist eine unentbehrliche Ergänzung unserer Haut, man sagt zwar, man stecke in einer gesunden Haut oder schlechten Haut, das trifft voll auch auf die Bekleidung zu. Je mehr die Haut „arbeitet", um so reiner soll sie sein, nach dieser Richtung hat die Kriegszeit wie die Nachkriegszeit nur Übles gebracht. Der Seifen- und Wäschemangel, die große Wohnungsdichte und das Zusammendrängen der Menschen, für deren Abhilfe man nur Reden aber keine Taten hat, hat

---

[1]) 20 000 kgm per 1 Stunde.

eine enorme Zunahme der Hautkrankheiten und eine Verlausung gebracht, wie sie früher für undenkbar gehalten oder doch nur bei den niederen Schichten der Ostvölker bekannt war. Es ist Zeit, endlich auch auf dem Gebiete an eine hygienische Abhilfe zu denken.

Der vulgäre Begriff Wärme im Sinne unserer Empfindungen beurteilt, löst sich, wie gezeigt worden ist, in einer ganzen Reihe teils klimatologischer Verhältnisse, teils in Bedingungen auf, die mit unserem Kulturzustand zusammenhängen, wie dies bei der Bekleidung der Menschen der Fall ist. Die Empfindungen sind zweifellos nicht einheitlich, rein thermischer Natur im engeren Sinne, sondern weisen Unterschiede auf, die besonders, was die Feuchtigkeit anlangt, von den reinen Wärmeempfindungen sich unterscheiden. Der mannigfache Wechsel der äußeren Bedingungen kommt nur zum Teil zum Bewußtsein, ebenso sind die Beeinflussungen der physiologischen Anpassungen des Körpers an die wechselnden Außenbedingungen großenteils rein automatischer Natur. Viele angeblich individuelle Eigentümlichkeiten auf dem Gebiete persönlicher muskulärer Leistungsfähigkeit, die sich natürlich auch im praktischen Leben bei gewerblicher Arbeit äußern, sind auf diese mehr oder minder auch verschleiert auftretenden äußeren und künstlichen Lebensbedingungen zurückzuführen, also auch zu beseitigen.

Die Chemie des Leichtflüchtigen.

Von

Alfred Stock-Berlin-Dahlem.

Die flüchtigen, bei gewöhnlicher Temperatur gasförmigen oder leicht vergasbaren Stoffe sind wichtig für die Beurteilung der den einzelnen Elementen eigentümlichen Verbindungskräfte und damit für die Entwicklung der Valenz- und Affinitätslehre. Die Fähigkeit ihrer einfach zusammengesetzten Moleküle, sich unabhängig voneinander in Gasform zu bewegen, ist ein Zeichen weitgehender innermolekularer chemischer Absättigung, die nur geringe Affinitätskräfte nach außen wirken läßt. Das Studium solcher Stoffe, zumal der Verbindungen mit einwertigen Liganden, wie dem positiven Wasserstoff auf der einen, den negativen Halogenen auf der anderen Seite, vertieft unsere Kenntnis von den Grenzen und Möglichkeiten der Atombindungen, was besonders erwünscht ist in einer Zeit, welche sich so erfolgreich mit dem Bau der Atome beschäftigt und hofft, die chemischen Eigenschaften aus der Atomstruktur erklären zu können.

Diese einfachsten flüchtigen Verbindungen sind, abgesehen von denjenigen des Kohlenstoffes, bisher sehr unvollkommen und lückenhaft erforscht gewesen. Was man von ihnen wußte, entsprang zumeist dem Zufall gelegentlicher Beobachtung, nicht systematischer Experimentalarbeit. Sie lassen sich schwierig behandeln, oft nur mühsam und in kleinen Mengen gewinnen, verflüchtigen sich unter den Händen des Experimentators, sind sehr häufig auch höchst empfindlich gegen Luft, Feuchtigkeit, Hahnfett usw. Darum ging der Chemiker ihnen gern aus dem Wege.

Wir haben uns seit längeren Jahren bemüht, diese Lücke der Experimentalchemie auszufüllen. Es wurde ein Verfahren ausgearbeitet, welches erlaubt, gerade solche flüchtigen Stoffe unter völligem Ausschluß von Luft, Feuchtigkeit und Fett zu handhaben, zu reinigen, zu analysieren, ihre physikalischen Konstanten zu bestimmen, ihr chemisches Verhalten zu studieren; dies alles mit äußerst wenig, mit Zehntelgrammen Material. Die Untersuchung geschieht im Hochvakuum, in Glasapparaturen, deren sämtliche Teile miteinander verblasen und an welchen die gewöhnlichen fettgedichteten Hähne durch Quecksilberventile besonderer Art ersetzt sind. Nach den Erfordernissen des Einzelfalles zusammengestellt, enthalten die Apparaturen u. a.: schnellwirkende Pumpen zum Evakuieren; selbsttätige Quecksilberluftpumpen zum Auffangen von Gasen; Gefäße verschiedener Art zur Ausführung von Reaktionen und Analysen, zur Trennung von Substanzgemischen durch fraktionierte Destillation oder Kondensation, zur Bestimmung von Schmelzpunkten, Gas- und Flüssigkeitsdichten, zur Aufbewahrung von Vorräten gasförmiger und flüssiger Präparate; Manometer und Vergleichsbarometer; Einrichtungen, um die Stoffe zu wägen, sie zu erhitzen, in Einschlußrohre und aus diesen wieder in die Vakuumapparatur zurückzubringen usw. Alle Operationen lassen sich ausführen, ohne daß die Substanzen mit Luft in Berührung kommen. Man kann die flüchtigen Stoffe innerhalb der Apparatur an jede gewünschte Stelle überführen, indem man diese mit flüssiger Luft kühlt: in wenigen Sekunden oder Minuten kondensieren sie sich dort quantitativ. Bei fraktionierten Destillationen u. dgl. verwendet man für die notwendige Temperierung der einzelnen Apparatteile flüssige Kühlbäder oder mit flüssiger Luft gekühlte Metallblöcke. Zur Reinheitsprüfung und Identifizierung der flüchtigen Stoffe dient die mit einfachsten Mitteln und ohne Substanzverlust auszuführende Dampfdruckmessung. Alle irgend vermeidbaren Fehlerquellen werden von vornherein ausgeschlossen. Nur ganz einheitliche Präparate dienen als Ausgangsstoffe; Lösungsmittel werden bei Reaktionen tunlichst vermieden, zersetzliche Stoffe bis zu ihrer Weiterverarbeitung dauernd in flüssiger Luft aufgehoben u. dgl. m.

Dieses Vakuumverfahren stellt erhebliche Ansprüche an Raum, Zeit und Geldmittel; ein Forschungsinstitut bietet ihm die günstigsten Bedingungen. Die Apparatur ist kostspielig und schwierig aufzubauen; das Arbeiten verlangt viele flüssige Luft. Ist aber der Apparat erst einmal vorhanden, so ermöglicht er eine erstaunliche Ausnutzung kleiner Substanzmengen. Das Verfahren gibt genauesten Aufschluß über die Reinheit von Stoffen, über die Zusammensetzung von Gemischen, über den Mechanismus von Reaktionen. Bei der Bilanz einer beendeten Versuchsreihe findet man alle Bestandteile der Ausgangsmaterialien in den Endprodukten bis auf Bruchteile von Milligrammen wieder. Wer sich mit der Arbeitsweise vertraut gemacht hat, bevorzugt sie auch dort, wo er mit größeren Substanzmengen nach der alten Weise arbeiten könnte.

Das Vakuumverfahren erweitert die Grenzen präparativer und analytischer Exaktheit wesentlich. Wo wir mit seiner Hilfe in der Literatur verzeichnete physikalische Konstanten, Schmelzpunkte und Tensionen, nachprüften, ergab sich fast ausnahmslos, daß das früher für die Messungen benutzte Material noch nicht wirklich einheitlich gewesen war. Zahlreiche Fragen, auf die man viel Zeit und Mühe verwendet hat, ohne doch zu eindeutigen Ergebnissen zu kommen, lassen sich mittels des Vakuumverfahrens schnell zweifelfrei entscheiden.

Hier soll über zwei Untersuchungsreihen berichtet werden, die sich ganz auf das Vakuumverfahren gründeten. Sie betreffen die Hydride des Siliziums und des Bors und deren einfachste Umwandlungsprodukte, bis jetzt arg vernachlässigte Gebiete der Chemie. Bisher beschränkte sich die Chemie des Bors und Siliziums im wesentlichen auf die Borsäure und Kieselsäure und die Salze dieser Säuren[1]). In ihrer Einförmigkeit stand sie in merkwürdigem und rätselhaftem Gegensatze zur vielseitigen Chemie

---

[1]) Beim Silizium hat man, meist vom $SiCl_4$ ausgehend, auch eine große Zahl organischer Abkömmlinge dargestellt, die aber mit wenigen Ausnahmen kein größeres Interesse erregen können.

des Kohlenstoffes, dessen Nachbarn im periodischen System der Elemente die beiden genannten Grundstoffe sind. Da, wie man jetzt weiß, dem periodischen System stufenweise Änderungen des Atombaues zugrunde liegen, darf die Atomstrukturchemie gerade von der Vergleichung der Valenz- und Affinitätsverhältnisse der drei Elemente Bor, Silizium und Kohlenstoff wertvolle Aufklärungen erwarten.

Wir gewannen unser Ausgangsmaterial, die Hydride, in der üblichen Weise durch Einwirkung von Säure auf die Magnesiumverbindungen des Siliziums und Bors. Mit den alten experimentellen Verfahren war bei diesen Arbeiten nichts anzufangen; die von uns dargestellten Verbindungen wurden fast ausnahmslos durch Sauerstoff, Feuchtigkeit, Fett aufs heftigste zersetzt.

Das Silizium steht im periodischen System in derselben Gruppe wie der Kohlenstoff und ist wie dieser gegenüber positiven und negativen Liganden vierwertig. Dem entsprechen gewisse Ähnlichkeiten der Silizium- und Kohlenstoffverbindungen, z. B. hinsichtlich der Formeln. Sehr verschieden aber verhalten sich Kohlenstoff und Silizium in ihrer Affinität. Jener bindet positive Liganden (wie Wasserstoff) und negative (wie Sauerstoff) fast gleich fest; darauf beruht in erster Linie die bunte Mannigfaltigkeit der Kohlenstoffchemie. Beim Silizium dagegen überwiegt weit die Affinität gegenüber negativen Liganden. So kommt es, daß Bindungen zwischen Silizium und anderen Elementen (z. B. H, S, N, Cl, Br) gesprengt werden, wenn das Silizium Gelegenheit findet, sich mit den stärkst negativen Elementen (O, F) zu verbinden. Fast alle Siliziumverbindungen werden daher durch Wasser „hydrolysiert" und in Kieselsäure verwandelt. Eine zweite charakteristische Eigenschaft des Siliziums ist, daß sich viele seiner Verbindungen kondensieren und in hochpolymere nichtflüchtige, äußerlich kieselsäureähnliche Substanzen übergehen.

Unsere hauptsächlichen experimentellen Ergebnisse seien kurz zusammengestellt[1]).

Silizium-Magnesium und Säure lieferten die Hydride SiH_4 (Siedepunkt $-112°$), Si_2H_6 ($-15°$), Si_3H_8 ($53°$), Si_4H_{10} (ca. $90°$), Si_5H_{12} und Si_6H_{14}, alle selbstentzündlich wie die Mehrzahl der folgenden flüchtigen Siliziumverbindungen.

Aus SiH_4 wurden die Halogenabkömmlinge SiH_3Cl ($-30°$), SiH_2Cl_2 ($8°$), SiH_3Br ($2°$) usw. gewonnen, die dann weitere Synthesen, z. B. von $SiH_3(CH_3)$ ($-57°$), $SiH_2(CH_3)_2$ ($-20°$) u. dgl., ermöglichten. Die Halogenverbindungen ließen sich am besten aus SiH_4 und HCl bei Gegenwart von etwas $AlCl_3$ als Katalysator darstellen: $SiH_4 + HCl = SiH_3Cl + H_2$; $SiH_3Cl + HCl = SiH_2Cl_2 + H_2$; vom Standpunkte des organischen Chemikers aus sonderbar erscheinende Reaktionen. Ähnlich war Si_2H_6 zu halogenieren.

Bemerkenswerte Vergleiche mit den organischen Aminen gestatteten die aus SiH_3Cl und NH_3 entstehenden Stickstoffverbindungen. $(SiH_3)_3N$

---

[1]) Von den nachstehend beschriebenen Verbindungen waren vor unseren Untersuchungen SiH_4 und Si_2H_6 bekannt; letzteres nur in unreiner Form (MOISSAN und SMILES gaben als Siedepunkt 52° an; LEBEAU $-7°$).

($+52°$) wurde als selbstentzündliche, im übrigen beständige Flüssigkeit isoliert. $(SiH_3)_2NH$ zerfiel allmählich nach der Gleichung $(SiH_3)_2NH = SiH_2(NH) + SiH_4$, wiederum eine Reaktion ohne Seitenstück in der organischen Chemie. Die Siliziumverbindungen unterschieden sich von den organischen Aminen dadurch wesentlich, daß sie weder Halogenwasserstoffsalze noch dem $(CH_3)_4NCl$ gleichende Additionsprodukte lieferten. Halogenwasserstoff zersetzte sie vielmehr schon bei Zimmertemperatur glatt unter quantitativer Rückbildung der Halogenide: $(SiH_3)_3N + 4\ HCl = 3\ SiH_3Cl + NH_4Cl$. — Aus SiH_2Cl_2 und NH_3 entstand $SiH_2(NH)$, welches sich sofort zu hochpolymerem, nichtflüchtigem $[SiH_2(NH)]_x$ kondensierte, dadurch an die ähnliche Kondensation des ebenfalls nicht frei existierenden $CH_2(NH)$ zu Hexamethylentetramin erinnernd. Auch $[SiH_2(NH)]_x$ lagerte nicht HCl an, sondern gab damit SiH_2Cl_2 zurück.

Die Hydrolyse führte beim SiH_3Cl, wohl über $SiH_3(OH)$, zu beständigem, gasförmigem $(SiH_3)_2O$ ($-15°$), beim SiH_2Cl_2 zu $SiH_2(O)$. Letzteres hielt sich monomer dampfförmig nur ganz kurze Zeit und ging alsbald in kieselsäureähnliches hochpolymeres $[SiH_2(O)]_x$ über. Diese Verbindung glich dem ebenfalls hochpolymeren $([SiH(O)]_2O)_x$ (sog. „Silico-ameisensäureanhydrid"), welches, wie man schon lange weiß, aus $SiHCl_3$ und Wasser zu erhalten ist. — Aus Si_2H_5Cl und Wasser entstand leichtflüchtiges $(Si_2H_5)_2O$.

Lehrreich ist eine Vergleichung der Hydrolyseprodukte des SiH_4 und CH_4:

A. $SiH_3(OH) \rightarrow (SiH_3)_2O$ (beständiges Gas),

$SiH_2(OH)_2 \rightarrow [SiH_2(O)]_x$ (kieselsäureähnlich, hochpolymer),

$SiH(OH)_3 \rightarrow ([SiH(O)]_2O)_x$ (kieselsäureähnlich, hochpolymer),

$Si(OH)_4 \rightarrow [SiO(OH)_2]_x$ (Kieselsäure, hochpolymer) $\rightarrow (SiO_2)_x$ (ebenfalls hochpolymer).

B. $CH_3(OH)$ (Methylalkohol),

$CH_2(OH)_2 \rightarrow CH_2(O)$ (Formaldehyd) $\rightarrow$ vielerlei Kondensationsprodukte,

$CH(OH)_3 \rightarrow CH(O)(OH)$ (Ameisensäure, flüchtig, niedrigmolekular),

$C(OH)_4 \rightarrow CO(OH)_2$ (Kohlensäure) $\rightarrow CO_2$ (flüchtig, monomer).

Bei den Kohlenstoffverbindungen neigt nur der Formaldehyd zur Kondensation. Doch hält sich diese in mäßigen Grenzen und führt zu Produkten (Paraformaldehyd, Oxymethylen, Zucker, Stärke u. a.), die große chemische Verwandlungsfähigkeit besitzen und leicht wieder in flüchtige Verbindungen übergehen, z. B. durch erschöpfende Oxydation in CO_2. Die Gasnatur des CO_2 ist ja die Grundlage für den ewigen Kreislauf des organischen Lebens. Nachdem der Kohlenstoff im Körper der Pflanzen, Tiere und Menschen, im Erdboden die mannigfaltigsten chemischen Umwandlungen erfahren hat, ersteht er schließlich, wie der Phönix aus der Asche, immer wieder als gasförmiges Kohlendioxyd, überall hindringend und bereit, sich von neuem reduzieren zu lassen und seine chemischen Abenteuer fortzusetzen.

Ganz anders beim Silizium! Das Vorherrschen der Sauerstoffaffinität und die Polymerisation der oxydischen Verbindungen drängen die chemischen Umwandlungen in die eine Richtung zur Kieselsäure. Das Los des Siliziums kann auf unserer Erde mit ihrer sauerstoff- und wasserhaltigen Atmosphäre nur die „Petrifizierung" sein. Seine chemischen Eigenschaften machen es diesem Element unmöglich, dem Kohlenstoff gleich zur Quelle eines organischen Lebens zu werden. Die von uns beobachtete Polymerisation des monomeren $SiH_2(O)$ zeigt die Wege, welche aus dem kleinen, dem Laboratorium vorbehaltenen Bezirk der flüchtigen, reaktionsfähigen, an die organische Chemie erinnernden Siliziumverbindungen in das starre Reich der Kieselsäuren und Silikate führen.

Die Untersuchung der Borhydride[1]) bereitete außerordentliche experimentelle Schwierigkeiten. Neben der Geringfügigkeit der Ausbeuten — wenige Gramme aus Kilogrammen Bor-Magnesium — störte der Umstand, daß das überwiegend aus Wasserstoff bestehende Rohgas infolge der unvermeidlichen Verunreinigungen des technischen Magnesiums auch CO_2, H_2S und die ganze Reihe der Siliziumhydride enthielt. Durch mühsame fraktionierte Destillation[2]) isolierten wir aus dem Rohgase reines B_4H_{10}, welches zum Ausgangsmaterial für die übrigen Borverbindungen wurde.

An reinen Borhydriden gewannen wir:

a) B_2H_6 (Siedepunkt —91°), b) B_4H_{10} (Siedepunkt 18°), c) B_5H_9 (flüssig, 0°-Tension 64 mm), d) B_6H_{10} (flüssig, 0°-Tension 7 mm), e) $B_{10}H_{14}$ (kristallisiert, Schmelzpunkt 99°). Außerdem ließ sich die Existenz vieler anderer, weniger flüchtiger Hydride feststellen, welche durch Farb- und Löslichkeitsunterschiede zu charakterisieren waren. Die wasserstoffärmsten von ihnen ähnelten elementarem Bor.

Die flüchtigen Borhydride riechen unerträglich widerlich. Sie entzünden sich nicht von selbst an der Luft. Bei Zimmertemperatur sind B_2H_6 und B_5H_9 recht beständig; B_6H_{10} geht allmählich unter Wasserstoffabspaltung in ein gelbes kristallisiertes Hydrid über. Am zersetzlichsten ist B_4H_{10}. In der Kälte zerfällt es hauptsächlich in Wasserstoff, B_2H_6 und B_5H_9, in der Wärme in Wasserstoff, B_5H_9, B_6H_{10} und borähnliche Hydride. Der primäre Vorgang ist offenbar die Bildung der borreicheren Hydride und des Wasserstoffes. Verläuft die Reaktion langsam, bei Zimmertemperatur, so reduziert der naszierende Wasserstoff einen großen Teil des noch unveränderten B_4H_{10} zu B_2H_6. Die Reduktionswirkung des bei der Selbstzersetzung von B_4H_{10} entstehenden Wasserstoffes ist sehr groß: z. B. wird Si_2H_6, welches man dem B_4H_{10} beimengt, glatt zu SiH_4 reduziert.

Die Borhydride zeigen eine Fülle der merkwürdigsten Reaktionen. Durch Wasser werden sie — B_2H_6 augenblicklich, die anderen langsamer — (zu Wasserstoff und Borsäure) hydrolysiert, eine bei Nichtmetallhydriden sehr ungewöhnliche Erscheinung. — Mit Laugen liefern sie eigentümliche

---

[1]) Die früheren Literaturangaben beschränkten sich darauf, daß (außer nicht charakterisierten festen Borhydriden) BH_3 und zwei isomere B_3H_3 existieren sollten (RAMSAY und HATFIELD, 1901).

[2]) Die für die Isolierung und weitere chemische und physikalische Untersuchung der Borhydride dienende Apparatur umfaßte über 50 Einzelteile und ebensoviele Quecksilberventile.

Hypoborate. Aus B_2H_6 oder B_4H_{10} und starker Kalilauge läßt sich ein kristallinisches Salz $KOBH_3$ darstellen, welches beim Erwärmen metallisches Kalium abspaltet. Die dem Salze zugrunde liegende Säure ist unbeständig; Ansäuern der wässerigen Lösung führt zu sofortiger Bildung von Wasserstoff und Borsäure. Aus anderen Hydriden, z. B. B_5H_9, entstehen weniger zersetzliche Unterborsäuren. — Natriumamalgam bewirkt eigentümliche Kondensationen. So verwandelt es B_2H_6 und B_4H_{10} restlos in nichtflüchtige Stoffe. — NH_3 liefert mit Borhydriden flüssige und feste Reaktionsprodukte. Z. B. vereinigen sich 2 Volumina B_2H_6 mit 5 Volumina NH_3 unter Freiwerden eines Volumens Wasserstoff. — Flüssige und feste Substanzen bilden sich auch aus Borhydriden und Azetylen; so tritt 1 Volumen B_2H_6 mit 3 Volumina C_2H_2 zu einem glasigen Kondensationsprodukt zusammen. — Auch die Halogenabkömmlinge der Borhydride fallen durch ihr Verhalten auf; sie sind höchst unbeständig. Z. B. wandelt sich B_2H_5Cl in B_2H_6 und BCl_3 um. — Alle vorgenannten Reaktionen vollziehen sich schon bei gewöhnlicher Temperatur.

Große Aufmerksamkeit schenkten wir der Frage, ob denn B_2H_6 und B_4H_{10} die einfachsten Borhydride sind und ob nicht auch, zumal man Alkylverbindungen wie $B(CH_3)_3$ kennt, Borwasserstoffe mit einem Boratom (B_1H_x) oder mit drei Boratomen (B_3H_4) im Molekül existieren. Der Nachweis solcher Verbindungen wäre nicht schwer. Besonders B_1H_x kann der Beobachtung nicht entgehen, weil es, im Gegensatz zu den übrigen Borhydriden, bei der Temperatur der flüssigen Luft sicherlich noch flüchtig sein würde, wie aus dem Siedepunkte des B_2H_6 ($-91°$) einerseits und denjenigen des C_2H_6 ($-89°$) und CH_4 ($-161°$) andererseits zu schließen ist. Trotz sorgfältiger Prüfung vieler Reaktionen, bei welchen man die Entstehung niedriger Borhydride irgend vermuten konnte, haben wir niemals die geringste Spur eines B_1H_x oder B_3H_y gefunden. Dies im Verein mit der Tatsache, daß der beim Zerfall des B_4H_{10} entstehende naszierende Wasserstoff (welcher die höheren Hydride anderer Elemente in die einfachsten Hydride verwandelt) das B_4H_{10} auch nur zu B_2H_6 reduziert, zwingt zu der Annahme: B_2H_6 ist der einfachste Borwasserstoff.

So viel über unsere Versuche. Was sie beim Silizium ergaben, ließ sich auf Grund des schon Bekannten und nach der Stellung des Siliziums im periodischen System so ziemlich erwarten. Beim Bor brachten sie eine völlige Überraschung. Wo man einfache Analogien mit der Chemie der übrigen Nichtmetalle voraussetzte, so sicher voraussetzte, daß die älteren Autoren und Bücher die Existenz eines Borwasserstoffes BH_3 für selbstverständlich hielten, öffnet sich eine neue Welt eigentümlichster chemischer Verhältnisse, Vorgänge und Verbindungen. In der Fülle der Reaktionen und Stoffe erinnert sie an die Chemie des Kohlenstoffes. Freilich ist auch ihr Reich nur das Laboratorium. Alle ihre Substanzen sind wasserempfindlich; in der Natur kann auch das Bor nicht zeigen, welche chemischen Fähigkeiten in ihm schlummern, und muß sich damit begnügen, in der nüchternen Rolle der Borsäure und der Borate aufzutreten. Für die Erforschung der Zusammenhänge zwischen Atomstruktur und chemischen

Eigenschaften aber ist diese „latente" Chemie des Boratoms, des nächst den Atomen des Wasserstoffes und Heliums einfachsten Nichtmetallatoms, von hohem Interesse.

Ich will diese erste Übersicht über unsere Untersuchungen aus der Chemie des Bors und Siliziums nicht schließen, ohne auch hier den Herren Dr. Ernst Kuss und Dr. Carl Somieski zu danken, den geschickten und unermüdlichen Helfern, welche die Freuden und Enttäuschungen dieser Arbeiten jahrelang mit mir teilten. Eines dritten trefflichen Mitarbeiters kann ich leider nur in wehmütiger Erinnerung gedenken: Dr. Carl Massenez gab sein zu allen Hoffnungen berechtigendes Leben im Weltkriege für unser Vaterland hin.

Zum Verständnis der Bodenfauna unserer Binnenseen[1].

Von

August Thienemann-Plön.

Wo die Macht der Brandungswoge nicht jedes höhere Pflanzenleben ausschließt, sind unsere norddeutschen Seen von konzentrisch angeordneten Vegetationsgürteln umgeben.

Zunächst der Grenze von Wasser und trockenem Strand finden wir — im allgemeinen bis zu einer Wassertiefe von 2 m — „Wälder" von Schilf (Phragmites, Scirpus, Typha); an sie schließt sich bei normaler Ausprägung ein Gürtel von Pflanzen mit Schwimmblättern oder doch Blütenständen, die die Wasseroberfläche erreichen (Nymphaea, Nuphar, Potamogetonarten); dieser Potamogetongürtel, der gewöhnlich an der Scharkante beginnt, wird nach dem See zu abgelöst von den Wiesen der ganz untergetauchten Wasserpflanzen — je nach der Durchsichtigkeit des Wassers in 4—7 m Tiefe; Characeen, Elodea, Myriophyllum, Ceratophyllum und Potamogetonarten sind die Hauptbestandteile dieser Wiesen. Auf sie folgt, da wo jegliche höhere, assimilierende Vegetation aufhört, die sog. Sublitoralzone, die in den baltischen Seen durch die Ablagerung großer Mengen von Muschel- und Schneckenschalen, in einzelnen Seen auch durch die Ablagerung von See-Erz charakteristisch ist. Sie beginnt in durchschnittlich 7—8 m Tiefe, kann sich bis in 20 m Tiefe ausdehnen und geht nach unten hin in die gleichmäßigen Schlammablagerungen über, die die „profunde Region", die Seetiefe bezeichnen.

Eigenartig ist die Mengenentwicklung der Tierwelt in diesen verschiedenen Regionen. Während der Scirpus-Phragmites-Gürtel eine Fauna enthält, die der Tierwelt kleinerer Teiche ähnelt und quantitativ nicht allzu reich ist, nimmt die Tierwelt in der Potamogetonzone schon ein spezifisches Gepräge an. Und in der Region der unterseeischen Wiesen erreicht sie ihre höchste Entfaltung. Hier kann ein einziger Zug mit dem Grundnetz Hunderte von Arten und Tausende von Individuen an die Oberfläche bringen. In der Sublitoralzone sinkt dann die Artenzahl ganz beträchtlich und in der profunden Region treffen wir von größeren, makroskopisch sichtbaren Tieren nur noch etwa ein halb Dutzend Arten, diese allerdings stellenweise in ungeheurer Individuenzahl, an.

Was mag der Grund dafür sein, daß die Bodenfauna mit zunehmender Tiefe in unseren baltischen Seen an Arten verarmt?

Es liegt nahe, das Aufhören der Vegetation am Beginne der Sublitoral-
zone für die Verringerung der Artenzahl verantwortlich zu machen. Aber
Sven Ekmans Untersuchungen im Vättern haben gezeigt, daß in diesem
See die Vegetationsgrenze keineswegs auch eine deutliche faunistische
Grenze ist, daß vielmehr dort Tierarten bis weit unter die Vegetation
hinabsteigen, die in unseren baltischen Seen scharf mit ihr abschneiden.
Der Grund muß also ein anderer sein.

Die Untersuchungen der beiden letzten Jahrzehnte haben uns mit der
Tiefenfauna verschiedener Seen genauer bekannt gemacht. Vergleicht man
die Artenzahl der Tiefenfauna (exkl. Dipteren und Protozoen, die nicht in
allen Seen studiert worden sind), so kommt man zu folgender Reihe:

Neuenburger See	217 Arten	Vierwaldstätter See	97 Arten
Genfer See	106 ,,	Thuner und Brienzer See	68 ,,
Vättern	100 ,,	Fursee	23 ,,

Während also die subalpinen Seen und der schwedische Vättern eine
artenreiche Tiefenfauna von ca. 70 bis über 200 Arten haben, enthält der
dänische Fursee nur 23 Arten, und die gleiche niedrige Größenordnung
gilt für alle übrigen baltischen Seen.

**Woher die Artenarmut der Tiefenfauna der baltischen
Seen, der Artenreichtum dieser Fauna in den subalpinen
Seen und im Vättern?**

Nun ist zweifellos die Tiefenfauna unserer Binnenseen als eine verarmte
Litoralfauna aufzufassen. Nur Teile dieser Uferfauna können auch die großen
Tiefen besiedeln. Zwischen Litoral und Profundal ist also gleichsam eine
Schranke vorhanden, die für viele Ufertiere ein unüberschreitbares Hindernis
für die Ausbreitung in die Seetiefe darstellt. Und diese Schranke muß
scharf, hoch, schwer passierbar sein in den baltischen Seen, während dies
Hindernis in den subalpinen Seen und im Vättern viel weniger ausge-
prägt ist.

**Aber welches ist diese Schranke zwischen Ufer und
Tiefe?**

Kommen wir noch von einer dritten Seite an unser Problem heran.

Auch qualitativ ist die Tierwelt der Tiefe der subalpinen Seen eine
andere als die der baltischen. Charakterform der Tiefenfauna der baltischen
Seen sind zwei Arten der Gattung Chironomus aus der Familie der Zuck-
mücken oder Chironomiden, **Chironomus plumosus** (L.) und **Chironomus Liebeli-bathophilus Kieff.** Beide können in ungeheuren Massen
auftreten. Während die an zweiter Stelle genannte Art im ersten Frühjahr
fliegt und dann Schwärme bilden kann, die die Sonne buchstäblich ver-
dunkeln, schwärmt **Chironomus plumosus** im Herbst; ihre Puppen-
häute können am Ufer unserer Seen zu Wällen von 10—20 cm Höhe und
Breite zusammengetrieben sein. In den subalpinen Seen werden die **Chironomus**arten vertreten durch eine andere Chironomide, eine Art der
Tanytarsusgruppe, **Lauterbornia coracina** (Zett). Zu diesen Haupt-
formen treten in der Tiefe beider Seegruppen noch eine Anzahl anderer
ebenfalls für sie charakteristischen Tierarten. Man kann nach dem Ge-

präge der Tiefenfauna die baltischen Seen geradezu als Chironomusseen, die subalpinen als Tanytarsusseen bezeichnen.

Daß es nicht etwa rein geographische Ursachen sind, auf die man diese Verschiedenheit zurückführen kann, geht daraus hervor, daß in der Eifel Chironomusmaare und Tanytarsusmaare nur durch einen schmalen Kraterrand getrennt dicht nebeneinander liegen; und in dem norddeutschen Schaalsee beherbergt der Hauptteil, der Außenschaalsee, eine Tanytarsusfauna, hat also subalpinen Charakter, während die mit ihm in Verbindung stehenden Seitenseen baltischen Charakter und eine Chironomustiefenfauna besitzen.

Das Problem ist nun dies:

„Weshalb steigen in den baltischen Seen im allgemeinen die meisten Tiere nicht unter die Vegetationsgrenze hinab, während sie es in Vättern tun, weshalb ist die Tiefenfauna in den baltischen Seen so arm, in den subalpinen Seen so reich, weshalb hier die Tanytarsusfauna, dort die Chironomusfauna?"

Den Weg zur Lösung des Problems zeigt die Abwasserbiologie.

Wo durch die Abgänge der Kultur (städtische Abwässer, Zucker-, Papier-, Zellulosefabriken, Brennereien, Brauereien, Molkereien usw.) einem Gewässer fäulnisfähige Stoffe im Übermaß zugeführt werden, stellt sich bald eine Fauna ein, die überaus große Ähnlichkeit mit der Tiefenfauna der norddeutschen Seen hat. Hier wie dort Massenentwicklung der roten Chironomuslarven, hier wie dort Borstenwürmer der Gattung Tubifex in gewaltigen Mengen. Tanytarsuslarven treten dagegen nur in nicht verschmutzten Gewässern auf. Untersucht man den Einfluß näher, den jene faulenden Abwässer auf die Tierwelt ausüben, so kommt man zu dem Ergebnis, daß es nicht etwa Fäulnisgifte sind, sondern daß es der durch die Fäulnis bewirkte Sauerstoffschwund ist, der das Gepräge der Fauna beeinflußt. Denn wo künstlich dem verunreinigten Wasser Luft zugeführt wird (Mühlräder, Wasserfälle), da findet sich wieder die sog. „Reinwasserfauna" ein.

Wenn sich also nachweisen läßt, daß wenigstens in bestimmten Jahreszeiten in der Tiefe der Seen des baltischen Typus weitgehender Sauerstoffmangel herrscht, während die Seen des subalpinen Typus stets sauerstoffreich sind, ist die faunistische Verschiedenheit verständlich.

Und das ist tatsächlich der Fall.

In den subalpinen Seen hat das Sommertiefenwasser einen Sauerstoffgehalt von mindestens 6 ccm O_2 pro Liter, d. i. 70% der Sättigung, in den baltischen Seen dagegen nur 4—0 ccm O_2, d. i. 50—0 der Sättigung.

Der niedrige sommerliche Sauerstoffgehalt in der Tiefe der baltischen Seen bildet also die für die meisten Ufertiere unüberwindliche Schranke zwischen Litoral und Profundal, er erklärt die geringe Artenzahl der Tiefenfauna dieser Seen und ihren Chironomuscharakter.

Nun aber erhebt sich natürlich als weiteres Problem die Frage nach den Ursachen der Sauerstoffdifferenzen beider Seetypen.

Da die Größe des Sauerstoffschwundes in einem See vor allem von der Menge der faulenden organischen Stoffe abhängt, so handelt es sich darum, zu untersuchen, ob und evtl. weshalb in beiden Seetypen die Produktion an organischer Substanz eine grundlegend verschieden große ist. Organische Substanz wird erzeugt von den grünen Pflanzen des Planktons und des Ufers. Die Größe der Planktonproduktion hängt in letzter Linie ab von dem Gehalt des Wassers an Pflanzennährstoffen, dieser aber wiederum von dem geologischen Bau des Untergrundes des Sees und seines Einzugsgebietes. Das Wasser der baltischen Seen ist reich an gelösten Pflanzennährstoffen, daher planktonreich, das der subalpinen, in felsigen Untergrund eingebetteten Seen nahrungsarm, daher auch planktonarm. Das absterbende Plankton entzieht dem Wasser schon während seines Herabsinkens den Sauerstoff; und da es die Temperatursprungschicht, das Metalimnion, in der sich die Temperatur auf wenige Meter oft um viele Grade ändert und damit auch die innere Reibung, die Viskosität des Wassers, bedeutend abnimmt, viel langsamer durchsinkt, als die darüber liegende Schicht des Epilimnions, so tritt die Fäulnis und damit der O_2-Schwund in planktonreichen Seen schon im Metalimnion besonders stark auf. Diese Erscheinung wird verstärkt dadurch, daß in den oberen Wasserschichten die O_2-Zehrung des faulenden Planktons kompensiert werden kann durch die O_2-Produktion des assimilierenden lebenden Planktons. Das O_2-Gefälle erfährt in dem Metalimnion der baltischen Seen also eine starke Zunahme, während es in den Seen des subalpinen Typus von der Oberfläche, dem Epilimnion, durch die Sprungschicht, das Metalimnion, bis in die Tiefe, das Hypolimnion ein gleichmäßiges und ganz geringes ist. Daher unterscheiden sich beide Seetypen so auch — fast qualitativ — durch die O_2-Verhältnisse des Metalimnions.

Während die Stärke der Planktonproduktion von der Menge der im Wasser gelösten Pflanzennährstoffe abhängt — geologisch bedingt ist — steht die Menge der Litoralpflanzen in direktem Verhältnis zur Breite der Uferbank oder Schar, auf der die Uferflora wächst. Je breiter diese, um so mehr Pflanzen, um so stärker die bei ihrem Absterben entstehende Fäulnis, je schmäler die Schar, um so weniger Pflanzen, um so geringer die Fäulnis. Die Breite der Uferbank hängt aber wiederum ab von dem Untergrund (subalpiner Felsboden, schmale Uferbank; norddeutscher Gletscherlehm, breite Schar), von dem Alter des Sees (je älter der See, um so breiter ceteris paribus die Uferbank) und dem Bau und den Tiefenverhältnissen des Seebeckens (tiefe Seen mit steiler Böschung und schmaler Uferbank — subalpin; flachere Seen mit weniger steiler Böschung und breiter Uferbank — baltisch). Auch hier wiederum sind die Unterschiede in der Stärke der Pflanzenproduktion des Litorals beider Seetypen geologisch-geographisch bedingt.

Zu diesen, auf die Verschiedenheit in der Produktion organischer Substanz zurückzuführenden Ursachen der Sauerstoffverschiedenheit beider Seetypen kommen noch andere.

In den tieferen und steileren Seen des subalpinen Typus ist das Epilimnion, d. h. die trophogene, produktive Schicht im Verhältnis zur Wassermasse des Hypolimnions, die die faulenden Planktonleiber aufnimmt, klein; die Fäulnis verteilt sich also auf eine große Wassermenge, ist daher wenig stark. Bei den flacheren baltischen Seen ist die trophogene Schicht im Verhältnis zum Hypolimnion groß, die Fäulnis daher stärker. Auch die klimatischen Verhältnisse und die geographische Lage sowie die Lage der Seen im Gelände spielen eine Rolle für unsere Frage, und so läßt sich letzten Endes dieses ganze komplexe Problem der Sauerstoffverschiedenheiten und damit auch der Verschiedenheiten in der Besiedelung des Seebodens beider Seetypen auf geologisch-geographisch bedingte Ursachen zurückführen.

Es ist gewiß nicht ohne Interesse, daß sich innerhalb des Typus der baltischen Chironomusseen auf Grund der Tiefenfauna und der Sauerstoffverhältnisse noch eine weitergehende Gliederung in verschiedene Untertypen vornehmen läßt.

Während in weitaus der Mehrzahl der Seen die beiden Chironomusarten, Ch. Liebeli-bathophilus und Ch. plumosus gemeinsam in der Tiefe in Massen vorkommen, gibt es eine kleinere Zahl von Seen, in denen Ch. Liebeli-bathophilus in der Tiefe entweder nur ganz spärlich auftritt, oder ganz fehlt und ins Sublitoral verdrängt ist, oder schließlich überhaupt nicht mehr in dem See gefunden wird. Wir nennen Seen, in denen diese Art in der Tiefe lebt, Bathophilusseen, Seen, in denen nur Ch. plumosus in der Tiefe lebt, Liebeli-bathophilus aber auf das Sublitoral beschränkt ist oder ganz fehlt, Plumosusseen. Endlich gibt es Seen, in denen auch Ch. plumosus gänzlich fehlt.

Prüft man alle Faktoren, die diese Verschiedenheit erklären könnten, so kommt man zu dem Resultat, daß hier die winterlichen O_2-Verhältnisse der Seetiefe das erklärende Moment darstellen.

Die typischen Bathophilusseen haben auch unter Eis in der Tiefe einen Sauerstoffgehalt von 8—10 ccm pro Liter = 96—110%; sinkt normalerweise der O_2-Gehalt des Tiefenwassers eines norddeutschen Sees während der Eisbedeckung auf etwa 50% herab, so wird die Entwicklung von Ch. Liebeli-bathophilus im Profundal auf ein Minimum reduziert oder die Art in das sauerstoffreiche Sublitoral gedrängt, sinkt er noch weiter und erreicht Werte von 20—5%, so verschwindet außer dieser Art auch Ch. plumosus aus dem See ganz, und es lebt in dem Tiefenwasser nur noch die Larve der Büschelmücke, Corethra plumicornis.

So stehen also Eigenart der Bodenfauna und Sauerstoffverhältnisse der Seetiefe bei unseren Binnenseen in innigem Zusammenhang. Die Sauerstoffverhältnisse aber sind der Indikator für den Gesamtstoffwechsel des Sees. Wie im Organismus des Einzeltieres das Korrelationsprinzip CUVIERS gilt, nach dem alle Organe (und ihre Funktionen) in gesetzmäßigem Zusammenhang stehen, so daß jeder Teil alle übrigen bestimmt, so sind auch in dem höheren Organismus des Sees alle Eigentümlichkeiten hydrographischer, geographisch-geologischer und ökologischer Art so innig miteinander verknüpft, daß mit einem Charakteristikum auch alle übrigen gesetzt sind. Unsere Seetypen sind gleichsam die Arten, die Spezies der Gattung „See" und es ist eine Hauptaufgabe der vergleichenden biologischen Seenkunde, ein natürliches System dieser Seetypen zu schaffen, in dem sie unter Berücksichtigung **aller** Merkmale eingehend beschrieben und übersichtlich gruppiert werden.

Daß solche Studien auch eine praktische Seite haben, sei zum Schluß nur kurz angedeutet. Denn eine wahrhaft rationelle fischereiliche Ausnutzung unserer Binnengewässer ist nur unter Berücksichtigung ihrer hydrobiologischen Eigenart möglich. Die Seenfischerei kann also, will sie ihre Methodik immer vollkommener gestalten — was unter den heutigen wirtschaftlichen Verhältnissen unbedingt erforderlich ist — die von der Wissenschaft aufgedeckten Unterschiede der einzelnen Seetypen nicht unbeachtet lassen.

Literatur.

1911. ZSCHOKKE, FR., Die Tiefseefauna der Seen Mitteleuropas. Eine geographisch-faunistische Studie. Leipzig.

1915. EKMAN, SVEN, Die Bodenfauna des Vättern, qualitativ und quantitativ untersucht. Internat. Revue d. gesamten Hydrobiol. u. Hydrographie **7**.

1917. WESENBERG-LUND, C., Furesöstudier. D. Kgl. Danske Vidensk. Selsk. Skrifter. Nat. og Math. Afd. 8, Raekke III, 1.

1918. NAUMANN, EINAR, Über die natürliche Nahrung des limnischen Zooplanktons. Ein Beitrag zur Kenntnis des Stoffhaushalts im Süßwasser. Lunds Universitets Årskrift N. F. 2, **14**, Nr. 31.

1918. THIENEMANN, A., Untersuchungen über die Beziehungen zwischen dem Sauerstoffgehalt des Wassers und der Zusammensetzung der Fauna in norddeutschen Seen. Erste Mitteilung. Arch. f. Hydrobiologie **12**.

1919. MONARD, A., La faune profonde du Lac de Neuchâtel. Bull. Soc. neuchâteloise d. sciences naturelles **4**, 44.

1920. THIENEMANN, A., Biologische Seetypen und die Gründung einer Hydrobiologischen Anstalt am Bodensee. Arch. f. Hydrobiologie **13**. (Sep. ausgegeben 1920.)

Die Abbauwege des Organeiweißes.

Von

Karl Thomas-Berlin.

Wie bei jeder experimentellen Wissenschaft, so spiegelt sich auch in der Ernährungslehre der Fortschritt der Technik in den Fragen wieder, die im Laufe der Zeiten bearbeitet worden sind. Die großen Probleme bleiben, man möchte sagen, in Jahrhunderten die gleichen; was sich ändert, das ist die Art, wie die Einzeluntersuchungen angepackt werden. Ihnen liegen die Arbeitshypothesen zugrunde und diese ändern allerdings ihr Gewand mit der Mode, mit der Leistungsfähigkeit der Technik und den damit gleichlaufenden Fortschritten unserer Erkenntnis.

Wir werden hier alle mit dem Energieumsatz zusammenhängenden Fragen beiseite lassen und nur die stoffliche Seite der Ernährungsvorgänge behandeln und auch davon nur einen Teil des Eiweißstoffwechsels. Von unseren drei großen Nährstoffgruppen, den Kohlehydraten, den Fetten und den Eiweißkörpern zeichnen sich letztere dadurch aus, daß sie Stickstoff enthalten. Findet man also irgendein Stoffwechselprodukt, das Stickstoff enthält, so weiß man, daß es irgendwas mit Eiweiß zu tun haben wird. Am längsten unter solchen ist der Harnstoff bekannt und der Harnstoff war daher lange Zeit das Maß für den Eiweißumsatz. Dabei erkannte man, daß je nach der Ernährungsweise sehr verschiedene Mengen Eiweiß umgesetzt werden, und da man andererseits wußte, daß alles Lebendige in erster Linie aus Eiweiß besteht, so brachte man die Leistungsfähigkeit des Körpers mit der Höhe seines Eiweißumsatzes zusammen. Direkte Beziehungen konnten aber nicht bestehen, das sah man bald ein. Der Eiweißumsatz konnte sich von Tag zu Tag gewaltig ändern, während die Leistungsfähigkeit und das Wohlbefinden des Menschen im großen und ganzen gleich blieben. Unter ein gewisses Maß ging der Eiweißumsatz allerdings nie herunter, auch im lange dauernden Hunger wurde stets eine gewisse Menge Harnstoff ausgeschieden. Das Eiweiß unserer Nahrung erfüllt offenbar zwei Aufgaben. Einmal ersetzt es im Körper zugrunde gegangene lebende Substanz; auch sie nutzt sich ab, die Verluste müssen ersetzt werden, wenn der Körper, die Maschine, leistungsfähig bleiben soll. Daneben dient aber Eiweiß ebenso wie Fett und Kohlehydrat als Heizstoff. Die Frage war nun, wieviel Eiweiß wird als solches gebraucht, oder mit anderen Worten, wieviel geht bei der Abnutzung verloren, wieviel also muß in der Nahrung zum Ersatz vorhanden sein (Rubner). Solche Untersuchungen sind nicht die Frucht müßiger Spekulationen, sondern hatten und haben überaus praktische Bedeutung. Das Eiweiß ist unser teuerster Nährstoff. Die Pflanzen bilden ihn nur reichlich, wenn sie mit Stickstoffverbindungen, die Geld kosten, reichlich gedüngt werden; alles tierische Eiweiß ist noch kostspieliger, da wir nur auf dem Wege über unser Schlachtvieh, nur mit einem großen Verlust an Eiweiß und anderen Nährstoffen das schmackhafte Fleisch erhalten, Eiweiß also nur scheinbar „angereichert" haben. Können wir an ihm ohne Schaden für Körper und Leistungsfähigkeit sparen, so behalten vielleicht weite Schichten unserer Bevölkerung Mittel für Kulturbedürfnisse übrig, denen sie jetzt entsagen müssen. In diesem Gedanken entstanden die Untersuchungen über das Eiweißminimum, die unsere physiologischen, hygienischen und volkswirtschaftlichen Archive füllen. Inzwischen hatte man den Harnstoff als Maß des Eiweißumsatzes verlassen und den gesamten Stickstoff der Ausscheidungen bestimmt, in der richtigen Erkenntnis, daß nicht aller Stickstoff des verzehrten Eiweißes in Form von Harnstoff ausgeschieden wird, sondern daß ein nicht gar so kleiner Teil auch als Kreatin, Harnsäure, Ammoniak und in noch vielen anderen kompliziert aufgebauten Verbindungen wieder erscheint. Alle diese Verbindungen konnte man an ihrem Stickstoff fassen, und da die Eiweißmenge der Nahrungsmittel auch nur aus Stickstoffbestimmungen berechnet wurde, wurde der zugeführte und ausgeschiedene Stickstoff miteinander in Beziehung gebracht, und so die Untersuchungen über das Stickstoffminimum exakter gestaltet. Bald genügte auch den Gesamtstickstoff zu bestimmen nicht mehr den Ansprüchen. In der Nahrung waren noch stickstoffhaltige Verbindungen enthalten, die kein Eiweiß waren. In manchen Kartoffelarten z. B. ist der größte Teil des Stickstoffs nicht in Form von Eiweiß, sondern in Form von „Amidsubstanzen" vorhanden; der Fleichextrakt enthält einen großen Teil des Fleischstickstoffs, aber kein Eiweiß. Für den Eiweißumsatz sind diese Verbindungen wertlos, so dachte man und mühte sich ab, den wahren Eiweißgehalt unserer Nahrungsmittel zu bestimmen. Dann kamen die berühmten Untersuchungen von Emil Fischer und Albrecht Kossel zu Anfang unseres Jahrhunderts, die Licht in den chemischen Aufbau der Proteine brachten. Die Eiweißfragen stehen seither wieder im Vordergrunde des Interesses. Von neuem Gesichtspunkt aus werden sie in Angriff genommen. Die „Amidsubstanzen" unserer pflanzlichen Nahrungsmittel erscheinen uns jetzt nicht mehr wertlos; nicht auf den Stickstoff, sondern auf den ganzen „Baustein" kommt es an. Wir brauchen gar nicht das komplizierte zusammengesetzte große Eiweißmolekül; wird es außerhalb des Körpers verdaut und wird die Summe seiner Bausteine verzehrt, so haben diese zusammen den gleichen Wert. Jetzt heißt die Frage also nicht mehr, wieviel Eiweiß oder Stickstoff brauchen wir, sondern wieviel von jedem Baustein. Und da die verschiedenen Eiweißkörper die einzelnen Bausteine in verschiedenem Mengenverhältnis enthalten, so erscheint es nicht mehr auffallend, daß auch die Eiweißstoffe untereinander verschieden viel wert in ihrem Ernährungseffekt sind. Bald zeigte sich, daß einzelne Bausteine gar nicht nötig sind, sie kann der Tierkörper sich offenbar aus anderem Material selbst bilden. Die heutigen Untersuchungen fragen daher, welche Bausteine sind lebenswichtig, welche müssen in der Nahrung vorhanden sein? Und können wir durch eine passende Mischung von Nahrungsmitteln und damit von Eiweißkörpern das Mengenverhältnis der Bausteine untereinander so verschieben, daß wir mit einem Minimum von ihnen auskommen? Wir sehen, Harnstoff- und Stickstoffbestimmungen, Fütterungsversuche mit Analyse der Ein- und Ausfuhr, sogenannte Bilanzversuche genügen für diese Fragen längst nicht mehr; sie haben den Weg gewiesen, auf den wir jetzt in präparativer Arbeit unsere Forschungen fortsetzen.

Dabei stoßen wir auf ein Problem, das schon unseren Altmeister in der Ernährungslehre, CARL VOIT, beschäftigt hat. Was geschieht eigentlich mit dem Eiweiß, das wir mit unserer Nahrung aufnehmen? Warum dürfen einzelne seiner Bausteine, bestimmte Aminosäuren in unserer Nahrung nicht fehlen? Das Eiweiß unserer Nahrung wird im Darm unter Aufnahme von den Bestandteilen des Wassers in ein Gemisch von Aminosäuren aufgespalten. Ob dies vollständig geschieht, oder ob einzelne höhere Bruchstücke übrigbleiben, ist nicht ganz sichergestellt, nur Bruchstücke werden jedenfalls resorbiert. Die Annahme, daß in der Darmwand ein Wiederaufbau von arteigenem Eiweiß aus den Aminosäuren stattfindet, ist heute verlassen. Die Aminosäuren werden nun, wie Folins Untersuchungen gezeigt haben, im Gewebe der einzelnen Organe abgelagert und allmählich zu Harnstoff usw. abgebaut. Nur ein Teil von ihnen tritt offenbar für die Bausteine des Organeiweißes ein, die bei der „Abnutzung" zu Verlust gegangen sind. Auch das „Organeiweiß", wie wir das lebende Eiweiß der Zellen im Gegensatz zum toten Nahrungseiweiß nennen wollen, kann in gleicher Weise hydrolytisch aufgespalten werden. In jedem Organ finden sich Fermente, die wie das Pepsin des Magens, das Trypsin des Pankreas und des Erepsin des Darmes proteolytisch wirken; diese Proteasen sind verschieden von den eben genannten und vielleicht sogar für jedes Organ spezifisch. Ob diese proteolytischen Fermente auch während des Lebens eine Rolle spielen, war lange Jahre hindurch eine Streitfrage der Physiologen. Heute ist sie wohl dahin entschieden, daß die autolytischen Fermente den Organzellen als solchen zukommen, nichts mit den proteolytischen Fermenten des Blutes zu tun haben und auch während des Lebens, aber reguliert und in keinem großen Ausmaß, zur Wirkung kommen. Vielleicht liegt ihr eigentlicher Wert während des Lebens nicht in ihrem Vermögen, das Eiweiß abzubauen, sondern umgekehrt in ihrer synthetischen Wirkung, indem sie den Anbau von organ-spezifischem Eiweiß besorgen (M. JACOBY). Auch Organeiweiß, das aus pathologischen Gründen über die Abnutzungsquote hinaus mehr zersetzt wird, wie es das fibrinreiche Exsudat bei der Lungenentzündung oder ein Bluterguß in das Gewebe ist, wird mit Hilfe der Gewebsproteasen in Aminosäuren überführt, löslich gemacht und weggeschafft. Aminosäuren hat man im pneumonischen Exsudat, das sich im Stadium der Lösung befindet, nachgewiesen, auch bei der Arsen- und Phosphorvergiftung erscheinen einzelne in der Leber und im Harn. Außerdem sind Diamine von BAUMANN, von NEUBERG bei schwerer Cystinurie im Harn gefunden worden, γ-Amino-butyro-betain bei der Phosphorvergiftung von KUTSCHER. Alles dies sind Produkte, wie sie auch sonst durch bekannte physiologische Reaktionen aus Amino-

säuren entstehen können und uns daher in der Überzeugung festigen, daß
ebenso wie das Nahrungseiweiß auch das Organeiweiß in vielen
Fällen hydrolytisch aufgespalten wird und daß die bekannten Aminosäuren dabei als erste Spaltprodukte auftreten.

Werden im Gegensatz dazu, aus dem Eiweiß der Abnutzungsquote
in der ersten Stufe ebenfalls Aminosäuren freigemacht? Etwa 30 g von dem
Eiweiß seiner Organe verbraucht der erwachsene Mensch täglich. Nur
von einem Teil, etwa 20 g entsprechend, erscheinen die Abbauprodukte
im Harn, der Rest wird in organisierter Form als Abschilferungen der
äußeren Haut und der Schleimhäute, als Haare, Nägel u. dgl. abgestoßen,
zerfällt also sicher nicht in Aminosäuren, ein Teil, dessen Größe nicht
genau bekannt ist, geht mit der Galle und den Absonderungen des Darmes
in gelöster Form zu Verlust, von ihm wissen wir überhaupt nicht viel;
ob es primär auch hydrolytisch aufgespalten wird, sei dahingestellt. Wir
beschäftigen uns nur mit dem Hauptteil der Abnutzungsquote, dessen
Stickstoff im Harn erscheint. Oder vielmehr, wenn wir in unserer Ausdrucksweise auf experimentell sicher Gestelltem fußen wollen, so müssen
wir sagen, dessen Stickstoffmenge mindestens so groß ist wie diejenige,
die im Harn erscheint, wenn die Ernährung durch reichlichste Fütterung
von Kohlehydrat und Fett unter Ausschluß von Eiweiß die Sicherheit gibt,
daß nur Organeiweiß und nicht mehr als das der Abnutzungsquote zersetzt
wird; denn wir wissen nicht, ob der Harnstickstoff aus dem Organeiweiß
stammt, für den eine äquivalente Menge eingebaut worden ist oder ob die
wichtigen Bausteine in der Nahrung eine „Abnutzung" vollständig verhindert haben. Die Harnstickstoffmenge ist mindestens so groß; denn es
wäre immer noch denkbar, daß zwar mehr Eiweiß im Körper zerlegt wird,
daß aber ein Teil seines Stickstoffs wieder verwertet wird. Die schöne
Beobachtung von KNOOP, der im Tierkörper eine azetylierte Aminosäure
aus der zugehörigen Ketosäure entstehen sah, gibt zu denken. Ob allerdings derartige Synthesen in solchem Umfang vom Tierkörper ausgeführt
werden, wie es die Fütterungsversuche von GRAFE, ABDERHALDEN und
anderen mit Ammonsalzen auf den ersten Blick wahrscheinlich gemacht
haben, ist inzwischen zweifelhaft geworden. Unsere Frage: Wird das
Eiweiß der Abnutzungsquote ebenfalls hydrolytisch in Aminosäuren aufgespalten, heißt strukturchemisch formuliert: werden die freien Aminosäuren gerade so abgebaut wie die gebundenen? So allein läßt sich die Frage
auch experimentell angreifen. Wir dürfen uns nämlich nicht vorstellen, daß
unser Organeiweiß sozusagen nur eine bestimmte Lebensdauer hat, und daß
in regelmäßiger Wiederkehr ein ganzes Molekül abgenutzt, herausgeholt und
durch ein neues ersetzt wird. Wir denken uns vielmehr, daß nur einzelne
Bausteine bei der Bereitung der Hormone und anderer spezifischer Produkte
abgenutzt werden. Manche Reaktionen, wie Entgiftungen körperfremder
Substanzen geschehen ebenfalls unter Verbrauch von bestimmten Aminosäuren. Wenn diese dem Organeiweiß entnommen werden, so braucht nicht
das ganze Eiweißmolekül dabei zertrümmert werden. Diese hergebrachte
Anschauung ist wohl die Folge der Tatsache, daß man auch nicht die Spur
eines abgeänderten Organeiweißes hat auffinden können. Aus den Geweben

sind bisher immer die gleichen Eiweißkörper von gleicher Zusammensetzung gewonnen worden. Wenn man aber bedenkt, daß nur $^1/_{1000}$ der Eiweißbausteine täglich durch „Abnutzung" verändert wird, so dürften unsere heutigen Methoden nicht ausreichen, um derartige Abänderungen leugnen zu können.

In unserer oben formulierten Frage stecken eigentlich zwei. Einmal: führen im Organeiweiß gebundene Aminosäuren zu den gleichen Schlacken wie freie? Und dann: Geben freie Aminosäuren die gleichen Stoffwechselprodukte wie die gebundenen? Die erste Frage haben wir am Zystin, die zweite am Kreatin experimentell studiert; hingewiesen wurden wir auf beide dadurch, daß seit langem der Neutralschwefel und das Kreatinin des Harns als Maß für den „endogenen" Eiweißumsatz gelten. Endogener Umsatz und Abnutzungsquote sind nicht identisch, endogen ist der umfassendere Begriff, indem das Plus an Eiweiß, das aus den eingangs erwiesenen pathologischen Gründen oder auch im Hunger eingeschmolzen wird, zwar endogener Natur ist, aber nicht zur Abnutzungsquote gerechnet werden darf.

Daß man mit Hilfe von Halogenbenzolen Zystin aus dem tierischen Zwischenstoffwechsel herausholen kann, haben vor vielen Jahren gleichzeitig und unabhängig von einander E. BAUMANN und M. JAFFÉ gefunden. Verfüttertes Brombenzol wird als p-Bromphenylmerkaptursäure ausgeschieden; sie kann ohne Mühe und nahezu vollständig in kristallisierter Form aus dem Harn dargestellt werden und dient also dazu, das Zystein des Zwischenstoffwechsels zu fassen. Daß das in ihr steckende Zystein identisch ist mit dem, das als Baustein des Eiweißes weit verbreitet ist, hat FRIEDMANN später nachgewiesen. Seither nimmt man an, daß die Halogenbenzole in den Eiweißstoffwechsel eingreifen und sich ihren Paarling aus ihm herausholen. Diese Behauptung gilt aber nicht für alle Fälle. Denn im Stickstoffminimum bleibt die Bildung der gepaarten Säure aus, sie geht nur in dem mit Eiweiß, d. h. hier mit Zystein gefütterten Tier vor sich. Warum bleibt die Paarung aus, wenn das Zystein dem Organeiweiß entnommen werden muß? Das kann natürlich daran liegen, daß aus ihm kein Zystein freigemacht wird, indem sein schwefelhaltiger Baustein in anderer Weise verbraucht wird. Oxydierter und neutraler Schwefel erscheinen im Harn, also verbraucht wird auch das Zystein des Organeiweißes beim Stickstoffminimum. Aber man muß auch an andere Möglichkeiten denken. Es kann bei der einseitigen reichlichen Fütterung mit Kohlehydraten der Abbau des Brombenzols über andere Zwischenstufen erfolgen, die sich mit Zystein nicht verbinden können; oder die Zirkulationsverhältnisse verhindern eine Paarung. In den Stickstoffminimumversuchen können Brombenzol und Zystein gar nicht am Ort der Synthese zusammengetroffen sein. Das gefütterte Brombenzol kam durch die Pfortader in den Körper hinein, das zur Paarung benötigte Zystein mußte in den Organen frei gemacht werden. Wenn die Synthese in der Leber stattfindet, so kann das peripher entstehende Zystein nur durch Vermittlung des großen Kreislaufs und immer nur in Bruchteilen dahin gelangen, wenn vielleicht das Brombenzol dort schon anderweitig verarbeitet worden ist. Soll aber die Synthese in den peripheren Organen, dem Ort der Zysteinbildung geschehen, dann ist dafür Voraussetzung, daß unverändertes oder wenigstens richtig vorbereitetes Zystein auf dem Weg über die Leber in den großen Kreislauf gelangt. Die Verhältnisse liegen also für eine Paarung sehr viel ungünstiger als bei der gleichzeitigen Fütterung von Eiweiß und Brombenzol. Wir haben daher Hunde mit Fleisch gefüttert, ihnen das Brombenzol aber subkutan zugeführt. Es wurde Merkaptursäure gebildet; der Versuch entschied also, daß auch unter diesen Umständen die Paarlinge sich getroffen haben mußten. Hier sind nun die Verhältnisse, die beim Stickstoffminimum herrschen, gewissermaßen auf den Kopf gestellt. Wir haben daher auch den Gegenversuch ausgeführt und im Stickstoffminimum das Brombenzol gefüttert und gleichzeitig Zystin subkutan zugeführt: auch hier trat die Paarung ein. Damit war gezeigt, daß bei dieser einseitigen Fütterung mit Kohlehydraten der Abbau des Benzols keine anderen Wege einschlägt und deshalb die Bildung von Merkaptursäure früher nicht ausgeblieben ist. So scheint es uns sehr wahrscheinlich geworden, daß aus dem „abgenutzten Organeiweiß" überhaupt kein Zystein entsteht. Da aber stets Schwefel im Harn beim Stickstoffminimum vorhanden ist, muß also das im Organeiweiß gebundene Zystein auf andere Weise abgebaut werden. Wie, können wir heute noch nicht sagen und wollen uns daher auch nicht weiter darüber auslassen.

Wir sind nicht berechtigt, vom Zystein auf die anderen Aminosäuren zu schließen. Nicht immer führt die freie Aminosäure zu einem anderen Endprodukt wie die gebundenen. Aus dem Tryptophan der Nahrung geht die Kynurensäure hervor, wie ELLINGER gezeigt hat. Auch aus dem Stickstoffminimumharn haben wir Kynurensäure isolieren können, in anderen Versuchen allerdings auch vermißt, so daß uns diese Frage noch nicht spruchreif erscheint.

Im Stickstoffminimum erscheint stets Kreatinin im Harn, es wird sogar so gleichmäßig ausgeschieden, daß man es als Maß für die Intensität des endogenen Umsatzes benutzt. Kreatinin ist das Anhydrid des Kreatins, wir setzen bei unseren Betrachtungen beide fortan gleich, obgleich manche Forscher ein physiologisches Abhängigkeitsverhältnis beider voneinander bestreiten. Die Mehrzahl aber nimmt mit uns an, daß verfüttertes Kreatin als Kreatinin im Harn erscheint, zugeführtes Kreatinin allerdings als leicht verbrennlicher Körper zu gelten hat und zum größten Teil einen weiteren Abbau zu Harnstoff und anderen Substanzen unterliegt. Woher stammt das Kreatin des Harns? Sicheres wissen wir nicht. Offenbar stammt es aus den Muskeln, denn 98% alles Kreatins, das der Körper enthält, ist in den Muskeln allein vorhanden. Nur Spuren enthalten die anderen Organe. Im ganzen handelt es sich um nicht ganz kleine Mengen; der Erwachsene scheidet mehr als 1 g täglich aus; in seinen Muskeln besitzt er einen Vorrat von ungefähr 160 g! Welcher Baustein des Eiweißes als seine Muttersubstanz zu gelten hat, wissen wir ebenfalls nicht bestimmt. Am wahrscheinlichsten ist es, daß dem Arginin, der einzigen höheren Guanidinverbindung des Tierkörpers, diese Rolle zukommt. Aber verfüttertes Arginin führt sicher nicht zu Kreatin, das haben die verschiedensten Versuche ergeben. KOSSEL und DAKIN fanden die Erklärung dafür: Viele Organe und besonders reichlich gerade die Leber enthalten ein Ferment, das spezifisch auf Arginin eingestellt ist und dessen Guanidingruppe unter Abspaltung von Harnstoff zerlegt. Nur freies Arginin wird gespalten, gebundenes oder sonst irgendwie verändertes (z. B. methyliertes s. unten) wird nicht angegriffen, ebensowenig andere Guanidosäuren. Wird also Arginin (oder argininhaltiges Eiweiß) mit der Nahrung aufgenommen, so erscheint im Zwischenstoffwechsel nur Ornithin, eine Aminosäure, aus der die Guanidosäure Kreatin erst wieder durch Synthese entstehen kann, eine Reaktion, die zwar in jeder Zelle vor sich gehen muß, über die wir aber nichts Näheres wissen. Das Nahrungsarginin kommt also nicht in Betracht; wie aber verhält es sich mit dem Arginin des Organeiweißes? Besonders solcher Organe, die das Ferment Arginase nicht enthalten? Da ist auffällig, daß gerade die Muskeln, die wahrscheinlichste Bildungsstätte für Kreatin, frei von diesem Ferment sind, in den meisten anderen Organen kommt Arginase vor, wie sich mit der Formoltitration im Kosselschen Institut hat nachweisen lassen. KUTSCHER hat auch darauf hingewiesen, daß überall in der Natur unter den Extraktivstoffen der tierischen Organe entweder Kreatin angetroffen wird oder nur da, wo dieses fehlt, das sonst nicht vorhandene Arginin oder seine Aminoabkömmlinge Ornithin und Putreszin auftreten. Es wäre also mit unseren heutigen Vorstellungen vom Abbau der Aminosäuren, wie sie durch die Arbeiten von NEUBAUER und KNOOP ausgearbeitet worden sind, gut vereinbar, anzunehmen, daß das Kreatin entsteht, indem in den Muskeln aus dem Eiweiß Arginin frei wird und dieses bei fehlender Arginase über die γ-Guanidobuttersäure zur Guanidoessigsäure β-oxydiert wird; von letzterer hat JAFFÉ gezeigt, daß sie, allerdings nur in kleinem Ausmaß, vom Tierkörper methyliert und in Kreatin übergeführt wird. Die ε-Guanidokapronsäure würde sich dem gleichen Schema einfügen, nur müßte sie zweimal β-oxydiert werden. Da sie leichter zugänglich ist und von Arginase nicht angegriffen wird, wurde sie von uns bereitet und in großen Mengen verfüttert. Keine Spur Kreatin ist daraus entstanden. Mit 30 g der weniger leicht zugänglichen γ-Guanidobuttersäure wurden überlebende Hundemuskeln stundenlang durchströmt, ebenso mit großen Mengen des natürlichen, aus Hanfsamen bereiteten Arginins, die Zunahmen an Kreatin blieben innerhalb der Fehlergrenzen der Versuchsanordnung. Wir hatten nicht den Eindruck, als ob die genannten Substanzen in Kreatin übergegangen sind. Neben anderen Möglichkeiten konnte der vermutete Abbau zum Kreatin deshalb unterblieben sein, weil hierzu nicht nur die β-Oxydation, sondern auch eine Methylierung erforderlich ist. Es ist denkbar, daß der oxydative Abbau erst einsetzt, nachdem die Methylierung des Guanidinkerns erfolgt ist. Die Methylierung verfütterter Guanidoessigsäure erfolgt nur recht unvollständig. Es lag daher nahe, den Organismus entgegenzukommen, und ihm die methylierte Säure zum oxydativen Abbau zu reichen. Es genügt unserer Ansicht nach nicht, wie es THOMPSON bei seinen Arginstudien tut, gleichzeitig solche Substanzen mit zu verfüttern, die möglicherweise eine Methylierung erleichtern; es erscheint uns notwendig, daß man sich die Mühe macht und die Methylprodukte außerhalb des Körpers herstellt. Wir haben deshalb Methylguanidokapronsäure und -buttersäure hergestellt, verfüttert und subkutan zugeführt. In keinem der Versuche ist Kreatin entstanden, obgleich Arginase in vitro ganz ohne Einwirkung blieb. Aber auch damit haben wir uns nicht begnügt. Man kann den Einwand machen, daß diese Guanidoverbindungen etwas ganz anderes sind wie Arginin, das gleichzeitig eine α-Aminosäure ist; sie zeigen ganz andere Löslichkeitsverhältnisse und kommen womöglich gar nicht dahin, wo normalerweise der Abbau des Arginins zum Kreatin einsetzt. Wir haben daher δ-Methylarginin hergestellt, dessen Synthese nach Überwindung mancher Schwierigkeiten gelang. Es zeigt gewisse Ähnlichkeiten mit einem Argininisomeren, das von SUZUKI unter den Extraktivstoffen einer Muschel aufgefunden worden ist, allerdings nur in so kleinen Mengen, daß eine genaue Charakterisierung des Körpers unmöglich war. Unsere Synthese führte über δ-Methylornithin, das sehr leicht in sein Laktam, das N-Methyl-β-aminopiperidon übergeht; es fällt noch in stärkster Verdünnung mit Kaliumwismutjodid und zeigt damit eine Eigenschaft, die E. WINTERSTEIN von einem isomeren Lysin angibt, das er aus dem Eiweiß von Rizinussamen isoliert hat. Da unser synthetisches Methylarginin also vielleicht in naher Beziehung zu Naturstoffen steht, und da glücklicherweise Arginase ein so spezifisches Ferment ist, daß es dieses methylierte Arginin nicht zersetzt, ähnlich wie Urease auch den Methylharnstoff nicht angreift, so hofften wir nun endlich die Muttersubstanz des Kreatin in Händen zu haben. Aber weder verfüttertes noch subkutan zugeführtes Methylarginin gab den gewünschten Abbau. Wir erklären uns das negative Ergebnis, indem wir annehmen, daß nicht freies Arginin zu Kreatin abgebaut wird, sondern nur das im Organeiweiß gebundene; seine Guanidogruppe liegt frei, wie KOSSEL gezeigt hat. Von da aus fängt der Abbau an und durch β-Oxydation der Seitenkette entsteht ein „abgenutztes" Arginin, das unter Abspaltung von Kreatin weiter zerfällt. Wir erinnern hier an die Arbeit von URANO aus dem HOFMEISTERschen Laboratorium, die den Nachweis einer labilen und nicht dialysablen Vorstufe des Kreatins im Muskeleiweiß erbracht hat. Wir sind uns wohl bewußt, daß wir dieses Schema noch längst nicht bewiesen haben. Die Oxydation ist vielleicht an die Methylierung gekoppelt. Auch wissen wir nichts darüber, in welcher Weise eine Oxydation die Spaltung vorbereiten muß. Wir wissen ja auch ebensowenig, auf welche Weise die β-Oxydation bei den gesättigten Fettsäuren vor sich geht. Ob es möglich ist, solche Oxydationsstufen vom Arginin synthetisch zu bereiten, muß vorerst bezweifelt werden. Und auf biologischem Wege der Frage näher zu kommen, hat auch nicht viel Aussicht auf Erfolg. Nicht einmal die Bildung von Harnstoff aus Aminosäuren können wir ohne das intakte Organ nachmachen. Die Bildung von Kreatin ist eng verknüpft mit dem Lebensprozeß.

Auch hier dürfen wir nicht ohne weiteres glauben, daß andere Aminosäuren auf gleiche Weise von der freien Seitenkette aus angegriffen werden. Beim Tyrosin allerdings haben wir ebenfalls Anhaltspunkte dafür, daß das gebundene anders abgebaut wird wie das mit der Nahrung zugeführte. Der Stickstoffminimumharn enthält aromatische Oxysäuren und wir erinnern in diesem Zusammenhang an die Beobachtung von NUTTALL und THIERFELDER, wonach diese Substanzen auch im Harn steril aufgezogener Meerschweinchen vorhanden sind, also ihr Dasein sicher nicht Fäulnisprozessen allein verdanken. Verfüttertes Tyrosin dagegen wird in großen Mengen restlos verbrannt (ABDERHALDEN). Wir sind dabei, die aromatische Oxysäure aus dem Minimumharn zu isolieren; wenn wir wissen, um welche Säure es sich handelt, erhalten wir vielleicht Einblick in die Reaktion, durch die sie aus dem Organeiweiß entstanden ist.

Unsere Anschauungen, daß die gebundenen Aminosäuren des Organeiweißes anders abgebaut werden, zu anderen Reaktionen benutzt werden wie die freien Aminosäuren des Nahrungseiweißes, harmoniert mit vielen Beobachtungen, die an Fermenten gemacht worden sind und deren ungemein feine Einstellung auf den spezifischen Bau des Substrats dargetan haben. Es genügt, den Vergleich EMIL FISCHERS von Schloß und Schlüssel nur zu erwähnen. Was ergibt sich daraus? Einmal, daß die Versuche, gelöste frei vorhandene Vorstufen der Hormone aufzufinden, nie von Erfolg begleitet sein werden, wie sie es auch noch nie waren. KENDALL hat gezeigt, daß es zur Isolierung des Thyroxins, des Hormons der Schilddrüse, notwendig ist, das Drüseneiweiß durch vielstündiges Kochen mit Lauge aufzuspalten; dann wird das Thyroxin erst frei. Die Spuren, die während des Lebens entstehen, werden sofort ans Blut abgegeben, sind also in der Drüse nicht mehr nachzuweisen, die daher auch kein dialysables Jod enthält. Auffallenderweise waren stets $^1/_4$ des Jods der Drüse in der Fraktion enthalten, aus der das hochwirksame Thyroxin herausgeholt wurde, die restlichen $^3/_4$ steckten bei den übrigen Aminosäuren. Offenbar wird das Tryptophan, das als die Muttersubstanz des Thyroxins zu gelten hat, schrittweise in letzteres durch Jodierung, Hydrierung, Oxydation umgebaut, wobei es bis zuletzt unverändert peptidartig im Drüseneiweiß gebunden bleibt; erst der vorletzte Schritt entfernt die α-ständige Aminogruppe. In dieser Form liegt $^1/_4$ des Bausteins vor, es ist begreiflich, daß dann die alkalische Hydrolyse KENDALLS, indem sie den letzten Rest der Bindung löst, Thyroxin freimachen. kann. Aber auch nie mehr, als bereits so weit vorbereitet ist. Ähnliches gilt vom Adrenalin. GUGGENHEIM hat Dioxyphenylalanin als Vorstufe angesehen, diese Aminosäure ist inzwischen auch in der Natur in verschiedenen Leguminosen aufgefunden worden (TORQUATI, GUGGENHEIM, MILLER). In keimender Gerste wird Hordenin gebildet, Tyramin findet sich häufiger in der Natur. Alle diese Körper entstehen wohl aus Tyrosin, durch Reaktionen, die auch sonst beobachtet werden, die aber nur in dem Sinne verwertet werden dürfen, daß sie uns einzelne Abschnitte des Weges zeigen, auf dem der Tierkörper sich sein Adrenalin bereitet, ohne daß wir ihre Aufeinanderfolge bereits lückenlos kennen.

Unsere Anschauung vom Abbau gebundener Aminosäuren führt dann auch zu einer biologischen Anwendung; sie erklärt, warum es unmöglich ist, die Bildung von Hormonen über das normale Maß hinaus zu steigern. Wenn sie aus den freien Aminosäuren bereitet würden, dann müßte durch reichliche Zufuhr des Bausteines auch ein erhöhter Umbau stattfinden. Das ist aber nicht der Fall. Wenn nur die gebundenen Aminosäuren dazu gebraucht werden können, dann kann auch eine Überfütterung mit den Bausteinen die Bildung von Hormonen über das normale Maß hinaus nicht steigern. Nur wo eine Lücke im Organeiweiß entstanden ist, kann ein gleicher Baustein aus der Nahrung eingefügt werden. Erst dann paßt das bereit gehaltene Ferment. Alle überschüssig vorhandenen werden verbrannt, können stofflich nicht verwertet werden. Deshalb wundert es uns nicht, daß Ewins und Laidlaw kein Adrenalin gebildet bekamen, als sie die Nebenniere mit Dioxyphenyläthylamin durchbluteten, einer Base, die dem Adrenalin so nahe wie nur möglich steht. Es wäre traurig um uns bestellt, wenn wir so wenig von der Außenwelt unabhängig wären, daß wir auf jedes Mehr an Angebot mit einer Reizhandlung antworten müßten.

Zusammenfassung.

Wie das mit der Nahrung zugeführte Eiweiß kann auch das körpereigene Organeiweiß bei Bedarf mit Hilfe der proteolytischen Fermente der Gewebe eingeschmolzen werden, wobei primär Aminosäuren entstehen. Das bei der Abnutzung zu Verlust gehende Organeiweiß zerfällt aber offenbar in anderer Weise. Denn einmal läßt sich im Stickstoffminimum mit Brombenzol kein Zystein abfangen, wobei durch Kontrollversuche wahrscheinlich gemacht wird, daß die Paarung deshalb unterbleibt, weil kein Zystein vorhanden ist. Und dann konnte in Durchblutungs- und Fütterungsversuchen weder aus Arginin noch aus einer Reihe von synthetisch bereiteten Substanzen, die als Zwischenstufen nach unseren heutigen Kenntnissen vom Abbau der freien α-Aminosäuren in Betracht zu ziehen sind, Kreatin erhalten werden. Da letzteres im Stickstoffminimum regelmäßig gebildet wird, wird angenommen, daß es nur aus dem Arginin, das im Organeiweiß gebunden ist, entstehen kann. Die Bausteine des Organeiweißes können offenbar weiter verarbeitet werden, ohne daß als erste Reaktion bei ihrem Abbau die Peptidbindung gelöst wird.

Die Bedeutung der topistischen und pathologisch-anatomischen Erforschung des Nervensystems für die Lehre von seinen Erkrankungen.

Von

Cécile und **Oskar Vogt**-Berlin.

Es sind sich darüber wohl heute alle führenden Männer der Neuropathologie und Psychiatrie einig, daß die Lehre von den Erkrankungen des Nervensystems hinter derjenigen von den Krankheiten anderer Organsysteme zurückgeblieben ist. Es dürfte auch darüber wenigstens eine weitgehende Übereinstimmung vorhanden sein, daß dieses Zurückgebliebensein mit der Unentwickeltheit der anatomischen Erforschung des Nervensystems zusammenhängt. Größere Divergenzen zeigen dagegen schon die Ansichten darüber, welche anatomischen Feststellungen für eine Änderung dieser Sachlage am bedeutungsvollsten und wie dieselben am besten zu erzielen sind. In den folgenden Ausführungen möchten die Verfasser kurz ihre Anschauungen darüber zum Ausdruck bringen.

Es ist die Aufgabe der Lehre von den Erkrankungen des Nervensystems, uns ein Verständnis für die jedesmalige Symptomatologie zu geben und weiterhin die Krankheiten in solche Gruppen zusammenzufassen, daß man am Einzelfall gemachte prognostische, therapeutische und prophylaktische Erfahrungen auf die ganze Gruppe ausdehnen kann.

Einen weitgehenden Schlüssel für das Verständnis der Symptomatologie besitzen wir nun in der Tatsache der **Lokalisationslehre**. Das Zentralnervensystem zerfällt in funktionell verschiedene Abschnitte. Die Erkrankung eines einzelnen solchen Abschnittes zeigt eine der jedesmaligen Funktion entsprechende besondere Symptomatologie.

Dabei bietet das Zentralnervensystem eine Organisation dar, welche uns eine ganz unerwartet weitgehende Zergliederung desselben in physiologisch differente Bezirke ermöglicht.

Diese Organisation besteht zunächst darin, daß die **Grisea**, d. h. die Gebiete, in denen die Ganglienzellen zusammen liegen, in bezug auf die Zahl, die Anordnung und die grobe Form dieser Ganglienzellen wie der gleichzeitig vorhandenen Markfasern so unerwartet viele und gegeneinander scharf abgegrenzte Bezirke zeigen, daß ihr Studium — die sog. Architektonik — eine Feinheit und Schärfe in der Lokalisation differenter Funktionen ermöglicht, wie sie vor zwei Dezennien kein Mensch vorausahnen konnte. So vermögen wir z. B. in der menschlichen Hirnrinde neben meist annähernd einem Dutzend von übereinander gelagerten Schichten noch etwa 200 haarscharf gegeneinander abgegrenzte, jedesmal die ganze Rindendicke umfassende Felder voneinander zu trennen. Und wir sind gleichzeitig schon heute auf Grund unserer physiologischen Versuche berechtigt, allen diesen Feldern besondere Funktionen zuzuschreiben, sei es nun, daß es sich um qualitative Verschiedenheiten handelt, sei es, daß Beziehungen zu differenten Körperteilen diese Ungleichheit ausmachen.

Aber es gibt nicht nur eine Lokalisation der Grisea. Auch die Fasern, welche von einem Griseum zu einem anderen ziehen, also ein primitives Fasersystem darstellen, liegen in ihrem Verlauf zusammen, so daß es auch eine Lokalisation der **Fasersysteme** gibt. Diese drückt sich z. B. darin aus, daß an bestimmter Stelle des Gehirns eine kleine Blutung die ganze Seh- oder Hörstrahlung einer Großhirnhälfte vernichten kann.

Dazu kommt zunächst noch folgende Tatsache. Obgleich jedes Griseum auf mehr oder weniger großem Umwege mit jedem anderen verbunden ist, so sind doch immer nur wenige durch eine besonders starke Faserverknüpfung miteinander vereinigt. Bloß diese stehen zu einer bestimmten Funktion in so enger Beziehung, daß stets verwandte Reaktionen auftreten, wo immer innerhalb dieses **funktionellen Neuronensystems** normale oder pathologische Reize oder Hemmungen erfolgen. So ruft eine Erkrankung der Sehbahn in der Netzhaut, in der Hirnrinde oder auf dem Zwischenwege Blindheit hervor.

Verschiedene derartige Neuronensysteme können wie isolierte Grisea nun aber weiterhin zueinander sehr verschiedene funktionelle Beziehungen haben. Solche brauchen in nennenswerter Weise n i c h t zu bestehen. Dann beeinflußt auch die Erkrankung des einen Griseum oder Neuronensystems nicht die Funktion des anderen. So wird das Sehen durch periphere Taubheit nicht beeinflußt und umgekehrt. In anderen Fällen besteht eine a u x i l i ä r e Beziehung. Ein gewisser Teil des Kleinhirns unterstützt z. B. die Gegend des hintersten Teiles der ersten Stirnwindung in der Funktion des Stehens und Gehens. Diese Leistung wird dementsprechend durch eine gleichzeitige Erkrankung der einen ersten Stirnwindung und der entsprechenden Stelle der einen Kleinhirnhälfte schwer geschädigt. Ähnliche Beziehungen bestehen ferner vielfach für identische Rindenstellen der beiden Hemisphären. Wir beginnen speziell schon heute einzusehen, daß auch diejenigen Funktionen, welche man eine Zeitlang beim Rechtshänder nur in die linke Hemisphäre zu lokalisieren pflegte, in individuell sehr verschieden starkem Grade durch Tätigkeit der rechten Hemisphäre unterstützt werden. Drittens kommt eine solche funktionelle Abhängigkeit vor, daß die Funktionsstörung gewisser Grisea oder Neuronensysteme eine Erkrankung anderer — wenigstens für unsere heutigen klinischen Erkenntnismethoden — k a s c h i e r e n. Das gilt zunächst für solche Fälle, wo die Funktion eines Griseum oder eines Neuronensystems an eine einzige zuleitende oder ableitende Bahn gebunden ist. So können wir bei einer peripheren Blindheit eventuelle pathologische Veränderungen in zentraleren Teilen des Sehapparates nicht feststellen. Aber es gibt noch komplizrtere, in ihrem Wesen bis jetzt nicht völlig aufgeklärte derartige Beziehungen. Eine durch Erkrankung des Systems der Area gigantopyramidalis bedingte halbseitige Lähmung verdeckt z. B. eine eventuell gleichzeitig vorhandene Erkrankung des striären Systems.

Wer immer diese Tatsachen genügend überdacht hat, der muß zu der Einsicht gelangen, daß eine möglichste Klärung über die zu trennenden Grisea, die zu unterscheidenden Fasersysteme und ihren Verlauf, die vorhandenen Neuronensysteme, die Funktionen aller dieser anatomischen Einheiten niederer und höherer Ordnung sowie die zwischen ihnen bestehenden funktionellen Beziehungen eine unerläßliche Vorbedingung für ein Verständnis der in einem bestimmten Krankheitsfall geschädigten Funktionen bildet, ganz abgesehen von der chirurgischen Bedeutung der topischen Diagnose einer eventuell operativ zu beeinflussenden Erkrankung. Dabei ist die Kenntnis der Abhängigkeitsverhältnisse zwischen verschiedenen Grisea oder Neuronensystemen vor allem da wichtig, wo es gilt, eine Mehrzahl krankhaft veränderter Stellen im Nervensystem während des Lebens zu diagnostizieren oder post mortem epikritisch für die Erklärung des Symptomenbildes zu verwenden. Speziell bei der so dringend notwendigen Anbahnung eines topistischen Verständnisses der seelischen Störungen müssen wir bei dem hier sicher weit ausgedehnten Krankheitsprozeß den auxiliären und kaschierenden Einflüssen einzelner anatomischer Einheiten Rechnung zu tragen lernen.

Wird die topistische Forschung allmählich erklären können, welche Funktionen bei der einzelnen Erkrankung gestört sind, so hängt es vom **pathologisch-anatomischen Prozesse** ab, ob die einzelne Funktionsstörung in der Form von **Reizerscheinungen, Ausfallserscheinungen** oder einer **Mischung** von beiden auftritt. Die **Intensität** der Störung, die **Zeit ihres Beginns** und ihr **Verlauf** sind endlich durch zwei Momente bedingt: die **pathologisch-anatomische Veränderung** und die **Funktionstüchtigkeit der gesund gebliebenen Hirnteile.** Dabei spielt das letztere Moment eine um so größere Rolle, je mehr der pathologische Prozeß das Großhirn selbst betrifft, und schwindet in dem Maße, als tiefergelegene Zentren den Sitz des krankhaften Prozesses bilden. Bei stärkerer Intensität bestimmt aber die pathologisch-anatomische Veränderung im wesentlichen **allein** den Krankheitsbeginn und den Krankheitsverlauf. Auf Grund dieser Tatsachen haben wir der pathologischen Anatomie für die **Klassifizierung** der Krankheitsbilder eine überwiegende Rolle einzuräumen. Und dieses muß um so mehr geschehen, als unsere bisherigen Erfahrungen uns lehren, daß die pathologisch-anatomischen Prozesse meist recht scharf gegeneinander abgegrenzt sind und so zur Aufstellung **reell** in der Natur existierender und durch keine Übergänge miteinander verbundener Kategorien führen.

Bei der Erforschung der pathologischen Anatomie dürfen wir nie eine Reihe von Fehlerquellen und Schwierigkeiten aus dem Auge lassen. Fehlerquellen entstehen durch Ansprechung prämortaler oder kadaveröser Veränderungen sowie technischer Kunstprodukte als für die Erklärung des Krankheitsbildes in Betracht kommender pathologisch-anatomischen Veränderungen. Es ist deshalb von Wichtigkeit, sich vor allem auf solche Momente zu stützen, die derartige Ursachen nicht haben können, wie z. B. das Vorhandensein von Ersatzglia. Andererseits beherrschen wir heute noch vielfach nicht genügend die normale Anatomie, um gewisse

Abweichungen vom normal-anatomischen Durchschnittsbilde mit Sicherheit als pathologisch ansprechen zu können. Wir dürfen nicht vergessen, daß es einen gewissen Grad der Abweichung von der Norm gibt, der noch nicht pathologisch ist, d. h. nicht zu einem individuellen oder sozialen πάθος führt, und der deshalb nicht zur epikritischen Erklärung pathologischer Erscheinungen herangezogen werden darf. Verdanken wir ihm doch alle hervorragenden Leistungen der Menschheit!

Dann ist noch auf einen wichtigen Punkt hinzuweisen. Wir können die pathologische Anatomie nach Analogie mit der normalen Anatomie in die Lehre von den schon mit bloßem Auge oder bei schwachen Vergrößerungen sichtbaren Abweichungen in der Anordnung, der Zahl und der groben Form der Gewebsbestandteile (**Pathoarchitektonik**) und die nur mit starken Vergrößerungen die feinsten geweblichen Veränderungen studierende **Pathohistologie** zergliedern. Die letzten Jahre haben dabei gelehrt, daß bis dahin als „funktionelle“, d. h. eines erkennbaren anatomischen Substrats entbehrende Erkrankungen angesehene Krankheiten schon architektonische Veränderungen zeigen, ja daß sogar die gerade — wie SPIEL-MEYER noch kürzlich hervorgehoben hat — für die Störungen der höheren Leistungen der Großhirnrinde wichtigen Modifikationen der Grundsubstanz sich in gewissen Fällen schon durch ihre Aufhellung im architektonischen Bilde kundgeben.

Die Möglichkeit einer Pathoarchitektonik hat ihre große praktische Bedeutung. Ein ganzes Gehirn für seine pathoarchitektonische Durchforschung in eine Schnittserie zu zerlegen, ist unendlich viel leichter als eine ebenso gründliche pathohistologische Untersuchung desselben Gehirns. Gleichzeitig werden in der Pathoarchitektonik eher eine Reihe der obenerwähnten Fehlerquellen vermieden. Andererseits hat aber die Pathohistologie nicht nur da einzusetzen, wo die Pathoarchitektonik keinen Befund ergibt. Pathohistologische Feststellungen müssen auch die pathoarchitektonischen ergänzen, um tiefer in die Natur und die Ursache der letzteren einzudringen.

Es drängt sich jetzt aber eine neue Frage auf. Wir sahen, daß das Nervensystem in eine Menge von Grisea, Faser- und Neuronensystemen zerfällt, die nicht nur eine ungleiche Funktion haben, sondern sich auch verschiedenartig physiologisch beeinflussen. Man könnte daraus folgern, daß eine ungeheure Vielfältigkeit der Symptome infolge der verschiedenartigen Lokalisation des pathologischen Prozesses seine obenerwähnten Ausdrucksformen schwer erkennen lassen und deshalb die pathologisch-anatomische Gruppierung der Krankheitsbilder kaum Diagnosen intra vitam ermöglichen würde. Dies wäre durchaus richtig, wenn wirklich der Sitz eines speziellen pathologischen Prozesses ein absolut beliebiger wäre. Das ist aber in Wirklichkeit durchaus nicht der Fall! Es bestehen vielmehr Beziehungen zwischen der Topik und der Art des pathologischen Prozesses. Die einzelnen Grisea, Faser- und Neuronensysteme zeigen gegenüber den verschiedenen Noxen eine durchaus ungleiche Widerstandskraft. Dies ist auch schon hier und da erkannt worden. Man hat dabei zumeist die starke Herabsetzung der Widerstandskraft gewisser anatomischer Einheiten auf schlechte Ernährungsbedingungen zurückgeführt, sei es nun, daß man an eine weniger günstige Blutzufuhr oder Blutabfuhr dachte. Aber dieselben anatomischen Einheiten zeigen gegenüber anderen Schädigungen eine besondere Widerstandskraft, so daß man dazu gezwungen wird, die Beziehungen zwischen Topik und Art der Erkrankung vor allem in dem spezifischen Chemismus der jedesmaligen anatomischen Einheit zu sehen: eine Auffassung, die — nebenbei bemerkt — auch einzig und allein in uns die Hoffnung nähren kann, dermaleinst prophylaktisch und therapeutisch durch eine der einzelnen nervösen Einheit angepaßte Chemotherapie die Erkrankung zu bekämpfen.

So kommen wir zu dem Resultat, daß Vertiefung der Lokalisationslehre und der pathologischen Anatomie die wesentlichsten Voraussetzungen für eine Förderung der Lehre von den Nervenkrankheiten darstellen, wobei natürlich noch andere Forschungswege eingeschlagen werden müssen und einzelne Forscher auf diesen eine nutzbringende Lebensarbeit verrichten können.

Ist diese unsere Auffassung aber richtig, so muß sie auch in der künftigen Pflege der Neuropathologie und Psychiatrie zum Ausdruck kommen. Das gilt insbesondere für die dieser ganzen Forschungsrichtung zugänglicheren Nervenkrankheiten. Der Neuropathologe muß lernen topistisch zu denken. Es sei dieses an einem Beispiel erläutert.

BABINSKI hat gefunden, daß bei einer Erkrankung der Area giganto-pyramidalis oder der von ihr ausgehenden Pyramidenbahn ein Bestreichen der Fußsohle anstatt der üblichen Flexion eine Extension der großen Zehe veranlaßt. Neuerdings haben wir ausschließlich auf das Striatum beschränkte pathologische Prozesse bei Krankheitsfällen kennengelernt, in welchen diese Dorsalflexion der großen Zehe beobachtet wurde. Der Durchschnittskliniker von heute erklärt einfach, daß wir eine zweifellos vorhandene Erkrankung der Pyramidenbahn übersehen hätten. Für uns Topistiker stellt uns dieser Befund dagegen vor ein ganz anderes Problem! Ebenso sehr, wie wir davon überzeugt waren, daß in unseren Fällen von einer Schädigung der Pyramidenbahn keine Rede sein konnte, sind wir auf Grund unserer topistischen Anschauungen dessen sicher gewesen, daß die reflektorische Reaktion der großen Zehe bei Erkrankung des Striatum eine andere ist als die bei der Pyramidenerkrankung. Einzelne Angaben der Krankengeschichten, in denen wir später die isolierte Striatumerkrankung nachwiesen, wie die Beobachtung lebender Fälle, in denen wir die Diagnose einer solchen Striatumerkrankung machten, haben uns die Richtigkeit unserer Auffassung bewiesen. Bei einer Pyramidenerkrankung ruft der Reiz der Fußsohle konstant eine Extension der großen Zehe hervor. Unwillkürliche Spontanextensionen der großen Zehe werden dabei nicht beobachtet. Der Striatumkranke macht dagegen recht häufig langsame unwillkürliche Spontanextensionen der großen Zehe. Gelegentlich macht er auch eine entsprechende Flexion. Reizen wir nun die Fußsohle, so beobachten wir ziemlich häufig eine Extension der großen Zehe, gelegentlich aber gar keine Reaktion und zeitweilig sogar eine Flexion, die evtl. noch wesentlich stärker ist als der Flexionsreflex beim normalen Menschen. Wir sehen also, daß sich die große Zehe bei dem Striatumkranken doch wesentlich anders verhält, als bei demjenigen, der eine Pyramidenerkrankung hat. Und wir können sogar eine Erklärung für das spezielle Verhalten der großen Zehe bei den Striatumkranken geben. Die beobachteten unwillkürlichen Spontanbewegungen sind nichts anderes als bei solchen Kranken auch in anderen Körperteilen vorkommende sog. athetotische Bewegungen. Diese sind auch oft durch periphere Reize auslösbar. Die sehr verschiedene Reaktion bei Reizung der Fußsohle hängt endlich einfach davon ab, zu welcher athetotischen Bewegung augenblicklich bereits eine gewisse Tendenz vorhanden war.

Der Nervenarzt muß aber nicht nur lernen topistisch zu denken, sondern — soweit er Forscher sein will — muß er sich auf topistische und pathologisch-anatomische Forschungen konzentrieren. Er tut dieses unserer Ansicht nach am besten, wenn er sich nicht — wie bisher — für Anatomie, Physiologie, pathologische Anatomie, Klinik des Nervensystems usw., sondern für **einen bestimmten anatomischen Abschnitt** spezialisiert. In bezug auf diesen muß er alle Wissensgebiete beherrschen und zu vertiefen anstreben. Er muß die Anatomie mit ihren individuellen Schwankungen und ihren pathologischen Veränderungen, die vergleichende Anatomie, die Physiologie, die Methoden zur Prüfung der einzelnen Funktionen und die Funktionsstörungen bei pathologischen Prozessen studieren. Eine große Kraftersparnis und eine gegenseitige Förderung würde dabei durch die Schaffung von Instituten erzielt, in welchen das Nervensystem entsprechend der Begabung der einzelnen — möglichst verschieden vorgebildeten — Mitarbeiter in eine Reihe von Teilen gegliedert wird. Ein solches „theoretisches Institut" muß dann Verbindung mit einer Nervenklinik suchen, in welcher jeder einzelne seiner Spezialisten dann alle Kranken auf die Funktionstüchtigkeit des betreffenden Abschnittes des Nervensystems untersuchen kann. Später hat dann ein anatomisches Examen im theoretischen Institut zu erfolgen. Bei einem solchen Spezialistentum ist immer eine gewisse Gefahr vorhanden, daß der einzelne Spezialist seinen Befund überwertet. Es ist daher zunächst Sache des dirigierenden Arztes der betreffenden Klinik, daß er die diagnostischen und eventuell therapeutischen Schlußfolgerungen des einzelnen Spezialisten mit denjenigen der übrigen sowie mit der allgemeinen klinischen Anschauung, zu welcher er selbst gekommen ist, in Einklang bringt. Die wissenschaftliche und praktische Bedeutung des dirigierenden Nervenarztes der betreffenden Klinik wird deshalb in keiner Weise eine Einbuße erleiden. Nur soll sich dieser Dirigent nicht einbilden, allein Krankengeschichten verfassen zu können, welche die ausgiebigste Grundlage für eine Vertiefung der Lehre von den Nervenkrankheiten bildet. Ebenso muß auch die anatomische Bewertung der Befunde der einzelnen Spezialisten im theoretischen Institut gegeneinander abgewogen werden und die Begutachtung eines allgemeinen Neuro-Histopathologen hinzukommen, wie schließlich auch der allgemeine pathologische Anatom, der die übrigen Organe untersucht hat, zu hören ist.

Sicherlich kann ein einzelner Forscher isoliert durch Anknüpfung persönlicher Beziehungen mit Leitern von Kliniken manche Frage lösen. Aber wir sind der Ansicht, daß eine ungeheure Ersparnis an Arbeit und an Kosten erreicht würde, wenn eine solche Organisation geschaffen würde. Wir möchten deshalb mit dem Wunsche schließen, daß das Kaiser-Wilhelm-Institut für Hirnforschung zusammen mit dem Neuro-Biologischen Universitäts-Institut ein solches Forschungszentrum werde. Studieren wir doch die Nervenkrankheiten nicht nur um ihrer selbst willen, sondern auch deswegen, weil sie uns beim Menschen die wichtigste physiologische und psychologische Erkenntnisquelle der Forschungen am Tier, das operative Experiment, ersetzen müssen!

Physikalische Chemie der Zellatmung.

Von

Otto **Warburg**-Berlin-Dahlem.

Im folgenden soll an einem Beispiel gezeigt werden, wieweit wir heute imstande sind, Lebensvorgänge auf Vorgänge der unbelebten Natur zurückzuführen. Als Beispiel wählen wir die allgemeinste Äußerung des Lebens, die Zellatmung.

Fragestellung.

Eiweiß ist bei Körpertemperatur gegenüber Sauerstoff von Atmosphärendruck beständig. Wäßrige Eiweißlösungen können bei Luftzutritt jahrelang unverändert aufbewahrt werden, wenn man für Fernhaltung lebender Keime Sorge trägt. Thermodynamisch betrachtet, haben wir hier „falsche Gleichgewichte" vor uns; es bedarf keiner Zufuhr von Arbeit, um Eiweiß mit Sauerstoff in Reaktion zu bringen, sondern, wie man sich ausdrückt, der Beseitigung von Reaktionswiderständen.

Auch in der lebenden, mit Sauerstoff durchtränkten Zelle ist die Hauptmasse der Zellsubstanz mit Sauerstoff in falschem Gleichgewicht, d. h. gegenüber Sauerstoff ebenso beständig wie im Reagenzglas. Wäre dem nicht so, würde die organische Welt nicht existieren. Nur an einzelnen Stellen werden, nach Maßgabe des Energiebedarfs der Zelle, jene Reaktionswiderstände verkleinert; hier, an den Verbrennungsorten, wird der Kohlenstoff des Eiweißmoleküls zu Kohlensäure, sein Wasserstoff zu Wasser, sein Schwefel zu Schwefelsäure oxydiert. Dies ist der Vorgang, den wir als Sauerstoffatmung bezeichnen, und die Frage, die wir stellen, lautet: Welcher Mittel bedient sich die Zelle, um an den Verbrennungsorten die trägen organischen Verbindungen mit Sauerstoff in Reaktion zu bringen?

I. Versuche an Zellen.

Die Verbrennungsorte[1]).

Bringt man rote Vogelblutzellen in eine Kältemischung von $-80°$, so zerreißen beim Gefrieren die feinen die Strukturteile umhüllenden Membranen und man erhält beim Auftauen eine Flüssigkeit, in der die festen Zellbestandteile frei schweben. Der Versuch läßt sich so anordnen, daß die Atmung nach dem Auftauen für einige Stunden unverändert bleibt.

Zentrifugiert man nach dem Auftauen, so erhält man zwei Schichten: eine obere, klare, von den festen Zellbestandteilen befreite, und eine tiefere, trübe, die festen Zellbestandteile enthaltende. Mißt man in den so getrennten

---

[1]) O. Warburg, Zeitschr. f. physiol. Chemie **70**, 413 (1911). — Arch. f. d. ges. Physiol. **154**, 599 (1913); **158**, 189 (1914).

Schichten die Atmung, so findet sich, daß nur die tiefere Schicht atmet. Die gesamte Atmung ist an die festen Zellbestandteile gebunden.

In allen Fällen, in denen bisher eine Zerstörung der Zelle ohne gleichzeitige Vernichtung der Atmung gelang, beobachtet man ähnliches. So ist die Atmung des unbefruchteten Seeigeleis, die Atmung der Leberzellen höherer Tiere größtenteils an feste Partikel gebunden, die man als intrazelluläre Granula bezeichnet. Je kleiner die festen Partikel, um so schwerer ist ihre Entfernung aus dem flüssigen Zellinhalt. Die festen Partikel der roten Blutzellen, die als große „Schatten" zusammenhängen, lassen sich leicht durch Zentrifugieren herausschleudern. Die festen Partikel der Leberzellen können nach dem gleichen Verfahren nicht vollständig abgetrennt werden; auch nach langem Zentrifugieren sind hier die überstehenden Flüssigkeiten nicht frei von Atmung und selbst die Filtration durch engmaschige Kieselgurkerzen liefert noch atmende Filtrate. Die Atmung in derartigen Filtraten, die frei von gröberen Partikeln sind, entspricht der Gärung in Buchners Hefepreßsaft. Wie die Wirkung im Hefepreßsaft, so mag man die Wirkung in den Leberzellenfiltraten als „enzymatisch" bezeichnen. Doch muß man bedenken, daß mit dieser Ausdrucksweise für die Lösung unsrer Frage nichts gewonnen ist.

Wirkung der Narkotika auf die Atmung[1]).

Es gibt eine große Anzahl zellfremder Stoffe, mittels deren sich die Atmung ohne Schädigung der Zelle hemmen läßt. Entfernen wir einen derartigen Stoff nach nicht allzu langer Einwirkung wieder aus der Zelle, so steigt die Atmung auf ihre normale Höhe.

Wir wollen uns im folgenden nur mit solchen Stoffen beschäftigen, die schnell in lebende Zellen eindringen, und scheiden damit die komplizierende Frage aus, wieweit eine beobachtete Wirkung mit der Eintrittsgeschwindigkeit in die Zelle zusammenhängt. Lösen wir einen unserer Stoffe bis zur Konzentration c in der die Zelle umspülenden Flüssigkeit, so befinden sich alle Phasen des Zellinnern mit c im Verteilungsgleichgewicht.

Vergleichen wir die Konzentrationen verschiedener Stoffe, die die Atmung um den gleichen Betrag hemmen, so finden wir in einigen Fällen gleiche Wirkungen bei gleichen Konzentrationen. Beispielsweise wird die Atmung roter Vogelblutzellen durch eine $^1/_{100}$ Normallösung von Azetaldehyd, Propylaldehyd, Butyraldehyd oder Valeraldehyd um etwa 50% gehemmt. Wir schließen daraus, daß die Wirkung dieser Stoffe durch ihre im chemischen Sinn reaktionsfähige Gruppe, die Aldehydgruppe, bestimmt wird.

Andere Stoffe — die Narkotika — wirken nicht durch ihre im chemischen Sinn reaktionsfähigen Gruppen. Vergleicht man die Wirkung verschiedener Alkohole, Urethane, Ketone, Nitrile, so findet man innerhalb einer Körperklasse nicht gleiche Wirkungen bei gleichen Konzentrationen, sondern die Wirkungsstärken der Alkohole unter sich, der

---

[1]) O. Warburg, Zeitschr. f. physiol. Chemie **69**, 452 (1910); Ergebnisse der Physiologie **14**, 253 (1914).

Urethane unter sich, liegen um das Hundert- bis Tausendfache auseinander (Tabelle 1).

Tabelle 1.

Substanz	Atmungshemmung um 50% durch Mole pro Liter	Substanz	Atmungshemmung um 50% durch Mole pro Liter
Methylalkohol	5,0	Azeton	0,9
Äthylalkohol	1,6	Methylpropylketon . . .	0,17
Propylalkohol	0,8	Methylphenylketon . . .	0,014
Butylalkohol	0,15		
Amylalkohol	0,045	Azetonitril	0,85
		Propionitril	0,36
Methylurethan	13	Valeronitril	0,06
Äthylurethan	0,33		
Propylurethan	0,13	Dimethylharnstoff	1,4
Butylurethan	0,043	Diäthylharnstoff	0,52
Phenylurethan	0,003	Phenylharnstoff	0,018
Methylal	0,6	Vanillin	0,02
Azetal	0,14	Thymol	0,0007

Setzt man dieselben Stoffe zu einem gärenden Hefepreßsaft, so wird die Vergärung des Zuckers bei höheren Konzentrationen, jedoch in der gleichen Reihenfolge gehemmt wie die Zellatmung. Hier beobachtet man mit der Wirkung eine Veränderung des Preßsaftes[1]), indem immer dann, wenn eine Hemmung erfolgt, die Kolloide ausflocken. Die Wirkung ist also eine kapillarchemische, Flockung bedeutet Grenzflächenveränderung der Kolloide.

Nach derselben Richtung weist eine Übereinstimmung, die I. TRAUBE[2]) bei Betrachtung unserer Tabelle 1 auffiel. Die wäßrigen Lösungen der dort aufgeführten Stoffe zeigen durchweg gegenüber Luft eine niedrigere Oberflächenspannung, als reines Wasser, und zwar ist diese Erniedrigung für gleichwirksame Lösungen vielfach gleichgroß.

Indessen gilt der Satz, daß „isokapillare" Lösungen gleichwirksam sind, nur dann, wenn man die Lösungen ähnlicher Stoffe vergleicht, wie beispielsweise die Reihe der homologen aliphatischen Alkohole, jedoch nicht angenähert, wenn man die Lösungen verschiedenartiger Stoffe vergleicht. Zum Beleg seien einige Messungen wiedergegeben (Tabelle 2 und 3), in denen wir für gleichwirksame Konzentrationen verschiedener Stoffe die Kapillarkonstanten ermittelt haben. σ_W in den Tabellen bedeutet die Kapillarkonstante des reinen Wassers, σ_L die Kapillarkonstante der Lösung bei der Konzentration c des Narkotikums. c hemmt in allen Fällen die Zellatmung um 50%.

Wie man sieht, findet man für die Mischreihe sehr verschiedene Kapillardepressionen; andrerseits ist die Konstanz der Kapillardepression in der Alkoholreihe zu auffallend, als daß sie auf einem Zufall beruhen könnte. Die Erklärung beider Fälle ergibt sich aus dem folgenden und aus der be-

[1]) O. WARBURG und WIESEL, Arch. f. d. ges. Physiol. **144**, 465 (1912).
[2]) J. TRAUBE, Arch. f. d. ges. Physiol. **153**, 276 (1913).

Tabelle 2. Alkoholreihe.   **Tabelle 3. Mischreihe.**

Substanz	Atmungs-hemmung um 50% durch Mole pro Liter (c)	$\dfrac{\sigma_W - \sigma_L}{\sigma_W} \cdot 100$	Substanz	Atmungs-hemmung um 50% durch Mole pro Liter (c)	$\dfrac{\sigma_W - \sigma_L}{\sigma_W} \cdot 100$
Methylalkohol .	5,0	31	Diäthylharnstoff (symm.) .	0,52	18,8
Äthylalkohol . .	1,6	28	Amylalkohol (Gärungs-) . .	0,045	28,0
Propylalkohol .	0,8	35	Methylphenylketon	0,014	7,7
Butylalkohol . .	0,15	28	Phenylurethan.	0,003	4,5
Amylalkohol . .	0,045	28	Thymol	0,0007	8,3

kannten Beziehung[1]) zwischen Oberflächenspannung und Adsorption. Der Versuch I. TRAUBES[2]), Kapillardepression und Wirkungsstärke durch eine Beziehung zur Eintrittsgeschwindigkeit in die Zelle zu verknüpfen, muß als gescheitert betrachtet werden. TRAUBE übersah, daß die Wirkungsstärken unserer Stoffe im Verteilungsgleichgewicht gemessen waren.

Adsorption der Narkotika in lebenden Zellen[3]).

Fügen wir zu roten Vogelblutzellen, die in einer Kochsalzlösung aufgeschwemmt sind, Thymol und messen im Gleichgewicht die Verteilung des Thymols zwischen der lebenden Zelle und der umspülenden Salzlösung, so finden wir, ziemlich unabhängig von der Konzentration, einen Verteilungskoeffizienten von 7, d. h. 1 Volumen Zellen enthält im Gleichgewicht ca. 7 mal soviel Thymol als 1 Volumen der umspülenden Salzlösung. Bei gleicher Versuchsanordnung erhalten wir kleinere Verteilungskoeffizienten für die übrigen Stoffe der Tabelle 3. Die Reihe, geordnet nach der Größe der Verteilungskoeffizienten, lautet: Diäthylharnstoff < Amylalkohol < Methylphenylketon < Phenylurethan < Thymol; die Folge entspricht ohne Ausnahme der der Wirkungsstärken. Je stärker die Wirkung, um so größer ist also, bei gleicher Außenkonzentration, die Anreicherung in der Zelle.

Indem man das Bindungsvermögen der flüssigen und der festen Zellbestandteile getrennt bestimmt, kann man zeigen, daß die Anreicherung vorwiegend durch die festen Zellbestandteile erfolgt. Auf gleiche Gewichtsmengen umgerechnet, binden die festen Zellbestandteile etwa 10 mal soviel Thymol als die flüssigen.

Die Bindung ist als Adsorption aufzufassen. Isoliert man die festen Zellbestandteile und kocht sie mit Alkohol und Äther aus — um Körper, die als Lösungsmittel wirken könnten, zu entfernen —, so bleibt das Bindungsvermögen gegenüber Thymol unverändert. Die festen Strukturteile adsorbieren also chemisch indifferente Stoffe in ähnlicher Weise wie Kohle. Zwei Zahlenbeispiele seien angeführt:

[1]) Vgl. hierzu die Ableitung der Adsorptionsisotherme bei H. FREUNDLICH, Kapillarchemie S. 75 ff. (Leipzig 1909.)

[2]) Arch. f. d. ges. Physiol. **153**, 276 (1913).

[3]) O. WARBURG, Ergebnisse der Physiologie **14**, 253 (1914); DORNER, Sitz.-Ber. d. Heidelb. Akad. 1914, S. 2; USUI, Zeitschr. f. physiol. Chemie **81**, 175 (1912).

Substanz	Konzentration in der Lösung Mole pro Liter	Adsorbierte Menge Millimole pro Gramm
n-Oktylalkohol	$2,2 \cdot 10^{-3}$	0,06
Thymol	$1,5 \cdot 10^{-3}$	0,09

Bezogen auf gleiche Gewichtsmengen Adsorbens, ist das Adsorptionsvermögen der festen Zellbestandteile kleiner als das hochwertiger Kohlen; doch besagt dieser Vergleich nicht viel, da in beiden Fällen die Größen der wirksamen Oberflächen nicht bekannt sind.

Eisen als Sauerstoffüberträger in der Zelle[1]).

Nach dem Vorhergehenden hemmt ein Narkotikum die Zellatmung in um so kleinerer Konzentration, je stärker es von den festen Zellbestandteilen adsorbiert wird. Die Wirkungsstärken wachsen nach Maßgabe der Adsorptionskonstanten.

Blausäure hemmt die Atmung der meisten Zellen bei Konzentrationen von etwa $^{1}/_{10000}$ Mol pro Liter und ist damit, hinsichtlich der Beeinflussung der Atmung, der wirksamste Stoff, den wir kennen. Doch ergibt die Messung der Adsorption eine sehr kleine Konstante, etwa von der Größe des zehntausendmal unwirksameren Azetons. Die Wirkungsweise der Blausäure ist also eine andere, als die der Narkotika[2]) und es liegt nahe, hier an eine Umsetzung mit einem in kleiner Menge vorhandenen, für die Atmung wichtigen Zellbestandteil zu denken. In der Tat haben Versuche am Seeigelei diese Auffassung sehr wahrscheinlich gemacht.

Das Seeigelei enthält eine kleine Menge Eisen, etwa 0,03 mg pro Gramm Trockensubstanz. Die Form, in der das Eisen vorliegt, ist nicht näher bekannt; ist es organisch gebunden, so ist die Bindung eine sehr lockere, da bei Zusatz von Eisenionreagenzien sofort die bekannten Reaktionen auftreten. — Gibt man Stoffe zu der Zellsubstanz, deren Oxydation im Reagenzglas durch Eisensalz beschleunigt wird, so beobachtet man unter gewissen Bedingungen die nach dem Eisengehalt zu erwartenden Oxydationsbeschleunigungen. — Verdoppelt man den natürlichen Eisengehalt der Zellsubstanz, so steigt die Atmung auf etwa den doppelten Betrag. Andere Schwermetalle, z. B. Kupfer und Mangan, sind ohne Wirkung, ebenso Eisenzusätze, die im Vergleich zum natürlichen Eisengehalt der Zelle klein sind.

Bekanntlich besitzt Blausäure eine besondere Verwandtschaft zu Schwermetallen und es liegt nahe, ihre Wirkung auf diese Verwandtschaft zurückzuführen. Der Eisengehalt einer Zelle und die zur Atmungshemmung nötige Blausäuremenge sollten dann, der Größenordnung nach, übereinstimmen. In der Tat genügen einige hundertstel Milligramme Blausäure pro Gramm Zellsubstanz, um die Atmung des Seeigeleis völlig zu hemmen, das heißt, eine dem Eisengehalt entsprechende Menge.

---

[1]) O. Warburg, Zeitschr. f. physiol. Chemie **92**, 231 (1914).
[2]) O. Warburg, Zeitschr. f. physiol. Chemie **76**, 331 (1911).

II. Modellversuche.

Reaktionsgeschwindigkeit an Oberflächen.

Nach einer Entdeckung von DULONG und THÉNARD[1]) haben feste Körper die Eigenschaft, Gasreaktionen zu beschleunigen. So erhöhen Quarz, Bernstein, Porzellan, Kohle und viele andere Körper die Geschwindigkeit, mit der sich Wasserstoff und Sauerstoff vereinigen. Bald nach DULONG und THÉNARD beschäftigte sich FARADAY[2]) eingehend mit dem Phänomen und sprach die Vermutung aus, daß die Gase an der Oberfläche der festen Körper verdichtet und im wesentlichen infolge dieser Verdichtung reaktionsfähiger würden.

Seit FARADAY's Zeiten ist eine große Anzahl ähnlicher Reaktionen beobachtet und näher untersucht worden, und es ist bekannt, welche Rolle die Beschleunigung von Gasreaktionen durch feste Körper in der Technik spielt. Viel seltener sind Fälle gefunden, in denen die Adsorption aus Lösungen Reaktionsbeschleunigungen bedingt; infolge der Konkurrenz mit dem Lösungsmittel werden offenbar gelöste Stoffe aus Lösungen bei weitem nicht so stark adsorbiert, wie Gase aus Gasräumen. Doch haben naturgemäß nur Adsorptionen aus wäßrigen Lösungen und durch sie bedingte Reaktionsbeschleunigungen biologisches Interesse.

Gibt man zu einer wäßrigen Kohlesuspension organische Stoffe, die adsorbiert werden, und schüttelt bei Zimmertemperatur mit Luft, so kann mittels empfindlicher Methoden in vielen Fällen eine Oxydation der organischen Substanz nachgewiesen werden. Doch sind die Geschwindigkeiten im allgemeinen so klein, daß im Lauf einiger Tage nur wenige Prozente der adsorbierten Substanz oxydiert werden. Hierzu stimmt es, daß im allgemeinen die Messung der Adsorptionsgleichgewichte durch chemische Veränderung der adsorbierten Stoffe nicht gestört wurde.

Doch trifft dies nicht immer zu; wir kennen Fälle, in denen die Oxydation einiger Prozente der adsorbierten Substanz nicht Tage, sondern Minuten dauert. Von diesen Fällen wollen wir zwei näher besprechen, die Verbrennung der Oxalsäure und die Verbrennung der Aminosäuren.

Verbrennung der Oxalsäure an Blutkohle.

Schüttelt man eine wäßrige Oxalsäurelösung mit Blutkohle, so folgt auf eine erste schnelle Konzentrationsabnahme der Oxalsäure eine zweite langsamere[3]). Durch diese Beobachtung FREUNDLICHS angeregt, haben wir das Verhalten der an Kohle adsorbierten Oxalsäure gegenüber Sauerstoff untersucht und gefunden[4]), daß sie bei Zimmertemperatur und dem Sauerstoffdruck der Luft schnell zu Kohlensäure und Wasser verbrennt.

Diese Oberflächenoxydation wird durch Narkotika in ähnlicher Weise gehemmt, wie die Zellatmung; gleiche Hemmung tritt nicht ein bei gleicher Konzentration in der Lösung, sondern die Wirkungsstärken steigen nach

---

[1]) Ann. de Chim. et de Phys. **24**, 380 (1823).
[2]) Experimental Researches VI. Reihe.
[3]) H. FREUNDLICH, Kapillarchemie S. 163 ff. (Leipzig 1911.)
[4]) O. WARBURG, Archiv f. d. ges. Physiol. **155**, 547 (1914).

Maßgabe der Adsorptionskonstanten (Tabelle 4). Hier ist der Zusammenhang ohne weiteres einleuchtend, maßgebend ist die Konzentration der hemmenden Stoffe am Orte der Wirkung.

Tabelle 4.

Oxalsäure-Kohle.

Substanz	Gewichtsprozente in der Lösung	Prozentische Oxydationshemmung
Methyl-urethan	0,05	0
	0,5	34
	5,0	46
	10,0	60
Äthyl-urethan	0,5	42
	5,0	65
	10,0	76
Propyl-urethan	0,05	41
	0,5	72
	5,0	92
Phenyl-urethan	0,005	34
	0,05	90

Rote Blutzellen.

Substanz	Gewichtsprozente in der Lösung	Prozentische Oxydationshemmung
Methyl-urethan	10	ca. 60
Äthyl-urethan	1,25	14
	2,5	22
	5,0	88
Propyl-urethan	1,0	44
	2,0	94
Phenyl-urethan	0,025	33
	0,05	55
	0,1	90

Die Gegenüberstellung der Wirkung der Urethane auf Zellatmung und Modellatmung in Tabelle 4 zeigt, wie gut sich das Modell zur Nachahmung der Atmungshemmungen eignet. Was dagegen den verbrennenden Stoff selbst betrifft, so handelt es sich hier offenbar nicht um eine Reaktionsbeschleunigung von der Größenordnung, wie wir sie in der Atmung beobachten; denn Oxalsäure ist auch in wäßriger Lösung relativ unbeständig. Interessanter ist in dieser Hinsicht unser zweiter Fall, das Aminosäuremodell.

Verbrennung der Aminosäuren an Blutkohle[1]).

Gibt man zu einer wäßrigen Cystinlösung Kohle und schüttelt bei Zimmertemperatur mit Luft, so verschwindet die Aminosäure unter Sauerstoffaufnahme, während gleichzeitig Kohlensäure, Ammoniak und Schwefelsäure als Endprodukte auftreten, das heißt, die Endprodukte der Eiweißverbrennung in lebenden Zellen. Ähnlich verbrennen andere Aminosäuren, beispielsweise Leuzin und Tyrosin. Beachtenswert ist hierbei, daß der Stickstoff der Aminosäuren nicht, wie bei der Verbrennung in der Berthelotschen Bombe, mitoxydiert, sondern, wie von der lebenden Zelle, als Ammoniak abgespalten wird.

Mit Hinblick auf unser Thema wollen wir fragen, wie groß die Wirksamkeit der Kohle als Oxydationskatalysator ist im Vergleich zur Wirksamkeit lebenden Gewebes. Vergleichen wir mit einem besonders stark atmenden Gewebe, der Warmblüterleber, so findet sich, daß 1 g Kohle, im Gleichgewicht mit einer $^1/_{500}$ normalen Cystinlösung, in einer bestimmten Zeit ebensoviel Sauerstoff verbraucht, wie die gleiche Gewichtsmenge lebenden

---

[1]) O. WARBURG u. NEGELEIN, Biochem. Zeitschr. **113**, 257 (1921).

Gewebes. Hier handelt es sich also erstens um Geschwindigkeiten und zweitens um Beschleunigungen, wie wir sie in der Zellatmung beobachten. Denn bekanntlich gehören die Aminosäuren zu den beständigsten Körpern der organischen Chemie und reagieren selbst im Lauf von Jahren nicht merklich mit Luftsauerstoff. Andererseits übertreffen sie in der lebenden Zelle alle andern Stoffe an Unbeständigkeit.

Auch diese Oberflächenoxydation wird durch Narkotika in ähnlicher Weise gehemmt, wie die Zellatmung. Gibt man zu gleichen Mengen Kohle und Aminosäurelösung so viel verschiedener Narkotika, daß die Oxydationsgeschwindigkeit immer um denselben Betrag sinkt und mißt in diesem Zustand gleicher Hemmung die Narkotikumkonzentrationen c in der Lösung, so findet man (Tabelle 5), daß sich die c-Werte für chemisch ähnliche Narkotika um das Hundert- bis Tausendfache unterscheiden.

Tabelle 5.

(Hemmung der Cystinoxydation.)

Substanz	c
Dimethylharnstoff (asym.) .	0,03
Diäthylharnstoff (sym.) . .	0,002
Phenylharnstoff	0,0002
Acetamid	0,2
Valeramid	0,003
Aceton	0,07
Methylphenylketon	$<$ 0,0004
Äthylalkohol	0,32
Amylalkohol	0,0015
Acetonitril	0,2
Valeronitril	0,0021

Wirkungsweise der Narkotika.

Bei konstantem Sauerstoffdruck ist die Geschwindigkeit, mit der eine Aminosäure an der Kohleoberfläche oxydiert wird, ihrer in jedem Augenblick adsorbierten Menge proportional. Entfernen wir also bei einer gegebenen Anordnung die Hälfte der Aminosäure von der Kohle, so sinkt die Oxydationsgeschwindigkeit auf die Hälfte.

Adsorptionsmessungen zeigen, daß aus einem Gemisch von Aminosäure und Narkotikum weniger Aminosäure adsorbiert wird, als aus einer reinen Aminosäurelösung. Lassen wir Cystin zunächst aus einer reinen Aminosäurelösung adsorbieren und fügen nunmehr ein Narkotikum hinzu, so verdrängt[1]) das Narkotikum die Aminosäure von der Kohleoberfläche.

Narkotikumkonzentrationen, die nicht merklich verdrängen, bewirken keine merkliche Hemmung der Oxydation. Bestimmt man für verschiedene Narkotika einerseits den Grad der Adsorptionsverdrängung, andererseits den Grad der Oxydationshemmung, so findet man eine sehr weitgehende Übereinstimmung beider Größen. Es ist daraus zu schließen, daß die Verdrängung der einzige Grund der Oxydationshemmung ist, indem der nichtverdrängte Rest der Aminosäure, unbeeinflußt durch die Gegenwart des Narkotikums, verbrennt.

---

[1]) Die Erscheinung der Adsorptionsverdrängung in wäßrigen Lösungen wurde zuerst beobachtet von FREUNDLICH und MASIUS für das Stoffpaar Oxalsäure-Bernsteinsäure (MASIUS, Dissertation Leipzig 1908) und von MICHAELIS und RONA für das Stoffpaar Azeton-Essigsäure (Biochem. Zeitschr. **15**, 196, 1908). Vgl. auch FREUNDLICH und MASIUS, Gedenkbuch für VAN BEMMELEN S. 88 (1910).

Mit der Verdrängung der Aminosäure kommt ihre Oxydation, wie ohne weiteres anschaulich ist, zum Stillstand. Das gleiche gilt für die Sauerstoffaufnahme nur dann, wenn der verdrängende Stoff nicht seinerseits an der Kohleoberfläche oxydiert wird. Da die meisten Narkotika auch im Zustande der Adsorption gegenüber Sauerstoff relativ beständig sind, so bedingt die Verdrängung einer Aminosäure in der Regel auch einen Stillstand der Sauerstoffaufnahme.

Berechnung der Wirkungsstärken der Narkotika aus ihren Adsorptionskonstanten.

Gibt man zu gleichen Mengen Kohle und Aminosäurelösung so viel verschiedener Narkotika, daß immer dieselbe Menge Aminosäure verdrängt wird und mißt im Zustande gleicher Verdrängung einerseits die Narkotikumkonzentrationen c in der Lösung, andrerseits die von der Gewichtseinheit Kohle adsorbierten Narkotikummengen x, so findet man die Unterschiede der x-Werte, im Vergleich zu den Unterschieden der c-Werte, relativ klein. Beispielsweise hat 1 g Kohle, wenn 0,03 Millimole Cystin verdrängt sind, 0,6 bis 1,5 Millimole der verschiedenen Narkotika adsorbiert, bei um das tausendfache verschiedenen Narkotikumkonzentrationen in der Lösung (Tabelle 6, Spalte 2 und 3).

Tabelle 6.

Spalte 1	Spalte 2	Spalte 3	Spalte 4
Substanz	c (Mole pro Liter Lösung)	x (Millimole pro Gramm Kohle)	$x \cdot (V_m)^{\frac{2}{3}}$
Dimethylharnstoff (asym.) . . .	0,03	1,1	9,0
Diäthylharnstoff (sym.)	0,002	0,68	6,9
Phenylharnstoff	0,0002	0,76	8,6
Acetamid	0,17	1,2	7,3
Valeramid	0,003	0,62	6,9
Aceton	0,073	1,33	8,3
Methylphenylketon	< 0,0004	0,73	8,0
Amylalkohol	0,0015	0,87	7,9
Azetonitril	0,2	1,5	7,7

Wir machen nunmehr die folgenden, in jeder Hinsicht einfachsten Annahmen: Der verdrängende Stoff soll die Kohleoberfläche in einer einzigen Lage von Molekülen besetzen. Der so besetzte Teil der Oberfläche soll für die Adsorption der Aminosäure ausscheiden, während die Aminosäure an dem narkotikumfreien Teil der Oberfläche normal adsorbiert werde. Dann ist für die Verdrängung nicht nur die Zahl x der verdrängenden Moleküle maßgebend, sondern auch die von jedem Molekül beanspruchte Fläche F, und die Bedingung für gleiche Wirkung lautet

$$x \cdot F = K,$$

x, die Zahl der adsorbierten Moleküle, kann gemessen werden. F, die von einem Molekül beanspruchte Fläche, ist gleich der Wand des Würfels, den das kugelförmig gedachte Molekül erfüllt. Bezeichnen wir mit V_m das aus den Refraktionsäquivalenten berechnete Molekularvolumen, so ist F proportional $(V_m)^{\frac{2}{3}}$ oder die Bedingung für gleiche Wirkung

$$x \cdot (V_m)^{\frac{2}{3}} = K \ . \tag{1}$$

Die vierte Spalte der Tabelle 6 zeigt, daß diese Bedingung mit großer An-näherung erfüllt ist.

Nach Freundlich[1]) besteht zwischen der adsorbierten Menge x eines Stoffes und seiner Konzentration c in der Lösung die Beziehung

$$x = k \, c^{\frac{1}{n}} \ , \tag{2}$$

worin k und n Konstanten bedeuten. Setzen wir den Wert für x aus (2) in (1) ein, so ergibt sich die Beziehung

$$k \, c^{\frac{1}{n}} \cdot (V_m)^{\frac{2}{3}} = K \ . \tag{3}$$

Aus dieser Gleichung kann die Wirkungsstärke c für ein beliebiges Narkoti·kum berechnet werden, wenn K, die Adsorptionskonstanten und die Molekularvolumina gegeben sind.

Wirkungsweise der Blausäure.

Wie die Narkotika verdrängt Blausäure adsorbierte Aminosäuren von der Kohleoberfläche. Auch hier ist die Bedingung $x \, (V_m)^{\frac{2}{3}} = K$ mit großer Annäherung erfüllt; für die Anordnung der Narkotikaversuche (Verdrängung von 0,03 Millimolen Cystin von einem Gramm Kohle) berechnet sich x zu 2,4 Millimolen Blausäure, während die Adsorptionsmessung 2,8 Millimole ergibt. Die Konzentration in der Lösung hat hierbei — entsprechend der niedrigen Adsorptionskonstante der Blausäure — den hohen Wert von 1 Mol pro Liter.

In Blausäurelösungen, deren Konzentration unter $^1/_{10}$ normal liegt, ist eine Adsorptionsverdrängung nicht mehr nachzuweisen. Andrerseits findet sich, daß noch eine $^1/_{10000}$ normale Blausäurelösung die Oxydation des Cystins um etwa die Hälfte verlangsamt. Blausäure hemmt also die Verbrennung der Aminosäure, ohne sie von der Kohleoberfläche zu verdrängen. Und zwar genügt die Adsorption von 10 milliontel Molen Blausäure pro Gramm Kohle, um die Oxydation von 50 milliontel Molen Cystin fast völlig zu hemmen. Es kann sich hier also nicht um eine Umsetzung zwischen Cystin und Blausäure handeln, da durch einen derartigen Vorgang nur 20% der Cystinmenge unwirksam werden könnten.

Diese Tatsachen legen die Annahme nahe, daß die Kohle kleine Mengen eines Stoffes enthält, der für die Oxydation der Aminosäuren notwendig ist und durch Umsetzung mit Blausäure unwirksam gemacht wird.

Blutkohle enthält stets kleine Mengen Eisen[2]), und zwar fanden wir in unserem Präparat pro Gramm Kohle 5 milliontel Mole dieses Schwermetalls. Blausäuremengen der gleichen Größenordnung — 10 milliontel Mole — verhindern, an die Kohleoberfläche gebunden, die Oxydation des Cystins. Aus dieser Übereinstimmung ist mit großer Wahrscheinlichkeit

[1]) H. Freundlich, Zeitschr. f. physikal. Chemie **57**, 385 (1907).
[2]) O. Warburg, Arch. f. d. ges. Physikal. **155**. 558 (1914).

zu schließen, daß Eisen an der Kohleoberfläche die Rolle eines Sauerstoffüberträgers spielt, und daß Blausäure das Eisen in eine zur Sauerstoffübertragung unfähige Form überführt.

Ergebnisse.

Wir stellen schließlich die wesentlichsten Ergebnisse der Zellversuche
und der Modellversuche zusammen:

Zellversuche:

1. Die Atmung ist an die festen Zellbestandteile gebunden.
2. Wie Kohle adsorbieren die festen Zellbestandteile gelöste Stoffe aus
   wäßrigen Lösungen.
3. Narkotika beeinflussen die Atmung durch physikalische Zustandsänderung der Oberflächen.
4. Die Atmung ist eine Eisenkatalyse.
5. Blausäure hemmt die Atmung, indem sie das Eisen in eine zur
   Sauerstoffübertragung unfähige Form überführt.

Modellversuche:

1. Brennstoffe der Zelle, Aminosäuren, werden durch Adsorption an
   Blutkohle in gleichem Maße gegenüber Sauerstoff unbeständig,
   wie in lebenden Zellen, und verbrennen an der Kohleoberfläche zu
   denselben Endprodukten, wie in lebenden Zellen.
2. Die Verbrennung der Aminosäuren an Kohle wird durch Narkotika
   in gleicher Weise wie die Zellatmung beeinflußt durch eine physikalische Zustandsänderung der Oberflächen.
   Diese Zustandsänderung besteht in einer Bedeckung und dadurch bedingten Verkleinerung der wirksamen Oberflächen.
3. Blausäure hemmt die Verbrennung an Kohle durch Bindung eines
   in kleiner Menge vorhandenen Bestandteils, wahrscheinlich des
   Eisens der Blutkohle.

Theorie der Zellatmung.

Es sind zwei Mittel, deren sich die Zelle bedient, um die Reaktionswiderstände an den Verbrennungsorten zu verkleinern: der Adsorption und der
Schwermetalle.

Die Zellatmung ist ein kapillarchemischer Vorgang, der an den eisenhaltigen Oberflächen der festen Zellbestandteile abläuft. Durch Adsorption
an diesen Oberflächen werden die trägen organischen Verbindungen aus dem
gleichen Grunde gegenüber Sauerstoff reaktionsfähig, wie die Aminosäuren
an der Oberfläche der Blutkohle. Die Zellatmung ist damit zwar nicht
physikalisch erklärt, jedoch zurückgeführt auf Phänomene der unbelebten
Welt.

Narkotika hemmen die Zellatmung, indem sie — selbst an den Oberflächen nicht oxydabel — die Oberflächen bedecken und dadurch die
Brennstoffe verdrängen. Gleiche Wirkung durch verschiedene Narkotika
tritt immer dann ein, wenn der gleiche Bruchteil der wirksamen Ober

flächen mit Narkotikum bedeckt ist. Auch für die Zellatmung gilt die Bedingung gleicher Wirkung:

Zahl der adsorbierten Moleküle × der von einem Molekül beanspruchten
$$\text{Fläche} = K \,,$$

eine Beziehung, aus der die Wirkungsstärken für beliebige Narkotika berechnet werden können, wenn K, die Adsorptionskonstanten und die Molekularvolumina gegeben sind.

Zellatmung und Arbeit.

Verbrennt eine Aminosäure an der Kohleoberfläche, so geht die gesamte freie Energie der Verbrennung verloren. Verbrennt eine Aminosäure an den Oberflächen der lebenden Zelle, so erscheint die freie Energie der Verbrennung zum Teil als Arbeit, beispielsweise als mechanische Arbeit. In bezug auf den Energieumsatz unterscheidet sich also das Kohlemodell von seinem Vorbild.

Doch ist anzunehmen, daß die Auffassung der Atmung als Oberflächenreaktion den Weg zeigen wird, auf dem die Energieumwandlung in der lebenden Zelle erfolgt. Bringt man einen Quecksilbertropfen in Chromsäurelösung[1]), so ist die Oxydation bei geeigneter Versuchsanordnung mit einer lebhaften Bewegung des Metalls verbunden; hier wird die freie Energie der Oxydation zum Teil als mechanische Arbeit gewonnen, indem die Kräfte der Oberflächenspannung Arbeit leisten. Vermutlich verwandelt die lebende Zelle auf ähnliche Weise chemische Energie der Atmung in Arbeit.

---

[1]) Paalzow, Poggendorffs Ann. **104**, 418 (1858); Bernstein, Arch. f. d. ges. Physiol. **80**, 628 (1900).

Über biologische Gleichgewichtszustände bei Infektionen und deren medizinische Bedeutung.

Von

August v. Wassermann-Berlin-Dahlem.

In einem Kurorte las ich vor Jahren über dem Eingang zu den Heilbädern einen lateinischen Spruch, dessen genauer Wortlaut mir entfallen ist, dessen Sinn aber besagte: Gesund zu sein, bedeutet ein Glück, ein größeres, geheilt zu werden. In diesem Satze drückt sich prägnant die Meinung aus, welche im allgemeinen über Gesundheit und Krankheit herrscht. Beide scheinen im strikten Gegensatze zueinander zu stehen — der Kranke will geheilt werden, und darunter versteht er die restlose restitutio ad integrum. Ein Mittelding kennt er nicht: ,,solange er nicht gesund ist, d. h. wie er vorher war, ist er krank". Ist dieser Standpunkt berechtigt? Gibt es tatsächlich nur diese beiden Zustände? Stehen sich wirklich normaler und anormaler Zustand, also Physiologie und Pathologie so scharf getrennt ohne jeden Übergang gegenüber? Das ist eine Frage, die nicht nur akademisches, sondern auch in hohem Maße medizinisches und Forschungsinteresse besitzt. Wenn wir versuchen, der Beantwortung derselben näherzutreten, so eignen sich am besten die Infektionskrankheiten für derartige Studien. Denn auf diesem Gebiete sind die Verhältnisse, was den Krankheitseintritt und die restlose Heilung, d. h. die restitutio ad integrum angeht, am exaktesten zu übersehen. Bei dem Infektionskranken können wir den Übergang vom gesunden in den kranken Zustand objektiv und zeitlich genau feststellen. Letzterer nimmt seinen Anfang, sobald Infektionserreger, die im gesunden Gewebe nicht vorkommen, sich in demselben angesiedelt und ihre krankmachende Wirkung auf die Körperbestandteile auszuüben begonnen haben. Ich sage ausdrücklich ,,im Körpergewebe angesiedelt haben"; das bloße Vorhandensein von Krankheitskeimen auf der inneren oder äußeren Oberfläche des menschlichen Körpers genügt nicht, um einen solchen Menschen als Infektionskranken zu bezeichnen. Sehr viele Menschen beherbergen gefährliche Mikroorganismen, wie z. B. Diphtheriebazillen im Schleime und auf der Oberfläche ihrer Rachenorgane, aber sie sind deshalb nicht diphtheriekrank. Dies werden sie erst, wenn diese Diphtheriebazillen von der Oberfläche in die Tiefe, d. h. in das Gewebe der Rachenorgane selbst eindringen. Ebenso, wie wir den Beginn einer Infektionskrankheit genau präzisieren können, ist dies für die Beendigung derselben, d. h. die vollständige Heilung mit restitutio ad integrum der Fall. Dieser Zustand ist eingetreten, wenn die Erreger restlos wieder aus dem Gewebe verschwunden sind. Bei einer Reihe von Infektionskrankheiten geht dieses Verschwinden der pathogenen Keime nach überstandener Krankheit mit einer Zustandsänderung des Organismus einher, die sich darin äußert, daß derselbe für diese Infektionserreger nun nicht mehr empfänglich ist. Wir bezeichnen dies mit dem Ausdruck der Immunität. Demgemäß können wir bei Infektionen vier „Zustände", wenn ich so sagen darf, unterscheiden, nämlich die Empfänglichkeit, die Unempfänglichkeit, die Krankheit und die Heilung. Das tiefere Eindringen in die feineren Vorgänge bei dieser Krankheitsgruppe hat uns nun in neuester Zeit gelehrt, daß es außer diesen vier lange gekannten Zuständen noch einen fünften Begriff gibt, der mit keinem der erstgenannten übereinstimmt, trotzdem aber von jedem etwas in sich birgt. Auf den ersten Blick mutet dies wie ein Rätsel an, dessen Lösung scheinbar unmöglich ist. Und doch vollbringt die Natur dies! Am besten sind diese Verhältnisse bei Syphilis studiert, und daher wollen wir sie an diesem Beispiele betrachten. Die Syphilis wird durch das Eindringen ihres spezifischen Erregers, der von SCHAUDINN entdeckten Spirochaete pallida, hervorgerufen. Der gewöhnliche Verlauf ist der, daß zunächst an der Körperstelle, woselbst der Infektionserreger in den Körper gelangt, also an der sog. Eintrittspforte, eine verhärtete, zu Zerfall neigende Gewebsentzündung entsteht, der sog. Primäraffekt. Von hier aus verbreitet sich nun innerhalb der nächsten Tage bezugsweise Wochen die Spirochäte auf dem Blut- und Lymphwege, im gesamten Organismus, siedelt sich in den verschiedensten Organen an, und es kommt zum Ausbruch der ersten Allgemeinerscheinungen, gewöhnlich auf der Haut und den Schleimhäuten. Hand in Hand mit diesem Erscheinen der allgemeinen Symptome, bezugsweise etwas vorher, treten neue Stoffe im Blute auf, welche die Träger der sog. Wassermannschen Reaktion sind. Leitet man in diesem Stadium die geeignete Behandlung ein, so gehen alle die genannten Symptome und gewöhnlich auch die Wassermannsche Reaktion zurück. Der Patient scheint geheilt. In der Mehrzahl der Fälle ist dies auch Tatsache. In einem großen Prozentsatz aber zeigt es sich, daß diejenige Heilung, die nach unserer obigen Definition darin bestehen müßte, daß die eingedrungenen Spirochäten durch das Heilmittel restlos abgetötet wurden, nicht erreicht ist. Denn nach mehr oder minder langem Zeitraum können wir beobachten, daß bei dem in der Zwischenzeit sich völlig gesund fühlenden Menschen nun von neuem syphilitische Erscheinungen auftreten. Die zwischen dem ersten Anfall und einem solchen Rezidiv liegende Pause kann innerhalb der weitesten Grenzen schwanken; oft schließt sich ein Rezidiv schon nach mehreren Wochen, bezugsweise Monaten an, in manchen Fällen können Jahre, ja Jahrzehnte dazwischen liegen. Daß es sich dabei nicht etwa um eine erneute frische Erkrankung, sondern stets noch um die Wirkung der früheren Infektion handelt, geht daraus hervor, daß diese Rezidive andere klinische Erscheinungen machen, als wir sie bei den frischen Infektionen sehen. Man drückt dies medizinisch dahin aus, indem man bei dieser Krankheit von einem primären, sekundären, tertiären Stadium spricht, womit gesagt sein soll, daß je nach der Dauer bezugsweise dem Zurückliegen der primären Infektion die Krankheitserscheinungen in den verschiedenen Rezidivstadien einen anderen Charakter annehmen. Untersuchen wir nun einen solchen Menschen, der frisch syphilitisch infiziert war, behandelt wurde und infolge der Behandlung seine Krankheitserscheinungen verlor! Auf Befragen wird er völlig wahrheitsgemäß angeben, daß er sich gesund fühle, keinerlei Beschwerden habe und vollständig arbeitsfähig sei. Nehmen wir nun den Befund, d. h. den Zustand seiner Haut und sichtbaren Schleimhäute in Augenschein, so werden wir ebenso wie an seinen Organen mit den bisherigen ärztlichen Untersuchungs- und Hilfsmitteln keinerlei krankhafte Veränderungen nachweisen können. Der Arzt der früheren Zeit war also nicht imstande, bei einem solchen Menschen festzustellen, ob er wirklich radikal von der syphilitischen Infektion befreit ist oder ob er sich nur in einem derartigen Zwischenstadium befindet, von dem wir soeben gesprochen haben, und welches durch ein Rezidiv abgelöst werden kann. Demgemäß drückte die ältere Medizin sich dahin aus, daß die Syphilis, ohne daß man es zu diagnostizieren vermag, durch viele Jahre im Organismus latent zu sein vermag. Mit diesem Ausdruck der Latenz, der nicht nur bei der Syphilis, sondern auch bei anderen chronischen Infektionen eine große Rolle spielt, soll also gesagt werden, daß ein Infektionsprozeß noch irgendwo verborgen im Organismus ruhen kann, um plötzlich aus irgendwelchen Ursachen wieder auszubrechen. Was aber das Wesen dieser Latenz ist, darüber machte man sich bis in die allerneueste Zeit keine rechte Vorstellung. Sehr verbreitet ist in dieser Hinsicht die Meinung, die Latenz hänge ausschließlich von dem Infektionserreger ab, dieser setze sich gleichsam nach einiger Zeit im befallenen Wirtsorganismus zur Ruhe; ja, manche Autoren nehmen direkt an, daß beispielsweise die Spirochäten derartige Ruheformen nach Art der Sporen bei Bakterien bilden können, um dann wieder die sich rasch vermehrende und deshalb Krankheitsstörungen hervorrufende ursprüngliche vegetative Spirochätenform anzunehmen. Mit diesem Übergang aus der Ruheform in die ursprüngliche Spirochätenform breche ein Rezidiv der Krankheitserscheinungen aus. Abgesehen davon, daß wir trotz genauester Untersuchung bisher nicht imstande waren, mit Sicherheit derartige Ruheformen von Spirochäten bei der Syphilis zu entdecken, ist überhaupt der Ausdruck „Latenz" unseren neu gewonnenen Anschauungen nicht mehr entsprechend. Denn mit diesem Worte ist einerseits der Sinn eines mysteriösen Vorganges, andererseits der eines verborgenen Ausruhens im Verlauf des syphilitischen Infektes verbunden. Beides trifft aber nicht zu. Der Ausdruck „Latenz" hatte eine Berechtigung für den Arzt der älteren Zeit. Denn dieser verfügte, wie wir soeben sahen, in der Tat über kein Mittel, um sich Rechenschaft zu geben, ob bei fehlenden sichtbaren Krankheitserscheinungen noch syphilitisches Virus in einem Organismus ist oder nicht. Das ist heute anders, denn jetzt können wir durch die Untersuchung des Blutes nachweisen, daß trotz scheinbar völliger Gesundheit doch noch der syphilitische Infekt weiter währt, indem das Blut des Betreffenden die für Syphilis charakteristische Reaktion gibt. Abgesehen von dieser Reaktion, zeigt aber ein solcher Organismus noch ein anderes sehr auffallendes Verhalten. Er ist nämlich scheinbar immun. Denn, wenn er sich noch so häufig der Infektionsgefahr seitens anderer florid syphilitischer Personen aussetzt, so steckt er sich nicht von neuem an. Also eine neue frische Infektion haftet nicht bei ihm. Es erweckt den Eindruck, als ob er immun geworden wäre. — Diese Immunität gegenüber Spirochäten ist aber nur eine scheinbare. Kann derselbe Mensch doch unmittelbar darauf tertiäre syphilitische Erscheinungen, also ein Rezidiv bekommen, in dessen Krankheitsprodukten wir Spirochäten nachzuweisen vermögen. — Wir sehen also, er ist durchaus nicht immun gegen Spirochäten, denn er zeigt ja jetzt Krankheitserscheinungen, in denen sich Spirochäten befinden und die durch diese Krankheitserreger hervorgerufen werden. Mit anderen Worten: er ist unempfänglich für die Neuzufuhr von fremden Spirochäten, sein Organismus ist aber sehr wohl empfänglich für die Wirkung der eigenen Spirochäten, die von der früheren Infektion her bei ihm verblieben waren. Wie kommt dieses Verhalten zustande? Die Antwort lautet: durch eine Einstellung des Organismus auf einen Zustand, den er radikal aus eigener Kraft nicht mehr zu ändern vermag, also eine Art „biologisches Kompromiß". Um dies zu verstehen, müssen wir den Infektionsprozeß nicht vom medizinischen, sondern vom rein naturwissenschaftlichen Standpunkt aus betrachten. Von diesem Gesichtspunkt aus bedeutet das Eindringen von Krankheitskeimen in einen Organismus das Hineingelangen von körperfremden Elementen, welche die Homogenität des Zellenstaates stören. Der nächste Schritt, den der Körper in diesem Falle macht, besteht im Bestreben, den fremden Eindringling zu entfernen. Zu diesem Zwecke bereitet er besondere, auf den Eindringling spezifisch abgestimmte Substanzen, die sog. Antitoxine, Ambozeptoren, bakteriotrope Substanzen u. a. m., kurzum, alle jene nach Art von abbauenden Fermenten wirkenden Kräfte, die wir als „Antikörper" bezeichnen. Gelingt ihm damit, wie beispielsweise bei Typhus, Cholera oder Diphtherie die restlose Beiseiteschaffung der eingedrungenen Fremdlinge und ihrer schädlichen Gifte, so ist für ihn die Sache erledigt. Es ist radikale Heilung eingetreten! Gelingt ihm dies aber nicht oder nur zum Teil, dann muß er, um weiter leben zu können, die seitens der übriggebliebenen Fremdlinge fortdauernde Störung zu kompensieren, d. h. der Gefahr eines weiteren Umsichgreifens Schranken entgegenzustellen suchen. Zweck Erreichens dieser Kompensation und gegenüber dem Verweilen solcher Restkeime muß er dauernd arbeiten. Denn er ist genötigt, sein biologisches, bezugsweise biochemisches Gleichgewicht aufrechtzuerhalten. Daß diese kontinuierliche Kompensationsarbeit nun in der Tat geleistet und nicht etwa nur von uns hypothetisch angenommen wird, können wir bei Syphilis direkt nachweisen. Wir wissen heute, daß die mehrfach erwähnte, für Syphilis charakteristische Reaktion, die sog. Wassermannsche Reaktion, durch eine bestimmte Substanz verursacht wird, welche auf gewisse Zellipoide eingestellt ist. Sie dient dazu, biochemische Zerfallsprodukte, welche durch die Tätigkeit der Spirochäten im Organismus auftreten, zu entfernen. Sobald wir also bei einem in dem sog. Latenzstadium der Syphilis befindlichen Menschen diese Reaktion nachweisen können, haben wir damit den Beweis in Händen, daß die Ruhe, die dieser Organismus auf der Oberfläche zeigt, nur eine scheinbare ist, daß vielmehr im Innern dieses Körpers unaufhörlich den Wirkungen der dort noch vorhandenen Spirochäten entgegengearbeitet wird. Aber das ist nur eine Einzelheit aus der ungeheuren biologischen Arbeit, die ein solcher scheinbar ganz ruhender und geheilter Körper leistet und leisten muß, um sich gegenüber den in ihm noch verweilenden fremden Bestandteilen im Gleichgewicht, d. h. „gesund" funktionierend zu erhalten. Denn weit über diese Veränderungen seines Blutserums hinaus tritt eine völlige biologische Umgestaltung seines ganzen Verhaltens gegenüber der ihn ständig bedrohenden Bakterienart ein. Wir haben eingangs gesehen, daß das nach einer gewissen Latenz auftretende Rezidiv andere klinische Formen zeigt, als der erste Ausbruch. Diese andersartige Gestaltung der klinischen Symptome in den Spätstadien der Syphilis hängt nun nicht etwa, wie man glauben könnte, damit zusammen, daß die Spirochäten sich bei ihrem längeren Verweilen im menschlichen Körper verändert haben, sondern umgekehrt, der letztere hat sich gegenüber den Parasiten umgestellt. Daher rührt es, daß die gleichen Spirochäten nunmehr andere Krankheitssymptome zur Folge haben. Die Wahrheit dieses Satzes können wir durch ein Experiment, das zum ersten Male von Landsteiner und Finger ausgeführt wurde, zwingend beweisen. Spritzt man nämlich einem Menschen, der Krankheitserscheinungen des Spätstadiums der Syphilis, also die sog. tertiären Symptome zeigt, Material von einem frisch Syphilitischen ein, so kommt es, wie schon erwähnt, nicht mehr zum Ausbruch einer neuen syphilitischen Allgemeininfektion, wohl aber bildet sich am Orte, wo wir diese Einspritzung machen, ein lokaler Herd. Dieser Herd zeigt nun in solchem Fall die Charakteristika des tertiären Krankheitsproduktes. Wir sehen demnach, daß die gleichen Spirochäten, die bei einem frisch infizierten Menschen primäre, bzw. sekundäre Symptome machen, bei einem im Spätstadium befindlichen Syphilitiker Veränderungen von tertiärem Charakter setzen. — Daraus geht beweisend hervor, daß der Organismus während der sog. Latenz nicht ruht, sondern in immerwährender Reaktion gegenüber den in ihm weilenden Spirochäten sich verändert. Über den Zweck dieser Arbeit, welche der Organismus leistet, und die zu dieser Umstimmung führt, kann man angesichts der mikroskopischen Bilder und des Zellverhaltens der tertiären Herde nicht im Zweifel sein. Es ist ein Verteidigungsvorgang des Körpers, der ständig auf der Wache gegenüber den in ihm noch weilenden Feinden seines Bestandes stehen muß. — Demgemäß müssen wir nunmehr auch das Latenzstadium bei Syphilis anders auffassen als bisher. Dasselbe ist noch ein echtes Stadium des Infektes. Aber durch die Entgegenarbeit und Sicherungsmaßnahmen des Organismus ist die Wirkung des Infektes derartig kompensiert, daß es nicht zu manifesten Krankheitserscheinungen kommt. Daraus erklärt sich nun ohne weiteres das auffallendste Symptom des Latenzstadiums, daß nämlich während desselben eine auf natürlichem Wege übertragene zweite Infektion nicht angeht; ein Verhalten, das man früher fälschlich als Immunität deutete. Dies rührt daher, daß der Körper während dieses Stadiums ständig auf Abwehr eingestellt ist und seine Verteidigungswaffen unter dem Zwange der Verhältnisse zwecks Kompensation so verstärkt hat, daß die wenigen neu hinzukommenden Spirochäten, wie sie bei einer frischen Infektion von außen in Frage kommen, sehr rasch von ihm unschädlich gemacht werden. Sind aber die neu zugeführten Spirochätenmengen so groß, wie das allerdings nicht bei natürlicher Übertragung, wohl aber im Experiment erreicht werden kann, daß der Organismus sie nicht alle zu vernichten vermag, so kann es, wie wir soeben sahen, zu einer lokalen Ansiedelung und Bildung eines lokalen Herdes an der Impfstelle (LANDSTEINER und FINGER) kommen. Dann aber entspricht dieser Herd in seiner Beschaffenheit dem Zustand, in welchem der Organismus sich augenblicklich befindet, d. h. er nimmt mit Überspringung des primären und sekundären Stadiums sofort tertiären Charakter an. Wir können also als Gesetz aufstellen, daß bei einem bereits Infizierten eine Neuzufuhr der betreffenden Bakterienart nicht die gleichen Krankheitserscheinungen auslöst, welche sie auf einem jungfräulichen Wirtsboden verursachen würde, sondern solche, wie sie dem augenblicklichen Einstellungszustande des unter dem Einfluß der ersten Infektion stehenden Organismus entsprechen. In diesem Falle beherrscht also nicht mehr der Parasit souverän den Wirtsorganismus, sondern dieser ist ein anderer geworden, und nötigt den Krankheitserreger, sich dem anzupassen. Es hat sich ein neues Gleichgewicht im Kräftesystem einerseits der primären Infektionserreger, andererseits des Körpers herausgebildet, und neu hinzukommende Parasiten der gleichen Art vermögen nicht mehr dieses kompensierte Gleichgewicht zu stören. — Sie müssen in diesem Organismus unter den von diesem Kompensationszustande diktierten Bedingungen leben. — Diese Tatsache geht auch aus einem Experimente hervor, das MORGENROTH vor einiger Zeit publizierte. — Infizierte dieser Autor nämlich Tiere mit einem schwach virulenten Streptokokkenstamme, der beispielsweise 8 Tage zum Töten dieser Tiere gebrauchte, und gab er innerhalb der ersten Tage von neuem einen sehr akut wirkenden Streptokokkenstamm, der frische Tiere innerhalb kurzer Zeit tötete, so blieb diese zweite Infektion ohne Einfluß. Die Wirkung der ersten Infektion wurde nicht verändert, die Tiere starben erst nach 8 Tagen.

Diese Auffassung des sog. Latenzstadiums als eines bis zum biologischen Gleichgewicht kompensierten Infektes hat nicht nur theoretische, sondern auch praktische Bedeutung. Insbesondere bei der Syphilis wird der Arzt häufig vor die Frage gestellt, ob er in der sog. Latenzperiode, wenn also keine manifesten Krankheitssymptome vorhanden sind, behandeln soll. Diese Frage, die rein medizinisches Interesse hat und daher an dieser Stelle nicht weiter erörtert werden soll, wird man nunmehr nach denselben Grundsätzen beantworten müssen, wie sie für andere kompensierte pathologische Zustände, z. B. für kompensierte Herzfehler gültig sind. Die Rezidive bzw. die sog. Exazerbationen, d. h. Wiederaufflammen infektiöser Prozesse, die längere Zeit latent gewesen waren, sind demnach als Eintritt von Kompensationsstörungen, d. h. Aufhebung des biologischen Gleichgewichtszustandes zwischen Organismus und Infekt zu deuten. Diese Gleichgewichtsstörung kann durch jeden Einfluß, welcher die biologischen Kräfte des Organismus schwächt, erfolgen. Und so ist es zu erklären, daß bei einem latenten Syphilitiker eine Periode der Aufregung oder der geistigen Überarbeitung mit ihren überanstrengenden Anforderungen an das Gehirn den Ausbruch von syphilitischen Krankheitserscheinungen seitens dieses Organes zur unmittelbaren Folge haben kann.

Die hier ausgeführten Tatsachen besitzen nun über die Syphilis hinaus in weitem Maße für Infektionskrankheiten Geltung. Die für diese Arbeit gezogenen räumlichen Grenzen verbieten es indessen, näher hierauf einzugehen. Aber das sei doch noch hervorgehoben, daß für Tuberkulose genau die gleichen Verhältnisse vorliegen, und daß die ungeheure Steigerung der Tuberkulosehäufigkeit im Kriege nichts weiter ist als eine eingetretene Störung des Gleichgewichtszustandes zwischen dem bei fast jedem Menschen bestehenden tuberkulösen Infekt und dem infolge der Ernährungsverhältnisse während des Krieges verminderten antituberkulosen Kräftesystem des Organismus. — Bei fast allen Trypanosomenkrankheiten der Tiere, ferner bei Malaria des Menschen sehen wir die gleichen Phänomene des kompensierten Infektes auftreten. Und es ist für mich nicht zweifelhaft, daß auch die Rezidive, Remissionen und die sog. Relapse bei akuten Infektionen, d. h. das Abwechseln von fieberfreien und fieberhaften Stadien mit Steigen und Fallen der Krankheitserscheinungen in diese Klasse von biologischen Vorgängen gehören. Das biologische Gleichgewicht, i. e. der kompensierte Infekt, ist also eines der wichtigsten Verteidigungsmittel des Organismus gegenüber Infektionen, und, wenn es dem Organismus möglich ist, dieses Gleichgewicht dauernd beizubehalten, so ist es in seiner Wirkung beinahe gleichbedeutend mit Immunität. Denn, solange es besteht, fühlt sich der Träger gesund und eine neue Infektion von außen kann bei ihm nicht haften. Es ist der Immunität nur darin unterlegen, daß bei eintretender Inkompensation die im Körper noch weilenden Mikroorganismen einen erneuten Symptomenausbruch zu verursachen vermögen. Bei Tuberkulose müssen wir uns sogar angesichts der Unmöglichkeit einer Immunität mit diesem Gleichgewichtszustande als Ersatz abfinden, und daher ist die Aufrechterhaltung desselben bei der Wichtigkeit dieser Volksseuche weit über das medizinische Bereich hinaus eine volkswirtschaftliche und volkserhaltende Frage, wie uns die Kriegsereignisse lehrten. — Für die Forschung ergibt sich aber daraus, daß die nähere Analyse derjenigen Einflüsse, welche Kompensationsstörungen hervorzurufen, und das Suchen nach Mitteln, welche diese zu verhindern vermögen, nicht weniger wichtig ist, wie die rein ätiologische Forschungsrichtung, welche sich darauf konzentriert, Wege zu ergründen, wie die Mikroorganismen im Körper abgetötet werden können. —

Über das Verhalten des Stickstoffs beim Thomasverfahren.

Von

Fritz Wüst-Düsseldorf.

Als schädlicher Bestandteil im Eisen und Stahl wird neben dem Phosphor und dem Schwefel der Stickstoff angesehen. Während nun über die analytische Bestimmung des Stickstoffs, über sein Verhalten zu den anderen im Eisen und Stahl vorhandenen Bestandteilen, sowie über sein Auftreten in den Hüttenprodukten eine Reihe wichtiger Arbeiten vorliegen, sind die Herstellungsverfahren dieser Produkte selbst, insbesondere das Thomasverfahren, bei dem der Stickstoff die größte Rolle spielt, kaum oder doch nur wenig untersucht worden.

Das in den folgenden Ausführungen über das Thomasverfahren wiedergegebene Versuchs- und Zahlenmaterial ist einer längeren, in den Mitteilungen des Institutes für Eisenforschung gemeinsam mit J. Duhr erscheinenden Arbeit „Über eine Stickstoffbestimmungsmethode in Stahl und Roheisen und über den Stickstoff bei den Hüttenprozessen" entnommen.

A. Versuche.

Das zur Bestimmung des Stickstoffs angewandte analytische Verfahren muß in der erwähnten Arbeit eingesehen werden. Als Untersuchungsmaterial dienten die von 6 Werken, im folgenden mit A, B, C, D, E und F bezeichnet, in liebenswürdiger Weise von etwa je 10 Chargen eingesandten Proben, welche sowohl vor wie nach der Desoxydation entnommen worden waren. Um die eventuelle Wirkung der Desoxydationsmittel auf den Stickstoffgehalt des Stahls besser beurteilen zu können, wurde auch eine Probe vom letzten Pfanneninhalt genommen. Je nachdem die Desoxydationsmittel im festen oder flüssigen Zustand zugesetzt wurden, erfolgte die Probeentnahme nach 1 oder 2.

1. Desoxydationsmittel fest.

Werk A und B.

Probe 1: Roheisen beim Entleeren in den Konverter.
   „   2: Stahl vor der Desoxydation und Abschlackung.
   „   3: Stahl nach der Desoxydation beim Eingießen in die Pfanne.
   „   4: Stahl vom letzten Pfannenrest nach Gießen des letzten Blockes.

2. Desoxydationsmittel flüssig.

Werk C, D, E und F.

Da bei Zugabe von flüssigen Desoxydationsmitteln die Desoxydation in der Pfanne vorgenommen wird, so ändert sich hierdurch die Entnahme der Probe 3, welche wie folgt vorgenommen wurde:

Probe 3: Stahl nach Gießen des ersten Blocks.

1. Untersuchung der Thomaschargen der Werke mit festen Desoxydationsmitteln.

Thomaschargen des Werkes A.

Als Desoxydationsmittel gelangte nur Ferromangan zur Anwendung. In allen Fällen war nach den Betriebsangaben der Chargengang gleichmäßig. Nach den in Zahlentafel 1 zusammengestellten Analysenergebnissen ist der Stickstoffgehalt des Roheisens wenig verschieden. Beim Blasen erfolgt eine Anreicherung, die jedoch ziemlich unregelmäßig ist und den Gehalt an Stickstoff auf 0,0087—0,0156% steigert. Bei den Chargen 86 und 94 ist der Stickstoffgehalt vor dem Desoxydieren erheblich größer als nach demselben, während er bei den anderen Chargen in beiden Fällen praktisch gleich ist. Zwischen dem Stickstoffgehalt der beim Eingießen in die Pfanne genommenen Probe und der Probe vom letzten Pfannenrest ist keine Beziehung festzustellen: Die Gehalte an Stickstoff sind teils gleich, teils verschieden, und zwar ist entweder der Stickstoffgehalt der ersteren Probe höher als derjenige der letzteren, oder umgekehrt.

Thomaschargen des Werkes B.

Es wurden folgende Betriebsangaben zugestellt: Zur Zeit der Probenahme arbeitete das Werk ohne Mischer. Das Roheisen wurde mit Kupolofeneisen gemischt. Letzteres war aus einem Einsatz von Roheisen und Stahlschrott erschmolzen. Es wurde bis zur Dünnflüssigkeit der Schlacke bzw. nach dem Bruchaussehen geschmiedeter Proben geblasen. Da nur ein schwaches Dampfgebläse zur Verfügung stand, betrug die Blasezeit im Mittel 18—20 Minuten. Desoxydiert wurde mit 20proz. Ferromangan und Silicomangan mit 60% Mn und 18% Si. Die Analysenergebnisse sind aus Zahlentafel 1 ersichtlich.

Die Stickstoffgehalte des Roheisens sind etwas höher als bei dem Werke A, ebenso ist die Zunahme während des Prozesses beträchtlicher, und erreichen bei den Chargen 34 und 527 bei dickflüssigem Bade die Höhe von 0,0254 und 0,0259%. Die Chargen 428 und 483 hingegen zeigen trotz längerer Blasedauer von 23 und 24 Minuten, aber heißem Gang, die verhältnismäßig niedrigen Stickstoffzahlen von 0,0106 und 0,0159%. Sämtliche Chargen des Werkes B zeigen im Gegensatz zu denen des Werkes A eine deutliche Abnahme des Stickstoffgehaltes durch die Zugabe des Desoxydationsmittels im Mittel von 0,0187%, auf 0,0170%. Auch ergaben durchgehends die Proben vom Pfannenrest einen höheren Stickstoffgehalt, im Mittel von 0,0183%, als unmittelbar nach der Desoxydation. Sie erreichten fast die Stickstoffgehalte der Proben vor der Beruhigung.

Zahlentafel 1.

Thomaschargen der Werke mit festen Desoxydationsmitteln.

Thomas-werk	Charge Nr.	Roheisen % N[1)	Stahlprobe v. d. Desoxy- dation und Ab- schlackung % N[1)	Stahlprobe n. d. Desoxy- dation beim Eingießen in die Pfanne % N[1)	Stahlprobe nach dem Gießen des letzten Blockes % N[1)
A.	86	0,0009	0,0156	0,0138	0,0154
	87	0,0009	0,0100	0,0098	0,0095
	88	0,0008	0,0107	0,0100	0,0110
	89	0,0008	0,0087	0,0086	0,0081
	90	0,0007	0,0137	0,0136	0,0121
	91	0,0008	0,0116	0,0106	0,0107
	92	0,0008	0,0112	0,0109	0,0113
	93	0,0007	0,0090	0,0088	0,0085
	94	0,0007	0,0094	0,0076	0,0078
	95	0,0006	0,0091	0,0086	0,0087
B.	392	0,0010	0,0176	0,0161	0,0169
	395	0,0011	0,0203	0,0159	0,0203
	402	0,0010	0,0145	0,0137	0,0143
	423	0,0010	0,0228	0,0221	0,0226
	428	0,0008	0,0106	0,0095	0,0100
	483	0,0009	0,0159	0,0151	0,0153
	488	0,0009	0,0190	0,0167	0,0168
	527	0,0008	0,0259	0,0223	0,0260
	34	0,0011	0,0254	0,0245	0,0253
	77	0.0011	0,0152	0,0143	0,0157

2. Untersuchung der Thomaschargen der Werke mit flüssigen Desoxydations-mitteln.

Thomaschargen des Werkes C.

Das angelieferte Thomasroheisen wurde erst im Kupolofen verflüssigt, wobei der Stickstoff teilweise um 50—100% stieg. Dann gelangte es zur Thomasbirne. Die Blasezeit betrug 19—22 Minuten. Desoxydiert wurde mit flüssigem 22 proz. Ferromangan und 6—8 proz. Spiegeleisen.

Das erstere wurde im elektrischen Widerstandsofen verflüssigt. Eine Schöpfprobe des im Elektroofen umgeschmolzenen 22 proz. Ferromangans ergab 0,0032% Stickstoff. Die Analysenergebnisse nebst den näheren Betriebsangaben sind aus Zahlentafel 2 ersichtlich. Der Stickstoffgehalt des erblasenen Flußeisens schwankte von 0,006—0,018%. Bei etwa der Hälfte der Chargen trat nach dem Desoxydieren ein Fallen des Stick-stoffgehaltes ein, bei der anderen Hälfte blieb der Stickstoff auf seiner frü-heren Höhe. Beim Pfannenrest zeigten 3 Chargen wieder ein Ansteigen desselben, während bei vier anderen Chargen der Stickstoff konstant blieb; bei einer Charge trat eine Verringerung ein; im Mittel ist der Stickstoff-gehalt nach dem Gießen des ersten und des letzten Blocks praktisch gleich und beträgt 0,0116 und 0,0118%.

[1) Mittel aus 4 Einzelbestimmungen.

Thomaschargen des Werkes D.

Die fertig geblasenen Chargen wurden mittels Ferromangan im flüssigen Zustande desoxydiert. Während des Verblasens wurden 40—45% Stahlschrott zugesetzt. Der Chargengang war in allen Fällen normal.

Das analytische Ergebnis ist in Zahlentafel 2 zusammengestellt.

Zahlentafel 2.

Thomaschargen der Werke mit flüssigen Desoxydationsmitteln.

Thomas-werk	Charge Nr.	Roheisen % N[1])	Stahlprobe v. d. Desoxy-dation und Ab-schlackung % N[1])	Stahl-proben nach dem Gießen des ersten Blockes % N	Stahlprobe nach dem Gießen des letzten Blockes % N[1])
C.	313	0,0010	0,0160	0,0147	0,0169
	314	0,0010	0,0167	0,0132	0,0143
	315	0,0011	0,0063	0,0059	0,0062
	346	0,0022	0,0174	0,0150	0,0160
	347	0,0013	0,0175	0,0169	0,0153
	348	0,0018	0,0114	0,0113	0,0111
	349	0,0011	0,0064	0,0060	0,0057
	350	0,0012	0,0104	0,0101	0,0092
D.	1	0,0009	0,0178	0,0160	0,0168
	2	0,0009	0,0171	0,0149	0,0169
	3	0,0008	0,0164	0,0128	0,0141
	4	0,0010	0,0157	0,0144	0,0166
	5	0,0007	0,0131	0,0104	0,0127
	6	0,0010	0,0122	0,0115	0,0125
	7	0,0009	0,0109	0,0107	0,0116
	8	0,0008	0,0156	0,0140	0,0146
	9	0,0008	0,0147	0,0136	0,0143
	10	0,0010	0,0150	0,0139	0,0144
E.	63	0,0007	0,0125	0,0103	0,0117
	85	0,0006	0,0122	0,0096	0,0104
	93	0,0008	0,0070	0,0066	0,0068
	98	0,0007	0,0071	0,0071	0,0072
	125	0,0008	0,0107	0,0092	0,0104
	140	0,0007	0,0144	0,0113	0,0124
	183	0,0007	0,0170	0,0140	0,0140
	189	0,0008	0,0134	0,0112	0,0115
	194	0,0007	0,0156	0,0129	0,0131
	196	0,0006	0,0159	0,0142	0,0156
F.	1350	0,0009	0,0199	0,0206	0,0208
	1352	0,0011	0,0194	0,0187	0,0174
	1354	0,0007	0,0131	0,0139	0,0127
	1357	0,0011	0,0209	0,0220	0,0223
	1359	0,0008	0,0209	0,0210	0,0213
	1360	0,0011	0,0264	0,0287	0,0291
	1362	0,0008	0,0205	0,0213	0,0215
	1363	0,0008	0,0250	0,0254	0,0248
	1364	0,0011	0,0228	0,0242	0,0246
	1365	0,0008	0,0215	0,0215	0,0219

[1]) Mittel aus 4 Einzelbestimmungen.

Wie bei Werk B fiel bei sämtlichen Chargen der Stickstoffgehalt durch das Desoxydieren im Mittel von 0,0148 auf 0,0132%, um im Pfannenrest wieder die Höhe vor der Desoxydation, im Mittel von 0,0145%, zu erreichen.

Thomaschargen des Werkes E.

Die 10 Chargen waren wie folgt erblasen: Der Konverter wurde mit Kalk und dem erforderlichen Schrott beschickt, worauf das Roheisen eingekippt wurde. Der anfängliche Winddruck betrug 1,2 Atm. und stieg allmählich, wie der Chargengang es zuließ, um in der Phosphorperiode das Maximum von 2—2,2 Atm. zu erreichen. Das Verblasen dauerte im Mittel 15 Minuten, das Nachblasen 2 Minuten, die Gesamtdauer war mithin 17 Minuten. Nach der Entschlackung erfolgte das Ausleeren der Charge, wobei mittels flüssigen Ferromangans desoxydiert wurde. Der Gang der 10 Chargen war warm, dieselben waren einwandfrei erblasen und hatten die für das Vergießen günstigste Wärme.

Das Ergebnis der Stickstoffuntersuchung ist aus Zahlentafel 2 ersichtlich.

Wie bei dem vorigen Werk zeigten durchgehends die nach der Desoxydation entnommenen Proben einen niedrigeren Stickstoffgehalt als vor derselben, im Mittel von 0,0104% gegen 0,0126%. Bei über der Hälfte der Proben stieg der Stickstoff im Pfannenrest wieder an, bei den anderen blieb er auf der Höhe wie nach der Desoxydation.

Thomaschargen des Werkes F.

Der Chargengang war normal. Weitere Angaben wurden von seiten des Werkes nicht gemacht.

Wie aus Zahlentafel 2 ersichtlich, ist der Stickstoffgehalt der Proben dieses Werkes der höchste überhaupt gefundene. Aus diesem Grunde ist es bedauerlich, daß Betriebsdaten nicht gegeben wurden.

Durch das Desoxydieren tritt eine Verringerung des Stickstoffgehaltes nicht ein, bei einigen Chargen ist er sogar nach dem Desoxydieren höher, wie auch bei der Hälfte der Chargen im Pfannenrest ein höherer Stickstoffgehalt als vor dem Desoxydieren vorhanden war. Im Mittel ist der Stickstoffgehalt in den 3 Fällen praktisch gleich und beträgt: 0,0210, 0,0217 und 0,0216%.

B. Betrachtungen zum Verhalten des Stickstoffes beim Thomasverfahren.

Das Ergebnis bei der Untersuchung der verschiedenen Thomaschargen ist noch ein sehr dürftiges. Wohl kann festgestellt werden, daß der Stickstoffgehalt während des Verblasens des Roheisens von 0,0006 auf 0,029% ansteigen kann, aber ein einheitliches Bild ergibt sich nicht, wie aus der Zusammenstellung der Zahlentafel 3 hervorgeht. Es läßt sich nicht behaupten, daß durch die Desoxydation der Stickstoffgehalt verringert wird, da im Pfannenrest durchgehends wieder derselbe Stickstoffgehalt wie vor der Desoxydation vorhanden ist. Auch die Art des Zusatzes der Desoxy-

Zahlentafel 3.

Zusammenstellung der bei den verschiedenen Werken erhaltenen Stickstoffgehalte.

Thomas-werk	Chargen-anzahl	Roheisen % N	Stahlprobe vor dem Desoxy-dieren % N	Stahlprobe nach dem Desoxy-dieren % N	Stahlprobe nach dem Gießen des letzten Blockes % N	Zunahme in %
A.*)	10	0,00077	0,0109	0,0102	0,0103	1250
B.*)	10	0,00097	0,0187	0,0170	0,0183	1780
C.**)	8	0,0013	0,0128	0,0116	0,0118	830
D.**)	10	0,0009	0,0148	0,0136	0,0145	1500
E.**)	10	0,0007	0,0126	0,0104	0,0113	1500
F.**)	10	0,0009	0,0210	0,0217	0,0216	2300

dationsmittel, ob fest in die Birne oder flüssig in die Pfanne, bewirkt praktisch im Stickstoffgehalt keinen Unterschied. Auffallend ist besonders der Stickstoffgehalt zwischen dem Erzeugnis des Werkes A und dem des Werkes F. Doppelt so hoch ist der Stickstoffgehalt beim letzteren. Dies könnte nun entweder dem angewandten Roheisen oder der Betriebsweise zugeschrieben werden. Beide Werke geben den Chargengang als normal an, so daß man geneigt sein könnte, das Roheisen als die Ursache des Unterschiedes anzusprechen. Unten wird jedoch gezeigt werden, daß dies nicht der Fall sein kann. Die Werke müßten es mithin gewissermaßen in der Hand haben, durch ihre Betriebsweise den Stickstoffgehalt beim Thomasverfahren möglichst niedrig zu halten. Hinweise darauf sind in der Besprechung der Thomaschargen des Werkes B gegeben.

Neben dieser rein praktischen Frage besteht die andere, wie der Stickstoff in das Bad hineinkommt, ob direkt durch Nitrierung des Eisens oder indirekt durch Nitrierung der Beimengungen?

Auf die Stickstoffaufnahme beim Windfrischverfahren im allgemeinen hat zuerst THOLANDER[1]) hingewiesen. Nach ihm soll der Stickstoff im Eisen entweder in Form einer Cyan- oder Eisennitridverbindung auftreten. BRAUNE[2]) wies nach, daß nur letzteres der Fall ist, jedoch soll der Stickstoff über Cyanverbindungen ins Eisen gelangen. Nach seiner Ansicht geht die Stickstoffaufnahme des Eisens „bei jedem Prozeß vor sich, bei dem bei hoher Hitze und unter Bildung von basischer Schlacke Stickstoff und Kohlenstoff Gelegenheit haben, auf Eisen einzuwirken". Diese Bedingungen sind beim Bessemerverfahren nicht gegeben, und doch zeigt das Bessemermaterial[1]) denselben hohen Stickstoffgehalt wie das Thomasmaterial. Bei direkt ausgeführten Versuchen — Einblasen von Stickstoff in geschmolzenes Roheisen — konnte in den Abgasen bei qualitativer Prüfung der Nachweis von Cyanverbindungen nicht erbracht werden. HERWIG[3]) ist der Auffassung, daß Eisen sich mit seinen Beimengungen Stickstoff und Wasserstoff, letzterer von der Feuchtigkeit der eingeblasenen Luft herrührend, unter Ammoniakbildung zu vereinigen vermag, welche noch durch den Druck, der entsprechend der Höhe des Metallbades auf

---

*) Werke mit festen Desoxydationsmitteln.
**) Werke mit flüssigen Desoxydationsmitteln.

dem eindringenden Wind lastet, begünstigt werden soll. Seine Auffassung begründet er mit den Arbeiten HABERS über die Ammoniaksynthese.

Die Annahme der Bildung von Ammoniak erscheint aber völlig unwahrscheinlich, wenn man sich die von HABER gegebenen Gleichgewichtsverhältnisse der Ammoniakbildung etwas näher ansieht. Auf Grund des von HABER[4]) für die Reaktionsisochore gegebenen Ausdrucks:

$$\log Kp = \frac{9591}{4{,}571\,T} - \frac{4{,}98}{1{,}985} \log T - \frac{0{,}00046}{4{,}571}\,T + \frac{0{,}85 \cdot 10^{-6}}{4{,}571}\,T^2 + 2{,}10$$

und der von MAURER[5]) für die zu berechnende Ammoniakkonzentration angeführten Gleichung

$$x = 0{,}325\,Kp \cdot P$$

ergaben sich die Prozentgehalte an Ammoniak zu:

		Bei 1200	1300	1400	1500	1600° Cels.
%-Gehalt	1 Atm.	0,00225	0,00169	0,00137	0,00114	0,00099
Ammoniak	2 Atm.	0,00450	0,00338	0,00274	0,00228	0,00198

So würden z. B. bei 1500° C und 2 Atm. Druck auf 1000 l durchgeblasene Luft im günstigsten Falle 18 ccm NH_3 kommen können. Nach LEDEBUR benötigt 1 t Roheiseneinsatz 300 cbm Gebläsewind, wonach sich der Stickstoffgehalt des Bades zu $6{,}7 \cdot 10^{-4}\%$ berechnen würde, während durchschnittlich $1{,}5 \cdot 10^{-2}\%$ N vorhanden sind, so daß die Auffassung HERWIGS ausscheidet.

TSCHISCHEWSKI[6]) hat nun gleichfalls in der Annahme, daß elementarer Stickstoff sich unter keiner Bedingung mit Eisen direkt verbindet, die Theorie aufgestellt, daß das Silicium im Eisen als Stickstoffträger zu betrachten sei, das Mangan des Bades hingegen an der Stickstoffanreicherung keinen Anteil nehme.

Wäre die Tschischewskische Auffassung in bezug auf die Wirkung des Siliciums richtig, so müßte Bessemermaterial gegenüber Thomasmaterial besonders hohe Stickstoffgehalte aufweisen, was tatsächlich aber nicht der Fall ist. TSCHISCHEWSKI (1916) gründete seine Theorie darauf, daß Eisen durch Stickstoff nicht nitriert werden soll, obwohl schon einige Jahre vorher JURISCH[7]) (1912) gefunden hatte, daß reduziertes Eisen in Pulverform von 850° ab Stickstoff absorbiert und bei 930° die maximale Löslichkeit 0,02165% beträgt. Weiter war von WOLFRAM[8]) (1913) angegeben worden, daß reines Eisenpulver bei seiner Frittungstemperatur bis an 0,033% Stickstoff chemisch gebunden enthält, den es als Ammoniak abgeben kann. Im geschmolzenen Zustand erhielt STRAUSS[9]) bei Elektrolyteisen durch Einleiten von Stickstoff einen Gehalt von 0,02—0,04%.

Eigene Versuche ergaben bei entgastem Elektrolyteisenpulver durch Darüberleiten von gereinigtem Stickstoff bei 950—1050° nach 6 Stunden einen N-Gehalt von 0,0155% und nach 12 Stunden von 0,0227%.

Beim Einleiten von trockenem Stickstoff bei 1400° C in geschmolzenes schwedisches Holzkohlenroheisen mit:

C	Si	Mn	P	S	N
3.8%	0,06%	0.0%	0.06%	0,02%	0,0013%

wurde nach 1 Stunde ein Gehalt von 0,009% N und nach 4 Stunden von 0,014% festgestellt.

Thomasroheisen mit:

C	Si	Mn	P	S	N
2,86%	0,65%	0,22%	1,44%	0,214%	0,0011%

ergab nach 1 Stunde ein N-Gehalt von 0,008%.

Hieraus ergibt sich, daß die Aufnahme des Stickstoffs beim Thomasverfahren aus der durchgeblasenen Luft unmittelbar durch das Eisen erfolgt.

Zusammenfassung.

Es wurden etwa je 10 Thomaschargen von sechs verschiedenen Werken untersucht, wobei die Proben in 4 Abschnitten des Prozesses genommen worden waren. Es zeigte sich, daß die Anzahl Proben zu gering ist, um eine Aufklärung darüber herbeizuführen, warum bei dem einen Werk der Stickstoffgehalt nur halb soviel wie bei einem anderen Werk betrug. Möglicherweise liegt der Unterschied in der Temperatur des Blasens begründet. Andererseits konnte der Nachweis erbracht werden, daß die Aufnahme des Stickstoffs beim Thomasverfahren aus der durchgeblasenen Luft unmittelbar durch das Eisen erfolgt.

Literaturnachweis.

[1] THOLANDER, Stahl u. Eisen **9**, I, 115—121 (1889).
[2] BRAUNE, Stahl u. Eisen **27**, I, 75 (1907).
[3] HERWIG, Stahl u. Eisen **33**, II, 1726 (1913).
[4] HABER, Zeitschr. f. Elektrochem. **20**, 579 (1914).
[5] MAURER, Zeitschr. f. anorg. Chemie **108**, 279 (1919).
[6] TSCHISCHEWSKI, Stahl u. Eisen **36**, I, 147 (1916).
[7] JURISCH, Phil.-Diss. Univ. Leipzig **1912**.
[8] WOLFRAM, Dr.-Ing.-Diss. T. H. Dresden **1913**.
[9] STRAUSS, Stahl u. Eisen **34**, II, 1817 (1914).

B. Geschichtswissenschaften

Die apokalyptischen Reiter.

Von

Adolf von Harnack-Berlin.

Die „apokalyptischen Reiter" sind wieder über die Erde gekommen und haben sie mit ihren Schrecken erfüllt. Was seit langen Jahren nur noch im Bilde gelebt hat, ist wieder leibhaftig geworden, und zur Stunde noch reiten die Todbringenden über das Land. Da erscheint es nicht müßig, auf die Quelle des Bildes zurückzugehen und festzustellen, wie der Dichter, dem wir das ergreifende Gemälde verdanken, die apokalyptischen Reiter geschaut, was er gewollt und woher er den Stoff genommen hat.

Es ist der Dichter der Offenbarung Johannis, der das dramatische Gemälde entworfen hat. Er schrieb nach einem sehr alten und unverwerflichen Zeugnis am Ende der Regierungszeit des Kaisers Domitian, also in den Jahren 94—96, und er schrieb, was er auf der Insel Patmos an der kleinasiatischen Küste (als Verbannter?) in „Visionen" geschaut hat. Obgleich ein echter Prophet, hat er als „Buchprophet" mit alten Weissagungen und Stoffen aus verschiedenen Zeiten gearbeitet, die er neu geschaut und in eine neue Beleuchtung gerückt hat, ja er hat wahrscheinlich eine umfangreiche jüdische prophetische Schrift christlich bearbeitet, die selbst schon eine Kompilation aus verschiedenen Weissagungen war und dem Jahr 69 angehört, also gleich nach Neros Tod verfaßt war.

Der Verfasser bezeichnet sich als „Johannes", und aus den einleitenden Briefen zu seiner Dichtung (Kap. 2. 3) geht hervor, daß er eine patriarchalische Aufsichtsstellung über die kleinasiatischen Christengemeinden hatte. Eine sehr alte Überlieferung identifiziert ihn mit dem Apostel Johannes; aber diese Überlieferung ist von sehr großen Schwierigkeiten gedrückt. Von noch viel größeren Schwierigkeiten freilich ist die Annahme belastet, der Verfasser habe sich die Maske des Apostels Johannes vorgebunden. Wahrscheinlich ist, obgleich auch diese Hypothese nicht jeden Zweifel ausschließt, daß er mit einem „Presbyter Johannes" zu identifizieren ist, der in den Tagen Domitians und Trajans in Ephesus und in anderen kleinasiatischen Gemeinden die höchste Autorität genoß.

Seine Gesichte und Bilder können vollständig nur durch Rückgang auf seine Quellen erklärt werden; aber zunächst muß man feststellen, was er selbst gewollt hat, und muß dabei offen lassen, daß er vermutlich öfters, wie zahlreiche Propheten dieses Zeitalters, den von anderen übernommenen Bildern einen neuen Sinn gegeben und den ursprünglichen verwischt hat. Es wird das häufig von den Auslegern übersehen.

„Die apokalyptischen Reiter" begegnen uns am Anfang der dramatischen Dichtung, aber nicht am Anfang des Buches; denn diesem hat der Verf.

erst sieben Briefe vorangestellt und sodann eine große Szene im Himmel geschildert: Gott selbst auf dem Thron, um ihn 24 Presbyter, sowie die Cherubim und die Heerscharen des Himmels; neben dem Thron ein mit sieben Siegeln verschlossenes Buch, das Buch des Schlußteils der Weltgeschichte. Wer wird die Siegel lösen, damit diese Geschichte zum lang ersehnten Ende komme? Ein Lamm mit einer Todeswunde — es bedeutet Christus — steht am Thron, nimmt das Buch und löst unter dem Lobpreis der himmlichen Heerscharen ein Siegel nach dem anderen. Jedes gelöste Siegel bedeutet eine Aktion, die nun eintritt. Den vier ersten Siegeln aber entsprechen die vier apokalyptischen Reiter, die der Reihe nach hervortreten. Mit Fortlassung der Siegeleinkleidung lauten die Worte:

> Kap. 6, 2 . . . „Und ich sah, und siehe ein weißes Pferd, und sein Reiter hatte einen Bogen, und gegeben ward ihm ein Kranz, und er trat hervor siegend und damit er siege . . . 4 Und hervor trat ein anderes Pferd, ein feuerfarbnes, und seinem Reiter ward gegeben den Frieden von der Erde zu nehmen und daß sie einander schlachten, und gegeben ward ihm ein großes Schwert . . . 5 Und ich sah, und siehe ein schwarzes Pferd, und sein Reiter hatte eine Wage in seiner Hand, 6 und ich hörte eine Stimme . . ., die sprach: ‚Ein Maß Weizen für einen Dinar, und drei Maß Gerste für einen Dinar, und das Öl und den Wein laßt ungeschädigt‘ . . . 8a Und ich sah, und siehe ein fahles Pferd und sein Reiter — „Tod" ist sein Name, und der Hades folgte ihm.
>
> 8b Und gegeben wurde ihnen Macht über den vierten Teil der Erde, zu töten mit dem Schwert und mit dem Hunger und mit dem Tod und durch die wilden Tiere auf der Erde.
>
> 9 Und . . . ich sah unter dem Brandopferaltar die Seelen derer, die da geschlachtet waren um des Wortes Gottes und um des Zeugnisses willen, welches sie hatten. 10 Und sie schrien mit lauter Stimme und sprachen: ‚Wie lange, Herr, du Heiliger und Wahrhaftiger, zögerst du zu richten und zu rächen unser Blut an den Erdbewohnern?‘ 11 Und gegeben ward ihnen, einem jeglichen, ein weißes Gewand, und gesagt ward ihnen, sie sollten sich beruhigen noch eine kleine Zeit, bis voll würde auch die Zahl ihrer Mitknechte und Brüder, die noch getötet werden sollen gleich wie sie."

Die Deutung dieser Bilder ist in der Hauptsache nicht schwierig. Da durch den zweiten Reiter unzweifelhaft der Krieg, durch den dritten der Hunger, durch den vierten jegliches Todesleiden dargestellt ist, so kann der erste Reiter nichts Erfreuliches bedeuten — am wenigsten die Erscheinung Christi, wie zahlreiche Ausleger seltsamerweise annehmen — sondern er soll den Sieg (daher der Kranz), d. h. die Unwiderstehlichkeit des ganzen Zuges zum Ausdruck bringen; denn im Sinne des Dichters löst nicht ein Reiter den anderen ab, sondern sie wirken zusammen. Das zeigt der Vers 8b nach der richtigen Lesart „ihnen" (nicht „ihm") ganz deutlich: der rekapitulierende Inhalt des Verses beweist ihre Kooperation[1]).

---

[1]) Der Plural „ihnen" kann sich daher auch nicht nur, wie die meisten Ausleger annehmen, auf den Tod und den Hades beziehen, sondern auf alle Reiter zusammen. Hieraus wird vollends klar, daß der erste Reiter eng mit den drei folgenden zusammengehört und nicht

Die Farben der Pferde entsprechen der Bedeutung der Reiter: weiß ist die Farbe des Sieges, rot die des Krieges, schwarz die des Hungers[1]) und fahl die des Todes. Im einzelnen sind die Erscheinungen der vier Reiter nicht gleichmäßig behandelt; aber die Unterschiede fallen nicht ins Gewicht und sind zum Teil auf die Besonderheit eines jeden zurückzuführen, zum Teil auf das Bestreben, die Schilderung durch Abwechslung zu beleben.

Andeutungen, daß der Dichter bestimmte Zeitverhältnisse im Auge hat, sind trügerisch. Zwar hat man gemeint, weil der erste Streiter einen Bogen hat, müsse man an einen Zug der Parther denken; allein diese Deutung ist mehr als unsicher. Das Schwert konnte dem ersten Reiter nicht gegeben werden, weil es dem Kriege vorbehalten werden mußte; also gab der Dichter ihm den weittragenden Bogen, den ja auch Könige auf ihren Wagen führten. Daß auch die Stimme, welche den Hunger ankündigt, nicht eine bestimmte Hungersnot beschreibt, wird sich unten zeigen: da die „Wage" nicht ohne weiteres „Hungersnot" bedeutet, mußte hier eine Erklärung durch eine „Stimme" gegeben werden. Von wem die Stimme ausgeht, ist eine überflüssige Frage. Was sie aber sagt, ist in der ersten Hälfte deutlich: wenn ein Maß, d. h. eine Tagesration, Weizen einen Dinar und drei Maß Gerste ebensoviel kosten soll, so bedeutet das eine 12- bzw. 8fache Preissteigerung[2]). Dunkel aber ist die Fortsetzung: „Das Öl und den Wein laßt ungeschädigt"; sie kann nur aus den Quellen erläutert werden, die der Dichter benutzt hat (s. u.). Die Worte zur Erscheinung des ersten Reiters: „Er trat hervor siegend und damit er siege" (= mit Sieg zum Sieg), sind hebräisch und nicht griechisch stilisiert. Den vierten Reiter hat der Dichter nicht näher durch ein Emblem oder eine Aufgabe charakterisiert, denn er hätte viele wählen müssen; aber da er ihm den „Hades" als Knappen beigegeben hat[3]) und da er in der Zusammenfassung nachträglich die wilden Tiere erwähnt[4]), so ist klar, daß er hier alle Mächte und Mittel des Todes verstanden wissen wollte bis zu den Schakalen und Hyänen hin, die die Todeswunden überfallen und die Leich-

etwas Gutes und Erfreuliches bedeutet. Vielleicht darf man sagen, daß der Verf., indem er dem ersten Reiter die weiße Farbe gab und ihn einfach als den „Sieger" bezeichnete, darauf aufmerksam machen wollte, daß Gott es ist, der diesen Zug sendet, daß er also nicht aus der Hölle kommt. — Die falsche Auslegung, der erste Reiter sei Christus, findet sich schon bei dem ältesten Ausleger, Irenäus (IV, 21, 3), im 2. Jahrhundert.

[1]) Nur diese Farbe war nicht ohne weiteres gegeben; aber welche Farbe sonst sollte der Dichter wählen?

[2]) Der Dinar war der übliche Tagelohn; das Brot wird also so teuer werden, daß es den ganzen Tagelohn eines Arbeiters in Anspruch nimmt. Für die anderen Bedürfnisse und die Familie bleibt nichts mehr. In der Verbindung mit dem Getreide wird übrigens die Wage zum deutlichen Symbol der Hungersnot; denn Getreide mißt man nicht mit der Wage, sondern mit Scheffeln.

[3]) Tod und Hades erscheinen sonst in der hebräischen Bildersprache als identisch. Wenn sie hier differenziert sind, so hat man bei dem Tod an die verschiedenen Todesarten (den gewaltsamen und verheerenden), bei dem Hades an das große Totenreich zu denken, dem alle, die dahinsinken, verfallen.

[4]) Da bei dem ersten Reiter, dem „Sieger", keine Todesart, die er bringt, genannt werden konnte, der Verf. aber doch in der Zusammenfassung vier tödliche Plagen erwähnen wollte, so fügte er die wilden Tiere hier hinzu, die natürlich (als Differenzierung) zum Todesreiter (dem vierten) gehören. Näheres s. unten.

name verzehren. Daß er zum Reiter „Tod" außer dem Knappen „Hades"
schlechterdings nichts hinzufügt, gibt diesem Bilde eine besondere Größe.
Nicht ausgedeutet darf der vierte Teil der Erde werden, der den Reitern
gegeben ward. Er besagt nur, daß ein sehr beträchtlicher Teil des Erd-
bodens ihren Schrecknissen verfallen wird[1]).

Der Sinn der vier Reiter im Ganzen des endgeschichtlichen Dramas
tritt aber erst klar zutage, wenn man die folgenden drei Verse hinzuzieht.
Die Reiter bedeuten hiernach eine schreckliche Enttäuschung. Seit langem
nämlich harren die Märtyrer, „die da geschlachtet worden sind um des
Wortes Gottes und des Zeugnisses willen, welches sie hatten", auf Rache und
Erlösung. Nun wird das versiegelte Buch aufgerollt; nun hoffen sie, daß
jede Lösung eines Siegels Rache und Befreiung bedeuten wird! In der Tat —
das Ende beginnt; aber statt des Erhofften setzt vielmehr jetzt erst ein
unerhörter Zug der Schrecknisse ein und trifft unterschiedslos Gerechte
und Ungerechte! Wohl werden die Märtyrer beruhigt; die Verleihung der
weißen Gewänder bedeutet ein Unterpfand und sichert ihnen am Schluß
der Endgeschichte Befreiung und Sieg zu; aber einstweilen müssen sie sich
noch gedulden; denn die Zahl ihrer Brüder, die, wie sie, Märtyrer werden
sollen, ist noch nicht erfüllt. Sie müssen lernen, daß der Anfang des Endes
schrecklicher ist als alles, was Vergangenheit und Gegenwart gebracht
haben.

Diese letzten drei Verse erläutern aber nicht nur die Situation, sondern
sie zeigen auch deutlich, daß der ganze Abschnitt zu den jüdischen
Stücken bzw. zur jüdischen Apokalypse gehört, welche Johannes bearbeitet hat. Zwar der Racheschrei der Märtyrer beweist das noch nicht;
denn so wenig christlich dieser Schrei ist, so haben wir doch auch sonst
vereinzelte Beweise in der ältesten Christenheit für Ähnliches, und daß
der Christ Johannes ihn stehengelassen hat, ist selbst schon Beweis genug.
Allein zwei Züge fordern hier jüdischen Ursprung: die Seelen der Märtyrer befinden sich unter dem Brandopferaltar[2]), und in ihrer Charakterisierung fehlt jede Beziehung auf Christus. Es ist undenkbar, daß ein
Christ, sei es auch ein Judenchrist, die Seelen der Entschlafenen unter den
Brandopferaltar versetzt hat, denn jeder Christ erwartete die Zerstörung
des Tempels; dagegen heißt es in den jüdischen „Pirke Abboth" 26: „Der
Rabbi Akiba sagte, wer im Lande Israel begraben wird, der ist wie einer,
der unter dem Altar begraben ist[3])." Ferner ist es ausgeschlossen, daß ein
Christ von dem „Zeugnis" ($\mu\alpha\varrho\tau\nu\varrho\iota\alpha$) der Geschlachteten spricht und nicht
erwähnt, daß sie von Christus das Zeugnis erhalten haben. Also ist der
ganze einheitliche Abschnitt nicht christlichen, sondern jüdischen Ur-

---

[1]) Noch nicht die ganze Erde; denn die Schrecknisse, welche die Reiter bringen, sind
erst der Anfang des Endes.

[2]) Der Brandopferaltar ist natürlich der wirkliche in Jerusalem. Zahlreiche Ausleger
phantasieren hier von einem himmlischen Tempel und Altar; aber — um von anderen Gründen
zu schweigen — wenn die Märtyrer schon im Himmel sind, verliert die ganze Szene ihren
Sinn. Zur Sache vgl. die Parallelen in der Apok. Henoch 9. 47.

[3]) Die Ruhestätte unter dem Altar — die Märtyrer haben sich als Opfer Gott dar-
gebracht — ist eine erwünschte und gesicherte Ruhestätte; aber doch sind die Seelen dort
voll Ungeduld; denn Unterwelt bleibt Unterwelt.

sprungs; die Märtyrer sind in der Quelle die zahllosen blutigen Opfer, welche das jüdische Volk namentlich seit den Tagen des Syrerkönigs Antiochus Epiphanes gebracht hat[1]), und der jüdische Seher bereitet sein Volk auf neue Opfer vor, welche die bevorstehende Endzeit verlangen wird. Der Christ Johannes aber, indem er die ganze Schilderung aufnahm, hat sicher an die Opfer der Verfolgungen Neros und Domitians gedacht.

Die Weissagung ist in sich geschlossen und klar und kann wie eine ganz originale Konzeption erscheinen; allein der Schein trügt; auch gab es in jenen Tagen, da die apokalyptische Schriftstellerei im Judentum schon mehrere Jahrhunderte alt war, nichts ganz Originales im stofflichen Sinn mehr. Die dichterische Kunst des Verfassers wird dadurch nicht geringer.

Die Grundlage der Vision bildet die Wagenvision des Propheten Sacharja. Hier heißt es Kap. 6:

„Und ich hob meine Augen abermal auf und sah, und siehe, da waren vier Wagen, die gingen zwischen zwei Bergen hervor, diese Berge aber waren ehern. Am ersten Wagen waren rote Rosse, und am zweiten Wagen waren schwarze Rosse, und am dritten Wagen waren weiße Rosse, und am vierten Wagen waren scheckige, graue Rosse.“

Ein Engel deutet sodann diese Rosse als die vier Winde des Himmels, die hervorkommen, daß sie treten vor den Herrscher aller Lande: „Die schwarzen Rosse gingen gen Mitternacht, und die weißen gingen ihnen nach, und die scheckigen gingen gegen Mittag, und die grauen gingen und trachteten. daß sie alle Lande umzögen[2]).“

Die Auslegung dieser dunkeln Vision würde hier zu weit führen; sie ist auch für unsere Zwecke nicht gefordert; aber klar ist, daß die Vierzahl hier von der Vierzahl der Winde bestimmt ist und daß also auch unser Verfasser seine vier Reiter, nicht mehr und nicht weniger, von hier entnommen hat (direkt oder indirekt), ohne daß die Bedeutung als Winde mehr für ihn in Betracht kommt[3]). Aber auch daß die Rosse farbig sind, entnahm er dieser Vorlage[4]); jedoch änderte er auch hier nach seinem Sinn die Beziehung, ja in einem Fall die Farbe selbst. Er setzte „fahl“ für „scheckig, grau“ ein und weiß die Farbe jedesmal mit der Bedeutung des Reiters in Verbindung zu setzen. So hat er etwas Neues und poetisch viel Wertvolleres aus seiner Vorlage geschaffen. Wie in dieser die Wagen, so sind übrigens auch bei ihm die Reiter in einem so schnellen Nacheinander zu denken, daß sie alsbald nebeneinander vorzustellen sind (s. o.; die Ausleger mißachten das).

Aber die Reiter mit Bogen, Kranz, Schwert und Wage sind aus Sacharja nicht zu erklären. Hatte der Verfasser auch hier eine Vorlage? Boll (Aus der Offenbarung Johannis; Hellenistische Studien zum Weltbild der Apokalypse, 1914) verdanken wir an dieser Stelle eine wichtige Aufklärung.

---

[1]) Vgl. Matth. 23, 35.

[2]) Die Textüberlieferung ist hier augenscheinlich fehlerhaft; man bemerkt, daß die roten Rosse ausgelassen sind, während der vierte Wagen verdoppelt ist.

[3]) Ein schönes Beispiel, wie die Bilder ihren ursprünglichen Sinn verlieren. Auch für Sacharja selbst übrigens haben die Winde ihre alte Bedeutung als Windgötter bereits verloren. Es handelt sich auch bei ihm schon um ein von Gott gesandtes Geschick.

[4]) Die Vorstellung von der Farbigkeit der Winde kann hier nicht untersucht werden.

Er verweist auf die Tierkreiszeichen und auf die damals verbreiteten astrologisch-kosmischen Spekulationen, nach denen die zwölf Tierkreiszeichen Reihen von zwölf Jahren bedeuten, deren jedes von einem der Zeichen beherrscht wird, das seine besondere Eigenart hat. Aus zahlreichen Zeugnissen geht aber hervor, daß das Jahr der Wage in der Regel als ein Hungerjahr vorgestellt wurde, und zwar genauer ein Hungerjahr an Brotkorn, während es an Wein (auch an Öl) nicht fehlen wird. So heißt es an einer Stelle: „Jahr der Wage: Brotfrucht wird fehlen, aber die Gabe des Dionysius wird in Überfluß da sein", oder: „Wenn die Wage herrscht, so gibt's mäßiges Korn und viel Wein", oder: „Es kommt Verderben über das Brot, aber Wein und Öl gibt's im Überfluß" (BOLL, S. 85). Die Differenzierung erklärt sich daraus, daß die „Wage" nur über das Wägbare Gewalt hat, nicht aber über Flüssigkeiten[1]). Das ist freilich eine sehr primitive Unterscheidung[2]), aber dergleichen hält sich ja zäh auch auf höheren Kulturstufen, wenn es einmal in die Überlieferung eingegangen ist; man vergleiche unsere Kalender und die Prophezeiungen in ihnen. Der Apokalyptiker hat also einfach das Tierkreiszeichen „die Wage" und einen zu ihr gehörigen Kalenderspruch benutzt, um den Hunger, den er in einem seiner Reiter darstellen wollte, zu charakterisieren. Das in der zweiten Hälfte des Spruches enthaltene Schonungsgebot für Wein und Öl hätte er auch weglassen können; aber es gehörte nun einmal zum Spruch und es erhöhte durch den Kontrast die Not an Brot: Was hilft es, daß man Öl und Wein hat, wenn es an Brot fehlt? Dabei mag dahingestellt bleiben, ob der Verfasser nicht als Asket eine besondere Abneigung gegen Öl und Wein gehabt hat[3]).

So dankenswert die Aufklärung ist, die uns BOLL in seiner ausgezeichneten Untersuchung gebracht hat, so wenig vermag ich ihm aber beizustimmen, wenn er in der Freude seiner Entdeckung nun die ganze Konzeption der vier Reiter auf die Tierkreisspekulation (zwölfjähriger Zyklus) zurückführen will. In dieser gehen der „Löwe" und die „Jungfrau" der „Wage" vorher und der „Skorpion" folgt, und sie bedeuten je ein Jahr, in welchem je eine Sterngottheit herrscht. BOLL sucht nun zu zeigen, daß auch die vier Reiter vier Jahre bedeuten und daß der Sieger dem „Löwen", der.

---

[1]) Auch daran läßt sich denken, daß die Hitze das Getreide verdorrt, aber Öl und Wein besonders gut gedeihen läßt.

[2]) Man kann auch versuchen, noch weiter zurückzugehen auf einen alten Getreide-Gott, der im Zyklus der Jahre bald segenbringend, bald die Fluren schädigend auftritt; aber das gehört nicht mehr hierher.

[3]) Durch diese Erklärung der Stelle ist die scharfsinnige Auslegung SALOMON REINACHS (La mévente des vins sous le haut-empire Romain, i. d. Rev. Archéol., Serie III, Tom. 39 [1901] p. 350ff.), der ich einst gefolgt bin, beseitigt. REINACH erinnerte sich des Erlasses Domitians, die Einschränkung des Weinbaus in Italien und in den Provinzen betreffend (Sueton., Domit. 7), sowie der förmlichen Zurücknahme dieses Erlasses und brachte dies — in Kleinasien war große Aufregung entstanden — mit der „Stimme" in der Apokalypse in Zusammenhang. Diese Erklärung war um so verlockender, als sie mit der Abfassungszeit des Buchs genau stimmte; aber das Öl fehlte hier. Auch zeigt der ganze Abschnitt sonst keine zeitgeschichtlichen Spuren, und die Hauptsache, die Hungersnot infolge des Mangels an Brot, kann nur durch einen Umweg mit der Domitianischen Verordnung in Verbindung gebracht werden.

Krieg der „Jungfrau" und der Tod dem „Skorpion" entspricht. Allein nur durch unerträgliche Gewaltsamkeiten kann diese Auslegung dem Text aufgezwungen werden; denn 1. die Reiter können nicht „Jahre" bedeuten; denn sie treten zwar nach einander hervor, aber sie wirken zusammen (s. o.). 2. Das charakteristische Attribut des ersten Reiters ist der Bogen; also liegt es doch am nächsten, wenn man überhaupt an den Tierkreis denken will, an den „Schützen" zu denken[1]), allein dieser folgt im Tierkreis auf den Skorpion, kann also nicht vor der „Jungfrau" stehen. Um nun den „Löwen" zu gewinnen, bezieht BOLL die „wilden Tiere" Vers 8 ganz willkürlich auf den ersten Reiter, den Sieger, zu dem sie schlechterdings nicht gehören können[2]), und da nun der „Löwe" als „$\vartheta\eta\varrho\iota\tilde{\omega}\delta\varepsilon\varsigma$" bezeichnet wird, so hält sich BOLL für berechtigt, den „Sieger" mit dem Löwen zu identifizieren. Wie er sich dabei mit „Bogen", „Kranz" und „Sieg" abfindet, mag man S. 90f. bei ihm nachlesen. Der erste Reiter kann weder der „Schütze" sein (denn die Reihenfolge erlaubt das nicht), noch der „Löwe" (denn hier stimmt nichts); also hat der Verfasser seinen ersten Reiter überhaupt nicht aus der Tierkreisspekulation genommen, sondern selbst erfunden oder aus einer anderen Quelle entlehnt. 3. Aber auch die Identifizierung des zweiten Reiters mit der „Jungfrau" will nicht gelingen; denn warum ließ der Verfasser nicht die Jungfrau als Reiterin stehen?[3]) Ferner finden sich zwar in den bunten Schilderungen „des Jahres der Jungfrau" in der Überlieferung u. a. auch „Morde" und ein „Schwert"; allein sie bedeutet keineswegs den Krieg; denn alles mögliche Unheil wird von ihrem Jahre ausgesagt (auch Hunger und anderes Verderbliche), niemals aber der Krieg, und das Schwert ist eigentlich eine Sichel. 4. Endlich kann man auch den vierten Reiter mit seinem Knappen nicht wohl mit dem Skorpion identifizieren. Ohne Attribut und Aufgabe werden sie als „Tod" und „Hades" eingeführt; denn ihre Erscheinung selbst sagt alles. Ist es nun schon deshalb unwahrscheinlich, daß sie mit einem bestimmten einzelnen Sternbild identisch sind, so kann die Identifizierung nur künstlich dadurch geschaffen werden, daß man beim Tode ausschließlich an die Pest denkt (die gar nicht im Text steht) und sich nun erinnert, daß das Jahr des Skorpions, des verderbenbringenden Tieres, alles mögliche Schlimme an Giften und Krankheiten bringt (freilich wird gerade die Pest in der bunten Überlieferung m. W. nicht genannt). Allein wie willkürlich wird die gewaltige Gestalt des Reiters Tod samt dem Hades herabgesetzt und verkleinert, wenn sie nur eine einzelne Todesart bezeichnen soll. Nein — alles, was das Schwert und der Hunger noch übriggelassen haben, das raffen der Tod und der Hades hinweg durch alle denkbaren Todesarten, von denen der Verfasser nur die letzte, die wilden Tiere, in der Schlußausführung erwähnt.

Die vier Reiter bedeuten nicht vier sich ablösende Jahre, denn sie wirken zusammen; der erste und der vierte Reiter sind viel zu allgemein und groß

---

[1]) Auch BOLL denkt zunächst an ihn, verwirft ihn aber dann.

[2]) Denn was hat ein Sieger mit der Sendung wilder Tiere zu tun? Er könnte sie doch höchstens mit seinem Bogen erlegen; aber das paßt hier nicht.

[3]) Übermenschliche Frauen im Guten und Bösen finden sich doch sonst in seinem Buch.

gehalten, um mit einem Tierkreissternbild identifiziert werden zu können,
und es fehlt auch jedes durchschlagende tertium comparationis; der zweite
Reiter kann nur künstlich mit der „Jungfrau" in Zusammenhang gebracht
werden — also hat der Verfasser seine Reiterkonzeption nicht aus der
Tierkreisspekulation genommen, sondern er hat lediglich in bezug auf
den dritten Reiter, um den Hunger zu verdeutlichen, eine Anleihe bei ihr
gemacht. Die Konzeption selbst ruht auf der Vision des Sacharja, die
sich freilich neben ihr wie eine Chamade neben einer Fanfare ausnimmt.
Was der Verfasser über sie und jene Anleihe hinaus zur Darstellung bringt,
kann sehr wohl sein geistiges Eigentum sein, mag auch die naheliegende
Umwandelung der von Rossen gezogenen Wagen in Rosse und Reiter
schon vor ihm von einem hellenistischen Juden vollzogen worden sein.
Das poetisch Wirksame und Erschütternde liegt in den einfachen und
großen Linien, in denen Überliefertes hier gefaßt, und in der Exklusive, mit
der hier alles Rankenwerk und aller Schwulst beseitigt ist: Der von der
Gottheit gesandte, über Gute und Böse gleicherweise herfahrende schreck-
liche Zug, der das Ende einleitet. — An der Spitze der unwiderstehliche
„Sieger" mit dem weittragenden Bogen und dem Kranz, am Schluß der
Tod, mit seinem schrecklichen Attribut, dem Hades; zwischen ihnen der
Krieg und der Hunger! Dieser Zug bedeutet kein Strafgericht über die
Bösen, er bedeutet ein Schicksal! Strafe und Erlösung sind einem späteren
Akte vorbehalten. Der Verfasser schiebt dieses Schicksal als zukünftig
in die Endzeit; aber er hätte es nicht „geschaut", wenn er selbst Ähnliches
nicht schon in der Gegenwart erlebt hätte. Und erlebt muß er auch die
Märtyrer haben. Er empfindet mit ihnen den ungeduldigen Rachedurst,
der an der Heiligkeit und Wahrhaftigkeit Gottes zu zweifeln beginnt und
nur mühsam beschwichtigt werden kann. Welch grandioses Bild: Oben
in den Lüften der Zug der todbringenden Reiter, unter der Erde die Seelen
der harrenden und enttäuschten Märtyrer, zwischen ihnen die Gemeinde
der Gegenwart und der Seher, der bei dem Herannahen der schwersten
Leiden nur den einen Trost zu bieten vermag — Geduld!

Germanischer Überlieferung war „das wilde Heer" in den Lüften nicht
unbekannt, daher die Deutschen dieses Zukunftsbild mit besonderem Verständnis aufnehmen mußten. Der Malerei bot es die würdigste Aufgabe;
was bedeuteten ihr gegenüber die Rosse des Poseidon? DÜRER, CORNELIUS
und BÖCKLIN haben uns die apokalyptischen Reiter vorgestellt, und wir
sehen sie heute, wie sie sie geschaut.

Zur Geschichte Kaiser Wilhelms I.

Vorbemerkung von **P. Kehr**-Berlin.

Das Kaiser-Wilhelm-Institut für deutsche Geschichte hat sich zwei
große Aufgaben gestellt, eine Germania sacra und die Sammlung
der Briefe Kaiser Wilhelms I.

Während die sehr mühsamen Vorarbeiten zur Germania sacra nur langsam vorrücken, bedingt durch die Schwierigkeiten und durch die Massen-
haftigkeit der zu bearbeitenden Materialien, die noch einer Generation
Stoff zur Sammlung und Verarbeitung bieten, schreitet die Sammlung
der Briefe Wilhelms I., gefördert durch das Entgegenkommen des Königlichen Hausarchivs und anderer Archivverwaltungen, unter denen die von
Weimar an erster Stelle steht, rüstig vorwärts und bringt schon jetzt ungemein wichtige Aufklärungen. Kein Wunder. Denn außerordentlich um-
fänglich und inhaltreich sind die Korrespondenzen Wilhelms I., die uns,
dank seines großen Ordnungssinnes, wohlgeordnet vorliegen. Aber Wilhelm
war nicht nur ein eifriger Korrespondent. Es war ihm Bedürfnis, über
wichtige Vorgänge seines Lebens und über große Entscheidungen, die er
zu treffen hatte, eigenhändige Aufzeichnungen zu machen, in denen er ge-
wissenhaft darlegte, was in ihm und um ihn vorging. Es ist in hohem Maße
reizvoll und belehrend zugleich, zu beobachten, wie die Dinge und Menschen
auf ihn einwirkten, wie er darüber mit sich zu Rate ging, und wie er nach
gewissenhaftester Erwägung schließlich die Entscheidung traf, von der er
nur nach schweren Kämpfen wieder abzubringen war. Und kein Wort
dieser Aufzeichnungen und Briefe braucht aus Rücksicht auf ihn selbst
verschwiegen zu werden; aus jeder Zeile schauen uns längst vertraute
Züge entgegen: seine Schlichtheit und Wahrhaftigkeit, sein Ernst und
seine Gewissenhaftigkeit, Gottesfurcht und vornehme Gesinnung, sein mili-
tärisches, monarchisches und preußisches Selbstgefühl und Pflichtbewußtsein. Aber noch etwas anderes stellen wir dabei fest: er erscheint in diesen
Aufzeichnungen viel selbständiger, man möchte sagen, souveräner, als man
bisher auf Grund der Mitteilungen Bismarcks anzunehmen geneigt war.
Niemand wird den Anteil seines großen Ratgebers schmälern wollen; allein
gerade in den entscheidenden Momenten, von denen die folgenden Beiträge
handeln, tritt der König uns in seinen politischen Entschlüssen als eine
ganz einheitliche, seiner selbst sichere, über ihre Tragweite völlig klare
Persönlichkeit entgegen.

Von drei großen Momenten der preußischen und deutschen Geschichte
handeln die folgenden Aufzeichnungen, vom Frankfurter Fürstentag von
1863, da der König nach schwerem inneren Kampf, Preußens Stellung
während, der preußisch-deutschen Politik die entscheidende Richtung gab,

die über 1864 und 1866 zur Vorherrschaft Preußens in Deutschland führte;
von den oft behandelten und, wie man jetzt aus des Königs eigenem Berichte
sehen wird, von parteiischer Deutung verzerrten und verfälschten Vorgängen
in Ems im Juli 1870, die zum Krieg mit Frankreich führten; endlich von
dem Zusammentreffen mit Napoleon III. am 2. September 1870 im Schlößchen Bellevue bei Sedan.

I.

König Wilhelm I. und der Frankfurter Fürstentag (1863).

Von

Paul Bailleu-Berlin.

Eine der Briefsammlungen, die gegenwärtig bearbeitet und als erste
vielleicht noch in diesem Jahre veröffentlicht wird, sind die Briefe Wilhelms
an seinen Schwager, den Großherzog Carl Alexander von Sachsen-Weimar,
von denen bisher nichts bekannt war. Sie umfassen die Jahre 1826 bis
1887, ein volles halbes Jahrhundert also, und wenn sie anfangs mehr
familiären und militärischen Inhalt haben, so überwiegt allmählich durchaus die hohe Politik. Wie der Prinz den jugendlichen Schwager 1849 auf
das eingehendste über seine Stellung zur Frankfurter Kaiserwahl und über
seine Unterredung mit der Kaiserdeputation aufklärt, so hat noch der
neunzigjährige Kaiser den Großherzog als den Vermittler mit Kaiser
Alexander III. von Rußland über die intimsten Fragen deutscher Politik
ausführlich unterrichtet.

Einige dieser Briefe nun beziehen sich auf den Frankfurter Fürstentag
von 1863 und verdienen besondere Aufmerksamkeit. Wie bekannt, hatte
damals Kaiser Franz Joseph von Österreich die deutschen Fürsten und
Vertreter der freien Städte zu einem Kongreß nach Frankfurt geladen,
um über eine Reform der deutschen Bundesverfassung zu beraten und zu
beschließen. König Wilhelm wurde Anfang August in Gastein vom Kaiser
persönlich, einige Wochen später in Baden-Baden von König Johann von
Sachsen zum Kongreß geladen. Über die Haltung des Königs diesen Einladungen gegenüber sind wir bisher fast ausschließlich auf Bismarcks
Berichte angewiesen. Er stellt es so dar, als sei es ihm „nicht leicht"
gewesen, den König von Frankfurt zurückzuhalten. Er bedauert insbesondere, den König vor dessen erster Unterredung mit dem Kaiser in
Gastein nicht gesprochen zu haben; sonst wäre wohl der Eindruck der
Eröffnungen des Kaisers auf den König ein anderer gewesen; der König
habe „die Unterschätzung, welche in dieser Überrumpelung lag, nicht
gefühlt". Die Historiker sind der Bismarckschen Erzählung im wesentlichen gefolgt; sie sprechen von einem „Kampf", von einem „schweren
Konflikt" zwischen König und Minister.

Wäre nun wirklich das Fernbleiben des Königs von Frankfurt eine
jener ruhmvollen Handlungen, zu denen Bismarck den König „gezwungen"
zu haben meinte?

Stellen wir hier, ohne weitere kritische Betrachtungen, der Bismarck-schen Überlieferung das Zeugnis des Königs gegenüber, dessen besonderer Quellenwert darin liegt, daß es nur aus gleichzeitigen Briefen und Aufzeichnungen besteht. Ein Zeugnis, das Geschichte nicht bloß berichtet, sondern Geschichte ist.

*   *   *

Am 2. August, nachmittags, war Kaiser Franz Joseph in Gastein eingetroffen. Der König machte ihm sogleich seinen Besuch, dem ein großes Diner bei dem König folgte. Dann besichtigten sie bei schönstem Wetter zu Fuß die Illumination des Ortes, deren Glanz durch Feuer auf den nahen Bergen erhöht wurde.

Erst am nächsten Tage vereinigten sich beide Fürsten zu einer politischen Unterredung. Welch eigenartiger Gegensatz von Männern und Zeiten, die da zusammentrafen: der junge Kaiser von Österreich, der hier die Vergangenheit bedeutet; der greise König von Preußen, auf dessen Haupt die deutsche Zukunft ruht.

Schon um 10 Uhr vormittags des 3. August besuchte der Kaiser den König, dem er eröffnete, daß er die deutschen Angelegenheiten mit ihm zu besprechen wünsche[1]). Er übergab ihm eine österreichische Denkschrift über die Notwendigkeit einer Reform der deutschen Bundesverfassung, deren Allgemeinheiten er mündlich erläuterte. Ein Fürstenkongreß solle am 16. August in Frankfurt a. M. zusammentreten. Fünf Fürsten sollten künftig die Exekutive[2]) in Deutschland ausüben. Fürsten und Vertreter der freien Städte sollten sich von Zeit zu Zeit versammeln, um als Oberhaus die Beschlüsse des Unterhauses zu sanktionieren. Das Unterhaus selbst solle aus Delegierten der Landesvertretungen bestehen und nur beratende Stimme haben. Der Bundestag werde die laufenden Geschäfte weiter erledigen.

Überrascht, aber ohne Schwanken und auch ohne Schroffheit, trat der König sofort diesen Plänen entgegen. Er war nicht grundsätzlich gegen einen Fürstenkongreß, aber zunächst müßten die mündlichen Vorschläge, die ja in der österreichischen Denkschrift nicht enthalten seien und deshalb den Fürsten erst in Frankfurt bekannt werden würden, durch Ministerkonferenzen geprüft und dann erst später von den Fürsten genehmigt werden. Der Kaiser seinerseits hielt nichts von Ministerkonferenzen; die Fürsten würden in 1—2 Tagen zur Verständigung gelangen. Der König mißbilligte dann das Direktorium der fünf Fürstlichkeiten, wobei eine rasche Erledigung der Geschäfte doch ganz ausgeschlossen sei; Österreich und Preußen als europäische Großmächte und als Bundesmächte müßten allein die Exekutive übernehmen. Ebensowenig erwartete er von einem fürstlichen Oberhaus, dessen Möglichkeit er sonst nicht in Abrede stellte, eine befriedigende „Lösung der Geschäfte"; das öftere Versammeln werde

---

[1]) Aufzeichnung des Königs vom 4. und 5. August 1863 über die Zusammenkunft mit dem Kaiser.

[2]) Auch in dem Schreiben des Königs an Bismarck vom 3. (nicht 2.) August im Anhang zu den Gedanken und Erinnerungen (I, 74) ist jedenfalls statt „Exekution" „Exekutive" zu lesen.

lästig und störend sein. Der Kaiser bemerkte, eine Zusammenkunft alle drei Jahre werde wohl genügen, wobei sich ja die Fürsten auch vertreten lassen könnten. Dann, meinte der König, könne ja der Bundestag gleich als Oberhaus konstituiert werden. Der Kaiser entgegnete, der Bundestag habe die laufenden Geschäfte zu erledigen, verwies aber solche Einzelheiten auf die kommenden Beratungen. Schließlich äußerte der König noch seine starken Bedenken gegen die Wahl der Delegierten für das Unterhaus aus den Landesversammlungen. In Preußen würden dabei, selbst wenn er bei der Auswahl der Delegierten mitzuwirken hätte, „extremste Individualitäten“ gewählt werden; er wünschte ein besonderes, recht konservatives Wahlreglement. Der Kaiser erwiderte, in Österreich, Sachsen, Bayern würden die Wahlen konservativ ausfallen, und bei 300 Delegierten die Mehrheit jedenfalls doch konservativ sein. Übrigens solle ja das Unterhaus auch nur eine beratende Stimme haben. Gerade diese beratende Stimme bezeichnete der König hauptsächlich als einen Stein des Anstoßes bei dem ganzen Projekt. Man werde sofort die Forderung nach mehr erheben.

Am Nachmittag, nachdem der König inzwischen mit Bismarck gesprochen, empfing er den Kaiser „zum Abschied“. Er teilte ihm mit, daß er über die Unterredung am Vormittage ein „Resümee“ aufsetze, das er dem Kaiser bei dessen Abreise übergeben werde. Übrigens müsse er, nachdem er nun die österreichische Denkschrift gelesen und sich alles nochmals überlegt habe, nur alle seine schon geäußerten Bedenken wiederholen. Der Kaiser hielt dagegen an seiner Auffassung fest. Am Abend, um $^1/_2$8 Uhr, suchte der König den Kaiser zum „wirklichen Abschied“ auf und entschuldigte das Ausbleiben des „Resümees“, das er erst abschreiben lassen müsse und dem Kaiser am anderen Tage zusenden werde. Nochmals äußerte er zugleich seine Einwendungen gegen die kaiserlichen Projekte, und obgleich der Kaiser versicherte, daß schon den Einladungen zum Kongresse seine dem König mündlich gegebenen Erläuterungen beigefügt werden würden, blieb der König dabei, daß der Termin des 16. August doch viel „zu kurz“ gestellt sei, um sich über so „weittragende Fragen“ gründlich unterrichten zu können. „Der Kaiser“, so schreibt der König, „ging nun auf Konversation über Gastein, die Rückreise usw. ein. Bei einer Pause, als ich ihm die Hand zum Abschied reichen wollte, sagte er: ‚Nun, sehen wir uns in Frankfurt a. M.?‘ Ich erwiderte, daß, wenn die übrigen Fürsten sich orientiert haben würden, die ganze Angelegenheit nach meiner Auffassung gehörig vorbereitet sein würde, ich mir denken könnte, daß man z u m 1. O k t o b e r so weit sein könne, sich zu einem Fürstenkongreß zu versammeln. Der Kaiser entgegnete, bei einer Vorbereitung durch Minister werde nichts zustande kommen, sondern nur durch mündliche Besprechungen der Fürsten. Hierauf trennten wir uns auf das herzlichste und freundschaftlichste.“

„Als ich $^1/_4$ Stunde zu Haus war, ließ der Adjutant des Kaisers durch den [unleserlicher Name] mir ein versiegeltes Schreiben übergeben. Als ich es öffnete, fand ich — die officielle Einladung zum Fürstenkongreß am 16. d. M. nach Frankfurt a. M.“

König Wilhelm hat dann durch Telegramm wie durch das „Resümee" mit einem Begleitschreiben die Einladung nach Frankfurt abgelehnt, und die Bemühungen der Gegenseite, ihn zur Änderung seines Entschlusses zu bestimmen, blieben erfolglos. Auch Großherzog Carl Alexander von Sachsen-Weimar, der die Ablehnung des Königs bedauerte und sie wohl dem ihm damals noch unsympathischen Bismarck zuschrieb, „beschwor" ihn in einem Schreiben vom 11. August, die „Frage doch noch einmal jetzt allein zu betrachten".

Der König erwiderte ihm gleich am nächsten Tage:

König Wilhelm an Großherzog Carl Alexander von Sachsen-Weimar.

Gastein, 12. August 1863.

Herzlichen Dank, bester Freund, für Deine freundschaftlichen Zeilen von gestern. Du kannst überzeugt sein, daß ich es im Interesse Preußens und Deutschlands unendlich bedaure, in der Congreß-Frage so haben handeln zu müssen, wie ich es that. Eine Angelegenheit von solcher immensen Wichtigkeit durfte, wenn sie mit einem solchen Apparat und Eclat zur Entscheidung gelangen sollte, nicht anders, als nach vorhergegangenem Einverständnis der 2 Großmächte stattfinden und von ihnen gemeinschaftlich unsren Mitfürsten im Bunde vorgetragen werden. Nach meiner Unterredung mit dem Kaiser konnte ich nur annehmen, daß er meinen Plan, die ganze Angelegenheit zwischen uns erst beraten zu lassen und durch Minister-Conferenzen zu einem Beschluß durch Fürstenzusammentritt vorzubereiten, annehmen werde, sobald er nach Wien zurückgekehrt sein würde. Statt dessen sendet er mir, als er in den Wagen zur Abfahrt steigt, die officielle Einladung zum 16. nach Frankfurt a./M., und zwar unterzeichnet am 31. July, also ehe er Wien verließ und ehe wir uns gesprochen hatten. Seitdem erfuhr ich, daß Bayern, Sachsen, Darmstadt und mehrere schon länger im Geheimnis waren. Somit war also diese wichtigste Angelegenheit hinter meinem Rücken festgestellt, und meine Inkenntnissetzung ward zur Comödie. Aber diese Formlosigkeit allein hätte mich nicht zum refus bestimmt, sondern ebenso und noch mehr das Project an sich. Das 5 köpfige Haupt, Fürsten-Oberhaus, die Déléguirten (namentlich aus einer Gesellschaft wie die meinige!): das sind Dinge, die ja garnicht ohne reifliche Prüfung und Überlegung angenommen werden können! Aber der Kaiser wird Euch die Sache über den Kopf fortnehmen, am 18.[1]) ruft Ihr ihn vielleicht zum deutschen Kaiser aus, — und dann? das alles ohne Preußen? Was kann ich dann anders thun als aus Deutschland ausscheiden? Als der Kaiser mir jene Mittheilungen ganz unvorbereitet machte, habe ich auch nicht einen Moment balancirt was ich ihm einzuwenden hätte, und dies ist in 3 Conversationen geschehen, die sehr freundlich und vertraulich verliefen.

Sage mir nun aufrichtig, durfte ich eine Rolle spielen, wie sie mir zugedacht war? Als gleichberechtigte Großmacht mit Östreich, sollte

[1]) Geburtstag des Kaisers Franz Joseph.

ich in Frankfurt a./M. als dessen très humble serviteur erscheinen? Und
diese Rolle gibst Du mir den Rath zu spielen! Ich erwarte sehr ruhig,
was Ihr für Beschlüsse fassen werdet, um danach meine Entschlüsse zu
fassen. Ich bin unschuldig an allen Folgen, an Euch ist es, das Schlimmste
abzuwenden.

Nun lebe wohl und nochmals herzlichsten Dank für Deine Freundschaft.

Dein treuer Freund und Schwager
Wilhelm.

*   *   *

Wenige Tage später verließ König Wilhelm Gastein, um sich zur Nach-
kur nach Baden-Baden zu begeben. In Frankfurt aber wurde gleich am
Eröffnungstage des Fürstenkongresses — 17. August — beschlossen, den
König nochmals zum Kongresse einzuladen. König Johann von Sachsen
entwarf ein Schreiben, das von allen anwesenden Fürstlichkeiten unterzeichnet wurde und dessen Überbringung König Johann persönlich über-
nahm.

Am 19. August gegen Abend kam König Wilhelm in Baden-Baden an,
wo er König Johann bereits antraf, der ihm das Einladungsschreiben der
Fürsten überreichte und für den folgenden Tag um eine Unterredung bat.
König Wilhelm dankte, wie er selbst schreibt[1]), „in allerherzlichsten Ausdrücken für die persönlich übernommene Botschaft", worin er „eine wahrhaft fürstliche Freundschaft erkenne". Die Unterredung bestimmte er auf
den Vormittag des nächsten Tages.

Am Abend dieses 19. August mag nun wohl jene Auseinandersetzung
zwischen dem König und seinem Minister stattgefunden haben, über die
Bismarck berichtet hat. Das würdige Einladungsschreiben von 30 Fürsten
und die gewinnende Haltung König Johanns von Sachsen hatten ihren
Eindruck nicht verfehlt, so daß der König Neigung zu einem Entgegenkommen gegen Frankfurt blicken ließ, das bei seinem Minister ernste,
aber vielleicht übertriebene Besorgnisse erweckte,

Am nächsten Tage jedenfalls — 20. August — zeigte der König keinerlei
Schwanken, im Gegenteil: sein Nein war noch entschiedener als in Gastein.
Als König Johann das Gespräch mit der Frage eröffnete: „Nachdem Du
das Einladungsschreiben gelesen hast, was hast Du mir zu sagen?" erwiderte
König Wilhelm — und man mag darin die Nachwirkung Bismarckscher
Äußerungen erkennen —, die Gründe für seine Ablehnung beständen jetzt
in noch höherem Grade als früher. Er habe nun, „allerdings nur aus den
Zeitungen", wie er bitter bemerkte, den österreichischen Plan in seiner
„Totalität" kennengelernt, und der laufe auf eine Mediatisierung Preußens
hinaus, dem nicht mehr Rechte zugesprochen seien als Liechtenstein.
Und als König Johann meinte, in Gastein sei wohl ein Mißverständnis
insofern entstanden, als jeder den anderen zu seiner Auffassung bekehrt
zu haben glaubte, wollte König Wilhelm das nicht gelten lassen, da er ja
dem Kaiser zu dreien Malen den Fürstenkongreß auf den 1. Oktober zu
verschieben empfohlen habe. König Johann bemühte sich dann, ihn zu

---

[1]) Aufzeichnung des Königs vom 21. August.

überzeugen, daß die Teilnahme an den Frankfurter Beratungen doch für die preußischen Interessen selbst vorteilhaft sein würde, wenn auch für die Fürsten das Ausbleiben des Königs bequemer wäre. König Wilhelm „acceptierte", wie er selbst sagt, bereitwillig dies Wort, indem er zugleich bezweifelte, daß er in Frankfurt für seine von den österreichischen Plänen so sehr abweichenden Ansichten würde Anklang finden können. Schließlich bat König Johann, der sich „über den Erfolg seiner Mission keine Illusionen zu machen versicherte", den König, wenigstens die Prüfung der Frankfurter Beschlüsse nicht zu verweigern. König Wilhelm sagte das zu.

Am Nachmittag desselben 20. August fand auf Wunsch König Johanns noch eine Unterredung statt. „Ich versprach," so schreibt der König, „wenn ich ihm noch etwas zu sagen hätte, ihn am Abend nochmals zu besuchen. Ich wurde hieran durch einen Nervenzufall verhindert und sandte ihm mein Antwortschreiben mit einem Billet, meine Unmöglichkeit ihn noch besuchen zu können, aussprechend." (Vgl. Briefwechsel zwischen König Johann von Sachsen und den Königen Friedrich Wilhelm IV. und Wilhelm I. von Preußen, S. 418, 419.)

Über diesen „Nervenzufall" des Königs und über dessen tiefere Gründe unterrichtet uns ein Schreiben Wilhelms an seinen Schwager vom nächsten Tage.

König Wilhelm an Großherzog Carl Alexander von Sachsen-Weimar.

Baden, 21. August 1863.

Gestern war ich so angegriffen, daß ich nur noch Zeit fand, an Fritz[1]) Mecklenburg zu schreiben, ein Brief den er Dir zeigen sollte. Gestern Abend bei meiner Tochter[2]) bekam ich von der Agitation des Tages, — denn der Kampf zwischen meiner Überzeugung und der so ehrenvollen Einladung ist ein Moment, der durchgekämpft sein muß, um ihn zu begreifen!! — eine solche Nervenaufregung mit Weinkrampf, daß ich heute noch ganz misérabel bin. —

Deinem Brief vom 18. muß ich noch einige Erwiederung geben[3]). Du sagst nämlich, Minister-Conferenzen hätten noch nie zum Ziele geführt. Du kannst damit nur Conferenzen der Art für den naheliegenden Zweck meinen. Dergleichen sind meines Wissens noch garnicht zusammenberufen worden, außer die ominösen von Dresden 1851, deren klägliches Ende nur mit dem kläglichen Ende des Fürsten-Congresses in Berlin [1850] zu parallelysiren ist, so daß beide Erfahrungen sich aufheben. Sonst, dächte ich, gebe es hinreichende Beispiele in der Geschichte, wo Minister etwas zu Stande brachten! Was die Kenntnis des Projectes des Kaisers betrifft, so sagte er selbst mir in Gastein, dem König von Bayern habe er von der Sache gesprochen in Regensburg, jedoch nicht so in détail wie mit mir. Und Minister v. Beust hat an Bismarck von Fürsten-Congressen als einer

---

[1]) Großherzog Friedrich Franz II. von Mecklenburg-Schwerin. Leider sind die Briefe Wilhelms in Schwerin zur Zeit nicht zugänglich.

[2]) Großherzogin Luise von Baden.

[3]) Auf dies Schreiben des Großherzogs hat der König am Rande den Entwurf seiner Antwort geschrieben.

der Wiener Idéen gesprochen, als er 2. Hälfte July Dresden passirte. Von Nassau und Darmstadt waren uns Äußerungen zugegangen, die von Vorkenntnis zeugten.

Was nun Eure Position in Frankfurt a./M. betrifft, so scheint mir, daß, wenn, wie der König von Sachsen mir sagt, — der sich gegen mich mit einer Freundschaft, Ruhe, Besonnenheit, Umsicht benommen hat, die ihm auf immer meine Dankbarkeit und höchste Anerkennung sichert, — Ihr Euch das Jawort gegeben habt, nicht ohne etwas erreicht zu haben, auseinandergehen wollt. daß Ihr nur die allgemeinen Umrisse feststellt und alles Détail der Minister-Conferenz vorbehaltet, was meinen Zutritt zu derselben sehr erleichtern wird. Also Ihr müßtet nur bestimmen, es soll künftig 1) eine Executive an der Spitze stehen, 2) daneben ein Bundesrath, 3) eine Réprésentation (: Parlament:) 4) — Schiedsgericht. Wie ad 1 und 2 die Organisation und Zahl sein soll; wie ad 3 die Wahl stattfinden soll und die Attributionen zu bestimmen sind, wie ad 4 die Organisation sein soll, — das Alles bleibt den Minister-Conferenzen vorbehalten, wozu das Östreichische Project einen Theil des Materials liefern würde.

Gehet Ihr weiter ins Détail, dann seid Ihr eingefangen für immer. Um diesem Fang zu entgehen, konnte ich, als Europäische Großmacht, und als pari mit Östreich stehend, nicht unter Euch erscheinen, denn Preußens Stellung, die immer per majora bestimmt werden soll, unter dem beständigen Vorsitz Östreichs, ist eine Médiatisirung des Ersteren. Und solchem Project durfte ich nicht die Hand biethen, da die Tendenz zu klar ist.

Nun Gott befohlen. Deine Äußerung, ob ich etwa Deutschland durch mein Nichterscheinen verachtete, will ich nicht réléviren, da sie wohl nur von der Benommenheit der Frankfurter Atmosphäre herrührt! Denn was meine beiden Vorgänger und ich bereits für Deutschland gethan haben, scheint hinreichend zu beweisen, was Preußen für und in Deutschland ist und bleiben wird. Von Eurem Verhalten hängt diese meine Stellung in der Zukunft ab! Ich habe Euch zeitig warnen lassen, nicht Ungekanntem entgegen zu gehen; meine Schuld ist es also nicht, wenn Ihr jetzt in Verlegenheit sein solltet! und als Fürsten nicht die Geschäftspraxis entwickeln könnten, wie Männer vom Fache.

In

treuer Freundschaft

Dein Wilhelm.

Verzeih das Geschmier; ich komme eben aus dem Bette! ¹/₂12 Uhr¹).

---

¹) Ein Streiflicht auf diese Vorgänge vom 20. August fällt noch aus einem späteren Schreiben Wilhelms an seine Gemahlin, die mit in Baden-Baden gewesen war, worin es heißt: „Ich habe die einzige Bitte an Dich, wenn Du Deinen Rath und Deine Ansichten mir mitgetheilt hast, u. ich nicht in Allem darauf eingehen kann, Du Dich immer erinnern mögest, wie ich nur nach meinem Gewissen handeln kann u. Gott dereinst allein Rechenschaft meines Thuns zu geben habe, ·wohl wissend, was ich dereinst zu erwarten habe, wenn ich einem falschen Gewissen gefolgt bin. Du hast so oft meinen Kampf in solchen Momenten gesehen -- u. ich habe dabei nur noch die zweite Bitte, meine Entschlüsse, wenn sie Dir momentan nicht gefallen, nicht sofort zu verurtheilen und meinen inneren Kampf nicht noch schwerer zu machen, sondern Dich mit dem Bewußtsein Deinerseits Dein Gewissen mir gegenüber haben

Wir sehen: ein Kampf hat freilich in Baden-Baden stattgefunden, aber ein Kampf im König selbst, ein Kampf „zwischen Kopf und Herz", wie schon Sybel treffend gesagt hat, zwischen seiner „Überzeugung" und seinem monarchischen Gemeinschaftsgefühl, ein Kampf, bei dem Bismarck ihm ohne Zweifel treu zur Seite gestanden hat, bei dessen Entscheidung aber der König, wie er selbst der Gemahlin und dem König Johann schreibt, „nur der Eingabe seines Gewissens gefolgt ist". Aber mochte der König auch den inneren Zwiespalt glücklich überwinden, die Erschütterung war doch so tief und so anhaltend, daß er am Abend des 20. August in dem Familienkreis, in dem er Entspannung zu finden gehofft hatte, einen „Nervenzufall" erlitt, dessen Erregungen sich schließlich in einem Weinkrampf lösten.

Dieser 20. August 1863 ist doch ein bedeutsamer Tag im Leben König Wilhelms: der Monarch, der sich in diesem inneren Kampf siegreich zugunsten des Staatsinteresses durchgerungen hat, war reif für die großen Kämpfe und schweren Entscheidungen der nächsten Jahre.

* * *

Trotz der wiederholten Ablehnung König Wilhelms gingen inzwischen die Frankfurter Beratungen unter Leitung Kaiser Franz Josephs weiter, und in einer Schlußabstimmung am 1. September erklärten sich nur 6 Stimmen (Baden, Schwerin, Weimar, Luxemburg, Waldeck, Reuß j. L.) gegen das schließliche Ergebnis der Verhandlungen. Es wurde dann ein Kollektivschreiben mit einem Verfassungsentwurf an Preußen gesandt, der aber von dem Staatsministerium am 15. September in einem Berichte an den König verworfen und mit der Forderung nach Gleichstellung Preußens mit Österreich und nach einem deutschen Parlament aus Volkswahlen beantwortet wurde.

Hierauf bezieht sich das folgende Schreiben König Wilhelms, mit dem wir diese Mitteilungen schließen wollen.

König Wilhelm an Großherzog Carl Alexander von Sachsen-Weimar.

Berlin, 17. September 1863.

Herzlichen Dank für Deinen lieben Brief vom 9. d. M. Du kannst Dir leicht denken, daß es mich sehr gefreut hat, daß Du und 5 andere Fürsten mit Dir Euch eine Hinterthür in Frankfurt a./M. offen gehalten habt, um mit gutem Anstand aus der Falle herauszukommen, in die man Euch Alle, trotz meiner Warnung, eingefangen hat. Daß ich nach dem sehr allgemein gehaltenen Rahmen, den mir der Kaiser Franz Joseph in Gastein nur von der großen Maaßregel gab und dem so nahgerückten Versammlungstermin, so wie aus der Annahme des Kaisers Franz Joseph, daß man nur

---

reden zu lassen, Dich zufrieden zu geben, u. Gott das Weitere anheimzustellen! Nur so ist für mich in der Häuslichkeit der Friede u. die Ruhe zu finden, die ich ja, nach so schweren Kämpfen, nirgends anders finden kann! und deren ich dann so benöthigt bin. Dann werden Momente wie die am 20. nie wiederkehren!" (4. September.)

1—2 Tage zusammen zu sein brauchte, um Alles zu ordnen, — sofort ein-sah, daß es auf eine Überrumplung abgesehen sei, hat sich völlig bestätigt; aber meine Annahme hiervon mußte sich zur Gewißheit steigern, als ich des Kaisers mündliche Äußerung gegen mich, daß Ihr Alle bei der Ein-ladung dieselben Mittheilungen erhalten würdet, die er nur mündlich mir gegeben, nicht erfüllt sah, als ich mit der Einladung, 10 Minuten nach seiner Abfahrt von Gastein, eine solche Mittheilung nicht schriftlich als Beilage erhielt!! ich also nun auch annehmen mußte, daß Ihr dergl. auch nicht erhalten würdet, was sich dann auch bestätigt hat! Wie sehr es eben auf eine Überrumpelung abgesehen war, um Preußen zu médiatisiren, konnte ich erst ermessen, als ich eine Stunde vor Baden Kenntnis von dem ganzen Project erhielt! Daß Ihr Euch sehr génirt fühlen mußtet, nachdem Ihr einem ungekannten Etwas Euch in die Arme geworfen hattet, das nicht in Allem gefallen konnte, und daß Ihr doch nicht gänzlich unver-richteter Sache aus diesem magnifiquen Apparat herausgehen wolltet, und dieserhalb in manchen sauern Apfel beißen mußtet, — begreife ich ganz vollkommen, um so mehr als es Euch klar geworden war, daß des ganzen Projects fin mot, die Nutzung Deutschlands Kräfte zu außer-deutschen Landen Östreichs dienen soll [sic]. Aber bei dieser Sach-lage und bei Eurer Nichtvollziehung der letzten Mittheilung an mich, mußtet Ihr Euch vorher sagen, daß das Werk, wie es schließlich in Frankfurt a./M. zu Stande kam, in dieser Form niemals meine Zustim-mung erhalten würde.

Seit 50 Jahren hat sich die unhaltbare Stellung zweier Großmächte im Bunde gezeigt, von denen die Eine, zwar ohne weitere Rechte bean-spruchen zu sollen, den Vorsitz inne hatte. Wenn also eine Bundesreform jemals eintritt, so ist die erste Forderung Preußens die völlige Parität mit Östreich im Vorsitz und in der Leitung der Bundesangelegenheiten. Wie in dem vorliegenden Project gerade dieser Forderung Preußens nicht nur nicht Rechnung getragen ist, sondern seine frühere schwierige Stel-lung im Bunde zur Unhaltbarkeit gesteigert worden ist, liegt klar zu Tage. Ehe diese Vorbedingung mir nicht zugestanden ist, so wie eine Parlaments-Réprésentation nach der Kopfzahl der deutschen Lande, kann ich in eine Analyse des Projects oder Gegen-Project-Vorlage auf Minister-Confe-renzen nicht eingehen. In diesem Sinne wird meine Antwort auch an Dich wie an Alle Andern abgehen, worauf ich das Weitere erwarten werde. Kommt es zu einem Sonderbunde, so muß ich danach meine Stellung ermessen, die mir zu ergreifen übrig bleiben wird.

Daß das Reformwerk von Oben und nicht von Unten gemacht werden muß[1]), ist auch meine Ansicht und Überzeugung. An Euch ist es nun, Preußen die Möglichkeit zu geben, an diesem Werke von Oben mitwirken zu können, wodurch dann, wie Du richtig sagst, nicht vom Volke, also der Revolution, die Angelegenheit in die Hand ge-nommen wird.

---

[1]) Der Großherzog hatte geschrieben: „Ist überhaupt die deutsche Bundesverfassung zu verbessern, so ist es entschieden im Interesse der deutschen Fürsten, die Sache in die Hand zu nehmen, nicht aber dem Volk, also der Revolution es zu überlassen."

Nun noch 1000 Liebes an Sophie[1]), die, wie ich erfahren habe, mit Dir ihre Schlesischen Domänen inspicirt.

Dein treuer Freund und Schwager
Wilhelm.

Man wird, scheint mir, in diesem Schriftstück unschwer Gedanken Bismarcks erkennen, der, wenn er auch seinen Herrn nicht zum Widerstande gegen Frankfurt zu überreden brauchte, ihn doch wohl darin bestärkte und festhielt, zugleich aber für ein eigenes Reformprogramm zu gewinnen wußte.

König Wilhelm 1870 in Ems und vor Sedan.

Eigenhändige Aufzeichnungen des Königs.

Mitgeteilt von

Herman Granier-Berlin.

Die erste der hier vorgelegten Aufzeichnungen König Wilhelms I. aus entscheidungsvollen Momenten seines Lebens gibt die schicksalsschwere Emser Unterredung mit Benedetti vom 13. Juli 1870 authentisch wieder, über die wir bisher nur bruchstückweise unterrichtet waren. Daß des fern in Varzin weilenden Bismarcks Sorge, sein König würde in Ems „ein Olmütz einstecken", des Grundes entbehrte, zeigt diese Aufzeichnung mit aller wünschenswerten Klarheit. Und nichts bleibt mehr übrig von der „Fälschung der Emser Depesche", soweit sie darin gefunden wurde, als ob Bismarck die Zurückweisung Benedettis durch den König habe schroffer erscheinen lassen, als sie tatsächlich gewesen sei: über das persönliche Erlebnis des Königs hinaus gewinnt so dies Dokument eine weitgehende historische Bedeutung.

Des Königs Haltung bei der Spanischen Thronkandidatur der fürstlichen Hohenzollern war von Anfang an die gleiche: aus prinzipiellen, dynastischen und politischen Gründen, wegen der revolutionären Erledigung des Thrones, wegen der Zahl der Prätendenten und wegen der zweifelhaften Unterstützung im Lande selbst, war er dieser Kandidatur abhold. Auch den politischen Zweckmäßigkeitsgründen Bismarcks in dessen Denkschrift vom Februar 1870 gab der König, in seinem hohen staatlichen Pflichtbewußtsein deren Gewicht nicht verkennend, nur eben nach, indem er die Kandidatur nicht geradezu verbot — wozu er übrigens auch als Familienchef schwerlich eine rechtliche Handhabe gehabt hätte. Denn auch die Schwierigkeiten mit Frankreich, dem das verheimlichende Betreiben der Kandidatur doch nicht verborgen bleiben konnte, faßte der König von vornherein ins Auge; kein Zweifel kann darüber sein, daß ihm das Verschwinden dieser Kandidatur die erwünschteste Lösung war. Aber eine Grenze gab es für den König, das war die Ehre Preußens, die mit der seinigen zusammenfiel, und daß er die nicht verletzen lassen würde, dessen hätte Bismarck

---

[1]) Die Großherzogin von Sachsen-Weimar.

sicher sein können. Um keine Linie wich der König von der selbst gesetzten Grenze zurück, und die „Impertinenz" des wiederholten Drängens, ja sogar Wortverdrehens von seiten Benedettis wies er so scharf, wie nur wünschenswert, in voller königlicher Würde ab. Als der verblendete Eifer des französischen Ministers Herzog von Gramont jene Grenze überschritt, brach er sich an dem festen Willen des Königs; der abgeschnellte Pfeil sprang an dieser königlichen Haltung ab und traf den Schützen, der ihn schmählich zu verletzen gedacht hatte.

*   *
*

In gleicher königlicher Haltung, die so wunderbar Güte und Festigkeit zu vereinigen wußte, zeigt den König die Aufzeichnung über seine Unterredung mit dem Kaiser Napoleon III. vor Sedan dem nun besiegten Feinde gegenüber. Auch hier wird uns ein historisches Quellenstück ersten Ranges geboten — auch diese Unterredung fand, wie die Emser mit Benedetti, ohne Zeugen statt. Bisher waren wir in der Hauptsache auf die Mitteilungen beschränkt, die der König dem im Vorzimmer verbliebenen Kronprinzen machte, und auf den Brief des Königs an die Königin vom 3. September, der naturgemäß, bei aller Ausführlichkeit, die Unterredung nur kurz berühren konnte.

Ein durchgreifendes Kriterium dieser Haltung des Königs, wenn es dessen bedürfte, gibt die Äußerung Napoleons in Wilhelmshöhe: „Jamais je n'oublierai la manière si chevaleresque et touchante dont le Roi m'a traité dans le moment le plus fatal de ma vie[1])."

*   *
*

Auf halbgebrochenen Foliobogen mäßigen Konzeptpapiers, mit fliegender Feder, mehrfachen Korrekturen und Verschreibungen, wie sie sonst bei Kaiser Wilhelm nur selten vorkommen, unter Ausnutzung auch des Randes geschrieben, weisen diese Aufzeichnungen schon äußerlich auf gleichzeitige Abfassung hin, die inhaltlich durch die wörtliche Anführung von Rede und Gegenrede dokumentiert wird. „Der 13. July" ist voraussichtlich noch am gleichen Tage, spätestens am 14. Juli 1870 niedergeschrieben, wie der Schlußhinweis auf „Prinz Radziwill's Aufzeichnungen" zeigt, die, vom 13. Juli datiert, bereits am 17. Juli gedruckt vorlagen; „Der 2. September" am 3. September 1870, wie durch das „gestern" der Aufzeichnung, mit Bezug auf den Schlachttag des 1. September dargetan wird. Der letzte Teil, den Ritt des Königs über das Schlachtfeld erzählend, ist mit anderer Tinte und Feder geschrieben, und später hinzugefügt, wie die Auslassung von Ortsnamen, die Erwähnung des Todes verwundeter Offiziere und ein kleiner chronologischer Irrtum am Schlusse andeuten.

Gleichsam als Bindeglied zwischen diesen beiden gleichzeitigen Aufzeichnungen hat Kaiser Wilhelm noch eine dritte, äußerlich sorgfältigere Aufzeichnung niedergeschrieben: „Der 15. July 1870." Hier wird der

---

[1]) Für das stets milde Urteil Kaiser Wilhelms über Napoleon III. teilte die „Kreuzzeitung" 1919 in Nr. 326 und 334, vom 15. und 19. Juli, unter dem Titel: „Einst und Jetzt" zwei Briefe des Kaisers von 1873 und 1879 mit, die der hier niedergelegten Gesinnung voll entsprechen.

in den beiden anderen Aufzeichnungen „Graf" genannte Bismarck bereits mit dem ihm am 21. März 1871 verliehenen Fürstentitel bezeichnet; diese Aufzeichnung ist also erst nach diesem Datum entstanden, vermutlich im Mai 1871, zu welcher Zeit Kaiser Wilhelm sich durch den Geheimen Legationsrat Abeken eine Zusammenstellung über die Emser Vorgänge machen ließ. Gegen eine noch spätere Abfassung spricht die auch hier sehr lebhafte Wiedergabe der Eindrücke neben der präzisen Angabe der Geschehnisse.

Wenn auch nicht von so hoher historischer Bedeutung, wie die Schilderungen des 13. Juli und 2. September, so bietet doch auch diese Aufzeichnung einen höchst wertvollen Beitrag zu dem Charakterbilde des Kaisers und enthält immerhin eine historisch wichtige Feststellung: unzweifelhaft erhellt aus ihr, daß der Mobilmachungsbefehl der eigenen Initiative des Königs entsprang, und keineswegs, wie die Tradition will, ihm vom Kronprinzen gleichsam vom Munde weggenommen worden ist — wo Preußens Ehre in Gefahr stand, da gab es für den König kein Schwanken.

Die Vorsehung war damals mit Preußen und mit Deutschland; daß sie es sein konnte, verdankten wir Preußens Könige, der zunächst wohl vom Gange der Dinge sich treiben ließ, aber doch nur „in dubiis", während er „in necessariis" selbständig und aufrecht seinen königlichen Gang schritt, zum Heile Preußens und Deutschlands.

1870.

Der 13te July in Ems.

Als ich meine Brunnen-Promenade wie gewöhnlich von 8—10 Uhr machte, brachte mir OLt. Prinz Radziwill[1]) ein Telegramm aus Paris, welches ihm Gf. Benedetti soeben einhändigen ließ, mit der Nachricht aus Madrid, daß der Fürst v. Hohenzollern der Spanischen Regierung seines Sohnes Rücktritt von der Annahme der spanischen Krone officiell angezeigt habe. Da ich diese Nachricht noch nicht selbst erhalten hatte, ließ ich dem Gf. Benedetti dies sagen und für die Mittheilung sehr danken, da sie von so hoher Wichtigkeit sei. Als ich nach Vollendung der Promenade zu Haus gehen wollte, begegnete mir Gf. B. nahe dem Directions Gebäude; ich ging auf ihn zu, und die Hand ihm reichend sagte ich: Je suis charmé de Vous rencontrer pour pouvoir Vous remercier verbalement pour la communication importante que Vous venez de me faire; Vous voyez que Vous êtes mieux et plutôt informé dans ce moment que moi même, car je n'ai point encore reçu cette bonne nouvelle directement. Je n'ai reçu qu'un télégramme particulier[2]) qui dit, qu'il paraît que le Prince Leopold renonce à la couronne. Voilà donc l'affaire terminée qui avait pu nous brouiller d'après la manière dont on l'a envisagée chez Vous.

Benedetti. Certainement, Sire, c'est une très bonne nouvelle et nous ne pouvons que nous féliciter de la résolution que le Prince Hohenzollern

---

[1]) Flügeladjutant des Königs, Oberstleutnant Prinz Anton Radziwill, 5. August 1870 Fürst; gestorben 16. Dezember 1904 als General der Artillerie.

[2]) Vom Fürsten Karl Anton von Hohenzollern.

vient de prendre. Mais comme ce n'est que le Prince père du Prince héréditaire qui au nom du dernier a fait la communication du Prince son fils, il faut encore attendre que ce dernier confirme sa renonciation.

Ich entgegnete ihm, daß mir diese letzte Forderung verletzend für den Fürst Hohenzollern erscheine, da er doch ganz entschieden mit Vorwissen und in Übereinstimmung mit seinem Sohne nur eine so wichtige Entscheidung officiell habe geben können. Übrigens fehlten mir noch alle directen officiellen Mittheilungen vom Fürsten, die ich wahrscheinlich im Laufe des Tages erhalten werde und ihm mittheilen würde.

B. Mais on pourrait bien suppléer au manque de la déclaration du Pr. Leopold, si Votre Majesté voulait nous communiquer, qu'Elle s'engageait à ne jamais permettre que le Pr. Leopold revient à accepter la couronne dans le cas qu'on la lui proposait de nouveau.

Ich (: meine Überraschung über ein solches Ansinnen nicht verbergend, antwortete:) Vous me demandez là une déclaration que je suis dans l'impossibilité de faire. Dans des circonstances aussi graves on ne peut jamais se lier les mains d'avance; des questions pareilles se représentent toujours sous d'autres formes, conjectures etc. qu'il faut les étudier de nouveau et à fond, avant de prendre des résolutions aussi importantes. D'ailleurs je suis persuadé que le Pr. L. ne songera pas une seconde fois à s'embarquer dans une pareille entreprise, voyant quelles complications politiques elle fait naître.

B. Certes, il n'est pas probable qu'après l'expérience faite, le Prince songe à revenir sur la question qu'il paraît avoir abandonnée; mais nous n'en avons pas la certitude; si V. M. nous fait la déclaration que je viens de Lui soumettre, la question est vidée de suite et à tout jamais.

Ich muß wiederholen, daß ich eine solche händebindende Erklärung unmöglich geben könne, und personne ne le ferait à ma place. Posons un exemple: Vous comme chef de famille Vous aviez donné Votre consentement au mariage de quelqu'un de Votre famille; après quelque temps les fiancés désirent rompre leurs engagements; un troisième, contraire à ce mariage Vous engage à lui donner Votre parole, à ne plus donner Votre consentement en cas que les jeunes gens après de mûres réflexions désirent, de conviction que leur bonheur en dépend, de renouer leurs engagements; dans quelle position Vous trouveriez Vous alors vis à vis du troisième, si Vous même Vous étiez convaincu, que le bonheur de Votre parent dépend de cette union?

B. Ah! ce ne serait qu'une affaire particulière; ce n'est pas aussi grave qu'une question de la haute politique, qui est sur le point de nous attirer les complications les plus funestes.

Ich. Mais qui nous en répond qu'en quelque temps, l'Emp: Napoléon lui même trouve que le Prince de Hzl. est le meilleur candidat pour le trône de l'Espagne; que devrais-je faire dans ce cas, si j'avais pris envers lui les engagements formels que Vous me demandez?

B. Mais cela n'arrivera jamais; l'opinion publique est trop contre cette candidature, pour que l'Emp. pourrait jamais songer à la voir renaître; l'agitation à Paris et dans mon pays augmente d'heure en heure et tout est à craindre, si V. M. ne nous fait pas la déclaration que je sollicite.

Ich. Du même droit que Vous assurez que l'Emp. ne reviendra jamais sur la candidature Hohenzollern, je pourrais assurer moi, que la communication faite par le Prince père, a vidé pour jamais la question de cette candidature.

Nach einer momentanen Pause sagte

B: Eh bien! Sire, je peux écrire à mon gouvernement que V. M. a consenti de déclarer qu'Elle ne permettra jamais au Pr. Leopold de revenir sur la candidature en question?

Ich trat bei diesen Worten einige Schritte zurück und sagte in sehr ernstem Tone:

Il me semble, Mr. l'Ambassadeur, que je me suis expliqué si clairement et si nettement que je ne pourrais jamais faire une déclaration pareille, que je n'ai plus rien à ajouter. Dabei zog ich meinen Huth ab und ging fort.   W.

Das Weitere enthalten Prz. Radziwills Aufzeichnungen[1]).

Der 15te July in Ems.

Im Laufe des 13ten July erhielt ich endlich die directe officielle Anzeige des Fürsten Hohenzollern, daß sein Sohn, Angesichts des unerhörten Verhaltens des französischen Gouvernements wegen seiner Candidatur zum Spanischen Thron, sofort seine Résignation auf denselben in Madrid eingereicht habe und dieselbe dort sofort angenommen worden sei. Meine Schilderung der fast insolenten Forderung Benedettis vom 13ten July, zusammenhaltend mit einer noch insolenteren Forderung des Herzogs von Gramont an den Botschafter von Werther, „daß ich selbst eine schrift-„liche Erklärung abgeben solle, in der ich erklärte, daß es mir leid thäte, „ohne Vorwissen Frankreichs, die Hohenzollernsche Candidatur aufge-„nommen zu haben“, — so wie das sich in Paris stündlich steigernde Geschrei nach Krieg, — bewog mich zum Entschluß, Ems zu verlassen und nach Berlin zurückzukehren. Bestärkt wurde ich hierin durch ein Télégramm des Fst. Bismarck, der meine Rückkehr für unerläßlich erklärte. Ich bestimmte meine Abreise auf den 15ten. Am 14ten fuhr ich nach Coblenz, um mit der Königin Alles zu besprechen was der Moment Ernstes enthielte und forderte. Sie sah meine Abreise gleichfalls als unbedingt geboten. Nach dem Diner gingen wir in die Anlagen, wo fast alle Officiere anwesend waren und alle näheren Bekannten aller Stände. Es war ein feierlicher Augenblick, als ich Abschied nehmend mich zu Allen verneigte und der General von Herwarth[2]) mir laut zurief: Wir werden Alle mit Ehren vor Ihnen bestehen! Unter heißen Thränen umarmte ich die Königin und fuhr nach Ems zurück!

Am 15ten früh 8 Uhr verließ ich Ems, auf dem Bahnhof von unzähligen Menschen umringt und von so vielen Bekannten wehmüthigen Abschied

---

¹) Vom 13. Juli 1870; Preußischer Staatsanzeiger Nr. 166, vom 17. Juli 1870, Sonntag Abend; gedruckt u. a. auch bei Hirth und Gosen: Tagebuch des Deutsch-französischen Krieges, Leipzig 1871, I, S. 82/83, unter dem 13. Juli 1870.

²) Herwarth von Bittenfeld, Kommandierender General des VIII. Armeekorps, 18. Juli 1870 General-Gouverneur am Rhein, 8. April 1871 General-Feldmarschall; gestorben 2. September 1884.

nehmend! Mit so schwerem Herzen trat ich diese entscheidende Reise an! Ich war auf nichts weniger gefaßt als auf die Stimmung, die ich auf der ganzen Reise finden sollte. Statt des Ernstes, den ich auf jedem Gesicht zu lesen gedachte, bei der Aussicht auf einen vielleicht sehr blutigen Krieg, fand ich schon bei dem kleinen Städtchen Naßau eine jubelnde Menge, was mit meiner sehr ernsten Gemüthsstimmung fast unangenehm contrastirte! Aber je weiter ich kam, fand ich dieselben Ausbrüche von Jubel, der in den Städten Limburg, Wetzlar, Gießen u. s. w. sich fortwährend steigerte, so daß ich zu meinen Umgebungen sagte, daß ich diese Stimmung garnicht begriffe. Aber natürlich kamen wir darin überein, daß sie von dem lang verhaltenen Gefühl [herrühre], sich wieder Einmal mit Deutschlands Erbfeind messen zu müssen, der auf die frivolste und unerhörteste Art uns den Fehde-Handschuh hinwarf! In Cassel, wo dinirt ward, fand der Jubel kaum Grenzen mehr, und hörte ich nun erst von der versammelten Généralität, daß das Bekanntwerden der seitdem die: „Benedettische Rencontre" bezeichneten Scene diese Stimmung erzeuge, und nur ein Gedanke alle Gemüther beherrsche, daß zu den Waffen gegriffen werden müsse! Da bei jedem Halt des Eisenbahnzugs eine Menge von Télégrammen und Dépèchen meiner warteten, so nahm ich den Leg. Rath Abeken und den Chiffreur in mein Coupé, so daß die ganze Reise hindurch gelesen, Beschlüsse gefaßt, chiffrirt und déchiffrirt werden mußte, so daß beide Herren halb todt waren. Je näher wir Berlin kamen, je höher stieg diese gehobene patriotische Stimmung. In Brandenburg kam mir mein Sohn, Fürst Bismarck, Kriegs-Minister Roon und General v. Moltke entgegen, um noch vor Berlin Alles was sich so Unerwartetes und Unerhörtes ereignet hatte, zu besprechen! Ich bestimmte am anderen Tage den 16ten einen Minister-Conseil zu halten, um über die sich vorbereitende Crisis eine Berathung zu halten und die nöthig scheinenden Entschlüsse zu fassen. Ich ahndete nicht, daß der wichtigste und entscheidenste Entschluß schon nach wenigen Minuten zu fassen sein würde! — Um $^1/_2 8$ Uhr trafen wir in Berlin ein. Unendlich viel jubelnde Menschen empfingen mich auf dem interimistischen Potsdamer Bahnhof[1]). Alle Prinzen, das Staats-Ministerium, ein Theil des Magistrats, viele Generale und sonstige Bekannte empfingen mich auf dem Perron. Nach den ernsten Begrüßungs-Worten, sprach ich meine Überraschung aus, auch in Berlin so viel Enthusiasmus anzutreffen, da wir doch einer sehr ernsten Zukunft entgegen gingen. Ich erhielt, während ich in das Empfangs-Zimmer trat, dieselben Aufschlüsse wie in Cassel und mein Bruder Carl sagte: Mache Dich nur gefaßt, was Du erst in der Stadt sehen wirst! Da trat der Fürst Bismarck in das Zimmer, um mir ein Télégramm zu überreichen, welches ihm beim Aussteigen aus dem Wagen gegeben worden war. Es enthielt mit wenig Worten die Kriegsathmende Rede des Herzogs von Gramont, die er morgens in Paris in der Kammer gehalten hatte, die der Fürst verlas, unter allgemeinem Erstaunen. Aber noch ehe eine Discussion sich entspinnen konnte, brachte der Unter-Staats-Secretair

---

¹) Der „Provisorische Potsdamer Bahnhof" lag zwischen der Flottwell- und der Schöneberger Straße, westlich des Hafenplatzes.

Thile ein 2tes Télégramm, dem Fürsten sagend: es enthält ausführlich die
Rede Gramonts. Der Fürst wollte sie vorlesen, was ihm bei schlechter
Beleuchtung zu schwer wurde, so daß mein Sohn sie nahm, unter den Gas-
kronleuchter trat und sie laut vorlas, die dann die Aussprüche enthielt, daß
der Krieg unvermeidlich sei, da Frankreichs Ehre verletzt sei durch meine
Behandlung des Ambassadeurs Benedetti u. s. w. Als das Télégramm
verlesen war, drehte ich mich zum Fürsten Bismarck, Gl. Roon, Moltke
und meinem Sohn um und fragte: Wissen Sie eine andere Antwort auf eine
solche Sprache, als die Mobil-Machung der ganzen Armée? Einstimmig
antworteten alle Vier: Nein, es giebt keine andere Antwort! Ich: Nun so
erwarte ich Sie, den Kriegs-Minister, in einer Stunde mit der Mobilmachungs-
Ordre bei mir! Gl. von Roon: Welches soll der erste Mobilmachungstag
sein? Ich: morgen der 16te July. — Somit waren in Zeit von noch nicht
10 Minuten seit meiner Ankunft, die Würfel geworfen! Mein Sohn umarmte
mich tief ergriffen! Darauf wandte ich mich zu allen Anwesenden und
sprach sehr bewegt: Nun, meine Herren, Sie haben die herausfordernde
Sprache Frankreichs gehört; ich aber antworte mit der Mobilmachung
der Armée, die ich in diesem Augenblick befohlen habe! Nun Gott befohlen!
Damit verließ ich das Zimmer, bestieg mit meinem Sohn den Wagen, um
nach dem Palais zu fahren. Aber Alles was ich bisher an diesem unvergeß-
lichen, welthistorischen Tag gesehen hatte und an Enthusiasmus erlebt
hatte, reichte nicht an das was sich nun meinen Augen darbot! Vom
Bahnhof aus, am Canal, die [Link]-Straße entlang Kopf an Kopf; dazu
in der Königgrätzer Straße Wagen an Wagen; Equipage an Equipage
längs der ganzen Süd-Seite der Linden; die Nord-Seite derselben auf der
Mittel-Promenade und der Straßendamm so voll Menschen, daß kaum
durchzukommen war; alle Fenster voll Menschen, Tücher schwenkend,
fortwährendes betäubendes Hurrah! Ich war so erschüttert und ergriffen,
daß ich zu meinem Sohn sagte: Und das Alles vor einem Kriege!? Nur
ein Gedanke und Gefühl bemeisterte sich meiner: Welche Erwartungen
bedeutet dieser Empfang!! So kam ich auf die Rampe des Palais; der ganze
Opernplatz unabsehbar Kopf an Kopf mit Menschen besetzt. Ich sprang
aus der Kalesche, trat an die Balustrade und dankte mit Hand und Helm
schwenkend, dem nicht enden wollenden Jubel! Das Publikum füllte die
Rampen-Aufgänge; links von mir waren 11 Officiere der Garde mit vor-
gedrungen, die den Raum vor mir frei hielten; ich wandte mich zu ihnen
sagend: Die Erwartungen, die der Jubel des Volks ausspricht, sind Sie nun
berufen in Erfüllung gehen zu lassen, ich habe so eben die Mobilmachung
befohlen! Die Antwort ist gewesen, daß fünf von ihnen vor dem Feind
gefallen sind und 6 das eiserne Kreuz tragen!! — So betrat ich nun
meine Wohnung! Oftmals mußte ich dem Jubel nachgeben und mich
immer wieder am Fenster zeigen! — Um $^1/_2$10 Uhr kam der Fürst
Bismarck und der Kriegs-Minister Roon und legte dieser mir die Mobil-
machungs-Ordre vor, die ich unterschrieb, und sie zurückgebend
sagte: Nur 5 Zeilen, aber was bedeuten sie!! — So endigte dieser
Tag, der einer der merkwürdigsten meines Lebens ward und der entscheidenste für meine und des Vaterlandes ganze Zukunft!!! Ich télé-

graphirte der Königin und ging dann erschöpft, erschüttert, dankbar und — hoffend zur Ruhe!

W.

Der 2. September vor Sedan.

Ich verließ Vendresse[1]) um 8 Uhr. Ungefähr $^1/_2$10 Uhr kam General v. Moltke mir entgegen[2]), las mir die Capitulations-Bedingungen vor und verlangte meine Genehmigung, daß die Officiere die Degen behalten dürften. Nach einer halben Stunde stieg ich zu Pferde und ritt links der Chaussée auf die Höhe[3]), welche der gegenüber liegt, auf der ich gestern der Schlacht beiwohnte[4]). Sedan lag unmittelbar vor uns. Meine ganze Suite und die meines Sohnes war anwesend. Um 12 Uhr kamen Graf Bismarck und General Moltke mit der unterzeichneten Capitulation! Ich ließ durch Graf Bismarck den ganzen Hergang der Verhandlungen, seine unerwartete Begegnung mit Napoléon erzählen und erfuhr, daß dieser eine entrevue mit mir wünsche. Dies voraussehend hatte ich gestern diese Eventualität besprochen und mich geneigt gezeigt den Kaiser zu sehen. Ich ließ nun die Capitulation den Suiten vorlesen und redete diese dann an, „sie auf-„merksam machend welch' ein merkwürdiger und wunderbarer Fall ein-„getreten sei, der der über alles Lob erhabenen Tapferkeit und Ausdauer „der Armée zu verdanken. Indessen wir dürften durch die Gefangen-„nehmung des Kaisers und der Armée vor Sedan nicht uns der Hoffnung „hingeben, daß der Krieg somit zu Ende sei; wir müßten erwarten was „Paris und Frankreich zu diesem großen geschichtlichen Ereignisse sagen „werde. Wir müßten auf Alles gefaßt sein und daher die Armée sich zu „neuen Aufgaben wiederum bereit machen!" — Nun fing eine Beratung an zwischen Bismarck, Roon, Moltke und meinem Sohne über den dem Kaiser anzuweisenden Aufenthaltsort; Brühl wurde zu nahe an Cöln und der Grenze gefunden; Schwedt müßte erst Garnison erhalten zur Bewachung und die lange Reise könnte doch zu Unanehmlichkeiten führen; man kam endlich auf meinen Vorschlag überein Wilhelmshöhe zum Aufenthalte des Kaisers zu bestimmen. Man stieg nun zu Pferde; sämmtliche anwesenden Fürsten baten, mich zu Napoléon begleiten zu dürfen, obgleich ich sie aufmerksam machen ließ durch den Großherzog von Weimar[5]), daß sie wohl antichambriren würden.

Meine und meines Sohnes Stabs-Wache eröffnete den Zug, alle Suiten folgten. Man ritt in den Garten des Schlösschens[6]) links hinein; bei diesem angelangt stieg ich ab; Graf Bismarck kam hinzu um zu sagen, daß der Eingang von der andern Seite sei, daß aber der kleine Treppenthurm uns dahin führe, was auch geschah; so kam ich auf einen kleinen freien Platz auf der linken Seite des Schlösschens; eine Treppe führte in eine

---

[1]) Hauptquartier des Königs, $2^1/_2$ Meile südwestlich von Sedan.
[2]) Auf der Chaussee Vendresse-Frénois, in Höhe von Cheveuges.
[3]) Beim Schlößchen Piaux (Croix), dem Standpunkte des Kronprinzen am 1. September 1870.
[4]) Höhe 956, nördlich von Cheveuges.
[5]) Carl Alexander; † 1901 Januar 5.
[6]) Belle-Vue, nördlich Frénois.

vitrirte Veranda, die ich erstieg, und an deren entgegengesetztem Ende trat der Kaiser, aus einer Thür heraustretend, mir entgegen. Ich trat ihm die Hand reichend mit den Worten entgegen: Sire, le sort des armes a décidé entre nous, je suis peiné de rencontrer Votre Majesté dans un moment pareil.

N[apoleon]: Je remercie V. M. de m'accorder cette entrevue! und mit diesen Worten gingen wir durch die genannte Thür in das anstoßende Zimmer. Wir waren Beide sehr ergriffen! — Wir stellten uns in die Nähe des Fensters, der Kaiser mit dem Rücken an eine Comode gelehnt, ich vis-à-vis von ihm. Die erste Frage, die Napoléon that, war:

N. Qu'est-ce que V. M. décide sur ma personne?

Ego. Je propose à V. M. de vouloir habiter le château de Wilhelmshöhe près de Cassel.

N. J'accepte avec reconnaissance cette disposition.

Ego. Le château est grand et toute la suite de V. M. y trouvera place.

N. Je prie V. M. de me permettre d'amener avec moi les personnes qui se trouvent (:er nannte sie:) ici.

Ego. Cela va sans dire. J'enverrai ma maison et le service qui sera à Sa disposition.

N. Je prie V. M. de permettre que ma maison m'accompagne et qu'elle continue son service auprès de moi.

Ego. Tout comme V. M. le désirera. J'ai nommé mon aide de Camp Général de Boyen[1]) pour accompagner V. M. et Elle voudra bien accepter une escorte pour Sa sûreté personnelle.

N. Ah! j'accepte avec reconnaissance. Quel chemin est-ce que je prendrai?

Ego. Il a été question de prendre la route par Saarlouis.

N. Je désirerais bien de prendre celle par la Belgique à Cologne.

Ego. J'instruirai le Général de Boyen de régler le voyage d'après les désirs de V. M.

N. V. M. doit être bien contente de Son armée; elle s'est admirablement battue.

Ego. Certainement je dois rendre justice à l'armée, qui dans les trois guerres que j'ai dû entreprendre pendant mon règne encore si court, a rempli toutes mes attentes. Mais V. M. aussi doit être contente de Son armée, qui s'est battue, nommément au commencement des batailles, avec beaucoup de bravoure.

N. Ah! oui, au commencement, mais la discipline lui manque, qui est admirable dans l'armée de V. M.

Ego. Il faut que je rends aussi sous ce rapport justice à mon armée. De tout temps on a veillé dans l'armée prussienne à y maintenir une discipline très sérieuse, et c'est à quoi j'attribue nommément la persévérance du soldat dans tous les combats, qui amène la victoire.

N. C'est bien prouvé par Votre infanterie, car quoique je crois que le fusil Chassepot est supérieur au fusil à l'aiguille, elle a toujours eu le dessus

---

[1]) Hermann von Boyen, Sohn des Feldmarschalls; gestorben 18. Februar 1886 als General der Infanterie.

sur la mienne. Mais quel emploi que Vous avez fait de Votre cavallerie?
C'était continuellement un rideau tellement bien organisé, que nous man-
quions absolument de nouvelles sur l'opération de Vos armées. C'est
admirable.

Ego. C'est le plus grand compliment, Sire, que Vous pouvez faire
au Général de Moltke, qui a conçu le plan de se servir de la sorte de la
cavallerie.

N. Ah! c'est une grande capacité militaire que le Général de Moltke.
Certes c'est lui qui a donné le conseil de ne pas continuer la marche sur Paris,
mais de nous côtoyer depuis Chalons. J'ai été contre cette opération, qui
nous a perdus; mais, ne commandant pas l'armée, le Maréchal Mac Mahon
a dû suivre les ordres précis qu'il recevait de Paris.

Ego. D'après le témoignage que Vous donnez, Sire, au Général de
Moltke, Vous pouvez Vous dire quelle reconnaissance je lui dois. Vous
avez eu certainement raison de déconseiller la marche vers Metz. Si l'armée
du Maréchal Mac Mahon s'était dirigée vers Paris pour s'y réunir à l'armée
de Paris, notre tâche aurait [été] bien plus difficile. Vouloir diriger du centre
d'un gouvernement éloigné, les opérations des armées en campagne, porte
toujours de mauvais résultats.

N. Et Votre artillerie! nous avons cru d'avoir la première artillerie
du monde, et maintenant Vous nous prouvez d'une manière tellement
efficace, que la Vôtre nous surpasse par un tir admirable, car nos pertes
par Votre artillerie sont terribles. Qu'est-ce que Vous avez fait depuis
l'année 1866 pour atteindre un résultat pareil?

Ego. Je crois qu'en 1866 on n'a pas rendu justice aux succès de notre
artillerie; mais il est vrai, nous n'avions alors que peu au-delà de la moitié
des pièces rayées. Maintenant c'est différent et une école de tir nous a rendu
de très grands services.

N. Où est le Prince Royal Votre fils?

Ego. V. M. le trouvera en sortant.

N. Comment, il est ici, est-ce donc son armée qui a combattu hier;
j'ai cru que c'était l'armée du Prince Frédéric Charles.

Ego. Non, Sire, c'est l'armée de mon fils et celle du Prince Royal de
Saxe qui ont combattu hier; le Prince Frédéric Charles est avec 7 corps
d'armée devant Metz.

N. Vraiment, cela prouve bien, combien nous sommes mal renseignés
sur Vos formations et opérations, grâce à Votre cavallerie.

Ego. Avant de Vous quitter, Sire, j'ai encore un mot à dire. Je crois
de Vous connaître assez et Vos vues politiques pour me dire que Vous
n'avez pas voulu cette guerre, mais que Vous avez été entraîné de la faire
malgré Vous.

N. Sire, Vous avez raison; mais l'opinion publique!

Ego. Mais qui a fait l'opinion publique? C'est la marche du Gouvernement et les principes qu'il suit qui dominent l'opinion publique,
nommément par la presse; il ne faut que peu de jours de journalisme
pour exciter l'opinion publique, surtout quand on fait répandre que
l'honneur national est froissé. C'est ce qu'a fait Votre ministère! Dès

que V. M. a choisi ce ministère, je me suis dit que Vous joueriez et Votre dynastie et Votre pays!

N. Ah! Vous n'avez pas tort!

(: Bei diesen Worten reichte ich ihm die Hand, Thränen traten ihm in die Augen; wir waren Beide sehr ergriffen; so traten wir aus dem Zimmer in die véranda vitrée, wo er auf meinen Sohn zuging, der allein vom Pferde gestiegen und mir bis in die véranda gefolgt war, wo er sich mit der Suite des Kaisers unterhielt, namentlich mit dem General Reille, der 1867[1]) die Aufwartung bei ihm hatte. Auf diesen ging ich zunächst zu und er stellte mir die übrigen Generale und den Prinzen Achille Murat vor. Dann ging ich zum Kaiser, reichte ihm die Hand und sagte:)

Il faut que je prends congé de V. M. J'espère que Vous atteindrez sans inconvénients Wilhelmshöhe; je n'oublierai jamais les moments que je viens de passer avec Elle. Que Dieu soit avec Vous!

N. Je remercie encore une fois V. M. de m'avoir accordé cet entretien et des bonnes paroles que Vous venez de me dire; j'en suis profondément touché.

Somit verließ ich die Véranda, bestieg am Fuß der Treppe mein Pferd und ritt aus dem Garten-Ausgang unmittelbar am Schlösschen auf die Chaussée. Ein dort aufgestelltes Bayerisches Bataillon machte die Honneurs und rief Hurrah! unter den Fenstern des Kaisers. Alle Fürsten und Suiten folgten mir, von denen ich mich empfahl, weil ich nun den Ritt unternahm, um sämmtliche Armée-Corps zu begrüßen und meinen tief bewegten Dank für ihre außerordentlichen Leistungen auszusprechen!

Dem General von Boyen gab ich nun die letzten Instruktionen, rief den Leutnant Fürst Lynar meiner Stabswache und befahl ihm, den General von Boyen zu begleiten. —

$^1/_2$3 Uhr. Zuerst traf ich die Württembergischen Truppen im Bivacq bei [Donchery]; von dort längs der Maas nach [Floing], wo ich die schwer Verwundeten besuchte; General-Leutnant Gersdorff[2]) und Oberst v. Bessel[3])! † nach wenigen Tagen! — Dann zum 11ten Corps, durch Mißverständniss das 5te Corps leider nicht erreicht; zum Garde-Corps (: die décimirten beiden Dragoner-Regimenter!:) und zur [4]) I[nfanterie] Brigade. Ueberall entsetzliche Folgen der Schlacht!

Um $^1/_2$8 Uhr heftiger Gewitter-Regen; Albrecht gab mir einen Sandschneider (: Wagen:) den ich mit Karl[5]) bestieg. Durch einbrechende Dunkelheit 2te Garde-Divison und Bayern nicht gesehen. In dem brennenden [Givonne] durch General-Leutnant Budritzky[6]) orientirt und weiter durch das brennende Bazeilles nach [dem Fährhaus], wo an der Ponton-Brücke

---

[1]) Bei der Pariser Weltausstellung.

[2]) Konstantin von Gersdorff, gestorben 13. September 1870.

[3]) Kommandeur des 5. Thüringischen Infanterie-Regiments Nr. 94, gestorben 6. Oktober 1870.

[4]) Kleine Lücke in der Vorlage. Wohl die 19. Infanterie-Brigade, vom V. Armeekorps, bei Illy, die der König vor der Gardekavallerie-Division besucht hatte.

[5]) Die Prinzen Albrecht und Karl von Preußen, Brüder des Königs.

[6]) Generalleutnant Otto von Budritzki, Kommandeur der 2. Gardeinfanterie-Division; gestorben 1876.

unsere Wagen hielten. Um $^1/_2 2$ Uhr Nachts Vendresse erreicht und mit den Suiten soupirt[1]), da wir den ganzen Tag nichts gegessen hatten. Ich trank auf das Wohl meiner tapferen, unvergleichlichen Armée; des Kriegs-Ministers, der dies Schwert geschärft und des Generals von Moltke, der es geleitet hat. (:sie waren anwesend; beim Diner am 3. wiederholte ich diese Toaste, für den nun anwesenden Grafen Bismarck hinzufügend: der durch die Leitung der Politik, Preußen zu einer nie gekannten Höhe zu erheben verstanden hat!:)

---

[1]) Beruht auf einer Verwechslung mit dem Abende des 1. September; vgl. Brief des Königs an die Königin vom 3. September. Am 2. September, nach der Rückkehr um $1^1/_2$ Uhr Nachts, nahm der König nur: „noch eine Tasse Thee auf seinem Zimmer und zog sich sofort zurück" (Flügeladjutanten-Journal vom 2. September 1870).